浙江省建筑安装材料基期价格

（2018 版）

中 国 计 划 出 版 社

2018 北 京

图书在版编目（CIP）数据

浙江省建筑安装材料基期价格 : 2018版 / 浙江省建设工程造价管理总站主编. -- 北京 : 中国计划出版社，2018.12（2019.1重印）
ISBN 978-7-5182-0939-2

Ⅰ. ①浙… Ⅱ. ①浙… Ⅲ. ①建筑安装－工程材料－价格－浙江 Ⅳ. ①TU5

中国版本图书馆CIP数据核字(2018)第240850号

浙江省建筑安装材料基期价格
(2018 版)
浙江省建设工程造价管理总站　主编

中国计划出版社出版发行
网址：www.jhpress.com
地址：北京市西城区木樨地北里甲 11 号国宏大厦 C 座 3 层
邮政编码：100038　电话：(010) 63906433（发行部）
北京市科星印刷有限责任公司印刷

880mm×1230mm　1/16　26 印张　781 千字
2018 年 12 月第 1 版　2019 年 1 月第 2 次印刷
印数 4001— 8000 册

ISBN 978-7-5182-0939-2
定价：99.00 元

主编单位：浙江省建设工程造价管理总站

批准部门：浙江省住房和城乡建设厅

浙江省发展和改革委员会

浙　江　省　财　政　厅

施行日期：二〇一九年一月一日

浙江省建筑安装材料基期价格

（2018 版）

主编单位：浙江省建设工程造价管理总站
参编单位：杭州市建设工程造价和投资办公室
宁波市建设工程造价管理处
温州市建设工程造价管理处
绍兴市建设工程造价管理处
嘉兴市建设工程造价管理站
湖州市建设工程造价管理站
台州市建设工程造价管理处
舟山市建设工程招投标与造价管理办公室
浙江省人防工程定额管理站
浙江省建设工程造价管理协会
浙江省工业设备安装集团有限公司
浙江省工程咨询有限公司
中国园林网

主　　编：丁　锋　蔡临申
副 主 编：陈伟平　庄建波　黄园园　杨子宁　傅佩红　金秋英　李　瑾
参　　编：蒋许峻　金　峰　谈勇勇　徐　成　陈　莉　高姗姗　钱　骋　王　漪
李经纬　王荣洲　宋玉彬　孙　娟　朱洪宝　韩　烨　何文韬
顾　　问：季　挺

软件生成：成都鹏业软件股份有限公司　杜彬
数据输入：杭州品茗安控信息技术股份有限公司　薛霞巧

审　核:浙江省建设工程计价依据(2018版)编制工作专家组

组　长:邓文华　浙江省建设工程造价管理总站站长

副组长:赵智敏　浙江省发展和改革委员会基综办副主任
马　勇　浙江省财政厅经济建设处副处长
贾利松　浙江省住房和城乡建设厅综合计划与财务处副处长
韩　英　浙江省建设工程造价管理总站副站长
汪亚峰　浙江省建设工程造价管理总站副站长
季　挺　浙江省建设工程造价管理总站副站长

成　员:李仲尧　浙江省公共资源交易中心主任
俞富桥　浙江省财政项目预算评审中心副主任
李　锋　浙江省建筑业管理局市场监管处处长
张实现　浙江省建设工程造价管理协会原会长
陆开林　杭州市建设工程造价和投资管理办公室原主任
傅立群　宁波市建设工程造价管理处处长
季胜杰　温州市建设工程造价管理处主任
胡建明　浙江省建设工程造价管理总站副总工程师
田忠玉　浙江省建设工程造价管理总站定额管理处处长
蔡临申　浙江省建设工程造价管理总站造价信息处处长
毛红卫　浙江省建设投资集团股份有限公司副总经济师
单国良　歌山建设集团有限公司总裁助理
陈建华　万邦工程管理咨询有限公司总经理
黄志挺　建经投资咨询有限公司董事长
华钟鑫　浙江中达工程造价事务所有限公司董事长
蒋　磊　浙江耀信工程咨询有限公司董事长
史文军　浙江省建工集团有限责任公司原总经济师

审　定:浙江省建设工程计价依据(2018版)编制工作领导小组

组　长:项永丹　浙江省住房和城乡建设厅厅长

副组长:朱永斌　浙江省住房和城乡建设厅党组成员、浙江省建筑业管理局局长
周华富　浙江省发展和改革委员会副主任
邢自霞　浙江省财政厅副厅长

成　员:方建新　浙江省发展和改革委员会基综办调研员
倪学军　浙江省财政厅经济建设处处长
叶军献　浙江省建筑业管理局副局长
施卫忠　浙江省住房和城乡建设厅综合与计划财务处处长
吴伟民　浙江省建筑业管理局副局长
邓文华　浙江省建设工程造价管理总站站长

关于颁发浙江省建设工程计价依据(2018版)的通知

浙建建〔2018〕61号

各市建委(建设局)、发展改革委、财政局:

为深化工程造价管理改革,完善工程计价依据体系,健全市场起决定性作用的工程造价管理机制,合理确定和有效控制工程造价,根据省住房城乡建设厅、省发展改革委、省财政厅联合印发的《关于组织编制〈浙江省建设工程计价依据(2018版)〉的通知》(建建发〔2017〕166号)要求,由省建设工程造价管理总站负责组织编制的《浙江省建设工程计价规则》(2018版)、《浙江省房屋建筑与装饰工程预算定额》(2018版)、《浙江省通用安装工程预算定额》(2018版)、《浙江省市政工程预算定额》(2018版)、《浙江省园林绿化及仿古建筑工程预算定额》(2018版)、《浙江省建设工程施工机械台班费用定额》(2018版)、《浙江省建筑安装材料基期价格》(2018版)、《浙江省城市轨道交通工程预算定额》(2018版)等8项工程计价成果(以下简称"2018版计价依据")通过审定,现予颁发,并就有关事项通知如下,请一并贯彻执行。

一、2018版计价依据是指导投资估算、设计概算、施工图预算、招标控制价、投标报价的编制以及工程合同价约定、竣工结算办理、工程计价纠纷调解处理、工程造价鉴定等的依据。规费取费标准是投资概算和招标控制价的编制依据,投标人根据国家法律法规及自身缴纳规费的实际情况,自主确定其投标费率,但在规费政策平稳过渡期内不得低于标准费率的30%。当规费相关政策发生变化时,再另行发文规定。

二、2018版计价依据自2019年1月1日起施行。《浙江省建设工程计价规则》(2010版)、《浙江省建筑工程预算定额》(2010版)、《浙江省安装工程预算定额》(2010版)、《浙江省市政工程预算定额》(2010版)、《浙江省园林绿化及仿古建筑工程预算定额》(2010版)、《浙江省建设工程施工费用定额》(2010版)、《浙江省施工机械台班费用定额》(2010版)、《浙江省建筑安装材料基期价格》(2010版)同时停止使用。

三、凡2018年12月31日前签订工程发承包合同的项目,或者虽然工程合同在2019年1月1日以后签订,但工程招投标的开标在2018年12月31日前完成的项目,除工程合同或招标文件有特别约定外,仍按2010版计价依据规定执行。涉及后续人工费动态调整的,统一采用人工综合价格指数进行调整。

四、各级建设、发展改革、财政等部门要高度重视2018版计价依据的贯彻实施工作,造价管理机构在2018版计价依据贯彻实施中要加强管理，有效地开展监督检查工作，确保2018版计价依据的正确执行。

2018版计价依据由省建设工程造价管理总站负责解释与管理。

浙江省住房和城乡建设厅

浙江省发展和改革委员会

浙 江 省 财 政 厅

2018年11月9日

总　说　明

为科学合理编制建筑工程预算定额，进一步发挥标准定额在建筑活动中的约束与保障作用，深化工程造价动态管理工作，合理确定全省统一基价水平，根据《浙江省建设工程造价管理办法》（浙江省人民政府令第296号）第十二条"建设工程造价行政主管部门应当建立建设工程造价基础数据库，定期采集、测算、发布建设工程价格要素市场信息价和指数、指标等相关信息。"等有关规定，结合浙江省建筑材料市场行情，编制《浙江省建筑安装材料基期价格》（2018版）（以下简称本基价）。

一、本基价包括三部分内容：专业定额选用人材机编码及基期价格、建筑安装常用材料理论重量换算表、金属材料理论重量计算公式。

（一）材料数据标准分类说明。根据《浙江省建筑安装材料基期价格》（2010版）的材料分类标准，结合目前浙江省建筑市场实际情况，将建设工程所采用的建筑、装饰、安装、市政、园林等工程专用材料分成以下几大类：

00　人工
01　黑色及有色金属材料
02　橡胶、塑料及非金属
03　五金制品
04　水泥、砖瓦灰砂石及混凝土制品
05　木、竹材及其制品
06　玻璃及玻璃制品
07　墙砖、地砖、地板、地毯类材料
08　装饰石材及石材制品
09　墙面、顶棚及屋面饰面材料
10　龙骨、龙骨配件
11　门窗及楼梯制品
12　装饰线条、装饰件、栏杆、扶手及其他
13　涂料及防腐、防水材料
14　油品、化工原料及胶粘材料
15　绝热（保温）、耐火材料
16　吸声、抗辐射及无损探伤材料
17　管材
18　管件及管道用器材
19　阀门
20　法兰及其垫片
21　洁具及燃气器具
22　水暖及通风空调器材
23　消防器材
24　仪表及自动化控制
25　灯具、光源
26　开关、插座
27　保险、绝缘及电热材料
28　电缆及光纤光缆
29　电气线路敷设材料

30　弱电及信息类器材
31　仿古建筑材料
32　园林绿化
33　成型构件及加工件
34　电极及劳保用品等其他材料
35　周转材料及五金工具
36　道路桥梁专用材料
37　轨道交通专用材料
40　租赁费
50　设备
60　其他费用
80　配合比材料
98　仪器仪表
99　机械台班

材料数据标准分类中每个一级大类的材料再分二级子类。

（二）材料数据编码及基期价格。为了满足定额编制需要，建立完整的建设工程标准化信息管理体系，形成统一数据标准格式和数据接口，并编制统一编码，为实现材料价格网上下载和数据共享功能奠定基础。

材料数据编码由两位一级大类、两位二级子类、一位类别、四位不连续的数字组成，共 9 位数字编码。

浙江省 2018 版计价依据中建筑、装饰、安装、市政、园林等专业定额所采用的材料共 12000 余条记录。定额选用材料基期价格根据 2017 年第三、四季度市场价格水平综合确定。

（三）常用材料理论重量换算表。根据最新的国家或行业标准，整理了 2500 余条建设工程常用的金属材料、地方材料、管材及配件理论重量换算基数和换算公式。

二、本基价取定的材料基期价格为 2017 年第三、四季度的不含进项税市场信息价（以下简称“除税信息价”），主要反映建筑安装材料在预算定额编制期的静态价格水平，供编制概预算定额用，并作为测算相关指数、指标的基础。

除税信息价是指按增值税下不含进项税额的价格，包括不含进项税额的材料供应价、运杂费和采购保管费。

浙江省除税信息价按“一票制”（是指企业在购买材料或其他物资时，材料供应商就收取的材料或物资销售价款和运杂费合计金额向建筑业企业仅提供一张货物销售发票的形式）进行测定。

采用“两票制”进行价格结算的材料执行财税部门的相关规定。

三、根据浙江省工程计价要素动态管理方法，浙江省建设工程造价管理总站负责定期发布安装材料，火工、保温、绝热、防腐材料，市政、园林及仿古建筑工程专用材料市场信息价和相应的造价指数，全省通用；按季度汇总各市发布的主要材料市场信息价。

各市造价管理机构负责定期发布当地（含县区）的钢材、水泥、木材及制品、地方材料、装饰材料以及当地建设工程常用材料的市场信息价和相应的价格指数。

四、材料市场信息价适用于本省一般工业与民用建筑、装饰、安装、市政、园林绿化及仿古建筑、房屋修缮、人防等工程，发承包双方可依据省、市造价管理机构发布的市场信息价，根据市场实际情况自行议定浮动幅度（或幅度值），据以签订承包合同价。

发承包双方应进一步增强工程承包风险意识，签订工程发承包合同时应充分考虑市场风险因素，并约定风险范围及超过风险范围的调整办法。

五、根据建设工程的特点，建筑工程承包一般采用包工包料的模式，实际如发生甲供材料，施工企业只需按相应材料供应价退还甲供材料款项，运杂费按谁搬运谁收费的原则计取，采购保管费由施工企业全额收取，不退还甲方。

六、本基价由浙江省建设工程造价管理总站负责解释和管理。

目　　录

一、专业定额选用人材机编码及基期价格

代 码	名 称	型 号 规 格	单位	基期价	类 别
000100001	一类人工		工日	125.00	人工
000100003	二类人工		工日	135.00	人工
000100005	三类人工		工日	155.00	人工
000100007	人工费		元	1.00	人工
010100001	钢材		t	3043.00	材料
010100003	钢筋	综合	kg	3.04	材料
010100005	钢筋	ϕ10 以外	kg	3.04	材料
010100007	钢筋	ϕ22	t	3043.00	材料
010100009	冷轧扭钢筋	ϕ6.5	kg	3.84	材料
010100011	冷轧扭钢筋	ϕ8	kg	3.84	材料
010100013	冷轧扭钢筋	ϕ10	kg	3.84	材料
010100015	冷轧扭钢筋	ϕ12	kg	3.84	材料
010100017	热轧带肋钢筋	HRB400 综合	kg	3.85	材料
010100019	热轧带肋钢筋	HRB400 综合	t	3849.00	材料
010100021	热轧带肋钢筋	HRB400ϕ5.5	kg	4.17	材料
010100023	热轧带肋钢筋	HRB400ϕ6	t	4172.00	材料
010100025	热轧带肋钢筋	HRB400ϕ8	t	4172.00	材料
010100027	热轧带肋钢筋	HRB400ϕ10	kg	3.94	材料
010100029	热轧带肋钢筋	HRB400ϕ10	t	3938.00	材料
010100031	热轧带肋钢筋	HRB400ϕ12	t	3885.00	材料
010100033	热轧带肋钢筋	HRB400ϕ12	kg	3.89	材料
010100035	热轧带肋钢筋	HRB400ϕ14	kg	3.89	材料
010100037	热轧带肋钢筋	HRB400ϕ16	kg	3.76	材料
010100039	热轧带肋钢筋	HRB400ϕ18	kg	3.76	材料
010100041	热轧带肋钢筋	HRB400ϕ18	t	3759.00	材料
010100043	热轧带肋钢筋	HRB400ϕ20	kg	3.76	材料
010100045	热轧带肋钢筋	HRB400ϕ22	kg	3.76	材料
010100047	热轧带肋钢筋	HRB400ϕ25	kg	3.76	材料
010100049	热轧带肋钢筋	HRB400ϕ25	t	3759.00	材料
010100051	热轧带肋钢筋	HRB400ϕ28	kg	3.89	材料
010100053	热轧带肋钢筋	HRB400ϕ30	kg	3.89	材料
010100055	热轧带肋钢筋	HRB400ϕ32	kg	3.89	材料
010100057	热轧带肋钢筋	HRB400ϕ32	t	3888.00	材料
010100059	热轧带肋钢筋	HRB400ϕ36	kg	4.06	材料
010100061	热轧带肋钢筋	HRB400ϕ40	kg	4.06	材料

续表

代码	名称	型号规格	单位	基期价	类别
010100063	热轧带肋钢筋	HRB400ϕ50	kg	4.15	材料
010100065	热轧带肋钢筋	HRB500ϕ10	t	4328.00	材料
010100067	热轧带肋钢筋	HRB500ϕ10	kg	4.33	材料
010100069	热轧带肋钢筋	HRB500ϕ14	kg	4.33	材料
010100071	热轧带肋钢筋	HRB500ϕ18	t	4328.00	材料
010100073	热轧带肋钢筋	HRB500ϕ18	kg	4.33	材料
010100075	热轧带肋钢筋	HRB500ϕ22	t	4328.00	材料
010100077	热轧带肋钢筋	HRB500ϕ25	kg	4.33	材料
010100079	热轧带肋钢筋	HRB500ϕ32	t	4328.00	材料
010100081	热轧带肋钢筋	HRB500ϕ40	kg	4.33	材料
010100083	预应力带肋钢筋		t	3879.00	材料
010100085	预应力带肋钢筋	ϕ12	kg	3.88	材料
010100087	预应力带肋钢筋	ϕ14	kg	3.88	材料
010100089	预应力带肋钢筋	ϕ16	kg	3.71	材料
010100091	预应力带肋钢筋	ϕ18	kg	3.71	材料
010100093	预应力带肋钢筋	ϕ20	kg	3.71	材料
010100095	预应力带肋钢筋	ϕ22	kg	3.71	材料
010100097	预应力带肋钢筋	ϕ25	kg	3.71	材料
010100099	预应力带肋钢筋	ϕ28	kg	3.88	材料
010100101	预应力带肋钢筋	ϕ32	kg	3.88	材料
010100103	预应力带肋钢筋	ϕ36	kg	4.01	材料
010100105	预应力带肋钢筋	ϕ40	kg	4.01	材料
010100107	冷轧带肋钢筋		t	3836.00	材料
010100109	插孔钢筋	ϕ5~10	kg	3.71	材料
010100111	吊筋		kg	3.04	材料
010300001	不锈钢丝	ϕ1.2	kg	18.28	材料
010300003	镀锌铁丝	综合	kg	5.40	材料
010300005	镀锌铁丝	ϕ1.0	m	0.04	材料
010300007	镀锌铁丝	ϕ0.1~0.5	kg	6.74	材料
010300009	镀锌铁丝	ϕ0.7~1.0	kg	6.74	材料
010300011	镀锌铁丝	ϕ1.2~1.8	m	0.11	材料
010300013	镀锌铁丝	ϕ1.2~1.8	kg	5.78	材料
010300015	镀锌铁丝	ϕ2.0~4.0	m	0.32	材料
010300017	镀锌铁丝	ϕ2.0~4.0	kg	5.01	材料
010300019	镀锌铁丝	ϕ4.5~6.0	kg	5.01	材料
010300021	钢丝	ϕ0.1~0.5	kg	5.35	材料
010300023	钢丝	ϕ0.7~1.0	kg	5.31	材料
010300025	钢丝	ϕ1.2~1.8	kg	5.27	材料

续表

代码	名称	型号规格	单位	基期价	类别
010300027	钢丝	ϕ2.0~4.0	kg	5.27	材料
010300029	钢丝	ϕ2.0~4.0	t	5267.00	材料
010300031	钢丝	ϕ4.5~6.0	kg	5.22	材料
010300033	钢丝	ϕ5 以内	t	5284.00	材料
010300035	钢丝	综合	kg	5.28	材料
010300037	钢丝束	综合	t	5121.00	材料
010300039	高强钢丝	ϕ5	t	4543.00	材料
010300041	高强钢丝	ϕ4~5	t	4543.00	材料
010300043	冷拔钢丝	综合	t	4006.00	材料
010300045	冷拔钢丝	综合	kg	4.01	材料
010300047	冷拉四级钢筋		t	4569.00	材料
010300049	无粘结钢丝束		t	5164.00	材料
010500001	钢丝绳	6×19-ϕ14	m	4.27	材料
010500003	钢丝绳	ϕ4.2	kg	6.45	材料
010500005	钢丝绳	ϕ4.5	m	1.37	材料
010500007	钢丝绳	ϕ4.5	kg	6.45	材料
010500009	钢丝绳	ϕ6	m	1.03	材料
010500011	钢丝绳	ϕ8	m	1.76	材料
010500013	钢丝绳	ϕ8.4	m	1.94	材料
010500015	钢丝绳	ϕ12	kg	6.45	材料
010500017	钢丝绳	ϕ12.5	m	3.85	材料
010500019	钢丝绳	ϕ15	m	6.85	材料
010500021	钢丝绳	ϕ15.5	m	7.33	材料
010500023	钢丝绳	ϕ18.5	m	8.66	材料
010500025	钢丝绳	ϕ20	m	10.68	材料
010500027	钢丝绳	ϕ21.5	m	12.92	材料
010500029	钢丝绳	ϕ26	m	18.10	材料
010500031	钢丝绳	ϕ14.1~15	kg	6.45	材料
010500033	钢丝绳	ϕ16~18.5	kg	6.45	材料
010500035	钢丝绳	ϕ19~21.5	kg	6.45	材料
010500037	钢丝绳	ϕ9 绳 1×19	m	2.31	材料
010500039	钢丝绳	综合	kg	6.45	材料
010500041	缆风绳	ϕ8	kg	7.20	材料
010700001	镀锌钢绞线		kg	6.65	材料
010700003	镀锌钢绞线	7/2.2	kg	6.65	材料
010700005	镀锌钢绞线	综合	kg	6.65	材料
010700007	钢绞线		t	5336.00	材料
010700009	钢绞线	综合	t	5336.00	材料

续表

代　码	名　　称	型号规格	单位	基期价	类别
010700011	钢绞线	综合	kg	5189.00	材料
010700013	钢绞线群锚		套	194.00	材料
010700015	无粘结钢绞线		t	5379.00	材料
010700017	无粘结预应力钢绞线		t	5267.00	材料
010900001	不锈钢圆钢	ϕ6	kg	18.53	材料
010900003	不锈钢圆钢	综合	t	17069.00	材料
010900005	吊杆	45#钢 ϕ40	kg	3.74	材料
010900007	镀锌圆钢		kg	4.67	材料
010900009	镀锌圆钢	ϕ10	t	4.67	材料
010900011	镀锌圆钢	ϕ16	m	7.38	材料
010900013	镀锌圆钢	ϕ16	kg	4.67	材料
010900015	镀锌圆钢	ϕ5.5~9	kg	4.67	材料
010900017	镀锌圆钢	ϕ10~14	kg	4.67	材料
010900019	镀锌圆钢	ϕ10~25	kg	4.67	材料
010900021	镀锌圆钢	ϕ16×1000	根	14.92	材料
010900023	热轧光圆钢筋	HPB300ϕ6	t	3981.00	材料
010900025	热轧光圆钢筋	HPB300ϕ10	t	3981.00	材料
010900027	热轧光圆钢筋	HPB300ϕ14	t	3981.00	材料
010900029	热轧光圆钢筋	HPB300ϕ18	t	3981.00	材料
010900031	热轧光圆钢筋	HPB300ϕ6	kg	3.98	材料
010900033	热轧光圆钢筋	HPB300ϕ8	t	3963.00	材料
010900035	热轧光圆钢筋	HPB300ϕ8	m	1.57	材料
010900037	热轧光圆钢筋	HPB300ϕ10	kg	3.98	材料
010900039	热轧光圆钢筋	HPB300ϕ12	kg	3.98	材料
010900041	热轧光圆钢筋	HPB300ϕ14	kg	3.98	材料
010900043	热轧光圆钢筋	HPB300ϕ16	kg	3.98	材料
010900045	热轧光圆钢筋	HPB300ϕ18	kg	3.98	材料
010900047	热轧光圆钢筋	HPB300ϕ20	kg	3.98	材料
010900049	热轧光圆钢筋	HPB300ϕ22	kg	3.98	材料
010900051	热轧光圆钢筋	HPB300ϕ25	kg	3.98	材料
010900053	热轧光圆钢筋	HPB300ϕ30	m	22.10	材料
010900055	热轧光圆钢筋	HPB300 综合	kg	3.98	材料
010900057	热轧光圆钢筋	HPB300 综合	t	3981.00	材料
010900059	热轧光圆钢筋	综合	t	3966.00	材料
010900061	热轧光圆钢筋	综合	kg	3.97	材料
010900063	热轧普碳高速盘条	HPB300ϕ6	kg	3.97	材料
010900065	热轧普碳高速盘条	HPB300ϕ6.5	kg	3.97	材料
010900067	热轧普碳高速盘条	HPB300ϕ8	kg	3.97	材料

续表

代 码	名 称	型 号 规 格	单位	基期价	类 别
010900069	热轧普碳高速盘条	HPB300 综合	kg	3.97	材料
010900071	预应力光圆钢筋	ϕ20 以内	t	4793.00	材料
010900073	预应力光圆钢筋	ϕ20 以外	t	4793.00	材料
011100001	方钢	25	t	4121.00	材料
011100003	方钢	综合	t	4121.00	材料
011100005	方钢	综合	kg	4.05	材料
011300001	扁钢	Q235B 2×40	kg	4.04	材料
011300003	扁钢	Q235B 3×30	kg	4.04	材料
011300005	扁钢	Q235B 4×25	kg	3.96	材料
011300007	扁钢	Q235B 4×40	kg	3.96	材料
011300009	扁钢	Q235B 4×45	kg	3.96	材料
011300011	扁钢	Q235B 4×60	kg	3.96	材料
011300013	扁钢	Q235B 5×40	kg	3.96	材料
011300015	扁钢	Q235B 5×50	t	3957.00	材料
011300017	扁钢	Q235B 5×50	kg	3.96	材料
011300019	扁钢	Q235B 6×40	m	3.19	材料
011300021	扁钢	Q235B 8×50	kg	3.96	材料
011300023	扁钢	Q235B 10×100	kg	3.96	材料
011300025	扁钢	Q235B 12×75	kg	3.96	材料
011300027	扁钢	Q235B 综合	kg	3.96	材料
011300029	扁钢	Q235B 综合	t	3957.00	材料
011300031	不锈钢扁钢	60 以内	kg	15.95	材料
011300033	不锈钢扁钢	综合	kg	15.95	材料
011300035	镀锌扁钢		m	6.14	材料
011300037	镀锌扁钢	4×25	kg	4.50	材料
011300039	镀锌扁钢	4×40	t	4009.00	材料
011300041	镀锌扁钢	4×40	kg	4.01	材料
011300043	镀锌扁钢	5×50	t	3922.00	材料
011300045	镀锌扁钢	5×50	kg	3.92	材料
011300047	镀锌扁钢	6×60	kg	3.66	材料
011300049	镀锌扁钢	16×0.5	m	0.00	材料
011300051	镀锌扁钢	综合	kg	3.93	材料
011500001	六角空心钢	综合	kg	2.48	材料
011700001	工字钢	Q235B 综合	kg	4.05	材料
011700003	工字钢	Q235B 综合	t	4224.00	材料
011900001	不锈钢槽钢	10×20×1	m	12.93	材料
011900003	槽钢	10#	kg	3.28	材料
011900005	槽钢	Q235B 3#	kg	4.05	材料

续表

代码	名　称	型号规格	单位	基期价	类别
011900007	槽钢	Q235B 6.3#	kg	4.05	材料
011900009	槽钢	Q235B 8#	kg	4.05	材料
011900011	槽钢	Q235B 12#	kg	3.97	材料
011900013	槽钢	Q235B 16#	kg	3.97	材料
011900015	槽钢	Q235B 5#~16#	kg	4.05	材料
011900017	槽钢	Q235B 10#~16#	t	3966.00	材料
011900019	槽钢	Q235B 14#~20#	kg	3.97	材料
011900021	槽钢	Q235B 18#以内	kg	3.97	材料
011900023	槽钢	Q235B 18#以外	kg	3.97	材料
011900025	槽钢	16 以内	kg	3.28	材料
011900027	槽钢	综合	t	4052.00	材料
011900029	槽钢	综合	kg	4.01	材料
011900031	槽钢背板		kg	4.01	材料
011900033	槽型钢板桩		t	4828.00	材料
012100001	镀锌角钢		kg	4.27	材料
012100003	镀锌角钢	50×50×5	kg	3.97	材料
012100005	镀锌角钢	160×100×10	t	4310.00	材料
012100007	镀锌角钢	Q235B 综合	kg	3.97	材料
012100009	角钢	L63 以内	kg	3.71	材料
012100011	角钢	Q235-A (50~140)×(5~14)	kg	3.71	材料
012100013	角钢	Q235B 30×30×3	kg	3.97	材料
012100015	角钢	Q235B 40×40×3	kg	3.97	材料
012100017	角钢	Q235B 40×40×4	kg	3.97	材料
012100019	角钢	Q235B 40×40×5	t	3966.00	材料
012100021	角钢	Q235B 50×50×3	kg	3.97	材料
012100023	角钢	Q235B 50×50×5	t	3966.00	材料
012100025	角钢	Q235B 50×50×5	kg	3.97	材料
012100027	角钢	Q235B 56×56×5	kg	3.97	材料
012100029	角钢	Q235B 63×63×5	m	19.12	材料
012100031	角钢	Q235B 63×63×6	kg	3.97	材料
012100033	角钢	Q235B 综合	kg	3.97	材料
012100035	角钢	Q235B 综合	t	3966.00	材料
012500001	C、Z 型钢		t	3164.00	材料
012700001	H 型钢	125×125×6.5	t	3750.00	材料
012700003	T 型钢	25×25	kg	3.71	材料
012700005	不锈钢型材		kg	18.97	材料
012700007	不锈钢型钢	综合	t	18103.00	材料
012700009	不锈钢型钢	综合	kg	18.10	材料

续表

代　码	名　　称	型 号 规 格	单位	基期价	类 别
012700011	出土轨道		套	34.94	材料
012700013	镀锌补偿角	20mm	只	0.26	材料
012700015	镀锌型钢	综合	t	4871.00	材料
012700017	钢材		kg	3.41	材料
012700019	钢底板	单孔固定板	kg	4.83	材料
012700021	钢垫板		kg	4.74	材料
012700023	钢垫板	δ2.5~5	kg	5.60	材料
012700025	钢盖梁		t	6897.00	材料
012700027	钢轨		t	4138.00	材料
012700029	钢轨		kg	4.14	材料
012700031	固定板		kg	4.74	材料
012700033	轻轨	24kg/m	kg	4.03	材料
012700035	型钢	综合	t	3836.00	材料
012700037	型钢	综合	kg	3.84	材料
012700039	型钢(幕墙用)		t	3647.00	材料
012700041	重轨		kg	4.44	材料
012900001	不锈钢板	0.8	m^2	94.74	材料
012900003	不锈钢板	304	kg	15.95	材料
012900005	不锈钢板	304 δ1.0	m^2	118.00	材料
012900007	不锈钢板	304 δ1.2	m^2	142.00	材料
012900009	不锈钢板	304 δ2.0	m^2	237.00	材料
012900011	不锈钢板	304 δ3.0	m^2	355.00	材料
012900013	不锈钢板	304 δ4	kg	14.91	材料
012900015	不锈钢板	304 δ4.0	kg	14.91	材料
012900017	不锈钢板	304 δ6	kg	14.91	材料
012900019	不锈钢板	304 δ0.05~0.5	kg	15.09	材料
012900021	不锈钢板	304 δ4~8	t	14914.00	材料
012900023	不锈钢板	304 δ4~8	kg	14.91	材料
012900025	不锈钢板	304 综合	kg	15.09	材料
012900027	不锈钢板	综合	t	15086.00	材料
012900029	不锈钢板	综合	kg	15.09	材料
012900031	不锈钢带	304 δ15×1	kg	15.69	材料
012900033	不锈钢镜面板(8K 板)	δ1.0	m^2	146.00	材料
012900035	不锈钢滤板		m^2	30.17	材料
012900037	不锈钢装饰板	δ1.0	m^2	99.14	材料
012900039	穿孔钢板	δ1.5	kg	5.49	材料
012900041	定位钢板		kg	4.31	材料
012900043	镀铬钢板	δ2.5	m^2	180.00	材料

续表

代码	名称	型号规格	单位	基期价	类别
012900045	镀锌薄钢板	δ0.35	m^2	12.32	材料
012900047	镀锌薄钢板	δ0.5	m^2	17.59	材料
012900049	镀锌薄钢板	δ0.55	m^2	19.35	材料
012900051	镀锌薄钢板	δ0.55	kg	4.48	材料
012900053	镀锌薄钢板	δ0.75	m^2	24.16	材料
012900055	镀锌薄钢板	δ1.0	m^2	33.58	材料
012900057	镀锌薄钢板	δ1.2	m^2	38.97	材料
012900059	镀锌薄钢板	δ1.5	m^2	47.71	材料
012900061	镀锌薄钢板	δ2.5	m^2	81.03	材料
012900063	镀锌薄钢板	综合	kg	4.46	材料
012900065	镀锌薄钢板	综合	m^2	38.97	材料
012900067	镀锌薄钢板	360×360×5	块	22.80	材料
012900069	镀锌彩钢板	δ0.5	m^2	21.55	材料
012900071	钢板	Q235-A δ=10	m^2	291.00	材料
012900073	钢挡土板		t	4310.00	材料
012900075	合金钢板		kg	6.90	材料
012900077	花纹钢板		t	3664.00	材料
012900079	花纹钢板		kg	3.66	材料
012900081	花纹钢板	综合	t	3664.00	材料
012900083	花纹钢板	综合	kg	3.66	材料
012900085	环圈钢板		t	4181.00	材料
012900087	六角板		m^2	134.00	材料
012900089	热轧薄钢板	60×110×1.5Q235B	块	0.69	材料
012900091	热轧薄钢板	Q235B δ0.5	t	4138.00	材料
012900093	热轧薄钢板	Q235B δ0.5	m^2	14.89	材料
012900095	热轧薄钢板	Q235B δ1.0	t	3974.00	材料
012900097	热轧薄钢板	Q235B δ2.0	m^2	58.45	材料
012900099	热轧薄钢板	Q235B δ2.0	kg	3.97	材料
012900101	热轧薄钢板	Q235B δ3.0	t	3808.00	材料
012900103	热轧薄钢板	Q235B δ3.0	m^2	20.30	材料
012900105	热轧薄钢板	Q235B δ3.5	kg	3.77	材料
012900107	热轧薄钢板	Q235B δ4.0	t	3721.00	材料
012900109	热轧薄钢板	Q235B δ4.0	kg	3.72	材料
012900111	热轧薄钢板	Q235B δ0.7~0.9	kg	4.05	材料
012900113	热轧薄钢板	Q235B 综合	kg	3.97	材料
012900115	热轧薄钢板	Q235B 综合	t	3966.00	材料
012900117	搪瓷钢板(含背栓件)		m^2	569.00	材料
012900119	斜板		m^2	216.00	材料

续表

代码	名称	型号规格	单位	基期价	类别
012900121	压型彩钢板(平面展开)	0.5	m^2	17.54	材料
012900123	压型彩钢板(平面展开)	0.8	m^2	21.55	材料
012900125	压型钢板	0.5	m^2	31.03	材料
012900127	压型钢楼板	δ0.9	m^2	65.28	材料
012900129	压型屋面板	W-550	m^2	53.66	材料
012900131	止水钢板(成品)	3×400	m	30.17	材料
012900133	中厚钢板		kg	3.71	材料
012900135	中厚钢板	综合	kg	3.79	材料
012900137	中厚钢板	60×110×1.5	块	0.58	材料
012900139	中厚钢板	Q235B δ4	m^2	103.00	材料
012900141	中厚钢板	Q235B δ7	t	3709.00	材料
012900143	中厚钢板	Q235B δ8	kg	3.91	材料
012900145	中厚钢板	Q235B δ10	t	3709.00	材料
012900147	中厚钢板	Q235B δ10	kg	3.71	材料
012900149	中厚钢板	Q235B δ12	kg	3.71	材料
012900151	中厚钢板	Q235B δ20	kg	3.53	材料
012900153	中厚钢板	Q235B δ25	kg	3.53	材料
012900155	中厚钢板	Q235B δ30	kg	3.53	材料
012900157	中厚钢板	Q235B δ36	kg	3.71	材料
012900159	中厚钢板	Q235B δ40	kg	3.71	材料
012900161	中厚钢板	δ20	kg	3.71	材料
012900163	中厚钢板	综合	kg	3.71	材料
012900165	中厚钢板	综合	t	3750.00	材料
012900167	铸铁花纹板		t	4203.00	材料
013100001	镀锌钢带		kg	4.72	材料
013100003	钢带		kg	4.74	材料
013100005	钢带	20×0.5	m	6.49	材料
013100007	紧箍钢带		m	58.62	材料
013500001	黄铜板	综合	kg	50.43	材料
013500003	青铜板(直条)	5×50	m	51.91	材料
013500005	铜板	δ1.5	m^2	252.00	材料
013500007	铜板条	L5×50	m	98.28	材料
013500009	铜皮	综合	kg	52.46	材料
013500011	铜压板	5×40	m	11.21	材料
013500013	紫铜板	450×2	m	38.12	材料
013500015	紫铜板	δ2	kg	58.27	材料
013500017	紫铜板	δ0.05~0.3	kg	58.27	材料
013500019	紫铜板	δ0.08~0.2	kg	58.27	材料

续表

代 码	名 称	型号规格	单位	基期价	类别
013500021	紫铜板	δ0.25~0.5	kg	58.27	材料
013500023	紫铜板	综合	kg	58.27	材料
013700001	紫铜带		kg	58.27	材料
013700003	紫铜皮		kg	61.03	材料
013900001	黄铜棒	ϕ7~80	kg	52.45	材料
013900003	铜条	2×12	m	7.76	材料
013900005	铜条	4×6	m	9.31	材料
013900007	铜条	5×15	m	7.76	材料
013900009	铜条	12×2	m	6.62	材料
013900011	铜条	T形 5×10	m	6.90	材料
013900013	铜压棍	ϕ18×1.2	m	30.34	材料
013900015	铜压条	40×15	m	19.16	材料
013900017	铜质压棍		m	31.86	材料
013900019	紫铜棒	ϕ16~80	kg	58.27	材料
014100001	黄铜线	综合	kg	51.72	材料
014100003	接地编织铜线		m	12.93	材料
014100005	铜绑线	2	kg	52.46	材料
014100007	铜丝		kg	58.45	材料
014100009	铜丝	1.6~5	kg	58.45	材料
014100011	铜丝	16#	kg	58.28	材料
014100013	铜丝	ϕ2~3	kg	58.28	材料
014100015	紫铜丝	T2 1~4	kg	62.67	材料
014100017	紫铜丝	ϕ1.6~5	kg	62.67	材料
014300001	铝板	1200×300×1	m^2	82.57	材料
014300003	铝板	δ3	m^2	227.00	材料
014300005	铝板	弧形 δ3	m^2	250.00	材料
014300007	铝板	综合	kg	16.55	材料
014300009	铝包带	1×10	m	0.31	材料
014300011	铝包带	1×10	kg	41.81	材料
014300013	铝带	−59以内	kg	18.10	材料
014300015	铝单板	1.2mm 氟碳喷涂	m^2	81.03	材料
014300017	铝合金板	δ0.8	m^2	77.59	材料
014700001	铝绑线	ϕ2	m	0.26	材料
014700003	铝绑线	ϕ3.2	m	0.52	材料
014700005	铝丝	ϕ2	kg	13.79	材料
014900001	槽铝	50	m	6.03	材料
014900003	槽铝	75	m	8.62	材料
014900005	槽铝	150	m	17.24	材料

续表

代码	名称	型号规格	单位	基期价	类别
014900007	电化角铝	25.4×2	m	2.58	材料
014900009	断桥隔热型铝合金型材		kg	21.98	材料
014900011	工字铝	综合	m	6.03	材料
014900013	角铝	25.4×1	m	2.58	材料
014900015	角铝	综合	m	3.34	材料
014900017	铝材		kg	14.66	材料
014900019	外圆角铝		m	26.53	材料
015100001	多边形铝合金空腹格栅(含配件)		m^2	224.00	材料
015100003	铝合金边角条		m	2.76	材料
015100005	铝合金格栅(含配件)	125×125×4.5	m^2	67.24	材料
015100007	铝合金角铝	综合	m	2.59	材料
015100009	铝合金接插件		个	3.34	材料
015100011	铝合金靠墙条板		m^2	172.00	材料
015100013	铝合金框料	L25×2	m	9.22	材料
015100015	铝合金门框		m	37.07	材料
015100017	铝合金收口压条		m	4.64	材料
015100019	铝合金型材	101.6×44.4×1.4	kg	20.07	材料
015100021	铝合金型材	L25.4×25.4×1	kg	5.84	材料
015100023	铝合金型材	L形 30×12×1	m	2.19	材料
015100025	铝合金型材	U形 80×13×1.2	m	6.40	材料
015100027	铝合金型材	骨架、龙骨	t	15259.00	材料
015100029	铝合金型材	110 系列	kg	18.53	材料
015100031	铝合金型材	140 系列	kg	18.53	材料
015100033	铝合金型材	155 系列	kg	18.53	材料
015100035	铝合金型材	综合	kg	18.53	材料
015100037	铝合金型材转接件		kg	21.12	材料
015100039	医疗设备带		m	517.00	材料
015100041	直条形铝合金格栅(含配件)	1260×60×126	m^2	34.48	材料
015300001	白铅粉		kg	12.66	材料
015300003	封铅	含铅 65% 含锡 35%	kg	22.04	材料
015300005	封铅	含铅 65% 含锡 35%	kg	22.04	材料
015300007	黑铅粉		kg	17.00	材料
015300009	铅板	80×150×3	块	23.71	材料
015300011	铅板	80×300×3	块	41.38	材料
015300013	铅板	80×300×3	kg	19.83	材料
015300015	铅板	$\delta 3$	kg	19.83	材料
015300017	铅板	$\delta 2.6 \sim 3$	kg	19.83	材料
015300019	青铅		kg	12.23	材料

续表

代码	名称	型号规格	单位	基期价	类别
015300021	青铅	综合	kg	12.23	材料
015900001	锌	99.99%	kg	22.10	材料
015900003	锌粉		kg	26.23	材料
015900005	锌丝	$\phi 2$	kg	21.77	材料
016100001	纯铜箔	$\delta 0.04$	kg	50.50	材料
016100003	镀锌铁件		kg	3.73	材料
016100005	钢绞线涂包		kg	1.29	材料
016100007	钢纤维		t	4138.00	材料
016100009	工具钢		kg	7.33	材料
016100011	金属板		m^2	474.00	材料
016100013	金属材料(摊销)		kg	3.02	材料
016100015	金属堵头		只	3.02	材料
016100017	金属防水板		m^2	60.34	材料
016100019	金属周转材料		kg	3.95	材料
016100021	冷拉设备摊销		kg	6.47	材料
016100023	零星卡具		kg	5.88	材料
016100025	铈钨棒		g	0.40	材料
016100027	铁件		t	3707.00	材料
016100029	铁件		kg	3.71	材料
016100031	铁件镀锌(热镀)		t	1379.00	材料
016100033	铁件喷塑		t	517.00	材料
016100035	钍钨棒		kg	9.66	材料
016100037	钍钨棒		g	0.62	材料
016100039	钨钢头		kg	431.00	材料
016100041	钨棒		kg	254.00	材料
016100043	锡		kg	89.66	材料
016100045	锡纸		m^2	0.43	材料
016100047	锡纸		kg	81.47	材料
016100049	烟囱金属竖井架		kg	6.03	材料
016300001	U形槽板		块	6.03	材料
016300003	弹簧钢		kg	4741.00	材料
016300005	钢屑(铁屑)		kg	1.45	材料
016300007	夹具用钢		kg	5.09	材料
016300009	铸钢	Z35#	kg	3.10	材料
016300011	铸铁		kg	2.84	材料
020100001	夹布橡胶平板	$\delta 3$	m^2	19.31	材料
020100003	结皮海绵橡胶板		kg	12.07	材料
020100005	氯丁橡胶板	$\delta 3\sim4$	kg	15.52	材料

续表

代码	名称	型号规格	单位	基期价	类别
020100007	耐酸石棉橡胶板	δ2	kg	11.21	材料
020100009	耐酸石棉橡胶板(综合)		kg	11.21	材料
020100011	耐酸橡胶板	δ2	kg	11.21	材料
020100013	耐酸橡胶板	δ3	kg	11.21	材料
020100015	耐油石棉橡胶板	δ0.8	kg	11.21	材料
020100017	耐油石棉橡胶板	δ1	kg	11.21	材料
020100019	耐油石棉橡胶板	δ2	kg	11.21	材料
020100021	耐油橡胶板		kg	11.21	材料
020100023	软橡胶板		m^2	26.72	材料
020100025	石棉橡胶板	δ1.5	m^2	11.43	材料
020100027	石棉橡胶板	δ3~6	kg	5.86	材料
020100029	石棉橡胶板	低压 δ0.8~6	kg	5.26	材料
020100031	石棉橡胶板	高压 δ0.5~8	kg	6.90	材料
020100033	石棉橡胶板	中压 δ0.6~8	kg	5.86	材料
020100035	橡胶板		kg	5.09	材料
020100037	橡胶板	δ2	m^2	18.71	材料
020100039	橡胶板	δ3	m^2	26.03	材料
020100041	橡胶板	δ3	kg	5.09	材料
020100043	橡胶板	δ4	m^2	36.21	材料
020100045	橡胶板	δ4	kg	5.09	材料
020100047	橡胶板	δ5	m^2	44.83	材料
020100049	橡胶板	δ12	kg	5.09	材料
020100051	橡胶板	δ15	m^2	79.45	材料
020100053	橡胶板	δ1~3	kg	5.09	材料
020100055	橡胶板	δ1~15	kg	5.09	材料
020100057	橡胶板	δ4~15	kg	5.09	材料
020100059	橡胶板	δ5~10	kg	5.09	材料
020100061	橡胶垫板		块	5.81	材料
020100063	橡胶风琴板	200×28×2	m	31.03	材料
020300001	空心胶条		m	2.33	材料
020300003	帘布橡胶条		kg	14.40	材料
020300005	氯丁橡胶条		kg	46.21	材料
020300007	门窗密封橡胶条		m	4.31	材料
020300009	橡胶密封条		m	0.95	材料
020300011	橡胶密封条	单	m	1.03	材料
020300013	橡胶密封条	平行 2×75	m	1.47	材料
020300015	橡胶条		m	5.26	材料
020300017	橡胶条	φ20	个	2.16	材料

续表

代码	名称	型号规格	单位	基期价	类别
020300019	橡胶条(大)		m	4.74	材料
020300021	橡胶条(小)		m	3.88	材料
020300023	橡胶止水带	300×8	m	37.93	材料
020300025	橡皮	2	m^2	1.30	材料
020300027	橡皮	3	m^2	1.49	材料
020300029	橡皮密封条	20×4	m	1.78	材料
020500001	F管橡胶圈	ϕ600	只	67.24	材料
020500003	F管橡胶圈	ϕ800	只	72.41	材料
020500005	F管橡胶圈	ϕ1000	只	77.59	材料
020500007	F管橡胶圈	ϕ1200	只	93.10	材料
020500009	F管橡胶圈	ϕ1350	只	114.00	材料
020500011	F管橡胶圈	ϕ1500	只	134.00	材料
020500013	F管橡胶圈	ϕ1650	只	150.00	材料
020500015	F管橡胶圈	ϕ1800	只	160.00	材料
020500017	F管橡胶圈	ϕ2000	只	181.00	材料
020500019	F管橡胶圈	ϕ2200	只	194.00	材料
020500021	F管橡胶圈	ϕ2400	只	207.00	材料
020500023	F管橡胶圈	ϕ2700	只	75.86	材料
020500025	F管橡胶圈	ϕ3000	只	84.48	材料
020500027	O形胶圈	(承插)ϕ200	只	2.59	材料
020500029	O形胶圈	(承插)ϕ300	只	3.45	材料
020500031	O形胶圈	(承插)ϕ400	只	5.17	材料
020500033	O形胶圈	(承插)ϕ500	只	6.03	材料
020500035	O形胶圈	(承插)ϕ600	只	7.76	材料
020500037	O形胶圈	(承插)ϕ700	只	15.52	材料
020500039	O形胶圈	(承插)ϕ800	只	18.97	材料
020500041	O形胶圈	(承插)ϕ900	只	21.55	材料
020500043	O形胶圈	(承插)ϕ1000	只	25.86	材料
020500045	O形胶圈	(承插)ϕ1100	只	31.03	材料
020500047	O形胶圈	(承插)ϕ1200	只	34.48	材料
020500049	O形胶圈	(承插)ϕ1350	只	37.93	材料
020500051	O形胶圈	(承插)ϕ1500	只	43.10	材料
020500053	O形胶圈	(承插)ϕ1650	只	44.83	材料
020500055	O形胶圈	(承插)ϕ1800	只	50.00	材料
020500057	O形胶圈	(承插)ϕ2000	只	51.72	材料
020500059	O形胶圈	(承插)ϕ2200	只	56.90	材料
020500061	O形胶圈	(承插)ϕ2400	只	62.07	材料
020500063	O形胶圈	(承插)ϕ2600	只	67.24	材料

续表

代 码	名 称	型号规格	单位	基期价	类别
020500065	O形胶圈	(承插)ϕ2800	只	72.41	材料
020500067	O形胶圈	(承插)ϕ3000	只	77.59	材料
020500069	O形橡胶圈	横截面ϕ30	m	48.28	材料
020500071	q形胶圈	ϕ1350	只	222.00	材料
020500073	q形胶圈	ϕ1500	只	259.00	材料
020500075	q形胶圈	ϕ1650	只	272.00	材料
020500077	q形胶圈	ϕ1800	只	310.00	材料
020500079	q形胶圈	ϕ2000	只	422.00	材料
020500081	q形胶圈	ϕ2200	只	448.00	材料
020500083	q形胶圈	ϕ2400	只	500.00	材料
020500085	彩钢密封圈		只	0.63	材料
020500087	防水橡胶圈		个	2.59	材料
020500089	密封圈		个	12.93	材料
020500091	橡胶护套圈	ϕ6~32	只	0.17	材料
020500093	橡胶护套圈	ϕ6~32	个	2.59	材料
020500095	橡胶密封圈	*DN*50	个	4.31	材料
020500097	橡胶密封圈	*DN*75	个	5.17	材料
020500099	橡胶密封圈	*DN*100	个	6.81	材料
020500101	橡胶密封圈	*DN*125	个	29.31	材料
020500103	橡胶密封圈	*DN*150	个	7.76	材料
020500105	橡胶密封圈	*DN*200	个	9.61	材料
020500107	橡胶密封圈	*DN*250	个	11.21	材料
020500109	橡胶密封圈	*DN*300	个	19.22	材料
020500111	橡胶密封圈	*DN*350	个	23.28	材料
020500113	橡胶密封圈	*DN*400	个	30.17	材料
020500115	橡胶密封圈	*DN*450	个	43.10	材料
020500117	橡胶密封圈	*DN*500	个	51.72	材料
020500119	橡胶密封圈	*DN*600	个	60.34	材料
020500121	橡胶密封圈	*DN*800	个	64.66	材料
020500123	橡胶密封圈	*DN*1000	个	75.86	材料
020500125	橡胶密封圈	*DN*1200	个	102.00	材料
020500127	橡胶密封圈	*DN*1400	个	131.00	材料
020500129	橡胶密封圈(排水)	*DN*50	个	4.31	材料
020500131	橡胶密封圈(排水)	*DN*75	个	5.17	材料
020500133	橡胶密封圈(排水)	*DN*100	个	6.81	材料
020500135	橡胶密封圈(排水)	*DN*150	个	7.76	材料
020500137	橡胶密封圈(排水)	*DN*160	个	6.03	材料
020500139	橡胶密封圈(排水)	*DN*200	个	9.61	材料

续表

代码	名称	型号规格	单位	基期价	类别
020500141	橡胶密封圈(排水)	*DN*250	个	11.21	材料
020500143	橡胶密封圈(排水)	*DN*300	个	9.91	材料
020500145	橡胶密封圈(排水)	*DN*400	个	15.52	材料
020500147	橡胶密封圈(排水)	*DN*500	个	18.10	材料
020500149	橡胶圈	*DN*100	个	9.48	材料
020500151	橡胶圈	*DN*150	个	12.07	材料
020500153	橡胶圈	*DN*200	个	19.83	材料
020500155	橡胶圈	*DN*300	个	63.36	材料
020500157	橡胶圈	*DN*400	个	65.09	材料
020500159	橡胶圈	*DN*500	个	74.57	材料
020500161	橡胶圈	*DN*600	个	90.09	材料
020500163	橡胶圈(UPVC 管)	*DN*150	个	3.10	材料
020500165	橡胶圈(UPVC 管)	*DN*225	个	6.90	材料
020500167	橡胶圈(UPVC 管)	*DN*300	个	16.69	材料
020500169	橡胶圈(给水)	*DN*100	个	12.33	材料
020500171	橡胶圈(给水)	*DN*150	个	19.83	材料
020500173	橡胶圈(给水)	*DN*200	个	31.55	材料
020500175	橡胶圈(给水)	*DN*250	个	42.24	材料
020500177	橡胶圈(给水)	*DN*300	个	48.28	材料
020500179	橡胶圈(给水)	*DN*350	个	64.83	材料
020500181	橡胶圈(给水)	*DN*400	个	72.50	材料
020500183	橡胶圈(给水)	*DN*450	个	91.72	材料
020500185	橡胶圈(给水)	*DN*500	个	114.00	材料
020500187	橡皮护套圈	ϕ17	个	3.28	材料
020500189	遇水膨胀橡胶密封圈		m	43.28	材料
020700001	摆式钢支座		t	3147.00	材料
020700003	板式橡胶支座		$100cm^3$	3.79	材料
020700005	废旧轮胎		个	32.76	材料
020700007	钢盆式橡胶支座	3000kN 以内	个	4153.00	材料
020700009	钢盆式橡胶支座	4000kN 以内	个	5391.00	材料
020700011	钢盆式橡胶支座	5000kN 以内	个	7209.00	材料
020700013	钢盆式橡胶支座	7000kN 以内	个	10487.00	材料
020700015	钢盆式橡胶支座	10000kN 以内	个	17528.00	材料
020700017	钢盆式橡胶支座	15000kN 以内	个	31904.00	材料
020700019	聚硫橡胶		kg	25.86	材料
020700021	氯丁橡胶		kg	18.10	材料
020700023	耐热胶垫	2×38	m	1.90	材料
020700025	四氟板式橡胶支座		$100cm^3$	8.45	材料

续表

代码	名称	型号规格	单位	基期价	类别
020700027	橡胶棒	ϕ35	kg	18.71	材料
020700029	橡胶垫		个	1.29	材料
020700031	橡胶垫	δ0.8	m^2	35.34	材料
020700033	橡胶垫	δ2	m^2	30.17	材料
020700035	橡胶垫块	δ5	m	1.12	材料
020700037	橡胶垫块	δ10	m^2	5.17	材料
020700039	橡胶垫片	宽 250	m	1.03	材料
020700041	橡胶轮胎		个	69.05	材料
020700043	橡胶囊	ϕ36	m	73.28	材料
020700045	橡胶囊	外套 ϕ60	m	108.00	材料
020700047	橡胶囊	ϕ360	m	213.00	材料
020700049	橡胶囊外套	ϕ600	m	246.00	材料
020700051	橡胶片	δ3	kg	9.91	材料
020700053	橡胶塞		kg	19.14	材料
020700055	橡皮	3~5	kg	5.00	材料
020700057	橡皮垫	2	m^2	17.67	材料
020700059	橡皮垫	δ2	m^2	37.41	材料
020900001	彩色膜		m^2	9.91	材料
020900003	高密度聚乙烯土工膜	δ1.5	m^2	18.71	材料
020900005	高密度聚乙烯土工膜	δ2.0	m^2	25.60	材料
020900007	聚氯乙烯薄膜		m^2	0.86	材料
020900009	聚氯乙烯薄膜		kg	12.07	材料
020900011	聚乙烯薄膜		m^2	0.86	材料
020900013	四氟乙烯塑料薄膜		kg	336.00	材料
020900015	塑料薄膜		m^2	0.86	材料
020900017	塑料薄膜		kg	12.07	材料
020900019	塑料布		m^2	5.79	材料
020900021	塑料布		kg	18.10	材料
020900023	土工膜		m^2	23.28	材料
021100001	高密度聚乙烯防水板	δ10	m^2	1.55	材料
021100003	聚苯乙烯泡沫板		m^3	504.00	材料
021100005	聚丙烯板	阻燃	m^2	25.26	材料
021100007	聚氯乙烯板	δ8	m^2	217.00	材料
021100009	聚氯乙烯板	δ12	kg	7.84	材料
021100011	聚氯乙烯板	综合	kg	7.33	材料
021100013	聚四氟乙烯板		kg	90.52	材料
021100015	卡普龙板		m^2	517.00	材料
021100017	空腹 PVC 板		m^2	31.90	材料

续表

代 码	名 称	型 号 规 格	单位	基期价	类 别
021100019	软聚氯乙烯板	δ4	m^2	16.12	材料
021100021	软聚氯乙烯板	δ2~8	kg	12.07	材料
021100023	塑胶条		m	0.43	材料
021100025	塑料板		m^2	4.83	材料
021100027	塑料板	E16	m^2	13.02	材料
021100029	塑料板盲沟		m	10.34	材料
021100031	塑料排水板	SPB-100-A	m	2.50	材料
021100033	硬聚氯乙烯板	δ6	m^2	210.00	材料
021100035	硬聚氯乙烯板	δ8	m^2	202.00	材料
021100037	硬聚氯乙烯板	δ12	m^2	229.00	材料
021100039	硬聚氯乙烯板	δ12	kg	8.19	材料
021100041	硬聚氯乙烯板	δ14	m^2	242.00	材料
021100043	硬聚氯乙烯板	δ2~30	kg	8.19	材料
021100045	硬塑料板		m^2	38.79	材料
021300001	聚四氟乙烯带	1×30	kg	68.97	材料
021300003	聚四氟乙烯生料带	26×0.1	m	0.43	材料
021300005	密封带		m	0.22	材料
021300007	三色塑料带	20mm×40m	m	0.69	材料
021300009	三色塑料带	综合	kg	9.74	材料
021300011	生料带		kg	103.00	材料
021300013	四氟带		kg	87.93	材料
021300015	塑料暗袋	80×300	副	13.02	材料
021300017	塑料打包带		kg	10.34	材料
021300019	塑料带	50	卷	4.66	材料
021300021	塑料带	20mm×40m	kg	12.07	材料
021300023	塑料带	20mm×40m	卷	7.41	材料
021300025	塑料带	20mm×40m	kg	7.41	材料
021500001	PE 棒		m	1.29	材料
021500003	聚乙烯棒		m	13.79	材料
021700001	乳白胶片		m^2	134.00	材料
021700003	有机玻璃	δ8	m^2	41.38	材料
021700005	有机玻璃灯格片		m^2	39.05	材料
021700007	有机玻璃灯片		m^2	39.05	材料
021700009	有机玻璃片	方格型	m^2	14.48	材料
021900001	单面钢丝聚苯乙烯板	15kg/m^3 δ50	m^2	35.05	材料
021900003	低发泡聚乙烯		m^3	560.00	材料
021900005	工字型胶质插条		m	1.29	材料
021900007	加强条		m	2.59	材料

续表

代码	名称	型号规格	单位	基期价	类别
021900009	聚四氟乙烯垫		个	3.62	材料
021900011	聚四氟乙烯垫		kg	10.95	材料
021900013	塑料编织袋		m	1.03	材料
021900015	塑料盖		个	0.09	材料
021900017	塑料台		个	1.21	材料
021900019	塑料透光片		m^2	77.59	材料
021900021	塑料檐沟		m	26.72	材料
021900023	塑料胀塞	$\phi6\sim9$	套	0.26	材料
021900025	有机玻璃	10	m^2	104.00	材料
022300001	石墨粉		kg	17.24	材料
022300003	石墨块		kg	18.97	材料
022300005	炭精棒	$\phi48$	根	2.84	材料
022300007	炭精棒		kg	8.79	材料
022300009	碳精棒	$\phi48$	根	2.89	材料
022300011	碳精棒	$\phi8\sim12$	根	6.12	材料
022500001	GRC 山花浮雕	1200×400 以内	件	86.21	材料
022500003	GRC 山花浮雕	1200×400 以外	件	103.00	材料
022500005	玻璃钢		m^2	134.00	材料
022500007	玻璃钢短管	$\phi50$	个	14.05	材料
022500009	玻璃钢檐沟		m	30.17	材料
022500011	玻璃钢檐沟带嘴		个	30.17	材料
022700001	白布		m^2	5.34	材料
022700003	白布		m	4.57	材料
022700005	白布		kg	11.64	材料
022700007	白布	宽 900	m	4.57	材料
022700009	白绸		m^2	5.34	材料
022700011	白回丝		kg	2.93	材料
022700013	白纱布带	19mm×20m	卷	1.21	材料
022700015	白纱带	20mm×20m	卷	1.10	材料
022700017	白棕绳		kg	14.31	材料
022700019	毛毡	5	m^2	3.36	材料
022700021	密封毛条		m	1.90	材料
022700023	棉布	$400g/m^2$	kg	30.60	材料
022700025	棉布袋	$\phi300\times1500$	个	2.59	材料
022700027	棉花		kg	22.84	材料
022700029	棉纱		kg	10.34	材料
022700031	棉纱头		kg	10.34	材料
022700033	棉纱线		kg	7.16	材料

续表

代 码	名 称	型 号 规 格	单位	基期价	类 别
022700035	破布		kg	6.90	材料
022700037	清洁布	250×250	块	2.84	材料
022700039	清洁棉布		kg	7.16	材料
022700041	纱布		张	1.29	材料
022700043	碎布		箱	310.00	材料
022700045	细白布		m	5.00	材料
022700047	细白布	宽 0.9m	m	5.00	材料
022700049	羊毛毡	1~5	m^2	18.97	材料
022700051	羊毛毡	6~8	m^2	50.86	材料
022700053	羊毛毡	12~15	m^2	65.52	材料
022700055	油毛毡		m^2	2.24	材料
022900001	白麻绳	ϕ26	kg	18.10	材料
022900003	麻布		kg	8.99	材料
022900005	麻袋		个	5.17	材料
022900007	麻袋布		m^2	4.31	材料
022900009	麻袋布	宽 600	m	2.50	材料
022900011	麻刀		kg	2.76	材料
022900013	麻绳		kg	7.51	材料
022900015	麻绳	ϕ12	m	4.31	材料
022900017	麻丝		kg	2.76	材料
022900019	线麻		kg	10.86	材料
022900021	油麻		kg	5.17	材料
022900023	油麻丝		kg	20.69	材料
022900025	棕绳		kg	9.31	材料
023100001	涤纶针刺土工布		m^2	10.18	材料
023100003	帆布		m^2	15.34	材料
023100005	滤布		块	60.34	材料
023100007	膜材料		m^2	188.00	材料
023100009	尼龙编织袋		只	1.58	材料
023100011	尼龙编织袋	(袋装砂井用)	m	5.00	材料
023100013	尼龙吊装带		m	280.00	材料
023100015	尼龙卡带		个	0.70	材料
023100017	尼龙帽		个	0.60	材料
023100019	尼龙绳	ϕ0.5~1	kg	69.83	材料
023100021	尼龙绳	综合	m	0.43	材料
023100023	尼龙绳	综合	kg	64.91	材料
023100025	尼龙网	30 目	m^2	1.21	材料
023100027	尼龙网	综合	m	96.55	材料

续表

代码	名称	型号规格	单位	基期价	类别
023100029	尼龙线卡		个	0.26	材料
023100031	土工布		m^2	4.31	材料
023100033	土工布袋		条	2.24	材料
023100035	复合土工排水网	5.0mm	m^2	36.21	材料
023100037	土工滤网		m^2	34.48	材料
023100039	无纺布		m^2	7.93	材料
023100041	无纺布	300g/m^2	m^2	7.93	材料
023100043	无纺涤纶布	宽 130	m	6.55	材料
023100045	无纺土工布		m^2	8.62	材料
023300001	草袋		个	3.62	材料
023300003	草袋		m^2	3.62	材料
023300005	草帘		m^2	2.76	材料
023300007	草绳		kg	1.12	材料
023300009	麦秸		kg	0.52	材料
023300011	树棕		kg	19.40	材料
023300013	苇箔		m^2	8.19	材料
023300015	苇席		m^2	8.97	材料
023500001	波音软片		m^2	9.66	材料
023500003	玻璃钢仿竹片		m^2	103.00	材料
023500005	豆包布		m	2.93	材料
023500007	海绵	20	m^2	13.97	材料
023500009	精梳麻		kg	25.86	材料
023500011	茅草		kg	2.24	材料
023500013	膨润土无纺布层	厚 50	m^2	33.02	材料
023500015	人造革		m^2	22.41	材料
030100001	T 形连接螺栓	M16×70	个	3.88	材料
030100003	U 形螺栓	M10×50	套	1.38	材料
030100005	U 形螺栓	M10×108	套	4.40	材料
030100007	U 形螺栓带帽	M22	kg	10.43	材料
030100009	扒钉		kg	3.73	材料
030100011	半圆头镀锌螺栓	M5×40	个	0.17	材料
030100013	半圆头镀锌螺栓	M2~5×15~50	个	0.17	材料
030100015	半圆头镀锌螺栓	M2~5×15~50	10 个	1.72	材料
030100017	半圆头镀锌螺栓	M6~12×22~80	个	0.09	材料
030100019	半圆头镀锌螺栓	M6~12×22~80	10 个	0.86	材料
030100021	半圆头镀锌螺栓	M8~12×12~50	10 个	3.19	材料
030100023	半圆头螺钉		个	0.06	材料
030100025	半圆头螺钉		10 个	0.60	材料

续表

代 码	名 称	型号规格	单位	基期价	类 别
030100027	半圆头螺钉	M4×6	10个	0.13	材料
030100029	半圆头螺钉	M4×30	个	0.03	材料
030100031	半圆头螺钉	M6×12	个	0.08	材料
030100033	半圆头螺钉	M6×20	个	0.07	材料
030100035	半圆头螺钉	M10×100	个	0.71	材料
030100037	半圆头螺钉	M10×100	10个	7.07	材料
030100039	半圆头螺钉	M6×30~40	10个	1.47	材料
030100041	半圆头螺钉	M6~8×12~30	10个	2.59	材料
030100043	半圆头螺钉	M6~12×12~50	个	0.09	材料
030100045	半圆头螺钉	M6~12×12~50	10个	0.86	材料
030100047	半圆头螺栓带螺母	M5×15	10套	0.69	材料
030100049	半圆头木螺钉	L16	个	0.03	材料
030100051	半圆头铜螺钉带螺母	M4×10	套	2.76	材料
030100053	保护圈盖		套	12.93	材料
030100055	玻璃搁板钉		只	0.69	材料
030100057	不锈钢带帽螺栓	2平1弹垫 M10×100内	10套	29.31	材料
030100059	不锈钢钉		kg	21.55	材料
030100061	不锈钢焊丝	1Cr18Ni9Ti	kg	47.41	材料
030100063	不锈钢六角带帽螺栓		套	3.68	材料
030100065	不锈钢六角带帽螺栓	M6×25	套	0.20	材料
030100067	不锈钢六角带帽螺栓	M10×150	百套	172.00	材料
030100069	不锈钢六角带帽螺栓	M12×45	套	1.09	材料
030100071	不锈钢六角带帽螺栓	M12×110	套	2.25	材料
030100073	不锈钢六角带帽螺栓	M14×120	套	3.64	材料
030100075	不锈钢六角带帽螺栓	M16×45	套	4.25	材料
030100077	不锈钢六角带帽螺栓	M16×200	套	8.41	材料
030100079	不锈钢六角螺栓	M6	个	1.03	材料
030100081	不锈钢六角螺栓	M8×30	个	1.72	材料
030100083	不锈钢六角螺栓	M16×45	个	1.98	材料
030100085	不锈钢六角螺栓	M16×200	个	9.48	材料
030100087	不锈钢六角螺栓带螺母	M6×25	套	0.53	材料
030100089	不锈钢六角螺栓带螺母	M10×20	套	0.86	材料
030100091	不锈钢六角螺栓带螺母	M12×45	套	1.35	材料
030100093	不锈钢六角螺栓带螺母	M12×110	套	3.19	材料
030100095	不锈钢六角螺栓带螺母	M14×120	套	4.76	材料
030100097	不锈钢六角螺栓带螺母	M6×50以内	10套	6.47	材料
030100099	不锈钢六角螺栓带螺母	M8×50以内	10套	12.93	材料
030100101	不锈钢螺钉		个	1.55	材料

续表

代码	名称	型号规格	单位	基期价	类别
030100103	不锈钢螺钉	M5×25	个	0.20	材料
030100105	不锈钢螺栓		个	10.34	材料
030100107	不锈钢螺栓	M5×12	10个	1.35	材料
030100109	不锈钢螺栓	M10×350	百个	759.00	材料
030100111	不锈钢平头螺钉	M5×15	个	0.14	材料
030100113	测钉		个	4.31	材料
030100115	沉头螺钉	M25	百个	172.00	材料
030100117	沉头螺钉	M4×10	10个	0.17	材料
030100119	沉头螺钉	M10×20	10个	4.83	材料
030100121	沉头螺钉	M10×35	10个	7.50	材料
030100123	沉头螺钉	M10×53	个	1.09	材料
030100125	沉头螺钉	M16×25	个	0.86	材料
030100127	沉头螺钉	M16×25	10个	8.62	材料
030100129	沉头螺钉	M6×55~65	个	0.07	材料
030100131	沉头螺钉	M6×55~65	10个	0.74	材料
030100133	沉头木螺钉	L30	个	0.03	材料
030100135	沉头木螺钉	L32	个	0.03	材料
030100137	沉头木螺钉	L35	个	0.03	材料
030100139	沉头木螺钉	L40	个	0.04	材料
030100141	抽芯铆钉	$\phi4\times13$	百个	4.31	材料
030100143	粗制六角带帽螺栓		kg	5.47	材料
030100145	粗制六角螺栓带螺母		10套	3.24	材料
030100147	单面固定螺栓	ML-850R	个	0.72	材料
030100149	单面连接螺栓	R-8	个	0.52	材料
030100151	弹簧垫圈		只	0.08	材料
030100153	弹簧垫圈	50kg	个	0.41	材料
030100155	弹簧垫圈	60kg	个	0.45	材料
030100157	弹簧垫圈	M6	个	0.03	材料
030100159	弹簧垫圈	M2~10	10个	0.18	材料
030100161	弹簧垫圈	M12~22	10个	1.12	材料
030100163	弹簧垫圈	M16~30	10个	2.41	材料
030100165	弹簧垫圈	双层	个	0.28	材料
030100167	地板钉		kg	5.60	材料
030100169	地脚螺栓		个	1.20	材料
030100171	地脚螺栓		10个	11.98	材料
030100173	地脚螺栓	M8×100	个	0.86	材料
030100175	地脚螺栓	M8×120	个	1.05	材料
030100177	地脚螺栓	M10×25	个	0.43	材料

续表

代码	名称	型号规格	单位	基期价	类别
030100179	地脚螺栓	M10×100	个	1.20	材料
030100181	地脚螺栓	M12×120	个	1.37	材料
030100183	地脚螺栓	M12×120	套	2.71	材料
030100185	地脚螺栓	M12×150	个	1.77	材料
030100187	地脚螺栓	M12×160	个	1.85	材料
030100189	地脚螺栓	M12×160	10个	18.53	材料
030100191	地脚螺栓	M12×1070	kg	10.43	材料
030100193	地脚螺栓	M16×230	10个	46.98	材料
030100195	地脚螺栓	M20×300	10个	30.17	材料
030100197	地脚螺栓	M24×500	个	12.50	材料
030100199	地脚螺栓	M14×120~230	个	4.70	材料
030100201	地脚螺栓	M16×120~300	个	4.70	材料
030100203	地脚螺栓	M16×150~230	套	4.70	材料
030100205	地脚螺栓	M6~8×100	个	0.86	材料
030100207	地脚螺栓	M12×60以内	个	1.60	材料
030100209	地脚螺栓	M12×160以内	个	1.85	材料
030100211	垫圈		百个	17.24	材料
030100213	垫圈		kg	5.60	材料
030100215	垫圈	M12	个	0.07	材料
030100217	垫圈	M14	个	0.08	材料
030100219	垫圈	M16	个	0.09	材料
030100221	垫圈	M2~8	10个	0.17	材料
030100223	垫圈	M10~20	10个	0.95	材料
030100225	垫圈	综合	kg	5.60	材料
030100227	垫圈	综合	10个	1.72	材料
030100229	定位螺丝	ϕ6×10	百个	3.98	材料
030100231	镀铬装饰螺钉		个	0.91	材料
030100233	镀锌J形螺栓带螺母		套	1.33	材料
030100235	镀锌沉头木螺钉	L35	个	0.03	材料
030100237	镀锌沉头木螺钉	L40	个	0.03	材料
030100239	镀锌沉头木螺钉	L70	个	0.09	材料
030100241	镀锌穿钉	M12×50	副	0.99	材料
030100243	镀锌穿钉	M12×80	副	1.03	材料
030100245	镀锌穿钉	M12×100	副	1.08	材料
030100247	镀锌穿钉	M12×220	副	2.69	材料
030100249	镀锌穿钉	M12×300	副	3.38	材料
030100251	镀锌穿钉带帽	M4×20	套	0.66	材料
030100253	镀锌穿钉带帽	M12×160	套	2.45	材料

续表

代 码	名 称	型号规格	单位	基期价	类 别
030100255	镀锌穿钉带帽	M14×70	套	1.47	材料
030100257	镀锌穿钉带帽	M16×60	套	1.41	材料
030100259	镀锌弹簧垫圈	M10	个	0.04	材料
030100261	镀锌弹簧垫圈	M16	个	0.12	材料
030100263	镀锌垫圈	M10	个	0.12	材料
030100265	镀锌垫圈	M16	个	0.24	材料
030100267	镀锌垫圈	M20	个	0.41	材料
030100269	镀锌垫圈	M2~12	10个	0.34	材料
030100271	镀锌垫圈	M14~20	10个	0.97	材料
030100273	镀锌滚花膨胀螺栓	M8	个	0.33	材料
030100275	镀锌滚花膨胀螺栓	M10	个	0.41	材料
030100277	镀锌开尾螺栓		10个	8.62	材料
030100279	镀锌六角带帽螺栓	M6×15	10套	1.12	材料
030100281	镀锌六角带帽螺栓	M10×25	套	0.29	材料
030100283	镀锌六角带帽螺栓	M10×25	10套	2.93	材料
030100285	镀锌六角带帽螺栓	M6×14~75	10套	1.16	材料
030100287	镀锌六角带帽螺栓	M8×14~75	10套	2.49	材料
030100289	镀锌六角带帽螺栓	M10×14~70	10套	4.64	材料
030100291	镀锌六角带帽螺栓	M8×50以内 2平1弹	10套	2.49	材料
030100293	镀锌六角带帽螺栓	M8×100以内 2平1弹	10套	3.35	材料
030100295	镀锌六角带帽螺栓	M10×100以内 2平1弹	10套	5.50	材料
030100297	镀锌六角带帽螺栓	M12×100以内 2平1弹	10套	7.39	材料
030100299	镀锌六角带帽螺栓	M16×100以内 2平1弹	10套	15.29	材料
030100301	镀锌六角带帽螺栓	M16×250以内 2平1弹	10套	17.02	材料
030100303	镀锌六角带帽螺栓	M12×150以内 2平1弹	10套	8.25	材料
030100305	镀锌六角螺母	M10	10个	1.29	材料
030100307	镀锌六角螺母	M12	个	0.20	材料
030100309	镀锌六角螺母	M12	10个	1.98	材料
030100311	镀锌六角螺栓	M8×250	个	1.96	材料
030100313	镀锌六角螺栓	M12×50	个	0.46	材料
030100315	镀锌六角螺栓	M12×110~120	个	2.41	材料
030100317	镀锌六角螺栓带2螺母	M18×350	套	10.78	材料
030100319	镀锌六角螺栓带2螺母	M18×530	套	17.24	材料
030100321	镀锌六角螺栓带2螺母	M18×770	套	25.00	材料
030100323	镀锌六角螺栓带螺母	M6×40	套	0.19	材料
030100325	镀锌六角螺栓带螺母	M8×75	套	0.49	材料
030100327	镀锌六角螺栓带螺母	M8×80	套	0.52	材料
030100329	镀锌六角螺栓带螺母	M10×70	套	0.51	材料

续表

代码	名称	型号规格	单位	基期价	类别
030100331	镀锌六角螺栓带螺母	M10×80	套	0.55	材料
030100333	镀锌六角螺栓带螺母	M12×40	套	0.52	材料
030100335	镀锌六角螺栓带螺母	M12×50	套	0.59	材料
030100337	镀锌六角螺栓带螺母	M12×80	套	0.80	材料
030100339	镀锌六角螺栓带螺母	M12×130	套	1.15	材料
030100341	镀锌六角螺栓带螺母	M12×150	套	1.28	材料
030100343	镀锌六角螺栓带螺母	M14×50	套	0.84	材料
030100345	镀锌六角螺栓带螺母	M14×80	套	1.12	材料
030100347	镀锌六角螺栓带螺母	M16×85	套	1.54	材料
030100349	镀锌六角螺栓带螺母	M16×140	套	2.16	材料
030100351	镀锌六角螺栓带螺母	M16×200	套	2.89	材料
030100353	镀锌六角螺栓带螺母	M16×430	套	10.04	材料
030100355	镀锌六角螺栓带螺母	M18×95	套	1.95	材料
030100357	镀锌六角螺栓带螺母	M6×16~25	10 套	0.95	材料
030100359	镀锌六角螺栓带螺母	M8×16~25	套	0.19	材料
030100361	镀锌六角螺栓带螺母	M8×30~60	10 套	4.35	材料
030100363	镀锌六角螺栓带螺母	M12×14~75	10 套	10.43	材料
030100365	镀锌六角螺栓带螺母	M12×60~65	套	0.69	材料
030100367	镀锌六角螺栓带螺母	M16×85~100	套	2.11	材料
030100369	镀锌六角螺栓带螺母、2 弹垫	M10×14~70	套	0.76	材料
030100371	镀锌六角螺栓带螺母、2 弹垫	M12×14~75	套	0.98	材料
030100373	镀锌六角螺栓带螺母、2 垫圈	M36×250	10 套	168.00	材料
030100375	镀锌六角螺栓带螺母、2 垫圈	M6×14~75	10 套	1.72	材料
030100377	镀锌六角螺栓带螺母、2 垫圈	M8×14~75	10 套	2.84	材料
030100379	镀锌六角螺栓带螺母、2 垫圈	M10×14~75	10 套	4.66	材料
030100381	镀锌六角螺栓带螺母、2 垫圈	M12×14~75	10 套	6.21	材料
030100383	镀锌六角螺栓带螺母、2 垫圈	M16×60~80	10 套	15.43	材料
030100385	镀锌六角带帽螺栓	M16×85~140 以内 2 平 1 弹	10 套	23.71	材料
030100387	镀锌六角螺栓带螺母、2 垫圈	M20×85~100	10 套	27.24	材料
030100389	镀锌六角螺栓带螺母、2 垫圈	M20×400~430	10 套	123.00	材料
030100391	镀锌六角螺栓带螺母、2 垫圈	M22×200 以内	10 套	67.24	材料
030100393	镀锌六角螺栓带螺母、2 垫圈	M27×250 以内	10 套	129.00	材料
030100395	镀锌六角螺栓带螺母、2 垫圈	M30×300 以内	10 套	164.00	材料
030100397	镀锌六角螺栓带螺母	M8×100 以内 2 平 1 弹	10 套	4.48	材料
030100399	镀锌六角带帽螺栓	M10×50 以内 2 平 1 弹	10 套	4.66	材料
030100401	镀锌六角螺栓带螺母	M10×100 以内 2 平 1 弹	10 套	6.47	材料
030100403	镀锌六角螺栓带螺母	M16×100 以内 2 平 1 弹	10 套	20.13	材料
030100405	镀锌六角带帽螺栓	M16×150 以内 2 平 1 弹	10 套	29.53	材料

续表

代码	名称	型号规格	单位	基期价	类别
030100407	镀锌六角带帽螺栓	M20×100 以内 2 平 1 弹	10 套	27.21	材料
030100409	镀锌六角螺栓带帽		套	0.65	材料
030100411	镀锌六角螺栓带帽		kg	5.47	材料
030100413	镀锌六角螺栓带帽	M5×60	套	0.19	材料
030100415	镀锌六角螺栓带帽	M6×40	套	0.19	材料
030100417	镀锌六角螺栓带帽	M8×80	套	0.52	材料
030100419	镀锌六角螺栓带帽	M10×25	套	0.29	材料
030100421	镀锌六角螺栓带帽	M10×70	套	0.51	材料
030100423	镀锌六角螺栓带帽	M10×80	套	0.55	材料
030100425	镀锌六角螺栓带帽	M10×100	套	0.65	材料
030100427	镀锌六角螺栓带帽	M12×40	套	0.52	材料
030100429	镀锌六角螺栓带帽	M12×50	套	0.59	材料
030100431	镀锌六角螺栓带帽	M12×80	套	0.80	材料
030100433	镀锌六角螺栓带帽	M12×100	套	0.94	材料
030100435	镀锌六角螺栓带帽	M12×130	套	1.15	材料
030100437	镀锌六角螺栓带帽	M12×150	套	1.28	材料
030100439	镀锌六角螺栓带帽	M14×50	套	0.84	材料
030100441	镀锌六角螺栓带帽	M14×80	套	1.12	材料
030100443	镀锌六角螺栓带帽	M16×85	套	1.54	材料
030100445	镀锌六角螺栓带帽	M16×200	套	4.48	材料
030100447	镀锌六角螺栓带帽	M16×430	套	9.16	材料
030100449	镀锌六角螺栓带帽	M18×95	套	1.95	材料
030100451	镀锌六角螺栓带帽	M12×100 以内 2 平 1 弹垫	套	1.11	材料
030100453	镀锌六角螺栓带帽	M16×100 以内 2 平 1 弹垫	套	2.01	材料
030100455	镀锌六角外丝	*DN*50	个	6.16	材料
030100457	镀锌六角外丝	*DN*70	个	11.05	材料
030100459	镀锌六角外丝	*DN*80	个	17.29	材料
030100461	镀锌六角外丝	*DN*100	个	28.03	材料
030100463	镀锌螺钉		只	0.17	材料
030100465	镀锌螺钉	M2~5×4~50	个	0.04	材料
030100467	镀锌螺钉	综合	10 个	1.72	材料
030100469	镀锌铆钉	M4	kg	7.76	材料
030100471	镀锌木螺钉	*d*4×25	百个	3.03	材料
030100473	镀锌木螺钉	*d*6×100	10 个	2.05	材料
030100475	镀锌木螺钉	*d*2~5×4~50	10 个	0.43	材料
030100477	镀锌木螺丝	M4×25	百个	3.03	材料
030100479	镀锌膨胀螺栓	M8	10 个	5.17	材料
030100481	镀锌膨胀螺栓	M10	10 个	7.76	材料

续表

代　码	名　　称	型号规格	单位	基期价	类别
030100483	镀锌膨胀螺栓带 2 螺母、2 垫圈	M10	套	1.72	材料
030100485	镀锌双头螺栓	M12×350	个	2.68	材料
030100487	镀锌锁紧螺母	*DN*15~20×1.5	个	0.17	材料
030100489	镀锌锁紧螺母	*DN*15×1.5	个	0.17	材料
030100491	镀锌锁紧螺母	*DN*15×3	个	0.29	材料
030100493	镀锌锁紧螺母	*DN*15×3	10 个	2.93	材料
030100495	镀锌锁紧螺母	*DN*20×1.5	个	0.36	材料
030100497	镀锌锁紧螺母	*DN*20×3	个	0.44	材料
030100499	镀锌锁紧螺母	*DN*20×3	10 个	4.40	材料
030100501	镀锌锁紧螺母	*DN*25×1.5	个	0.41	材料
030100503	镀锌锁紧螺母	*DN*25×3	个	0.52	材料
030100505	镀锌锁紧螺母	*DN*32×1.5	个	0.39	材料
030100507	镀锌锁紧螺母	*DN*32×3	个	0.52	材料
030100509	镀锌锁紧螺母	*DN*40×1.5	个	0.78	材料
030100511	镀锌锁紧螺母	*DN*40×3	个	1.07	材料
030100513	镀锌锁紧螺母	*DN*50×1.5	个	1.90	材料
030100515	镀锌锁紧螺母	*DN*50×3	个	4.91	材料
030100517	镀锌锁紧螺母	*DN*65×3	个	7.03	材料
030100519	镀锌锁紧螺母	*DN*80×3	个	9.58	材料
030100521	镀锌锁紧螺母	*DN*100×3	个	12.21	材料
030100523	镀锌铁丝		kg	6.55	材料
030100525	镀锌铁丝	8#	kg	6.55	材料
030100527	镀锌瓦钉带垫		个	0.47	材料
030100529	镀锌自攻螺钉	ST3×10	个	0.02	材料
030100531	镀锌自攻螺钉	ST4×30	个	0.03	材料
030100533	镀锌自攻螺钉	ST4×35	个	0.03	材料
030100535	镀锌自攻螺钉	ST5×16	个	0.04	材料
030100537	镀锌自攻螺钉	ST5×20	个	0.04	材料
030100539	镀锌自攻螺钉	ST4~6×10~16	个	0.06	材料
030100541	镀锌自攻螺钉	ST4~6×10~16	10 个	0.60	材料
030100543	镀锌自攻螺钉	ST4~6×20~35	个	0.06	材料
030100545	镀锌自攻螺钉	ST4~6×20~35	10 个	0.60	材料
030100547	镀锌自攻螺钉	ϕ4~6×20~35	10 个	0.28	材料
030100549	对拉螺栓		kg	10.43	材料
030100551	钢结构自攻螺钉	5.5×32	套	0.19	材料
030100553	高强度接头螺栓带帽	50kg	套	5.46	材料
030100555	高强度接头螺栓带帽	60kg	套	5.46	材料
030100557	高强度双头螺栓	M24×130	个	5.26	材料

续表

代 码	名 称	型 号 规 格	单位	基期价	类 别
030100559	高强度双头螺栓	M24×170	个	6.37	材料
030100561	高强度双头螺栓	M27×200	个	8.47	材料
030100563	高强螺栓		套	6.90	材料
030100565	高强螺栓		kg	10.43	材料
030100567	钩头螺栓	M18×300	个	6.21	材料
030100569	钩头螺栓带帽	M10×200	套	3.62	材料
030100571	固定螺栓		百套	204.00	材料
030100573	管片连接螺栓		kg	6.98	材料
030100575	管片螺栓	M27	套	29.31	材料
030100577	管片螺栓	M30	套	29.31	材料
030100579	管片螺栓	M33	套	29.31	材料
030100581	轨卡螺栓带帽		套	4.74	材料
030100583	焊剂		kg	3.66	材料
030100585	花篮螺栓	M6×120	个	1.03	材料
030100587	花篮螺栓	M12×200	个	5.17	材料
030100589	花篮螺栓	M16×250	个	10.34	材料
030100591	花篮螺栓	M20×300	个	18.97	材料
030100593	化学胶螺栓	ϕ10	套	3.28	材料
030100595	化学锚栓	M12×160	套	1.72	材料
030100597	机械固定专用钉		套	4.31	材料
030100599	键	10×32	个	2.66	材料
030100601	金属膨胀螺栓		套	0.48	材料
030100603	金属膨胀螺栓	M5	10套	1.55	材料
030100605	金属膨胀螺栓	M6	套	0.19	材料
030100607	金属膨胀螺栓	M6	10套	1.90	材料
030100609	金属膨胀螺栓	M8	套	0.31	材料
030100611	金属膨胀螺栓	M8	百套	31.03	材料
030100613	金属膨胀螺栓	M8	10套	3.10	材料
030100615	金属膨胀螺栓	M10	套	0.48	材料
030100617	金属膨胀螺栓	M10	百套	48.62	材料
030100619	金属膨胀螺栓	M10	10套	4.83	材料
030100621	金属膨胀螺栓	M12	套	0.64	材料
030100623	金属膨胀螺栓	M12	10套	6.38	材料
030100625	金属膨胀螺栓	M14	套	1.23	材料
030100627	金属膨胀螺栓	M14	10套	12.33	材料
030100629	金属膨胀螺栓	M16	套	1.34	材料
030100631	金属膨胀螺栓	M16	10套	13.45	材料
030100633	金属膨胀螺栓	M18	套	2.67	材料

续表

代码	名称	型号规格	单位	基期价	类别
030100635	金属膨胀螺栓	M20	套	3.53	材料
030100637	金属膨胀螺栓	M27	套	5.95	材料
030100639	金属膨胀螺栓	M30	套	7.07	材料
030100641	金属膨胀螺栓	M10~16 综合	套	0.91	材料
030100643	金属膨胀螺栓	M6×22	套	0.16	材料
030100645	金属膨胀螺栓	M6×50	套	0.18	材料
030100647	金属膨胀螺栓	M6×50	10套	1.81	材料
030100649	金属膨胀螺栓	M6×60	套	0.19	材料
030100651	金属膨胀螺栓	M6×75	套	0.21	材料
030100653	金属膨胀螺栓	M6×80	10套	2.59	材料
030100655	金属膨胀螺栓	M8×60	套	0.27	材料
030100657	金属膨胀螺栓	M8×60	10套	2.67	材料
030100659	金属膨胀螺栓	M8×80	只	0.00	材料
030100661	金属膨胀螺栓	M8×80	套	0.28	材料
030100663	金属膨胀螺栓	M8×80	百套	28.45	材料
030100665	金属膨胀螺栓	M8×80	10套	2.84	材料
030100667	金属膨胀螺栓	M8×85	套	0.28	材料
030100669	金属膨胀螺栓	M8×100	套	0.31	材料
030100671	金属膨胀螺栓	M10×45	套	0.37	材料
030100673	金属膨胀螺栓	M10×80	套	0.48	材料
030100675	金属膨胀螺栓	M10×80	10套	4.83	材料
030100677	金属膨胀螺栓	M10×100	套	0.53	材料
030100679	金属膨胀螺栓	M10×105	套	0.53	材料
030100681	金属膨胀螺栓	M10×110	10套	0.56	材料
030100683	金属膨胀螺栓	M10×120	个	0.78	材料
030100685	金属膨胀螺栓	M12×80	套	0.60	材料
030100687	金属膨胀螺栓	M12×100	套	0.64	材料
030100689	金属膨胀螺栓	M12×100	10套	6.38	材料
030100691	金属膨胀螺栓	M12×120	套	6.98	材料
030100693	金属膨胀螺栓	M12×200	套	9.91	材料
030100695	金属膨胀螺栓	M16×200	套	2.41	材料
030100697	金属膨胀螺栓	M18×200	套	3.19	材料
030100699	金属膨胀螺栓	M18×200	10套	31.90	材料
030100701	金属膨胀螺栓	M20×160	套	4.40	材料
030100703	金属膨胀螺栓	M20×160	10套	43.97	材料
030100705	金属膨胀螺栓	M16×100~160	套	1.73	材料
030100707	金属膨胀螺栓	M18×100~160	套	2.84	材料
030100709	金属膨胀螺栓	M20×100~160	套	4.14	材料

续表

代码	名称	型号规格	单位	基期价	类别
030100711	金属膨胀螺栓	M6～12×50～120	套	0.78	材料
030100713	金属膨胀螺栓	综合	kg	10.43	材料
030100715	金属膨胀螺栓	综合	10套	12.93	材料
030100717	紧定钉		kg	5.60	材料
030100719	精制六角螺栓	M16×60	个	2.76	材料
030100721	精致六角带帽螺栓	M20×100	套	4.16	材料
030100723	精致六角带帽螺栓	M24×100	套	8.32	材料
030100725	举重臂螺钉		个	6.33	材料
030100727	举重臂螺丝		个	5.70	材料
030100729	绝缘垫圈		m^2	37.07	材料
030100731	绝缘螺栓	M8×35	套	0.52	材料
030100733	绝缘螺栓	M12×50	套	0.86	材料
030100735	卡箍膨胀螺栓	ϕ110	套	5.19	材料
030100737	开口销	1～5	10个	0.26	材料
030100739	开口销	3×12	个	0.04	材料
030100741	扣钉		kg	5.60	材料
030100743	扣座及码钉	*DN*15～32	个	0.84	材料
030100745	拉爆螺栓	M12	个	2.07	材料
030100747	拉铳钉	LD-1	个	0.06	材料
030100749	拉线调整螺丝	大型300	个	39.66	材料
030100751	六角带帽螺栓		套	0.28	材料
030100753	六角带帽螺栓		t	5466.00	材料
030100755	六角带帽螺栓		kg	5.47	材料
030100757	六角带帽螺栓		10套	3.28	材料
030100759	六角带帽螺栓	M8	套	0.44	材料
030100761	六角带帽螺栓	M14	套	0.72	材料
030100763	六角带帽螺栓	M8～10	套	0.44	材料
030100765	六角带帽螺栓	M8～10	kg	5.47	材料
030100767	六角带帽螺栓	M5×60	kg	10.43	材料
030100769	六角带帽螺栓	M6×20	套	0.39	材料
030100771	六角带帽螺栓	M6×75	10套	3.88	材料
030100773	六角带帽螺栓	M8×30	套	0.29	材料
030100775	六角带帽螺栓	M8×75	套	0.44	材料
030100777	六角带帽螺栓	M8×75	10套	4.40	材料
030100779	六角带帽螺栓	M8×120	套	0.75	材料
030100781	六角带帽螺栓	M10×5	套	0.16	材料
030100783	六角带帽螺栓	M10×30	套	0.28	材料
030100785	六角带帽螺栓	M10×35	套	0.44	材料

续表

代码	名称	型号规格	单位	基期价	类别
030100787	六角带帽螺栓	M10×35	10套	3.10	材料
030100789	六角带帽螺栓	M10×40	百套	50.00	材料
030100791	六角带帽螺栓	M10×60	10套	5.09	材料
030100793	六角带帽螺栓	M10×75	套	0.52	材料
030100795	六角带帽螺栓	M10×75	10套	5.17	材料
030100797	六角带帽螺栓	M10×100	百个	52.76	材料
030100799	六角带帽螺栓	M10×150	百套	58.88	材料
030100801	六角带帽螺栓	M10×260	10套	10.09	材料
030100803	六角带帽螺栓	M12×50	套	0.52	材料
030100805	六角带帽螺栓	M12×55	套	0.53	材料
030100807	六角带帽螺栓	M12×65	套	0.54	材料
030100809	六角带帽螺栓	M12×75	套	0.55	材料
030100811	六角带帽螺栓	M12×75	10套	5.52	材料
030100813	六角带帽螺栓	M12×100	套	0.59	材料
030100815	六角带帽螺栓	M12×100	10套	5.89	材料
030100817	六角带帽螺栓	M12×120	套	0.61	材料
030100819	六角带帽螺栓	M14×90	套	0.72	材料
030100821	六角带帽螺栓	M16×25	套	0.65	材料
030100823	六角带帽螺栓	M16×45	套	0.91	材料
030100825	六角带帽螺栓	M16×60	套	1.04	材料
030100827	六角带帽螺栓	M16×65	套	1.04	材料
030100829	六角带帽螺栓	M16×70	套	1.11	材料
030100831	六角带帽螺栓	M16×80	套	1.13	材料
030100833	六角带帽螺栓	M16×80	10套	11.29	材料
030100835	六角带帽螺栓	M16×90	套	1.38	材料
030100837	六角带帽螺栓	M16×150	套	1.42	材料
030100839	六角带帽螺栓	M16×200	套	1.67	材料
030100841	六角带帽螺栓	M18×50	套	1.11	材料
030100843	六角带帽螺栓	M18×50	kg	5.47	材料
030100845	六角带帽螺栓	M18×95	套	1.47	材料
030100847	六角带帽螺栓	M20×60	10套	17.59	材料
030100849	六角带帽螺栓	M20×65	套	1.84	材料
030100851	六角带帽螺栓	M20×80	套	2.14	材料
030100853	六角带帽螺栓	M20×90	套	2.30	材料
030100855	六角带帽螺栓	M20×100	套	2.22	材料
030100857	六角带帽螺栓	M22×75	套	2.56	材料
030100859	六角带帽螺栓	M22×85	套	2.71	材料
030100861	六角带帽螺栓	M22×90	套	2.79	材料

续表

代码	名称	型号规格	单位	基期价	类别
030100863	六角带帽螺栓	M22×120	套	3.53	材料
030100865	六角带帽螺栓	M24×80	10套	42.99	材料
030100867	六角带帽螺栓	M24×100	套	4.41	材料
030100869	六角带帽螺栓	M24×120	10套	46.03	材料
030100871	六角带帽螺栓	M27×95	套	5.95	材料
030100873	六角带帽螺栓	M27×105	套	6.21	材料
030100875	六角带帽螺栓	M27×115	套	6.42	材料
030100877	六角带帽螺栓	M27×120	套	6.55	材料
030100879	六角带帽螺栓	M30×120	10套	96.55	材料
030100881	六角带帽螺栓	M30×130	套	10.34	材料
030100883	六角带帽螺栓	M30×140	套	10.34	材料
030100885	六角带帽螺栓	M30×200	套	15.52	材料
030100887	六角带帽螺栓	M36×150	套	16.81	材料
030100889	六角带帽螺栓	M36×160	套	17.41	材料
030100891	六角带帽螺栓	M42×170	套	30.78	材料
030100893	六角带帽螺栓	M42×180	套	30.78	材料
030100895	六角带帽螺栓	M6×14~75	套	0.39	材料
030100897	六角带帽螺栓	M6×30~50	10套	3.88	材料
030100899	六角带帽螺栓	M8×14~75	套	0.44	材料
030100901	六角带帽螺栓	M8×18~25	套	0.24	材料
030100903	六角带帽螺栓	M8×30~50	10套	3.62	材料
030100905	六角带帽螺栓	M10×30~75	套	0.45	材料
030100907	六角带帽螺栓	M10×80~130	套	0.53	材料
030100909	六角带帽螺栓	M10×80~130	10套	5.26	材料
030100911	六角带帽螺栓	M12×14~75	套	0.35	材料
030100913	六角带帽螺栓	M14×14~75	套	0.72	材料
030100915	六角带帽螺栓	M16×61~80	10套	11.12	材料
030100917	六角带帽螺栓	M16×65~80	套	1.11	材料
030100919	六角带帽螺栓	M16×85~140	套	1.38	材料
030100921	六角带帽螺栓	M16×150~250	套	1.81	材料
030100923	六角带帽螺栓	M20×85~100	套	2.22	材料
030100925	六角带帽螺栓	M20×100~150	10套	22.24	材料
030100927	六角带帽螺栓	M22×90~120	套	3.23	材料
030100929	六角带帽螺栓	M22×90~120	10套	32.33	材料
030100931	六角带帽螺栓	M27×120~140	套	6.81	材料
030100933	六角带帽螺栓	M30×130~160	套	10.34	材料
030100935	六角带帽螺栓	M2~5×4~20	10套	1.47	材料
030100937	六角带帽螺栓	M6~12×12~50	套	0.33	材料

续表

代 码	名 称	型号规格	单位	基期价	类 别
030100939	六角带帽螺栓	M16×150~250	套	1.81	材料
030100941	六角带帽螺栓	M16×65~80	10套	11.12	材料
030100943	六角带帽螺栓	M20×85~100	10套	22.24	材料
030100945	六角带帽螺栓	M22×90~120	10套	32.33	材料
030100947	六角带帽螺栓	M27×120~140	10套	68.19	材料
030100949	六角带帽螺栓	M30×130~160	10套	103.00	材料
030100951	六角带帽螺栓	M6×75以内	10套	3.88	材料
030100953	六角带帽螺栓	M8×75以内	10套	4.40	材料
030100955	六角带帽螺栓	M10×75以内	10套	5.17	材料
030100957	六角带帽螺栓	M12×75以内	10套	5.52	材料
030100959	六角带帽螺栓	M14×75以内	10套	7.24	材料
030100961	六角带帽螺栓	M20×50以内	kg	5.47	材料
030100963	六角带帽螺栓	M20×80以内	10套	19.72	材料
030100965	六角带帽螺栓	M30×60以内	10套	59.22	材料
030100967	六角带帽螺栓	M20×80以下	10套	21.39	材料
030100969	六角带帽螺栓	M≥30	套	11.21	材料
030100971	六角带帽螺栓	M12以外	kg	5.47	材料
030100973	六角带帽螺栓	ϕ12	kg	5.47	材料
030100975	六角带帽螺栓	综合	kg	5.47	材料
030100977	六角螺母		个	0.20	材料
030100979	六角螺母		kg	10.43	材料
030100981	六角螺母		10个	1.98	材料
030100983	六角螺母	M8	10个	0.78	材料
030100985	六角螺母	M10	个	0.13	材料
030100987	六角螺母	M10	10个	1.29	材料
030100989	六角螺母	M12	10个	1.98	材料
030100991	六角螺母	M6~10	10个	2.16	材料
030100993	六角螺母	M12~16	10个	3.88	材料
030100995	六角螺栓		kg	8.75	材料
030100997	六角螺栓	M8	个	0.09	材料
030100999	六角螺栓	M10	个	1.29	材料
030101001	六角螺栓	M4×30	个	0.09	材料
030101003	六角螺栓	M6×25	10个	0.60	材料
030101005	六角螺栓	M6×35	百个	15.95	材料
030101007	六角螺栓	M8×20	10个	0.95	材料
030101009	六角螺栓	M10×25	10个	2.16	材料
030101011	六角螺栓	M10×60	百个	3.88	材料
030101013	六角螺栓	M12×50	个	0.65	材料

续表

代码	名称	型号规格	单位	基期价	类别
030101015	六角螺栓	M12×70	个	0.79	材料
030101017	六角螺栓	M30×200	个	17.93	材料
030101019	六角螺栓	M10×20~50	个	0.26	材料
030101021	六角螺栓	M12×20~100	个	0.47	材料
030101023	六角螺栓	M14×14~75	个	1.03	材料
030101025	六角螺栓	M10~14×100	个	0.52	材料
030101027	六角螺栓	M6~8×20~50	个	0.22	材料
030101029	六角螺栓	M6~8×20~70	个	0.26	材料
030101031	六角螺栓	M6~10×20~70	个	0.16	材料
030101033	六角螺栓	M30 以外	个	10.34	材料
030101035	六角螺栓	综合	10 个	4.30	材料
030101037	六角螺栓带蝶形螺母	M6×30	10 套	1.45	材料
030101039	六角螺栓带蝶形螺母	M8×30	10 套	3.03	材料
030101041	六角螺栓带蝶形螺母	M10×60	10 套	4.31	材料
030101043	六角螺栓带螺母、2 垫圈	M8×40	套	0.34	材料
030101045	六角螺栓带帽带垫	M10×40	百个	57.93	材料
030101047	六角头螺栓带帽	M16	kg	5.69	材料
030101049	六角头螺栓带帽	M12×60~65	套	1.23	材料
030101051	螺钉		套	0.10	材料
030101053	螺钉	综合	个	0.17	材料
030101055	螺杆	$\phi 8$	百只	69.83	材料
030101057	螺杆锚栓	M10 FZEA12×40	套	7.76	材料
030101059	螺栓		kg	5.69	材料
030101061	螺栓带螺母		套	0.67	材料
030101063	螺栓带帽		kg	6.00	材料
030101065	螺栓带帽		个	0.52	材料
030101067	螺栓带帽	玛钢 M12×100	套	1.98	材料
030101069	螺栓带帽	玛钢 M20×100	套	4.19	材料
030101071	螺栓带帽	玛钢 M22×120	套	6.34	材料
030101073	螺栓顶托		个	51.12	材料
030101075	螺旋道钉带螺帽		个	0.39	材料
030101077	螺旋道钉带帽		套	3.88	材料
030101079	铝抽芯铆钉		个	0.03	材料
030101081	铝垫圈	M10~16	10 个	0.45	材料
030101083	铝蝶形螺母	M12 以内	10 个	1.52	材料
030101085	铝焊粉		kg	71.55	材料
030101087	铝拉铆钉		只	0.22	材料
030101089	铝拉铆钉		百个	8.48	材料

续表

代码	名称	型号规格	单位	基期价	类别
030101091	铝拉铆钉	M4×30	百个	6.72	材料
030101093	铝拉铆钉	M5×40	百个	12.93	材料
030101095	铝六角螺栓带螺母	M6~10×25	套	0.23	材料
030101097	锚栓	M16	套	21.55	材料
030101099	铆钉	综合	个	0.02	材料
030101101	铆钉	综合	kg	7.86	材料
030101103	铆钉	综合	10 个	0.26	材料
030101105	木螺钉		百个	1.81	材料
030101107	木螺钉	*d*5	百个	2.65	材料
030101109	木螺钉	*d*2.5×20	10 个	0.29	材料
030101111	木螺钉	*d*2.5×25	个	0.04	材料
030101113	木螺钉	*d*2.5×25	10 个	0.39	材料
030101115	木螺钉	*d*4×25	百个	2.93	材料
030101117	木螺钉	*d*4×40	10 个	0.48	材料
030101119	木螺钉	*d*4×50	个	0.06	材料
030101121	木螺钉	*d*4×50	10 个	0.66	材料
030101123	木螺钉	*d*4×60	个	0.07	材料
030101125	木螺钉	*d*4×65	个	0.08	材料
030101127	木螺钉	*d*4×65	10 个	0.78	材料
030101129	木螺钉	*d*4×75	10 个	0.95	材料
030101131	木螺钉	*d*6×30	个	0.16	材料
030101133	木螺钉	*d*6×50	个	0.22	材料
030101135	木螺钉	*d*6×100	10 个	1.03	材料
030101137	木螺钉	*d*2~4×6~65	个	0.07	材料
030101139	木螺钉	*d*2~4×6~65	10 个	0.69	材料
030101141	木螺钉	*d*4.5~6×15~100	个	0.10	材料
030101143	木螺钉	*d*4.5~6×15~100	10 个	1.03	材料
030101145	木螺钉	*d*4×65 以内	10 个	0.78	材料
030101147	木螺钉	*d*6×100 以内	10 个	1.03	材料
030101149	木螺钉	M4×50	个	0.06	材料
030101151	木螺钉	M4×65	个	0.08	材料
030101153	木螺钉	M5×30	个	0.06	材料
030101155	木螺丝	M2.5×18	百个	1.98	材料
030101157	木螺丝	M3×30	百个	2.41	材料
030101159	木螺丝	M4×25	百个	2.93	材料
030101161	木螺丝	M4×40	百个	4.65	材料
030101163	木螺丝	M4×50	百个	6.03	材料
030101165	木螺丝	M4.5×50	百个	4.48	材料

续表

代 码	名 称	型 号 规 格	单位	基期价	类 别
030101167	木螺丝	1 寸	百个	2.16	材料
030101169	木螺丝	综合	个	0.03	材料
030101171	膨胀螺丝	$\phi12$	只	4.66	材料
030101173	平垫圈	25×45×4	个	0.55	材料
030101175	平头机螺丝	32	百个	1.90	材料
030101177	平头螺钉	M4×15	个	0.03	材料
030101179	平头螺钉	M8×40	个	0.24	材料
030101181	平头螺钉带螺母	M10×14	个	0.40	材料
030101183	普碳钢六角螺母		kg	8.62	材料
030101185	普碳钢六角螺母		10 个	0.76	材料
030101187	普碳钢六角螺母	M8	百个	8.36	材料
030101189	普碳钢六角螺母	M12	个	0.26	材料
030101191	普碳钢六角螺栓	M6×35	百个	10.86	材料
030101193	普碳钢六角螺栓	M10×14	个	0.17	材料
030101195	普碳钢六角螺栓	M10×40	百个	43.45	材料
030101197	普碳钢六角螺栓	M10×60	百个	67.67	材料
030101199	普碳钢六角螺栓	M10×100	百个	110.00	材料
030101201	普碳钢六角螺栓	M10×150	百个	157.00	材料
030101203	骑马钉		kg	6.90	材料
030101205	骑马钉	20×2	kg	6.90	材料
030101207	气排钉		盒	4.31	材料
030101209	气排钉	L20 2000 个/盒	盒	4.51	材料
030101211	气排钉	L30 2000 个/盒	盒	6.31	材料
030101213	枪钉		盒	6.47	材料
030101215	枪钉		kg	7.33	材料
030101217	伞形螺钉	M6~8×150	个	0.47	材料
030101219	射钉		个	0.16	材料
030101221	射钉		百个	16.38	材料
030101223	射钉		10 个	1.64	材料
030101225	射钉弹		套	0.22	材料
030101227	栓钉		套	1.38	材料
030101229	双头带帽螺栓	M16×340	套	11.81	材料
030101231	双头螺栓	M16×150	个	3.85	材料
030101233	双头螺栓	M16×340	个	11.81	材料
030101235	双头螺栓	M16×340	10 个	118.00	材料
030101237	双头螺栓带螺母	M10×30	套	0.47	材料
030101239	双头螺栓带螺母	M16×100~125	套	3.53	材料
030101241	双头螺栓带螺母	M16×100~125	10 套	35.34	材料

续表

代 码	名 称	型 号 规 格	单位	基期价	类 别
030101243	双头螺栓带螺母	M16×120~140	套	3.71	材料
030101245	双头螺栓带螺母	M20×150~190	套	7.41	材料
030101247	双头螺栓带螺母	M24×170~250	套	13.62	材料
030101249	双头螺栓带螺母	M27×220~303	套	25.69	材料
030101251	双头螺栓带螺母	M30×270~360	套	36.64	材料
030101253	双头螺栓带螺母	M6~20×55~75	10套	19.57	材料
030101255	双头螺柱带螺母		kg	10.43	材料
030101257	水泥钉		kg	5.60	材料
030101259	水泥钉	10#	百个	12.50	材料
030101261	水泥钉	10#	10个	1.25	材料
030101263	塑料保温钉		个	0.17	材料
030101265	塑料卡钉	$\phi10$	个	0.07	材料
030101267	塑料卡钉	$\phi16$	个	0.09	材料
030101269	塑料卡钉	$\phi20$	个	0.13	材料
030101271	塑料卡钉	$\phi25$	个	0.22	材料
030101273	塑料膨胀螺栓		套	0.17	材料
030101275	塑料膨胀螺栓	M3.5	套	0.03	材料
030101277	塑料胀管	$\phi6$~8	个	0.04	材料
030101279	塑料胀管	$\phi6$×45	只	0.04	材料
030101281	塑料胀管	$\phi6$×50	个	0.04	材料
030101283	塑料胀管	$\phi8$×50	个	0.04	材料
030101285	塑料胀管带螺钉	保温专用	套	0.69	材料
030101287	锁紧螺母	M3×50	个	2.28	材料
030101289	锁紧螺母	M3×100	个	5.11	材料
030101291	锁紧螺母	M15×3	个	0.56	材料
030101293	锁紧螺母	M20×1.5	个	0.62	材料
030101295	锁紧螺母	M20×3	个	0.82	材料
030101297	锁紧螺母	M70×3	个	2.59	材料
030101299	锁紧螺母(钢管用)	M15	个	0.17	材料
030101301	锁紧螺母(钢管用)	M20	个	0.46	材料
030101303	锁紧螺母(钢管用)	M25	个	0.53	材料
030101305	锁紧螺母(钢管用)	M32	个	0.84	材料
030101307	锁紧螺母(钢管用)	M40	个	1.07	材料
030101309	锁紧螺母(钢管用)	M50	个	1.90	材料
030101311	锁紧螺母(钢管用)	M65	个	2.59	材料
030101313	锁紧螺母(钢管用)	M80	个	3.62	材料
030101315	锁紧螺母(钢管用)	M100	个	5.34	材料
030101317	锁紧螺母(钢管用)	M125	个	6.98	材料

续表

代码	名称	型号规格	单位	基期价	类别
030101319	锁紧螺母(钢管用)	M150	个	9.48	材料
030101321	调整螺栓		个	4.48	材料
030101323	调整螺丝		个	2.24	材料
030101325	铁钉		kg	3.97	材料
030101327	铁铆钉		kg	10.43	材料
030101329	铁线钉		kg	6.90	材料
030101331	铜垫圈	M8	个	0.14	材料
030101333	铜蝶形螺母	M8	10个	6.19	材料
030101335	铜钉	80	kg	5.60	材料
030101337	铜钉	100	kg	5.60	材料
030101339	铜钉	120	kg	5.60	材料
030101341	铜六角带帽螺栓	M8	套	3.32	材料
030101343	铜六角螺栓带螺母	M6×30	套	1.94	材料
030101345	铜螺母	M8	个	0.58	材料
030101347	铜门钉	4cm	个	4.31	材料
030101349	铜门钉	6.5cm	个	15.52	材料
030101351	铜膨胀螺栓	M8	10套	8.62	材料
030101353	铜膨胀螺栓	M12	10套	12.93	材料
030101355	网架用高强螺栓		套	5.34	材料
030101357	蚊钉	20mm 6000个/盒	盒	6.64	材料
030101359	销钉销片		套	0.69	材料
030101361	鞋钉	20	kg	8.72	材料
030101363	压浆孔螺钉		个	7.59	材料
030101365	油毡钉		kg	4.83	材料
030101367	鱼尾螺栓		kg	10.34	材料
030101369	预拼装用高强度螺栓		套	8.62	材料
030101371	圆钉	25mm	kg	4.74	材料
030101373	圆钉	50mm	kg	4.74	材料
030101375	圆钉		kg	4.74	材料
030101377	圆钉	30~45mm	kg	4.74	材料
030101379	圆钉	50~75mm	kg	4.74	材料
030101381	圆钉	25（1"）	kg	4.74	材料
030101383	圆钉	16（5/8"）	kg	4.74	材料
030101385	圆钉	ϕ5以内	kg	4.74	材料
030101387	圆帽穿钉	M12×60	副	1.21	材料
030101389	圆帽穿钉	M12×80	副	1.29	材料
030101391	圆头木螺钉		百个	5.17	材料
030101393	圆头木螺钉	d6~12×12~50	10套	2.03	材料

续表

代码	名称	型号规格	单位	基期价	类别
030101395	圆柱头螺钉	M4×20	kg	10.43	材料
030101397	圆锥销	3×18	10个	8.28	材料
030101399	轴销螺栓		kg	6.47	材料
030101401	竹钉		百个	0.93	材料
030101403	抓钉		个	25.86	材料
030101405	抓钉		kg	6.47	材料
030101407	专用链接螺栓套件		套	2.59	材料
030101409	装饰螺钉		只	0.13	材料
030101411	自攻螺钉		百个	2.59	材料
030101413	自攻螺钉	M4×16	百个	6.47	材料
030101415	自攻螺钉	M4×25	百个	2.16	材料
030101417	自攻螺钉	M4×35	百个	2.89	材料
030101419	自攻螺钉	M6×20	百个	4.48	材料
030101421	自攻螺钉	M6×30	百个	6.16	材料
030101423	自攻螺钉	M10×50	百个	55.17	材料
030101425	自攻螺钉	ST4×12	10个	0.26	材料
030101427	自攻螺钉	ST4×30	个	0.04	材料
030101429	自攻螺钉	ST5×25	10个	0.43	材料
030101431	自攻螺钉	ST6×20	百个	3.45	材料
030101433	自攻螺钉	ST6×30	百个	4.31	材料
030101435	自攻螺钉	ST8×35	10个	0.95	材料
030101437	自攻螺钉	ST10×30~50	10个	1.12	材料
030101439	自攻螺丝		个	0.06	材料
030101441	自攻螺丝	M3×15	百个	1.09	材料
030101443	自攻螺丝	M3×25	百个	1.74	材料
030101445	自攻螺丝	M6×45	10个	0.86	材料
030101447	自制兰花螺母		套	60.34	材料
030300001	暗销		个	13.62	材料
030300003	闭门器		套	96.55	材料
030300005	闭门器		副	84.48	材料
030300007	标准导轨	$35mm^2$	m	5.60	材料
030300009	玻璃门合页		副	5.17	材料
030300011	玻璃锁		把	6.72	材料
030300013	不锈钢合页		个	11.55	材料
030300015	不锈钢门夹(直)		只	68.97	材料
030300017	不锈钢碰珠		个	5.00	材料
030300019	不锈钢上下帮		m	112.00	材料
030300021	插销	50	个	1.29	材料

续表

代码	名称	型号规格	单位	基期价	类别
030300023	插销	100	副	1.98	材料
030300025	成品窗帘杆		m	24.14	材料
030300027	磁吸块	50×20	套	1.72	材料
030300029	大门暗插销		副	12.93	材料
030300031	大门钢轨盖板地槽		kg	5.60	材料
030300033	大门拉手及锁孔		kg	10.43	材料
030300035	大门明插销		副	4.74	材料
030300037	大门上下插销		kg	10.43	材料
030300039	大门上下滑轮及压铁		kg	10.43	材料
030300041	单开执手锁		把	77.59	材料
030300043	弹簧合页		副	12.83	材料
030300045	弹子锁		把	47.41	材料
030300047	底板拉手		个	3.62	材料
030300049	地弹簧		套	73.28	材料
030300051	地弹簧		台	137.00	材料
030300053	地锁		把	137.00	材料
030300055	电磁锁		套	103.00	材料
030300057	电子磁卡锁		把	30.17	材料
030300059	电子锁		把	172.00	材料
030300061	吊轨		m	50.86	材料
030300063	吊装滑动门轨		m	20.69	材料
030300065	防盗扣		副	18.10	材料
030300067	防盗门扣		副	21.55	材料
030300069	防火推闩门锁		把	81.90	材料
030300071	酚醛塑料把手	BX32	个	3.88	材料
030300073	风扇吊钩		个	3.45	材料
030300075	高档门拉手		副	159.00	材料
030300077	弓形拉手	75	个	1.72	材料
030300079	管子拉手		把	33.62	材料
030300081	合页	65	副	1.29	材料
030300083	合页	75 以内	副	1.72	材料
030300085	滑轮		副	79.66	材料
030300087	铰链	65 型	只	1.72	材料
030300089	金属拉手		副	2.13	材料
030300091	拉手	30 以外	个	1.29	材料
030300093	铝轨	L10×10	m	25.13	材料
030300095	铝合金窗帘轨	单	m	11.64	材料
030300097	铝合金窗帘轨	单轨成套	m	11.64	材料

续表

代码	名称	型号规格	单位	基期价	类别
030300099	铝合金窗帘轨	双轨成套	m	23.28	材料
030300101	铝合金门窗配件	滚轮	个	0.69	材料
030300103	铝合金门窗配件	角码	个	0.45	材料
030300105	铝合金门窗配件	路轨	m	16.22	材料
030300107	铝合金门窗配件	无框玻璃上下轨	m	5.41	材料
030300109	铝合金门窗配件 固定连接铁件(地脚)	3×30×300	个	0.54	材料
030300111	铝合金门夹轮		个	7.59	材料
030300113	铝制路槽		m	21.55	材料
030300115	铝制路轨		m	21.55	材料
030300117	门磁吸		只	4.31	材料
030300119	门猫眼		套	21.55	材料
030300121	门碰头		副	11.55	材料
030300123	门碰珠	40	个	1.21	材料
030300125	门铁件		kg	10.43	材料
030300127	门眼		只	49.14	材料
030300129	门轧头		只	0.37	材料
030300131	门轴铁件		kg	6.47	材料
030300133	门阻		kg	6.47	材料
030300135	木拉手		个	21.55	材料
030300137	木质拉手		副	2.84	材料
030300139	球形锁		把	9.05	材料
030300141	书柜门铰链		副	1.72	材料
030300143	双开执手锁		把	138.00	材料
030300145	顺位器		套	16.38	材料
030300147	塑料窗帘盒	宽140	m	6.47	材料
030300149	铁镀铬帘子杆		根	29.27	材料
030300151	铁脚		kg	6.90	材料
030300153	铁塔扣		个	0.86	材料
030300155	铜插销	65	个	4.31	材料
030300157	铜合页	50	个	10.17	材料
030300159	铜合页		副	10.17	材料
030300161	推拉门滑轮		套	12.93	材料
030300163	推手板		把	30.17	材料
030300165	网门合页	110~55	副	6.90	材料
030300167	硬木窗帘棍		m	4.45	材料
030300169	云石拉手		副	11.21	材料
030300171	执手锁		把	25.86	材料
030400001	玻璃吊挂件		套	138.00	材料

续表

代码	名称	型号规格	单位	基期价	类别
030400003	不锈钢二爪件		套	100.00	材料
030400005	不锈钢石材背栓		个	1.42	材料
030400007	不锈钢石材干挂挂件		套	4.31	材料
030400009	不锈钢四爪件		套	172.00	材料
030400011	铝单板(幕墙)		m^2	89.66	材料
030400013	铝合金石材干挂挂件		套	2.48	材料
030400015	幕墙用单爪挂件		套	70.52	材料
030400017	幕墙用二爪挂件		套	88.19	材料
030400019	幕墙用四爪挂件		套	141.00	材料
030400021	弦掌栏		套	125.00	材料
030400023	铸铝三爪		个	2.41	材料
030500001	玻璃柜门合页		副	4.31	材料
030500003	成品不锈钢台面板	宽 550 厚 12	m	302.00	材料
030500005	抽屉轨	350	副	10.26	材料
030500007	抽屉锁		把	2.76	材料
030500009	镀铬山字槽		m	21.55	材料
030500011	合页		副	1.72	材料
030500013	桌脚		只	2.59	材料
030700001	不锈钢肥皂盒		个	34.48	材料
030700003	不锈钢壳晾衣绳	长 2600	套	11.72	材料
030700005	不锈钢帘子杆(浴巾杆)		副	125.00	材料
030700007	不锈钢晾衣架(手拉)	长 2000mm 三杆	套	388.00	材料
030700009	不锈钢毛巾环		套	47.41	材料
030700011	不锈钢毛巾架		副	43.10	材料
030700013	不锈钢手巾杆		根	27.59	材料
030700015	不锈钢挑衣架		个	59.48	材料
030700017	不锈钢卫生纸盒		个	21.55	材料
030700019	瓷皂盒	普釉 150×150×130	件	32.76	材料
030700021	瓷嘴		个	10.52	材料
030700023	存水弯	*DN*50	个	4.40	材料
030700025	存水弯	塑料 *DN*32	个	3.28	材料
030700027	存水弯	塑料 *DN*40	个	3.62	材料
030700029	存水弯	塑料 S 形 *DN*40	个	3.62	材料
030700031	存水弯	塑料 S 形 *DN*50	个	4.40	材料
030700033	存水弯	塑料 S 形 *DN*63	个	6.81	材料
030700035	大便器胶皮碗(配喉箍)		套	4.31	材料
030700037	大便器排水接头		个	4.48	材料
030700039	吊盒		个	1.12	材料

续表

代 码	名 称	型号规格	单位	基期价	类别
030700041	肥皂		块	3.28	材料
030700043	肥皂水		kg	6.90	材料
030700045	红外感应龙头及配件	15mm	套	405.00	材料
030700047	角型阀(带铜活)	*DN*15	个	20.60	材料
030700049	喷头	综合	个	0.00	材料
030700051	卫生纸盒		只	47.41	材料
030700053	浴缸拉手		副	86.21	材料
030700055	自闭式冲洗阀	*DN*25	个	44.83	材料
031300001	L形铁件	(12+12)×6×0.15	个	1.29	材料
031300003	白滤纸		张	0.86	材料
031300005	薄砂轮片		片	5.66	材料
031300007	薄砂轮片	ϕ500×25×4	片	5.66	材料
031300009	扁铜花	成品	m^2	1034.00	材料
031300011	玻璃开孔钻头	90mm	个	0.00	材料
031300013	玻璃开孔钻头	150mm	个	0.00	材料
031300015	不锈钢背栓挂件		套	2.16	材料
031300017	不锈钢挂件		套	129.00	材料
031300019	不锈钢焊丝		kg	47.41	材料
031300021	不锈钢焊丝	1.1~3	kg	47.41	材料
031300023	不锈钢焊条	A102 ϕ3.2	kg	31.90	材料
031300025	不锈钢焊条	A102 ϕ2.5以内	kg	31.90	材料
031300027	不锈钢焊条	奥102	kg	31.90	材料
031300029	不锈钢焊条	综合	kg	37.07	材料
031300031	不锈钢索	500~800	套	124.00	材料
031300033	不锈钢氩弧焊丝	1Cr18Ni9Ti ϕ3	kg	41.38	材料
031300035	铲铣机砂轮片		片	1509.00	材料
031300037	冲击钻头	ϕ8	个	4.48	材料
031300039	冲击钻头	ϕ10	个	4.14	材料
031300041	冲击钻头	ϕ12	个	4.48	材料
031300043	冲击钻头	ϕ14	个	5.00	材料
031300045	冲击钻头	ϕ16	个	6.47	材料
031300047	冲击钻头	ϕ18	个	8.45	材料
031300049	冲击钻头	ϕ20	个	10.78	材料
031300051	冲击钻头	ϕ22	个	13.28	材料
031300053	冲击钻头	ϕ6~8	个	4.48	材料
031300055	冲击钻头	ϕ6~12	个	4.48	材料
031300057	冲击钻头	ϕ8~16	个	6.47	材料
031300059	冲击钻头	ϕ10~20	个	10.78	材料

续表

代码	名称	型号规格	单位	基期价	类别
031300061	打胶纸		m	0.26	材料
031300063	大膜片		片	6.03	材料
031300065	单切面 M8 金刚钻头(磨头)		支	2.59	材料
031300067	道钉		kg	5.60	材料
031300069	低合金钢焊条	E4303 ϕ3.2	kg	4.74	材料
031300071	低合金钢焊条	E43 系列	kg	4.74	材料
031300073	低合金钢耐热焊条	综合	kg	7.07	材料
031300075	低碳钢焊条	J427	kg	6.72	材料
031300077	低碳钢焊条	J422 ϕ2.5	kg	4.74	材料
031300079	低碳钢焊条	J422 ϕ3.2	kg	4.74	材料
031300081	低碳钢焊条	J422 ϕ4.0	kg	4.74	材料
031300083	低碳钢焊条	J427 ϕ3.2	kg	6.72	材料
031300085	低碳钢焊条	J422 ϕ2.5~3.2	kg	4.74	材料
031300087	低碳钢焊条	J422 综合	kg	4.74	材料
031300089	低碳钢焊条	J507 ϕ3.2	kg	6.72	材料
031300091	低碳钢焊条	J422 综合	kg	4.31	材料
031300093	低碳钢焊条	综合	kg	6.72	材料
031300095	低银铜磷钎料(BCu91PAg)		kg	172.00	材料
031300097	电焊条		kg	4.31	材料
031300099	电焊条	E43 系列	kg	4.74	材料
031300101	电焊条	E50 系列	kg	8.19	材料
031300103	电焊条	E55 系列	kg	10.34	材料
031300105	电焊条	L-60 ϕ3.2	kg	33.62	材料
031300107	电链锯条		根	0.00	材料
031300109	垫铁	100×200	kg	8.62	材料
031300111	吊码	Z 形	个	0.84	材料
031300113	碟形钢丝砂轮片	ϕ100	片	12.93	材料
031300115	镀锌扁钩	3×12×300	个	0.39	材料
031300117	镀锌垫板	100×5×200	个	6.72	材料
031300119	镀锌螺勾带垫	ϕ6×600	个	1.47	材料
031300121	镀锌悬吊铁件		kg	6.90	材料
031300123	盖板		个	3.60	材料
031300125	钢板垫板	δ1~2	kg	6.90	材料
031300127	钢筋扎头	$1^{\#}$~$5^{\#}$	包	1.29	材料
031300129	钢锯片		片	47.41	材料
031300131	钢锯片	ϕ300	片	17.24	材料
031300133	钢锯条		条	2.59	材料
031300135	钢木大门铁件		kg	5.60	材料

续表

代码	名称	型号规格	单位	基期价	类别
031300137	钢丝刷子		把	2.59	材料
031300139	钢丝刷子	ϕ150	片	2.59	材料
031300141	钢丸		kg	4.74	材料
031300143	钢制磨料		kg	5.17	材料
031300145	割管刀片		片	4.31	材料
031300147	铬不锈钢电焊条		kg	38.79	材料
031300149	管片钢模精加工制作		kg	12.50	材料
031300151	焊片	ϕ4	个	0.36	材料
031300153	焊丝	ϕ3.2	kg	10.78	材料
031300155	焊锡		kg	103.00	材料
031300157	焊锡膏		kg	31.03	材料
031300159	焊锡丝		kg	86.21	材料
031300161	焊锡丝	综合	kg	86.21	材料
031300163	焊锡条		kg	103.00	材料
031300165	合金钢焊丝		kg	21.55	材料
031300167	合金钢焊条		kg	16.38	材料
031300169	合金钢偏心钻头	ϕ100	个	1552.00	材料
031300171	合金钢偏心钻头	ϕ200	个	2069.00	材料
031300173	合金钢切割片	ϕ300	片	12.93	材料
031300175	合金钢氩弧焊丝		kg	28.45	材料
031300177	合金钢钻头		个	21.55	材料
031300179	合金钢钻头	ϕ3	个	2.24	材料
031300181	合金钢钻头	ϕ6	个	5.00	材料
031300183	合金钢钻头	ϕ8	个	5.34	材料
031300185	合金钢钻头	ϕ10	个	5.60	材料
031300187	合金钢钻头	ϕ14	个	9.91	材料
031300189	合金钢钻头	ϕ16	个	11.64	材料
031300191	合金钢钻头	ϕ50	个	59.10	材料
031300193	合金钢钻头	ϕ100	个	60.78	材料
031300195	合金钢钻头	ϕ16~20	个	15.52	材料
031300197	合金钢钻头	ϕ22~26	个	30.17	材料
031300199	合金钢钻头	ϕ28~34	个	38.79	材料
031300201	合金钢钻头	ϕ150 以内	个	94.83	材料
031300203	合金钢钻头	一字形	个	8.62	材料
031300205	合金钢钻头	综合	个	21.55	材料
031300207	合金钎头	ϕ135	个	20.26	材料
031300209	合金钎头	ϕ150	个	25.43	材料
031300211	合金钎头	ϕ160	个	25.43	材料

续表

代码	名称	型号规格	单位	基期价	类别
031300213	合金钻头		个	5.31	材料
031300215	混凝土切割机链条		m	68.97	材料
031300217	角磨片	ϕ25	片	4.14	材料
031300219	截齿	P5MS-3880-1770	个	276.00	材料
031300221	金刚石		块	8.62	材料
031300223	金刚石	综合	块	8.62	材料
031300225	金刚石锯片		片	25.86	材料
031300227	金刚石磨盘		个	26.51	材料
031300229	金刚石砂轮片	ϕ400	片	138.00	材料
031300231	金刚石钻头		个	431.00	材料
031300233	金属结构铁件		kg	5.60	材料
031300235	锯条	各种规格	根	0.66	材料
031300237	聚氯乙烯焊条	ϕ2.5	kg	25.34	材料
031300239	聚氯乙烯焊条	ϕ3.2	kg	25.34	材料
031300241	聚氯乙烯焊条	综合	kg	25.34	材料
031300243	扩孔钻头		个	6.03	材料
031300245	铝焊丝	丝 301 ϕ3.0	kg	33.62	材料
031300247	铝焊丝	丝 301 ϕ4.0	kg	33.62	材料
031300249	铝焊丝	丝 301 ϕ1~6	kg	33.62	材料
031300251	铝焊条	L109 ϕ4	kg	58.62	材料
031300253	铝焊条	铝 109 ϕ4	kg	38.59	材料
031300255	铝焊条	铝 109 ϕ4.0	kg	38.79	材料
031300257	铝合金角码		kg	25.13	材料
031300259	铝扣板开孔钻头	90mm	个	0.00	材料
031300261	铝扣板开孔钻头	150mm	个	0.00	材料
031300263	铝锰合金焊丝	丝 321 ϕ1~6	kg	50.00	材料
031300265	铝热焊剂(带点火器)	10g/瓶	瓶	2.16	材料
031300267	埋弧焊剂		kg	3.62	材料
031300269	明角片		m^2	15.52	材料
031300271	磨头		块	5.17	材料
031300273	磨头		个	5.17	材料
031300275	木砂纸		张	1.03	材料
031300277	尼龙砂轮片	ϕ100	片	1.29	材料
031300279	尼龙砂轮片	ϕ150	片	2.59	材料
031300281	尼龙砂轮片	ϕ180	片	3.88	材料
031300283	尼龙砂轮片	ϕ400	片	8.19	材料
031300285	尼龙砂轮片	ϕ100	片	1.29	材料
031300287	尼龙砂轮片	ϕ500	片	17.24	材料

续表

代码	名称	型号规格	单位	基期价	类别
031300289	平垫铁	1#	块	3.45	材料
031300291	平垫铁	综合	kg	6.90	材料
031300293	普低钢焊条	J507 ϕ3.2	kg	7.34	材料
031300295	普通钻头	ϕ4~6	kg	9.91	材料
031300297	七孔板		kg	12.93	材料
031300299	铅焊丝		kg	35.34	材料
031300301	切缝机片		片	155.00	材料
031300303	切割锯片	ϕ1000	片	5.60	材料
031300305	软聚氯乙烯焊条	ϕ4	kg	25.34	材料
031300307	砂布		张	0.86	材料
031300309	砂轮片		片	7.08	材料
031300311	砂轮片	ϕ100	片	4.31	材料
031300313	砂轮片	ϕ150	片	7.76	材料
031300315	砂轮片	ϕ200	片	10.34	材料
031300317	砂轮片	ϕ350	片	17.24	材料
031300319	砂轮片	ϕ400	片	21.55	材料
031300321	砂轮片	综合	片	7.08	材料
031300323	砂轮切割片	ϕ400	片	21.55	材料
031300325	砂纸		张	0.52	材料
031300327	石材磨光片		片	3.45	材料
031300329	石材抛光片		片	3.45	材料
031300331	石料切割锯片		片	27.17	材料
031300333	树脂砂轮切割片	ϕ400	片	17.24	材料
031300335	水砂纸		张	1.00	材料
031300337	松香焊锡丝	ϕ2	m	1.03	材料
031300339	松香焊锡丝	ϕ2.3	kg	86.21	材料
031300341	松香焊锡丝	综合	m	1.03	材料
031300343	塑料焊条		kg	8.03	材料
031300345	塑料焊条	ϕ6	kg	8.03	材料
031300347	塑料钻头	ϕ26	个	10.76	材料
031300349	碎焊丝	H08A	kg	12.93	材料
031300351	碳钢 CO_2 焊丝		kg	12.93	材料
031300353	碳钢焊丝		kg	12.93	材料
031300355	碳钢埋弧焊丝		kg	12.93	材料
031300357	碳钢气焊条		kg	10.34	材料
031300359	碳钢气焊条	<ϕ2	kg	10.34	材料
031300361	碳钢气焊条	ϕ4	kg	4.57	材料
031300363	碳钢气焊条	ϕ2 以内	kg	10.34	材料

续表

代码	名称	型号规格	单位	基期价	类别
031300365	碳钢氩弧焊丝		kg	12.93	材料
031300367	碳化硅砂轮	ϕ290×185	个	8.62	材料
031300369	铁绑线	ϕ2	m	0.10	材料
031300371	铁砂布		张	1.03	材料
031300373	铁砂布	0#~2#	张	1.03	材料
031300375	铜焊粉		kg	30.17	材料
031300377	铜焊粉	气剂301瓶装	kg	30.17	材料
031300379	铜焊丝	综合	kg	68.97	材料
031300381	铜焊条		kg	68.97	材料
031300383	铜焊条	综合	kg	68.97	材料
031300385	铜氩弧焊丝		kg	68.97	材料
031300387	瓦钩	3×12×30	kg	6.03	材料
031300389	碗形砂轮		个	68.90	材料
031300391	屋架铁件		kg	6.90	材料
031300393	锡基钎料		kg	41.38	材料
031300395	小膜片		片	1.12	材料
031300397	氩弧焊瓷嘴		个	30.17	材料
031300399	氩弧焊丝		kg	26.72	材料
031300401	银钎焊条	ϕ2.5	kg	190.00	材料
031300403	银铜焊丝		kg	46.55	材料
031300405	硬聚氯乙烯焊条	ϕ4	m	2.59	材料
031300407	硬聚氯乙烯焊条	ϕ4	kg	18.97	材料
031300409	油漆刷	25~40	把	2.97	材料
031300411	油石		块	5.17	材料
031300413	圆形钢丝轮	ϕ100	片	17.02	材料
031300415	直角扣件		个	4.14	材料
031300417	纸屑		箱	81.90	材料
031300419	专用打孔钻头	*DN*500	个	552.00	材料
031300421	专用吸油纸		张	1.81	材料
031300423	紫铜电焊条	T107 ϕ3.2	kg	78.02	材料
031300425	钻头		kg	9.91	材料
031300427	钻头	ϕ3	个	2.59	材料
031300429	钻头	ϕ6~13	个	6.47	材料
032100001	G1/2安装片(不锈钢)		个	14.77	材料
032100003	G1/2螺纹杆(不锈钢)100mm		个	2.45	材料
032100005	L形挂钩		只	0.95	材料
032100007	L形托钩		只	0.95	材料
032100009	U形镀锌固定条	ϕ32以内	个	0.53	材料

续表

代 码	名 称	型号规格	单位	基期价	类别
032100011	不锈钢 U 形卡		个	1.08	材料
032100013	不锈钢法兰底座	25	个	2.50	材料
032100015	不锈钢法兰底座	41	个	4.14	材料
032100017	不锈钢法兰底座	51	个	5.10	材料
032100019	不锈钢法兰底座	59	个	5.91	材料
032100021	不锈钢法兰底座	63	个	6.30	材料
032100023	不锈钢法兰底座	70	个	7.00	材料
032100025	不锈钢法兰盘	ϕ59	只	6.39	材料
032100027	不锈钢防护网		m^2	302.00	材料
032100029	不锈钢固定连接件		个	1.33	材料
032100031	不锈钢卡口槽		m	17.50	材料
032100033	不锈钢球	ϕ63	个	30.17	材料
032100035	不锈钢球	网架用	t	25862.00	材料
032100037	不锈卡口槽		m	17.41	材料
032100039	彩钢堵头		m	2.16	材料
032100041	彩钢内外扣槽		m	11.98	材料
032100043	槽形彩钢条	2	m	2.07	材料
032100045	槽型埋件	$L=300$	个	12.93	材料
032100047	插片		件	0.04	材料
032100049	成品链条	L900	根	90.95	材料
032100051	承压板		kg	3.88	材料
032100053	单眼曲槽夹板		副	1.29	材料
032100055	弹簧夹		个	0.52	材料
032100057	导电嘴		套	3.49	材料
032100059	地锚杆		条	25.86	材料
032100061	电缆挂钩		只	0.69	材料
032100063	电缆头固定板(铁件)		kg	10.43	材料
032100065	垫铁		kg	8.62	材料
032100067	吊线箍		套	4.31	材料
032100069	定滑轮		个	2.84	材料
032100071	镀锌 U 形拉环	ϕ18×557	个	0.91	材料
032100073	镀锌 U 形拉环	ϕ22×557	个	0.69	材料
032100075	镀锌 U 形拉环	ϕ25×557	个	0.78	材料
032100077	镀锌半挑	8×50×400	块	2.67	材料
032100079	镀锌钉钩		个	1.03	材料
032100081	镀锌风管角码	δ0.8	个	0.34	材料
032100083	镀锌风管角码	δ1.0	个	0.43	材料
032100085	镀锌瓦钩		个	0.34	材料

续表

代 码	名 称	型 号 规 格	单位	基期价	类 别
032100087	镀锌瓦楞钩		10个	4.14	材料
032100089	端部固定架	WG-3	个	2.23	材料
032100091	防偏撑条		付	1.55	材料
032100093	封口角	200mm	只	0.43	材料
032100095	扶手用镀锌法兰盘	52×52	个	4.40	材料
032100097	钢轨	6#	m	99.57	材料
032100099	钢筋点焊网片		t	5862.00	材料
032100101	钢钎	ϕ22~25	kg	5.04	材料
032100103	钢球	ϕ6	个	0.02	材料
032100105	钢索拉紧装置		套	20.43	材料
032100107	钢珠	32.5mm	个	5.29	材料
032100109	钩头成对斜垫铁	Q195~Q235 1#	kg	6.03	材料
032100111	钩头成对斜垫铁	Q195~Q235 2#	kg	6.03	材料
032100113	钩头成对斜垫铁	Q195~Q235 3#	kg	6.03	材料
032100115	钩头成对斜垫铁	Q195~Q235 4#	kg	6.03	材料
032100117	钩头成对斜垫铁	Q195~Q235 5#	kg	6.03	材料
032100119	钩头成对斜垫铁	Q195~Q235 6#	kg	6.03	材料
032100121	钩头成对斜垫铁	Q195~Q235 7#	kg	6.03	材料
032100123	钩头成对斜垫铁	Q195~Q235 8#	kg	6.03	材料
032100125	固定铁块		kg	16.55	材料
032100127	柜台用钢制镀铬支架	250mm	只	8.62	材料
032100129	柜台用钢制镀铬支架	350mm	只	12.93	材料
032100131	柜台用钢制镀铬支柱	AA 支柱	m	2.35	材料
032100133	合金刀片		kg	7.76	材料
032100135	黑铁丝	8#~12#	kg	6.72	材料
032100137	喉卡		个	0.26	材料
032100139	夹挂件		个	1.03	材料
032100141	脚轮	ZP80 ϕ80	个	37.59	材料
032100143	金属滤网		m^2	15.95	材料
032100145	金属丝网		kg	5.60	材料
032100147	镜钉		个	0.39	材料
032100149	拉环		套	1.72	材料
032100151	拉力环		个	17.24	材料
032100153	连接固定件		kg	5.60	材料
032100155	连接件		件	3.98	材料
032100157	连接件 PD25		个	2.38	材料
032100159	连接件 PD80		个	2.76	材料
032100161	铝板网	1	m^2	153.00	材料

续表

代 码	名 称	型号规格	单位	基期价	类 别
032100163	铝合金三节玻璃轮		个	3.10	材料
032100165	铝合金下滑轨		m	8.45	材料
032100167	锚杆铁件		kg	6.47	材料
032100169	膜结构附件		m^2	38.79	材料
032100171	平垫铁	Q195~Q235 1#	块	3.45	材料
032100173	平垫铁	综合	kg	3.78	材料
032100175	平垫铁 0#~3#钢 4#~8#		kg	3.78	材料
032100177	其他铁件		kg	6.90	材料
032100179	倾斜预埋件		个	259.00	材料
032100181	热缩端帽不带气门		个	2.80	材料
032100183	热缩端帽带气门		个	0.26	材料
032100185	三眼单槽夹板		副	1.03	材料
032100187	三眼双曲槽夹板		副	1.55	材料
032100189	送桩帽		kg	4.85	材料
032100191	索具螺旋扣		套	10.34	材料
032100193	索具螺旋扣	M14×150	套	6.03	材料
032100195	索具螺旋扣	M14×270	套	6.90	材料
032100197	索具螺旋扣	M16×250	套	8.62	材料
032100199	索具螺旋扣	M20×200	套	10.34	材料
032100201	索具螺旋扣	M20×300	套	11.21	材料
032100203	铁钩		kg	8.62	材料
032100205	铁件	综合	kg	6.90	材料
032100207	铜丝布		m	42.07	材料
032100209	铜丝布	16 目	m^2	42.07	材料
032100211	铜丝布	16 目	m	42.07	材料
032100213	铜锁母	10#	个	3.10	材料
032100215	铜锁母	14#	个	3.36	材料
032100217	铜网	综合	m^2	42.07	材料
032100219	推力轴承	8306	个	8.84	材料
032100221	细铁丝		m	0.43	材料
032100223	销轴	A8×45	个	0.71	材料
032100225	斜垫铁	1#	块	5.34	材料
032100227	斜垫铁	Q195~Q235 1#	块	5.34	材料
032100229	斜垫铁	Q195~Q235 1#	kg	8.62	材料
032100231	斜垫铁	综合	kg	8.62	材料
032100233	心形环		个	5.40	材料
032100235	预埋件		个	47.41	材料
032100237	预埋铁件		kg	3.75	材料

续表

代码	名称	型号规格	单位	基期价	类别
032100239	振动预埋件		个	241.00	材料
032100241	直脚	3#	个	4.74	材料
032100243	中间固定架	WG-2	个	3.44	材料
032100245	轴承	203	个	10.34	材料
032100247	轴承	205	个	30.17	材料
032100249	轴承	8206	盘	11.64	材料
032100251	轴承	ϕ32	个	29.31	材料
032100253	铸铁坨	5kg	个	30.17	材料
032100255	转弯夹板		副	5.52	材料
032100257	自制小五金		kg	10.43	材料
032100259	钻杆		根	86.21	材料
032100261	钻杆		m	32.76	材料
032100263	钻杆接头		个	17.24	材料
032300001	不锈钢索锚具		套	185.00	材料
032300003	承压板垫板		kg	3.81	材料
032300005	单孔锚具		套	19.83	材料
032300007	墩头锚具	DM5A-24	套	47.76	材料
032300009	钢护筒		t	5862.00	材料
032300011	钢帽	ϕ400	个	50.00	材料
032300013	钢帽	ϕ600	个	142.00	材料
032300015	钢帽	ϕ800	个	302.00	材料
032300017	工具锚		套	18.10	材料
032300019	固定式钢筋套筒		套	3.95	材料
032300021	挤压套筒	ϕ22	个	7.34	材料
032300023	挤压套筒	ϕ25	个	8.03	材料
032300025	挤压套筒	ϕ28	个	8.72	材料
032300027	挤压套筒	ϕ32	个	9.64	材料
032300029	可调式钢筋套筒		套	3.95	材料
032300031	冷挤压套筒		套	17.24	材料
032300033	冷挤压套筒	ϕ25	套	4.22	材料
032300035	冷挤压套筒	ϕ40	套	10.34	材料
032300037	冷拉机具及其他材料		kg	6.72	材料
032300039	连接器(锚具)	ϕ25	套	15.54	材料
032300041	锚具	JM25	套	22.16	材料
032300043	锚具	JM15-4	套	51.72	材料
032300045	锚具	综合	套	21.55	材料
032300047	锚头	ϕ26	套	181.00	材料
032300049	群锚锚具	3孔	套	101.00	材料

续表

代 码	名　　称	型 号 规 格	单位	基期价	类 别
032300051	轧丝锚具	ϕ25	套	26.99	材料
032300053	张拉机具		kg	6.90	材料
032300055	张拉锚具及其他材料		kg	6.90	材料
032300057	直螺纹连接套筒		只	3.53	材料
032300059	直螺纹连接套筒	ϕ16	个	1.28	材料
032300061	直螺纹连接套筒	ϕ18	个	1.54	材料
032300063	直螺纹连接套筒	ϕ20	个	1.88	材料
032300065	直螺纹连接套筒	ϕ22	个	2.14	材料
032300067	直螺纹连接套筒	ϕ25	个	2.83	材料
032300069	直螺纹连接套筒	ϕ28	个	3.84	材料
032300071	直螺纹连接套筒	ϕ32	个	4.53	材料
032300073	直螺纹连接套筒	ϕ36	个	5.22	材料
032300075	直螺纹连接套筒	ϕ40	个	5.79	材料
032300077	中空注浆锚杆		m	25.86	材料
032300079	锥螺纹连接套筒	ϕ16	个	1.28	材料
032300081	锥螺纹连接套筒	ϕ18	个	1.54	材料
032300083	锥螺纹连接套筒	ϕ20	个	1.88	材料
032300085	锥螺纹连接套筒	ϕ22	个	2.14	材料
032300087	锥螺纹连接套筒	ϕ25	个	2.83	材料
032300089	锥螺纹连接套筒	ϕ28	个	3.84	材料
032300091	锥螺纹连接套筒	ϕ32	个	4.41	材料
032300093	锥螺纹连接套筒	ϕ36	个	5.32	材料
032300095	锥螺纹连接套筒	ϕ40	个	5.86	材料
032300097	锥螺纹套筒		只	6.21	材料
032300099	锥形螺杆锚具		套	25.86	材料
032300101	自进式锚杆		m	34.48	材料
032500001	不锈钢丝网		m^2	67.24	材料
032500003	镀锌钢丝	ϕ3~6	kg	5.34	材料
032500005	镀锌钢丝网	ϕ1.6×20×20	m^2	21.55	材料
032500007	镀锌钢丝网	ϕ3×50×50	m^2	27.59	材料
032500009	镀锌钢丝网	ϕ3.6×40×40	m^2	31.47	材料
032500011	镀锌钢丝网	ϕ2.5×67×67~ϕ3×50×50	m^2	10.69	材料
032500013	镀锌铁丝	$10^{\#}$	kg	5.38	材料
032500015	镀锌铁丝	$12^{\#}$	kg	5.38	材料
032500017	镀锌铁丝	$14^{\#}$	kg	5.38	材料
032500019	镀锌铁丝	$16^{\#}$	kg	6.55	材料
032500021	镀锌铁丝	$18^{\#}$	kg	6.55	材料
032500023	镀锌铁丝	$20^{\#}$	kg	6.55	材料

续表

代码	名称	型号规格	单位	基期价	类别
032500025	镀锌铁丝	22#	kg	6.55	材料
032500027	镀锌铁丝	8#~12#	kg	6.55	材料
032500029	镀锌铁丝	18#~22#	kg	6.55	材料
032500031	镀锌铁丝拨花网	2.0×15	m^2	27.15	材料
032500033	镀锌铁丝网	ϕ10×10×0.9	m^2	15.95	材料
032500035	钢板网		m^2	10.28	材料
032500037	钢板网	0.8×9×25	m^2	10.28	材料
032500039	钢板网	0.8mm	m^2	10.28	材料
032500041	钢丝网	0.3mm	m^2	7.48	材料
032500043	钢丝网		m^2	6.29	材料
032500045	钢丝网	10#(网眼20×20)	m^2	21.55	材料
032500047	钢丝网	20#(网眼10×10)	m^2	8.53	材料
032500049	钢丝网	综合	m^2	6.29	材料
032500051	钢丝网	14#镀锌	m^2	30.86	材料
032500053	钢丝网夹心矿棉板	FN-K	m^2	58.62	材料
032500055	钢丝网片		m^2	8.40	材料
040100001	复合硅酸盐水泥	P·C 32.5R 综合	kg	0.32	材料
040100003	复合硅酸盐水泥	P·C 32.5R 综合	t	319.00	材料
040100005	普通硅酸盐水泥	P·O 42.5 综合	kg	0.34	材料
040100007	普通硅酸盐水泥	P·O 42.5 综合	t	346.00	材料
040100009	普通硅酸盐水泥	P·O 52.5 综合	kg	0.39	材料
040100011	普通硅酸盐水泥	P·O 52.5 综合	t	388.00	材料
040100013	白色硅酸盐水泥	325# 二级白度	kg	0.53	材料
040100015	白色硅酸盐水泥	325# 二级白度	t	526.00	材料
040100017	白色硅酸盐水泥	425# 二级白度	kg	0.59	材料
040100019	白色硅酸盐水泥	525# 二级白度	kg	0.86	材料
040100021	硅酸盐膨胀水泥		kg	0.43	材料
040100023	矿渣水泥	32.5	kg	0.34	材料
040100025	耐火水泥		kg	1.01	材料
040100027	膨胀水泥		kg	0.87	材料
040100029	矾土水泥	32.5	kg	1.01	材料
040100031	乳胶水泥		kg	11.29	材料
040100033	特种快干水泥	V-10	t	776.00	材料
040100035	无收缩水泥		kg	0.78	材料
040300001	大理石砂		kg	0.46	材料
040300003	刚砂		kg	5.83	材料
040300005	黄砂	净砂	t	92.23	材料
040300007	黄砂	净砂(粗砂)	m^3	158.00	材料

续表

代 码	名 称	型 号 规 格	单位	基期价	类 别
040300009	黄砂	净砂(细砂)	t	102.00	材料
040300011	黄砂	净砂(细砂)	m^3	158.00	材料
040300013	黄砂	净砂(中粗砂)	t	102.00	材料
040300015	黄砂	净砂(中粗砂)	m^3	158.00	材料
040300017	黄砂	毛砂	kg	0.09	材料
040300019	黄砂	毛砂	t	87.38	材料
040300021	黄砂	毛砂	m^3	136.00	材料
040300023	金刚砂		kg	4.85	材料
040300025	沥青砂		t	505.00	材料
040300027	锰砂		m^3	58.25	材料
040300029	砂砾	天然级配	t	36.89	材料
040300031	砂砾	天然级配	m^3	58.25	材料
040300033	砂砾	综合	t	50.11	材料
040300035	砂砾	综合	m^3	77.67	材料
040300037	山砂	综合	t	26.21	材料
040300039	石英砂	综合	m^3	1553.00	材料
040300041	石英砂	综合	kg	0.97	材料
040300043	重晶石砂		kg	0.41	材料
040500001	白石屑		t	53.40	材料
040500003	白石子	综合	t	187.00	材料
040500005	白石子	综合	kg	0.18	材料
040500007	彩色石子	综合	t	214.00	材料
040500009	厂拌水泥稳定碎石		m^3	200.00	材料
040500011	磁铁矿石		m^3	77.67	材料
040500013	弹石片		m^3	43.69	材料
040500015	级配砂石		m^3	53.40	材料
040500017	沥青碎石		t	330.00	材料
040500019	砾石	5	t	67.96	材料
040500021	砾石	5	m^3	101.00	材料
040500023	砾石	10	t	67.96	材料
040500025	砾石	10	m^3	101.00	材料
040500027	砾石	15	t	67.96	材料
040500029	砾石	20	t	67.96	材料
040500031	砾石	30	t	67.96	材料
040500033	砾石	40	t	67.96	材料
040500035	砾石	40	m^3	101.00	材料
040500037	卵石	2.5~6	t	126.00	材料
040500039	卵石	综合	kg	0.05	材料

续表

代 码	名 称	型号规格	单位	基期价	类别
040500041	卵石	综合	t	52.33	材料
040500043	卵石	综合	m^3	80.19	材料
040500045	绿豆砂		m^3	82.52	材料
040500047	膨胀蛭石		m^3	62.14	材料
040500049	片石		t	67.96	材料
040500051	片石		m^3	102.00	材料
040500053	砂砾石		t	67.96	材料
040500055	砂砾石		m^3	102.00	材料
040500057	石碴		t	86.50	材料
040500059	石碴		m^3	130.00	材料
040500061	石屑		t	38.83	材料
040500063	石英石		kg	0.19	材料
040500065	石英碎石	卵石	m^3	64.69	材料
040500067	碎石	5	m^3	153.00	材料
040500069	碎石	10	t	102.00	材料
040500071	碎石	10	m^3	153.00	材料
040500073	碎石	15	m^3	153.00	材料
040500075	碎石	20	m^3	153.00	材料
040500077	碎石	30	m^3	153.00	材料
040500079	碎石	40	m^3	153.00	材料
040500081	碎石	50	m^3	153.00	材料
040500083	碎石	60	m^3	153.00	材料
040500085	碎石	80	m^3	153.00	材料
040500087	碎石	0.5~3.2	m^3	153.00	材料
040500089	碎石	0.5~3.2	kg	0.11	材料
040500091	碎石	5~15	t	102.00	材料
040500093	碎石	5~25	t	102.00	材料
040500095	碎石	5~40	m^3	153.00	材料
040500097	碎石	5~70	t	102.00	材料
040500099	碎石	5~80	m^3	153.00	材料
040500101	碎石	20~40	m^3	153.00	材料
040500103	碎石	25~40	m^3	153.00	材料
040500105	碎石	30~50	m^3	153.00	材料
040500107	碎石	50~80	m^3	153.00	材料
040500109	碎石	40~60	t	102.00	材料
040500111	碎石	16 以内	m^3	136.00	材料
040500113	碎石	40 以内	t	102.00	材料
040500115	碎石	40 以内	m^3	153.00	材料

续表

代码	名称	型号规格	单位	基期价	类别
040500117	碎石	综合	m^3	153.00	材料
040500119	碎石	综合	t	102.00	材料
040500121	碎石道碴	底碴	t	68.97	材料
040500123	碎石道碴	面碴	t	68.97	材料
040500125	洗米石	3~5	kg	0.78	材料
040500127	选净卵石		kg	0.24	材料
040500129	园林用卵石	200~400	t	124.00	材料
040500131	园林用卵石	5~10	kg	0.49	材料
040500133	园林用卵石	本色	t	124.00	材料
040500135	园林用卵石	分色	t	238.00	材料
040500137	重晶石		kg	0.49	材料
040700001	厂拌粉煤灰三渣		m^3	136.00	材料
040700003	焦渣		m^3	43.69	材料
040700005	矿渣		m^3	53.40	材料
040700007	耐火砖末		kg	0.42	材料
040700009	石屑		m^3	58.25	材料
040700011	碎砖		m^3	31.07	材料
040700013	塘渣		t	34.95	材料
040700015	陶粒		m^3	182.00	材料
040900001	白垩粉		kg	0.41	材料
040900003	白坩土		t	777.00	材料
040900005	大白粉		kg	0.34	材料
040900007	大理石粉		kg	0.43	材料
040900009	道渣		m^3	40.39	材料
040900011	底批土		kg	1.07	材料
040900013	钒土耐火砖屑		t	652.00	材料
040900015	粉料	100~250 目	kg	7.65	材料
040900017	粉煤灰		t	136.00	材料
040900019	粉煤灰		m^3	151.00	材料
040900021	粉煤灰		kg	0.14	材料
040900023	红土		kg	0.73	材料
040900025	红土粉		kg	0.44	材料
040900027	滑石粉		kg	1.07	材料
040900029	黄泥		m^3	19.90	材料
040900031	黄土		m^3	28.16	材料
040900033	块石灰		m^3	340.00	材料
040900035	菱苦土粉		kg	0.97	材料
040900037	炉渣		m^3	102.00	材料

续表

代码	名称	型号规格	单位	基期价	类别
040900039	铝粉		kg	5.43	材料
040900041	面批土		kg	0.78	材料
040900043	磨细粉煤灰		t	282.00	材料
040900045	木糖浆		kg	4.26	材料
040900047	木质素磺酸钙		kg	3.42	材料
040900049	耐火砖屑		t	501.00	材料
040900051	膨润土		kg	0.47	材料
040900053	膨胀珍珠岩粉		m^3	155.00	材料
040900055	三氯化铁		kg	1.97	材料
040900057	生石灰		t	305.00	材料
040900059	生石灰		kg	0.30	材料
040900061	石粉		kg	0.38	材料
040900063	石膏粉		kg	0.68	材料
040900065	石灰膏		m^3	270.00	材料
040900067	石灰水渣		t	53.40	材料
040900069	石灰下脚料		m^3	48.06	材料
040900071	石灰下脚料		m^3	48.54	材料
040900073	石英粉	100目	kg	0.97	材料
040900075	石英粉	综合	kg	0.97	材料
040900077	熟石灰		kg	0.34	材料
040900079	羧甲基纤维素		kg	13.14	材料
040900081	细灰		kg	0.24	材料
040900083	黏土		m^3	32.04	材料
040900085	铸石粉		kg	1.47	材料
040900087	砖灰粗/中/细		kg	0.48	材料
041100001	S形条石	60×35×12(cm)	m	291.00	材料
041100003	S形条石	60×45×15(cm)	m	350.00	材料
041100005	凹凸毛石板		m^2	63.45	材料
041100007	弹石	100×100×100	m^2	121.00	材料
041100009	点缀石块	25×25	个	4.15	材料
041100011	方整石		m^3	293.00	材料
041100013	拱石		m^3	243.00	材料
041100015	花岗石内旋石		m^3	2913.00	材料
041100017	机割普坚石	曲弧形	m^3	2039.00	材料
041100019	机割普坚石	430×230×120	m^2	245.00	材料
041100021	机割普坚石	500×250×230	m^3	2039.00	材料
041100023	机割普坚石	610×380×120	m^2	245.00	材料
041100025	机割普坚石	730×530×120	m^2	245.00	材料

续表

代码	名称	型号规格	单位	基期价	类别
041100027	机割普坚石	800×300×400	m^3	2039.00	材料
041100029	机割普坚石	1000×280×280	m^3	2039.00	材料
041100031	机割普坚石	1000×300×80	m^2	163.00	材料
041100033	机割普坚石	1000×300×100	m^2	204.00	材料
041100035	机割普坚石	1000×300×130	m^2	265.00	材料
041100037	机割普坚石	1000×300×160	m^2	326.00	材料
041100039	机割普坚石	1000×450×330	m^2	673.00	材料
041100041	机割普坚石	1050×250×250	m^3	2039.00	材料
041100043	机割普坚石	1200×400×550	m^3	2039.00	材料
041100045	机割普坚石	1300×680×140	m^3	2039.00	材料
041100047	机割普坚石	1380×400×300	m^3	2039.00	材料
041100049	机割普坚石	1500×300×130	m^2	265.00	材料
041100051	机割普坚石	1500×300×160	m^2	326.00	材料
041100053	机割普坚石	1930×300×230	m^3	2039.00	材料
041100055	机割普坚石	2000×250×120	m^3	2039.00	材料
041100057	机割普坚石	2000×300×130	m^3	2039.00	材料
041100059	机割普坚石	2000×400×80	m^2	163.00	材料
041100061	机割普坚石	2000×400×100	m^2	204.00	材料
041100063	机割普坚石	2000×400×120	m^2	245.00	材料
041100065	机割普坚石	2000×400×150	m^2	306.00	材料
041100067	机割普坚石	2000×400×180	m^2	367.00	材料
041100069	机割普坚石	2550×330×270	m^3	2039.00	材料
041100071	机割普坚石	2550×330×330	m^3	2039.00	材料
041100073	机割普坚石	2610×330×230	m^3	2039.00	材料
041100075	机割普坚石	2610×450×330	m^3	2039.00	材料
041100077	机割普坚石	3000×400×180	m^2	367.00	材料
041100079	机割普坚石	3000×450×150	m^2	306.00	材料
041100081	机割普坚石	3230×250×250	m^3	2039.00	材料
041100083	机割普坚石	4000×400×150	m^2	306.00	材料
041100085	机割普坚石	4000×400×180	m^2	367.00	材料
041100087	机割普坚石	4000×500×400	m^3	2039.00	材料
041100089	机割普坚石	4000×600×600	m^3	2039.00	材料
041100091	机割普坚石	4030×330×330	m^3	2039.00	材料
041100093	机割普坚石	4430×230×230	m^3	2039.00	材料
041100095	机割普坚石	4430×550×330	m^3	2039.00	材料
041100097	机割普坚石	4530×380×380	m^3	2039.00	材料
041100099	机割普坚石	4530×430×430	m^3	2039.00	材料
041100101	机割普坚石	5030×480×480	m^3	2039.00	材料

续表

代码	名称	型号规格	单位	基期价	类别
041100103	机割普坚石	5500×500×500	m^3	2039.00	材料
041100105	机割普坚石	6000×550×550	m^3	2039.00	材料
041100107	机割普坚石	800×300×400/2	m^3	2039.00	材料
041100109	机割普坚石	1200×400×550/2	m^3	2039.00	材料
041100111	机割特坚石	$\delta=20$	m^2	40.78	材料
041100113	机割特坚石	$\delta=40$	m^2	81.55	材料
041100115	块石		t	77.67	材料
041100117	块石		m^3	117.00	材料
041100119	块石	200~500	t	77.67	材料
041100121	料石		t	97.09	材料
041100123	料石		m^3	146.00	材料
041100125	毛石	综合	m^3	40.78	材料
041100127	拼花石板		m^2	359.00	材料
041100129	普坚毛料石		m^3	1748.00	材料
041100131	普坚毛料石	270×270×150	m^3	1748.00	材料
041100133	普坚毛料石	340×340×240	m^3	1748.00	材料
041100135	普坚毛料石	430×230×120	m^3	1748.00	材料
041100137	普坚毛料石	430×330×190	m^3	1748.00	材料
041100139	普坚毛料石	460×460×240	m^3	1748.00	材料
041100141	普坚毛料石	500×250×230	m^3	1748.00	材料
041100143	普坚毛料石	610×380×120	m^3	1748.00	材料
041100145	普坚毛料石	610×610×320	m^3	1748.00	材料
041100147	普坚毛料石	630×430×320	m^3	1748.00	材料
041100149	普坚毛料石	630×630×180	m^3	1748.00	材料
041100151	普坚毛料石	730×530×120	m^3	1748.00	材料
041100153	普坚毛料石	820×530×150	m^3	1748.00	材料
041100155	普坚毛料石	830×830×190	m^3	1748.00	材料
041100157	普坚毛料石	1000×280×280	m^3	1748.00	材料
041100159	普坚毛料石	1000×300×80	m^3	1748.00	材料
041100161	普坚毛料石	1000×300×100	m^3	1748.00	材料
041100163	普坚毛料石	1000×300×130	m^3	1748.00	材料
041100165	普坚毛料石	1000×300×160	m^3	1748.00	材料
041100167	普坚毛料石	1000×450×330	m^3	1748.00	材料
041100169	普坚毛料石	1030×530×330	m^3	1748.00	材料
041100171	普坚毛料石	1030×1030×230	m^3	1748.00	材料
041100173	普坚毛料石	1050×250×250	m^3	1748.00	材料
041100175	普坚毛料石	1080×280×280	m^3	1748.00	材料
041100177	普坚毛料石	1130×530×170	m^3	1748.00	材料

续表

代码	名称	型号规格	单位	基期价	类别
041100179	普坚毛料石	1130×980×290	m^3	1748.00	材料
041100181	普坚毛料石	1230×1030×630	m^3	1748.00	材料
041100183	普坚毛料石	1250×220×130	m^3	1748.00	材料
041100185	普坚毛料石	1250×240×180	m^3	1748.00	材料
041100187	普坚毛料石	1250×350×200	m^3	1748.00	材料
041100189	普坚毛料石	1250×450×220	m^3	1748.00	材料
041100191	普坚毛料石	1300×280×280	m^3	1748.00	材料
041100193	普坚毛料石	1300×680×140	m^3	1748.00	材料
041100195	普坚毛料石	1380×400×300	m^3	1748.00	材料
041100197	普坚毛料石	1500×300×130	m^3	1748.00	材料
041100199	普坚毛料石	1500×300×160	m^3	1748.00	材料
041100201	普坚毛料石	1530×330×300	m^3	1748.00	材料
041100203	普坚毛料石	1530×730×230	m^3	1748.00	材料
041100205	普坚毛料石	1530×1530×330	m^3	1748.00	材料
041100207	普坚毛料石	1580×530×170	m^3	1748.00	材料
041100209	普坚毛料石	1930×300×230	m^3	1748.00	材料
041100211	普坚毛料石	2000×250×120	m^3	1748.00	材料
041100213	普坚毛料石	2000×300×130	m^3	1748.00	材料
041100215	普坚毛料石	2000×400×80	m^3	1748.00	材料
041100217	普坚毛料石	2000×400×100	m^3	1748.00	材料
041100219	普坚毛料石	2000×400×120	m^3	1748.00	材料
041100221	普坚毛料石	2000×400×150	m^3	1748.00	材料
041100223	普坚毛料石	2000×400×180	m^3	1748.00	材料
041100225	普坚毛料石	2550×330×270	m^3	1748.00	材料
041100227	普坚毛料石	2550×330×330	m^3	1748.00	材料
041100229	普坚毛料石	2610×330×230	m^3	1748.00	材料
041100231	普坚毛料石	2610×450×330	m^3	1748.00	材料
041100233	普坚毛料石	3000×400×150	m^3	1748.00	材料
041100235	普坚毛料石	3000×400×180	m^3	1748.00	材料
041100237	普坚毛料石	3230×250×250	m^3	1748.00	材料
041100239	普坚毛料石	4000×400×150	m^3	1748.00	材料
041100241	普坚毛料石	4000×400×180	m^3	1748.00	材料
041100243	普坚毛料石	4000×500×400	m^3	1748.00	材料
041100245	普坚毛料石	4030×330×330	m^3	1748.00	材料
041100247	普坚毛料石	4430×330×230	m^3	1748.00	材料
041100249	普坚毛料石	4430×550×330	m^3	1748.00	材料
041100251	普坚毛料石	4530×380×380	m^3	1748.00	材料
041100253	普坚毛料石	4530×430×430	m^3	1748.00	材料

续表

代 码	名 称	型号规格	单位	基期价	类别
041100255	普坚毛料石	5030×480×480	m^3	1748.00	材料
041100257	普坚毛料石	5500×500×500	m^3	1748.00	材料
041100259	普坚毛料石	6000×550×550	m^3	1748.00	材料
041100261	普坚毛料石	6000×600×600	m^3	1748.00	材料
041100263	青石条石板	δ100	m^2	0.00	材料
041100265	券脸石		m^3	2913.00	材料
041100267	石质块料		m^3	2913.00	材料
041100269	条石		t	205.00	材料
041100271	条石		m^3	307.00	材料
041100273	条石	70×250	m	5.37	材料
041100275	条石	100×300	m	9.20	材料
041100277	条石块		m	18.35	材料
041100279	细料石		m^3	632.00	材料
041300001	标准砖	240×115×53	块	0.39	材料
041300003	标准砖	240×115×53	百块	38.79	材料
041300005	标准砖	240×115×53	千块	388.00	材料
041300007	非黏土烧结多孔砖	190×190×90	千块	612.00	材料
041300009	非黏土烧结多孔砖	240×115×90	千块	621.00	材料
041300011	非黏土烧结普通砖	240×115×53	千块	388.00	材料
041300013	非黏土烧结实心砖	240×115×53	千块	426.00	材料
041300015	非黏土烧结页岩多孔砖	190×90×90	千块	586.00	材料
041300017	非黏土烧结页岩多孔砖	240×115×90	千块	612.00	材料
041300019	非黏土烧结页岩空心砖	190×190×115	千块	1233.00	材料
041300021	非黏土烧结页岩空心砖	240×240×115	千块	1767.00	材料
041300023	混凝土多孔砖	190×190×90 MU10	千块	517.00	材料
041300025	混凝土多孔砖	240×115×90 MU10	千块	491.00	材料
041300027	混凝土实心砖	53×115×240	千块	395.00	材料
041300029	混凝土实心砖	190×90×53 MU10	千块	296.00	材料
041300031	混凝土实心砖	240×115×53 MU10	千块	388.00	材料
041300033	烧结粉煤灰砖	240×115×53	千块	310.00	材料
041300035	碎钒土耐火砖		t	156.00	材料
041300037	碎耐火砖		t	124.00	材料
041300039	陶粒混凝土实心砖	190×90×53	千块	241.00	材料
041300041	陶粒混凝土实心砖	240×115×53	千块	323.00	材料
041300043	页岩砖	240×115×53	千块	431.00	材料
041300045	黏土多孔砖	240×115×90	千块	241.00	材料
041300047	蒸压灰砂多孔砖	240×115×90	千块	388.00	材料
041300049	蒸压灰砂砖	240×115×53	千块	371.00	材料

续表

代码	名称	型号规格	单位	基期价	类别
041500001	非黏土烧结页岩空心砌块	290×115×190 MU10	m^3	332.00	材料
041500003	非黏土烧结页岩空心砌块	290×190×190 MU10	m^3	332.00	材料
041500005	非黏土烧结页岩空心砌块	290×240×190 MU10	m^3	332.00	材料
041500007	非黏土烧结页岩实心砖	240×115×53	千块	310.00	材料
041500009	加气混凝土砌块	碎块	m^3	197.00	材料
041500011	素混凝土块	C20	m^3	338.00	材料
041500013	陶粒混凝土小型砌块	390×120×190	m^3	328.00	材料
041500015	陶粒混凝土小型砌块	390×190×190	m^3	328.00	材料
041500017	陶粒混凝土小型砌块	390×240×190	m^3	328.00	材料
041500019	陶粒增强加气砌块	600×240×200	m^3	483.00	材料
041500021	蒸压砂加气混凝土块	B06 综合	m^3	259.00	材料
041500023	蒸压砂加气混凝土砌块	B06 A3.5	m^3	259.00	材料
041500025	蒸压砂加气混凝土砌块	B06 A5.0	m^3	328.00	材料
041500027	蒸压砂加气混凝土砌块	B06 A5.0(600×240×180)	块	8.62	材料
041700001	S 形板瓦	315×315	百张	197.00	材料
041700003	波形瓦	150×150	百张	73.97	材料
041700005	玻璃钢波纹瓦	综合	m^2	21.55	材料
041700007	玻璃钢瓦	1800×720 小波	张	24.14	材料
041700009	彩钢脊瓦		m	15.52	材料
041700011	彩色水泥脊瓦	420×220	千张	3461.00	材料
041700013	彩色水泥瓦	420×330	千张	1810.00	材料
041700015	瓷质波形瓦脊瓦		张	0.52	材料
041700017	瓷质波形瓦无釉	150×150×9	张	1.38	材料
041700019	镀锌薄钢板波纹瓦	2000×920×0.5	张	62.91	材料
041700021	镀锌波纹瓦		张	26.12	材料
041700023	镀锌铁皮脊瓦	26#	m^2	36.07	材料
041700025	多彩油毡瓦		m^2	40.23	材料
041700027	沥青瓦	1000×333	张	7.47	材料
041700029	平板瓦	370×260	百张	77.59	材料
041700031	石棉水泥脊瓦	780×(180×2)×8	张	7.76	材料
041700033	石棉水泥瓦	1800×720×8 小波	张	25.00	材料
041700035	双筒瓦	345×240	百张	302.00	材料
041700037	水泥脊瓦	330	张	1.21	材料
041700039	水泥平瓦	420×330	张	2.24	材料
041700041	瓦垄铁皮	26#	m^2	35.00	材料
041700043	瓦形护杆板		块	0.26	材料
041700045	西班牙 S 盾瓦	250×90×10	张	4.48	材料
041700047	西班牙脊瓦	285×180	张	6.47	材料

续表

代码	名称	型号规格	单位	基期价	类别
041700049	西班牙瓦无釉	310×310	张	6.47	材料
041700051	小青瓦	200×130	千块	862.00	材料
041700053	小青瓦	180×170~180	千张	560.00	材料
041700055	小青瓦	200×180~200	千张	1129.00	材料
041700057	英红脊瓦		张	4.48	材料
041700059	英红瓦	360×285	百张	388.00	材料
041700061	英红瓦	420×332	张	4.74	材料
041700063	硬质瓦块		m^3	100.00	材料
041700065	黏土脊瓦	455×195	张	0.86	材料
041700067	黏土脊瓦	460×200	千张	1034.00	材料
041700069	黏土平瓦	380~400×240	千张	862.00	材料
041700071	黏土平瓦	387×218	千块	690.00	材料
042700001	混凝土保护板	300×150×30	块	0.52	材料
042700003	混凝土保护板	300×250×30	块	0.95	材料
042700005	混凝土标桩	1200×100×100	个	18.10	材料
042700007	混凝土垫块		m^3	284.00	材料
042700009	混凝土分离型侧平石		m	11.21	材料
042700011	混凝土块	250×50×125	m	1.08	材料
042700013	混凝土连接型侧平石		m	11.21	材料
042700015	混凝土滤板		m^2	302.00	材料
042700017	混凝土预制块		块	1.98	材料
042700019	混凝土预制块		m	10.34	材料
042700021	混凝土预制块	综合	m^3	345.00	材料
042700023	混凝土支承块	C50	块	103.00	材料
042700025	监测标石		根	353.00	材料
042700027	膨胀硅酸盐水泥板	50mm	m^2	18.10	材料
042700029	嵌草水泥砖	300×300×50	m^2	28.45	材料
042700031	水泥方砖		块	2.16	材料
042700033	水泥膏		m^3	386.00	材料
042700035	水泥拉线盘	400×800	块	23.45	材料
042700037	水泥蛭石块		m^3	191.00	材料
042700039	预制古式栏杆件		m^2	32.24	材料
042700041	预制古式零件(莲花头)		m^3	325.00	材料
042700043	预制混凝土板		m^3	336.00	材料
042700045	预制混凝土边石	70×150×500	块	2.33	材料
042700047	预制混凝土边石	100×300×500	块	6.47	材料
042700049	预制混凝土道板		m^3	336.00	材料
042700051	预制混凝土方桩	100×100×3500	根	17.24	材料

续表

代码	名称	型号规格	单位	基期价	类别
042700053	预制混凝土方桩	100×120×2200	根	10.30	材料
042700055	预制混凝土隔离墩		m^3	328.00	材料
042700057	预制混凝土块		m^3	341.00	材料
042700059	预制混凝土栏杆		m	103.00	材料
042700061	预制混凝土六角块		千块	1724.00	材料
042700063	预制基础	综合	块	388.00	材料
042700065	预制吴王靠件		m^2	36.21	材料
042900001	上覆板		套	259.00	材料
042900003	特型直通上覆板		套	1009.00	材料
042900005	预应力钢筋混凝土管桩	PC400(95)A	m	106.00	材料
042900007	预应力钢筋混凝土管桩	PC500(100)A	m	141.00	材料
042900009	预制钢筋混凝土屋面隔热板	δ35C20	m^2	34.48	材料
042900011	预制混凝土小型构件		m^3	284.00	材料
043100001	保温混凝土		m^3	330.00	材料
043100003	泵送防水商品混凝土	C20/P6	m^3	444.00	材料
043100005	泵送防水商品混凝土	C25/P6(20)坍落度(12±3)cm	m^3	453.00	材料
043100007	泵送防水商品混凝土	C30/P8 坍落度(12±3)cm	m^3	460.00	材料
043100009	泵送防水商品混凝土	C35/P8 坍落度(12±3)cm	m^3	484.00	材料
043100011	泵送商品混凝土	C10	m^3	403.00	材料
043100013	泵送商品混凝土	C15	m^3	422.00	材料
043100015	泵送商品混凝土	C20	m^3	431.00	材料
043100017	泵送商品混凝土	C25	m^3	447.00	材料
043100019	泵送商品混凝土	C30	m^3	461.00	材料
043100021	泵送商品混凝土	C35	m^3	486.00	材料
043100023	泵送商品混凝土	C40	m^3	503.00	材料
043100025	泵送商品混凝土	C45	m^3	530.00	材料
043100027	泵送商品混凝土	C50	m^3	566.00	材料
043100029	非泵送道路混凝土	4.0MPa	m^3	388.00	材料
043100031	非泵送商品混凝土	C15	m^3	399.00	材料
043100033	非泵送商品混凝土	C20	m^3	412.00	材料
043100035	非泵送商品混凝土	C25	m^3	421.00	材料
043100037	非泵送商品混凝土	C30	m^3	438.00	材料
043100039	非泵送商品混凝土	C40	m^3	455.00	材料
043100041	非泵送商品混凝土	C50	m^3	632.00	材料
043100043	非泵送水下商品混凝土	C25	m^3	448.00	材料
043100045	非泵送水下商品混凝土	C30	m^3	462.00	材料
043100047	非泵送水下商品混凝土	C20 坍落度 20±3cm	m^3	438.00	材料
043100049	混凝土	C15	m^3	349.00	材料

续表

代码	名称	型号规格	单位	基期价	类别
043100051	混凝土	C20	m^3	356.00	材料
043100053	混凝土	C25	m^3	369.00	材料
043100055	炉渣混凝土	CL7.5	m^3	361.00	材料
043100057	耐火混凝土		m^3	474.00	材料
043100059	耐碱混凝土		m^3	3621.00	材料
043100061	泡沫混凝土		m^3	248.00	材料
043100063	商品泵送防水混凝土	C25/P8(20)	m^3	448.00	材料
043100065	陶粒混凝土	C10～C30	m^3	361.00	材料
043100067	现浇混凝土	C30	m^3	400.00	材料
043100069	现浇混凝土	C10(20)	m^3	345.00	材料
043100071	预拌细石混凝土	C20	m^3	391.00	材料
043300001	白水泥砂浆	1∶2	m^3	155.00	材料
043300003	干混地面砂浆	DS M15.0	kg	0.26	材料
043300005	干混地面砂浆	DS M20.0	kg	0.26	材料
043300007	干混地面砂浆	DS M25.0	kg	0.27	材料
043300009	干混地面砂浆	DS M25 散装	t	312.00	材料
043300011	干混界面砂浆	DITM10.0	m^3	388.00	材料
043300013	干混抹灰砂浆	DP M5.0	kg	0.25	材料
043300015	干混抹灰砂浆	DP M10.0	kg	0.26	材料
043300017	干混抹灰砂浆	DP M15.0	kg	0.27	材料
043300019	干混抹灰砂浆	DP M20.0	kg	0.27	材料
043300021	干混抹灰砂浆	DP M5 散装	t	208.00	材料
043300023	干混抹灰砂浆	DP M10 散装	t	218.00	材料
043300025	干混抹灰砂浆	DP M15 散装	t	222.00	材料
043300027	干混砌筑砂浆	DM M5.0	kg	0.24	材料
043300029	干混砌筑砂浆	DM M7.5	kg	0.25	材料
043300031	干混砌筑砂浆	DM M10.0	kg	0.25	材料
043300033	干混砌筑砂浆	DM M15.0	kg	0.26	材料
043300035	干混砌筑砂浆	DM M20.0	kg	0.27	材料
043300037	干混砌筑砂浆	DM M15 散装	t	217.00	材料
043300039	高强无收缩砂浆料	C60	kg	1.97	材料
043300041	高强无收缩砂浆料	C100	kg	2.72	材料
043300043	胶粉聚苯颗粒保温砂浆		m^3	328.00	材料
043300045	聚合物粘结砂浆		kg	1.60	材料
043300047	抗裂抹面砂浆		kg	1.60	材料
043300049	膨胀玻化微珠保温浆料		m^3	759.00	材料
043300051	湿拌抹灰砂浆	WPM15	m^3	427.00	材料
043300053	湿拌抹灰砂浆	WPM20	m^3	434.00	材料

续表

代码	名称	型号规格	单位	基期价	类别
043300055	湿拌砌筑砂浆	WMM7.5	m^3	400.00	材料
043300057	湿拌砌筑砂浆	WMM10	m^3	409.00	材料
043300059	水泥基自流平砂浆		kg	1.38	材料
043300061	水泥青石屑浆	1:2.5	m^3	236.38	材料
043300063	陶粒砌块专用砌筑砂浆		kg	0.66	材料
043500001	粗粒式沥青混凝土		m^3	733.00	材料
043500003	透水沥青混凝土		m^3	1491.00	材料
043500005	细粒式沥青混凝土		m^3	888.00	材料
043500007	中粒式沥青混凝土		m^3	750.00	材料
043700001	促凝剂		kg	1.67	材料
043700003	防水剂		kg	3.65	材料
043700005	集成压浆料		t	862.00	材料
043700007	硫黄胶泥		kg	1.74	材料
043700009	砌块砌筑粘结剂		kg	0.69	材料
043700011	石油沥青玛琋脂		kg	2.67	材料
043700013	速凝剂		kg	0.91	材料
043700015	速凝剂	8880 型	kg	0.91	材料
043700017	养护液		kg	4.83	材料
043700019	预应力管道压浆剂		t	2586.00	材料
050100001	道木		m^3	1034.00	材料
050100003	道木	250×200×2500	根	129.00	材料
050100005	木材		m^3	1466.00	材料
050100007	木材(成材)		m^3	2802.00	材料
050100009	木材(一级红松)		m^3	4315.00	材料
050100011	木头		kg	68.97	材料
050100013	杉板枋材		m^3	1625.00	材料
050100015	杉原木	ϕ100~120×4m 以内	m^3	1466.00	材料
050100017	杉原木(椽子)		m^3	1466.00	材料
050100019	杉原木(构件安装用)		m^3	1466.00	材料
050100021	杉原木(屋架)	综合	m^3	1466.00	材料
050100023	杉原木	综合	m^3	1466.00	材料
050100025	原木		m^3	1552.00	材料
050100027	原木	ϕ250×500	根	39.22	材料
050100029	原木	ϕ250×1200	根	67.24	材料
050100031	原木(道木)		m^3	1552.00	材料
050300001	板枋材		m^3	2069.00	材料
050300003	板枋材(杉木)		m^3	2069.00	材料
050300005	板条	1000×30×8	百根	78.45	材料

续表

代码	名称	型号规格	单位	基期价	类别
050300007	错口板		m^2	64.66	材料
050300009	挡脚板		m^3	1552.00	材料
050300011	垫木		m^3	2328.00	材料
050300013	榉木板	δ3	m^2	25.86	材料
050300015	门窗规格料		m^3	2026.00	材料
050300017	门窗框杉枋		m^3	1810.00	材料
050300019	门窗杉板		m^3	1810.00	材料
050300021	门窗扇杉枋		m^3	1810.00	材料
050300023	木板		m^3	1667.00	材料
050300025	木板	δ20	m^3	1638.00	材料
050300027	木板	δ25	m^3	3103.00	材料
050300029	木方		m^3	3190.00	材料
050300031	木榫		m^3	526.00	材料
050300033	软木		m^3	388.00	材料
050300035	杉薄板		m^3	2069.00	材料
050300037	杉搭木		m^3	2155.00	材料
050300039	杉枋	亮子	m^3	1810.00	材料
050300041	杉枋材		m^3	2155.00	材料
050300043	杉枋材	大枋	m^3	2069.00	材料
050300045	杉枋材	门窗料	m^3	1810.00	材料
050300047	杉格椽		m^3	2026.00	材料
050300049	杉木板		m^3	1810.00	材料
050300051	杉木材	毛料	m^3	1810.00	材料
050300053	杉木枋	30×40	m^3	1800.00	材料
050300055	杉木枋	50×60	m^3	1800.00	材料
050300057	杉木砖		m^3	595.00	材料
050300059	杉小枋		m^3	2328.00	材料
050300061	松板枋材		m^3	1800.00	材料
050300063	松板枋材	模板	m^3	1422.00	材料
050300065	松垫木		m^3	2328.00	材料
050300067	松木板枋材		m^3	2328.00	材料
050300069	松杂板枋材		m^3	2328.00	材料
050300071	围条硬木		m^3	3017.00	材料
050300073	屋面板		m^2	60.34	材料
050300075	硬垫木		m^3	2155.00	材料
050300077	硬木(木楔)	进口	m^3	3276.00	材料
050300079	硬木板(方)		m^3	2414.00	材料
050300081	硬木板枋材		m^3	2414.00	材料

续表

代码	名称	型号规格	单位	基期价	类别
050300083	硬木板枋材(进口)		m^3	3276.00	材料
050300085	硬木板条	1200×38×6	m^3	3276.00	材料
050300087	硬木枋材		m^3	3276.00	材料
050300089	硬木框料		m^3	3276.00	材料
050300091	硬木扇料		m^3	3276.00	材料
050300093	硬木条板		m^2	51.72	材料
050300095	枕木		m^3	2457.00	材料
050300097	枕木	2000×200×200	根	138.00	材料
050300099	枕木	2000×250×200	根	147.00	材料
050300101	枕木	2500×200×160	根	155.00	材料
050300103	枕木	2500×250×200	根	159.00	材料
050300105	桩木		m^3	2328.00	材料
050500001	防火胶板		m^2	24.14	材料
050500003	防火胶板	δ1.0	m^2	22.71	材料
050500005	合成饰面板		m^2	129.00	材料
050500007	红榉夹板	δ3	m^2	24.36	材料
050500009	胶合板	δ3	m^2	13.10	材料
050500011	胶合板	δ5	m^2	20.17	材料
050500013	胶合板	δ6	m^2	23.28	材料
050500015	胶合板	δ9	m^2	25.86	材料
050500017	胶合板	δ12	m^2	27.59	材料
050500019	胶合板	δ15	m^2	30.17	材料
050500021	胶合板	δ18	m^2	32.76	材料
050500023	胶木板		kg	20.69	材料
050500025	木质饰面板	δ3	m^2	12.41	材料
050500027	饰面胶合板		m^2	13.66	材料
050500029	纤维板	2100×1000×4	m^2	8.69	材料
050500031	柚木夹板		m^2	19.36	材料
050500033	柚木皮		m^2	15.86	材料
050700001	纤维板	δ3	m^2	8.22	材料
050900001	细木工板	δ15	m^2	21.12	材料
050900003	细木工板	δ18	m^2	27.07	材料
051300001	刨花板	1830×915×4	m^2	11.99	材料
051500001	成品织物包板	δ15	m^2	302.00	材料
051500003	甘蔗板		m^2	30.91	材料
051500005	木丝板	δ25	m^2	64.66	材料
051500007	装饰防火板	δ12	m^2	27.59	材料
051500009	装饰防火板	δ18	m^2	33.62	材料

续表

代码	名称	型号规格	单位	基期价	类别
051500011	装饰防火板	δ20	m^2	38.79	材料
051500013	装饰防火板	δ25	m^2	40.52	材料
052300001	成品木窗台板		m^2	241.00	材料
052300003	圆木台	150~250	块	3.10	材料
052300005	圆木台	275~350	块	4.31	材料
052300007	圆木台	63~138×22	块	0.29	材料
052300009	圆木台	63~138×22	块	3.10	材料
052500001	车道槽形板		m^2	60.34	材料
052500003	成品橱柜	上柜 400×700	m	862.00	材料
052500005	成品橱柜	下柜 550×900	m	1293.00	材料
052500007	成品洗漱台柜	1.5m×0.5m×0.9m	组	1741.00	材料
052500009	垫木	60×60×60	块	0.53	材料
052500011	防腐木		m^3	2155.00	材料
052500013	固定支板		只	4.31	材料
052500015	红榉木装饰皮		m^2	4.48	材料
052500017	锯末		kg	1.72	材料
052500019	木衬垫	φ600	只	51.21	材料
052500021	木衬垫	φ800	只	68.28	材料
052500023	木衬垫	φ1000	只	85.34	材料
052500025	木衬垫	φ1200	只	102.00	材料
052500027	木衬垫	φ1350	只	111.00	材料
052500029	木衬垫	φ1500	只	119.00	材料
052500031	木衬垫	φ1650	只	128.00	材料
052500033	木衬垫	φ1800	只	137.00	材料
052500035	木衬垫	φ2000	只	158.00	材料
052500037	木衬垫	φ2200	只	196.00	材料
052500039	木衬垫	φ2400	只	214.00	材料
052500041	木挡土板		m^3	1789.00	材料
052500043	木杆		根	19.83	材料
052500045	木配电板	150×225×25	块	10.34	材料
052500047	木配电板	350×450×25	块	17.24	材料
052500049	木箱		个	77.59	材料
052500051	木砖		m^3	925.00	材料
052500053	木桩		个	4.31	材料
052500055	软木衬垫		m^2	68.97	材料
052500057	杉板条	平均长 1m	百根	21.59	材料
052500059	树棍	长 1.2m	根	5.17	材料
052500061	树棍	长 2.2m	根	9.48	材料

续表

代 码	名　称	型 号 规 格	单位	基期价	类 别
053100001	半圆竹片	*DN*20	m^2	22.35	材料
053100003	毛竹	毛竹 1.7m 起围径 27cm	根	25.86	材料
053100005	竹笆		m^2	10.24	材料
053100007	竹编模		副	1.70	材料
053100009	竹挡土板		m^2	21.55	材料
053100011	竹篱片		m^2	2.83	材料
053100013	竹篾		百根	5.02	材料
053300001	竹片		m^2	10.34	材料
053500001	竹帘子		m^2	8.84	材料
053500003	竹桩		个	2.41	材料
060100001	平板玻璃	δ3	m^2	15.52	材料
060100003	平板玻璃	δ5	m^2	24.14	材料
060100005	平板玻璃	δ6	m^2	28.45	材料
060100007	平板玻璃	δ8	m^2	38.79	材料
060100009	平板玻璃	δ12	m^2	76.29	材料
060100011	平板磨边玻璃	δ8	m^2	51.72	材料
060300001	茶色镜面玻璃	δ5	m^2	56.03	材料
060300003	茶色幕墙玻璃	δ6	m^2	43.10	材料
060500001	保护玻璃		片	5.59	材料
060500003	钢化玻璃	δ5	m^2	28.00	材料
060500005	钢化玻璃	δ6	m^2	58.19	材料
060500007	钢化玻璃	δ10	m^2	77.59	材料
060500009	钢化玻璃	δ12	m^2	94.83	材料
060500011	钢化玻璃	δ15	m^2	112.00	材料
060900001	夹胶玻璃(采光天棚用)	8+0.76+8	m^2	147.00	材料
060900003	镭射夹层玻璃	(8+5)600×600	m^2	203.00	材料
060900005	镭射夹层玻璃	(8+5)800×800	m^2	208.00	材料
061100001	LOW-E 钢化中空玻璃	5+6A+5	m^2	103.00	材料
061100003	中空玻璃		m^2	94.83	材料
061100005	中空玻璃	5+9A+5	m^2	86.21	材料
062500001	镜面玻璃镜箱	≤$1m^2$	只	276.00	材料
062500003	镜面玻璃镜箱	≥$1m^2$	只	457.00	材料
062500005	磨砂玻璃	δ3	m^2	51.72	材料
062500007	磨砂玻璃	δ5	m^2	47.84	材料
064100001	镭射玻璃	600×600×8	m^2	142.00	材料
064100003	镭射玻璃	800×800×8	m^2	142.00	材料
064100005	镭射玻璃	成品	m^2	129.00	材料
064100007	镭射玻璃	造型	m^2	284.00	材料

续表

代码	名称	型号规格	单位	基期价	类别
064300001	防弹玻璃	δ19	m^2	603.00	材料
065100001	玻璃锦砖	300×300	m^2	73.28	材料
065100003	玻璃砖	190×190×80	千块	7112.00	材料
065100005	玻璃砖	190×190×80	块	7.11	材料
065100007	玻璃砖	190×190×95	块	12.93	材料
065500001	镜面玻璃		m^2	38.79	材料
065500003	镜面玻璃	δ3	m^2	30.17	材料
065500005	镜面玻璃	δ5	m^2	43.10	材料
065500007	镜面玻璃	δ6	m^2	47.41	材料
065500009	镜面玻璃	成品 δ5	m^2	68.97	材料
065500011	镜面玻璃	磨边 δ6	m^2	64.66	材料
065500013	镜面玻璃	异型 δ5	m^2	86.21	材料
065500015	塑料镜箱	560×320×130	个	34.48	材料
065500017	原片玻璃镜	δ6	m^2	51.72	材料
065700001	水位计玻璃板		块	8.62	材料
070100001	白瓷砖角线	L200	块	0.16	材料
070100003	瓷腰线砖(带花)	200×70	块	3.45	材料
070100005	瓷腰线砖(带花)	200×90	块	3.97	材料
070100007	瓷砖	150×220	m^2	25.86	材料
070100009	瓷砖	152×152	千块	392.00	材料
070100011	瓷砖	152×152	m^2	25.86	材料
070100013	瓷砖	200×300	m^2	14.66	材料
070100015	瓷砖	500×500	m^2	31.03	材料
070100017	缸砖	152×152	m^2	25.86	材料
070100019	披水砖		百块	28.45	材料
070100021	墙面砖	95×95	m^2	38.79	材料
070100023	墙面砖	240×60	m^2	46.55	材料
070100025	墙面砖	400×500	m^2	50.00	材料
070100027	墙面砖	600×800	m^2	56.03	材料
070100029	釉面砖		m^2	19.91	材料
070300001	凹凸假麻石块		m^2	15.52	材料
070300003	凹凸麻石块		m^2	15.52	材料
070300005	瓷质外墙砖	45×95	m^2	21.55	材料
070300007	瓷质外墙砖	50×230	m^2	34.48	材料
070300009	瓷质外墙砖	200×200	m^2	51.72	材料
070300011	墙面砖	194×94	m^2	41.38	材料
070300013	墙面砖	800×800	m^2	64.66	材料
070500001	带防滑条地砖		m^2	61.03	材料

续表

代码	名称	型号规格	单位	基期价	类别
070500003	地砖	200×200	m^2	50.00	材料
070500005	地砖	300×300	m^2	44.83	材料
070500007	地砖	400×400	m^2	46.55	材料
070500009	地砖	500×500	m^2	50.00	材料
070500011	地砖	600×600	m^2	53.45	材料
070500013	地砖	800×800	m^2	75.00	材料
070500015	地砖	1000×1000	m^2	103.00	材料
070500017	缸砖		m^2	15.60	材料
070500019	面砖	200×300	m^2	58.62	材料
070500021	面砖	1000×1000	m^2	97.41	材料
070500023	陶瓷地砖	综合	m^2	32.76	材料
070700001	彩釉砖	300×300	m^2	15.84	材料
070700003	缸砖防滑条		m	12.07	材料
070700005	耐酸陶片	150×150×20	块	1.29	材料
070700007	耐酸陶片	230×113×65	块	1.90	材料
070700009	陶瓷锦砖		m^2	15.60	材料
071100001	胶塑板		kg	7.07	材料
071300001	杉平口地板		m^2	51.72	材料
071300003	实木地板		m^2	155.00	材料
071300005	实木地板砖		m^2	97.41	材料
071300007	实木拼花地板		m^2	190.00	材料
071300009	长条实木地板		m^2	172.00	材料
071900001	塑料地板	综合	m^2	43.10	材料
071900003	塑料地板卷材	δ1.5	m^2	73.28	材料
072100001	橡胶地板		m^2	43.10	材料
072300001	成品金属地板		m^2	289.00	材料
072300003	复合木地板		m^2	203.00	材料
072300005	长条复合地板		m^2	138.00	材料
072500001	铝合金活动地板		m^2	418.00	材料
072500003	铝质防静电地板	500×500	m^2	431.00	材料
072500005	木质防静电活动地板	600×600×25	m^2	259.00	材料
072900001	地毯		m^2	47.41	材料
072900003	地毯胶垫		m^2	15.52	材料
072900005	地毯烫带		m	3.78	材料
072900007	方块地毯	600×600	m^2	38.79	材料
072900009	化纤地毯		m^2	67.24	材料
072900011	膨润土防水毯		m^2	68.53	材料
073300001	木丝板	25×610×1830	m^2	9.31	材料

续表

代码	名　称	型号规格	单位	基期价	类别
080000001	方整天然石板	8cm	m^2	172.00	材料
080000003	石材	600×900	m^2	138.00	材料
080000005	石材	800×800	m^2	138.00	材料
080000007	石材	1200×1200	m^2	138.00	材料
080000009	石材	1300×1300	m^2	138.00	材料
080000011	石材	综合	m^2	138.00	材料
080000013	石材成品窗台板		m^2	164.00	材料
080000015	石材门窗套		m^2	357.00	材料
080000017	石材饰面板		m^2	159.00	材料
080000019	石材圆弧形(成品)		m^2	178.00	材料
080000021	天然石材饰面板		m^2	159.00	材料
080000023	天然石材饰面板	600×600	m^2	159.00	材料
080000025	天然石材饰面板	800×800	m^2	198.00	材料
080000027	天然石材饰面板	1000×1000	m^2	238.00	材料
080000029	天然石材饰面板	拼花	m^2	119.00	材料
080000031	天然石材饰面板	碎拼	m^2	70.69	材料
080100001	大理石板		m^2	119.00	材料
080100003	大理石板	弧形	m^2	447.00	材料
080100005	大理石板	碎块	m^2	30.17	材料
080300001	花岗岩	500×400×80	m^2	356.00	材料
080300003	花岗岩板		m^2	159.00	材料
080300005	花岗岩板	200×60×40	百块	94.83	材料
080300007	花岗岩板	δ12	m^2	119.00	材料
080300009	花岗岩板	δ20	m^2	258.00	材料
080300011	花岗岩板	δ40	m^2	129.00	材料
080300013	花岗岩板	δ80	m^2	159.00	材料
080300015	花岗岩板	$\delta<20$ 冰梅	m^2	297.00	材料
080300017	花岗岩板	毛板	m^2	79.31	材料
080300019	花岗岩板	毛板 $\delta=20$	m^2	59.48	材料
080300021	花岗岩板	毛板 $\delta=30\sim50$	m^2	79.31	材料
080300023	花岗岩板	碎块	m^2	19.83	材料
080300025	花岗岩碎片		m^2	17.24	材料
080700001	山皮石		m^3	43.10	材料
080700003	石笋	2000 以内	根	228.00	材料
080700005	石笋	3000 以内	根	698.00	材料
080700007	石笋	4000 以内	根	1319.00	材料
080700009	文化石		m^2	68.97	材料
081100001	成品人造石台面板	宽 550 厚 12	m	647.00	材料

续表

代码	名称	型号规格	单位	基期价	类别
081100003	复合板台面		m^2	67.76	材料
081100005	人造石		m^2	319.00	材料
081100007	人造石台面		m^2	345.00	材料
081100009	水磨石板		m^2	125.00	材料
081100011	异型铸石板		m	498.00	材料
081700001	成品石材装饰柱		m	483.00	材料
081700003	大理石弯头		只	209.00	材料
081700005	大理石柱墩	圆弧形	m^2	456.00	材料
081700007	大理石柱帽	圆弧形	m^2	365.00	材料
081700009	带脚石花盆	ϕ900 以内	个	2181.00	材料
081700011	带脚石花盆	ϕ1200 以内	个	2560.00	材料
081700013	仿石音箱	200×200×300	个	522.00	材料
081700015	仿石音箱	250×250×350	个	616.00	材料
081700017	仿石音箱	300×300×450	个	711.00	材料
081700019	仿石音箱	300×300×450 以外	个	1138.00	材料
081700021	斧劈石		t	172.00	材料
081700023	湖石		t	155.00	材料
081700025	黄石		t	68.97	材料
081700027	蘑菇石		m^3	1034.00	材料
081700029	石材板	点缀	个	62.07	材料
081700031	石材石柱墩	圆弧形(成品)	m	155.00	材料
081700033	石材柱帽	圆弧形(成品)	m	155.00	材料
081700035	石灯笼	250×250×450	个	616.00	材料
081700037	石灯笼	300×300×550	个	711.00	材料
081700039	石灯笼	400×400×650	个	1138.00	材料
081700041	石灯笼	400×400×650 以外	个	1233.00	材料
081700043	石凳		个	142.00	材料
081700045	石花盆	ϕ900 以内	个	1707.00	材料
081700047	石花盆	ϕ1200 以内	个	1897.00	材料
081700049	石球	ϕ500	个	522.00	材料
081700051	石球	ϕ600	个	664.00	材料
081700053	石球	ϕ800	个	1565.00	材料
081700055	石球	ϕ1000	个	1897.00	材料
081700057	石桌	700 以内	个	759.00	材料
081700059	石桌	900 以内	个	853.00	材料
081700061	整块湖石峰		t	1034.00	材料
090100001	玻璃纤维增强石膏装饰板		m^2	121.00	材料
090100003	复合保温石膏板	600×600×40	m^2	15.49	材料

续表

代码	名称	型号规格	单位	基期价	类别
090100005	复合保温石膏板	600×600×50	m^2	18.53	材料
090100007	石膏吸音板		m^2	27.59	材料
090100009	纸面石膏板		m^2	9.48	材料
090100011	纸面石膏板	1200×2400×9.5	m^2	9.48	材料
090100013	纸面石膏板	1200×2400×12	m^2	10.34	材料
090300001	成品木饰面(弧形)		m^2	276.00	材料
090300003	成品木饰面(平板)		m^2	198.00	材料
090500001	不锈钢饰面板	δ1.0	m^2	114.00	材料
090500003	纯铝板	600×600×0.8	m^2	75.86	材料
090500005	纯铝板	1200×300×1	m^2	94.83	材料
090500007	纯铝板	δ1.5	m^2	140.00	材料
090500009	纯铝板	综合	kg	18.97	材料
090500011	金属烤漆板条	异型 2500×200×2	m^2	22.41	材料
090500013	镜面不锈钢板		m^2	76.72	材料
090500015	镜面不锈钢板	δ0.8	m^2	241.00	材料
090500017	镜面不锈钢板	δ1.0	m^2	121.00	材料
090500019	铝合金插缝板		m^2	54.31	材料
090500021	铝合金方板	300×300×0.6	m^2	60.34	材料
090500023	铝合金方板(配套)		m^2	65.20	材料
090500025	铝合金浮搁式方板		m^2	91.98	材料
090500027	铝合金格片		m^2	51.72	材料
090500029	铝合金扣板		m^2	67.24	材料
090500031	铝合金嵌入式方板		m^2	86.21	材料
090500033	铝合金条板		m^2	77.59	材料
090500035	铝合金条板(配套)		m^2	88.39	材料
090500037	铝合金吸音板		m^2	73.28	材料
090500039	铝合金装饰板		m^2	64.66	材料
090500041	铝合金装饰板	2500×100×0.9	m^2	121.00	材料
090500043	磨砂不锈钢板		m^2	171.00	材料
090500045	钛金板		m^2	129.00	材料
090500047	真空镀膜仿金装饰板		m^2	103.00	材料
090900001	FC 板	300×600×8	m^2	41.90	材料
090900003	PVC 装饰板	δ1.25	m^2	21.12	材料
090900005	埃特板		m^2	30.17	材料
090900007	玻璃卡普隆板		m^2	12.93	材料
090900009	聚酯采光板	δ1.2	m^2	56.03	材料
090900011	塑料贴面板		m^2	18.10	材料
090900013	塑料装饰扣板		m^2	26.90	材料

续表

代 码	名 称	型号规格	单位	基期价	类 别
090900015	阳光板		m^2	43.10	材料
091100001	宝丽板		m^2	16.55	材料
091100003	波音板		m^2	55.17	材料
091100005	彩钢夹芯板	δ50	m^2	50.00	材料
091100007	彩钢夹芯板	δ75	m^2	72.41	材料
091100009	彩钢夹芯板	δ100	m^2	76.72	材料
091100011	彩钢聚苯乙烯夹芯板(双面)	50mm	m^2	0.00	材料
091100013	彩钢聚苯乙烯夹芯板(双面)	75mm	m^2	0.00	材料
091100015	彩钢聚苯乙烯夹芯板(双面)	100mm	m^2	0.00	材料
091100017	防火板		m^2	56.03	材料
091100019	镜面玲珑胶板	3mm	m^2	112.00	材料
091100021	双面彩钢夹芯板	0.4×0.3×50	m^2	0.00	材料
091100023	双面彩钢夹芯板	0.4×0.3×75	m^2	84.83	材料
091100025	双面彩钢夹芯板	0.5×0.4×100	m^2	0.00	材料
091100027	中密度防火复合板	396×2400×15	m^2	35.61	材料
091300001	铝塑板		m^2	58.62	材料
091300003	铝塑板	2440×1220×3	m^2	58.62	材料
091300005	铝塑板	2440×1220×4	m^2	64.66	材料
091300007	铝塑板	2440×1220×5	m^2	86.21	材料
091300009	外墙铝塑板	2440×1220×4	m^2	129.00	材料
091700001	沥青珍珠岩板		m^3	431.00	材料
091700003	水泥珍珠岩制品		m^3	388.00	材料
091900001	穿孔吸音硅钙板	603×603	m^2	31.86	材料
091900003	硅酸钙板	δ8	m^2	31.90	材料
091900005	硅酸钙板	δ10	m^2	40.78	材料
091900007	硅酸钙板	综合	m^2	21.55	材料
092300001	GRC 轻质墙板	60 厚	m^2	43.10	材料
092300003	GRC 轻质墙板	90 厚	m^2	51.72	材料
092300005	GRC 轻质墙板	120 厚	m^2	64.66	材料
092300007	钙塑板	500×500	m^2	13.79	材料
092300009	聚酯采光板	1.2	m^2	56.03	材料
092300011	软膜		m^2	138.00	材料
092300013	树脂珍珠岩板	50	m^3	190.00	材料
092300015	水泥木丝板	δ25	m^2	9.31	材料
092300017	天棚乳白胶片		m^2	28.19	材料
092300019	屋脊板	δ2	m^2	42.66	材料
092300021	屋脊挡雨板	WD-3	块	2.32	材料
092300023	屋脊堵头板	WD-2	块	4.02	材料

续表

代码	名称	型号规格	单位	基期价	类别
092300025	檐口堵头板	WD-1	块	4.81	材料
092500001	保温板一体化锚筋		个	0.95	材料
092500003	玻化微珠保温夹芯板		m^2	94.83	材料
092500005	轻质空心隔墙条板	δ100	m^2	56.90	材料
092500007	轻质空心隔墙条板	δ120	m^2	61.21	材料
092500009	轻质空心隔墙条板	δ150	m^2	68.10	材料
092500011	轻质空心隔墙条板	δ200	m^2	76.72	材料
092500013	轻质墙板	δ60	m^2	43.10	材料
092500015	轻质墙板	δ85	m^2	68.97	材料
092500017	轻质墙板	δ95	m^2	77.59	材料
092700001	标准网格布		m^2	1.72	材料
092700003	玻璃纤维网格布		m^2	2.16	材料
092700005	玻璃纤维网格布(耐碱)		m^2	1.77	材料
092700007	加强网格布		m^2	2.16	材料
092700009	网格布		m	0.13	材料
093100001	壁纸		m^2	18.28	材料
093100003	波音纸		m^2	6.90	材料
093100005	金属壁纸		m^2	8.06	材料
093100007	墙纸		m^2	25.86	材料
093300001	丝绸布		m	8.62	材料
093300003	丝绒面料		m^2	27.59	材料
093300005	真丝绸布	宽 900	m	17.67	材料
093300007	织锦缎		m^2	36.21	材料
093300009	织物墙布		m^2	17.07	材料
093300011	织物软雕		m^2	64.66	材料
093300013	装饰布		m^2	39.66	材料
093500001	铝箔		m^2	5.34	材料
093500003	铝箔带		m	0.17	材料
093500005	铝箔带	30×0.08	m	0.43	材料
093700001	成品木格栅	100×100×55	m^2	103.00	材料
093700003	方筒形铝合金(含配件)	600×600	m^2	34.48	材料
093700005	方筒形铝合金(含配件)	900×900	m^2	34.48	材料
093700007	方筒形铝合金(含配件)	1200×1200	m^2	34.48	材料
093700009	铝方通	100 间距	m^2	103.00	材料
093700011	铝方通	150 间距	m^2	75.00	材料
093700013	铝方通	200 间距	m^2	61.21	材料
093700015	铝格栅		m^2	134.00	材料
093700017	铝合金格栅窗		m^2	345.00	材料

续表

代码	名称	型号规格	单位	基期价	类别
093700019	铝合金挂片	100 间距	m^2	77.59	材料
093700021	铝合金挂片	150 间距	m^2	68.97	材料
093700023	铝合金挂片	200 间距	m^2	60.34	材料
093700025	铝合金挂片	块型 200 间距	m^2	60.34	材料
093700027	铝栅		m	3.88	材料
093700029	圆筒形铝合金(含配件)	600×600	m^2	34.48	材料
093900001	不锈钢钢化玻璃隔断		m^2	224.00	材料
093900003	成品可折叠隔断		m^2	259.00	材料
093900005	成品铝合金玻璃隔断	夹百叶	m^2	207.00	材料
093900007	成品卫生间隔断		m^2	172.00	材料
093900009	活动塑料隔断		m^2	302.00	材料
093900011	铝合金全玻璃隔断		m^2	207.00	材料
093900013	塑钢半玻璃隔断		m^2	259.00	材料
093900015	塑钢隔断		m^2	457.00	材料
093900017	塑钢全玻璃隔断		m^2	388.00	材料
100100001	△形轻钢龙骨		m	6.03	材料
100100003	U 形 38 轻钢主龙骨		m	3.33	材料
100100005	吊顶承载龙骨	DU38×12×1.0	m	2.11	材料
100100007	吊顶承载龙骨	DU50×15×1.2	m	4.22	材料
100100009	镀锌钢龙骨		kg	4.31	材料
100100011	镀锌轻钢龙骨	75×40	m	4.96	材料
100100013	镀锌轻钢龙骨	75×50	m	5.09	材料
100100015	镀锌轻钢龙骨 38×12		m	3.46	材料
100100017	镀锌轻钢龙骨 65×15		m	6.09	材料
100100019	分光银色铝型格栅		m^2	30.17	材料
100100021	隔墙竖向龙骨	QC75×50×0.6	m	5.09	材料
100100023	隔墙天地龙骨	QU75×40×0.6	m	4.96	材料
100100025	卡式轻钢龙骨		m^2	8.62	材料
100100027	轻钢骨架连通龙骨	Q-2	m	7.76	材料
100100029	轻钢龙骨	C75-1	m	6.72	材料
100100031	轻钢龙骨	C75-2	m	6.72	材料
100100033	轻钢龙骨	C75-3	m	6.72	材料
100100035	轻钢龙骨不上人型(跌级)	600×600 以上	m^2	8.62	材料
100100037	轻钢龙骨不上人型(平面)	600×600 以上	m^2	12.93	材料
100100039	轻钢龙骨不上人型(跌级)	300×300	m^2	24.14	材料
100100041	轻钢龙骨不上人型(跌级)	450×450	m^2	16.38	材料
100100043	轻钢龙骨不上人型(跌级)	600×600	m^2	10.34	材料
100100045	轻钢龙骨不上人型(平面)	300×300	m^2	27.59	材料

续表

代码	名称	型号规格	单位	基期价	类别
100100047	轻钢龙骨不上人型(平面)	450×450	m^2	18.97	材料
100100049	轻钢龙骨不上人型(平面)	600×600	m^2	14.66	材料
100100051	轻钢龙骨不上人型(圆弧形)		m^2	34.48	材料
100100053	轻钢龙骨大吊件	U38	个	0.78	材料
100100055	轻钢龙骨大吊件	U50	个	3.49	材料
100100057	轻钢龙骨吊挂式天棚龙骨(弧拱形)		m^2	51.72	材料
100100059	轻钢龙骨吊挂式天棚龙骨(矩形)		m^2	47.41	材料
100100061	轻钢龙骨吊挂式天棚龙骨(圆形)		m^2	47.41	材料
100100063	轻钢龙骨阶梯型天棚龙骨(弧线形)		m^2	47.41	材料
100100065	轻钢龙骨阶梯型天棚龙骨(直线形)		m^2	47.41	材料
100100067	轻钢龙骨锯齿型天棚龙骨(弧线形)		m^2	47.41	材料
100100069	轻钢龙骨锯齿型天棚龙骨(直线形)		m^2	47.41	材料
100100071	轻钢龙骨平面连接件	U38	个	0.43	材料
100100073	轻钢龙骨平面连接件	U50	个	0.65	材料
100100075	轻钢龙骨上人型(跌级)	300×300	m^2	33.19	材料
100100077	轻钢龙骨上人型(跌级)	450×450	m^2	23.71	材料
100100079	轻钢龙骨上人型(跌级)	600×600	m^2	18.97	材料
100100081	轻钢龙骨上人型(跌级)	600×600 以上	m^2	17.07	材料
100100083	轻钢龙骨上人型(平面)	300×300	m^2	30.17	材料
100100085	轻钢龙骨上人型(平面)	450×450	m^2	21.55	材料
100100087	轻钢龙骨上人型(平面)	600×600	m^2	17.24	材料
100100089	轻钢龙骨上人型(平面)	600×600 以上	m^2	15.52	材料
100100091	轻钢龙骨上人型(圆弧形)		m^2	37.93	材料
100100093	轻钢龙骨藻井天棚龙骨(矩形)		m^2	47.41	材料
100100095	轻钢龙骨藻井天棚龙骨(曲面形)		m^2	51.72	材料
100100097	轻钢龙骨藻井天棚龙骨(筒形)		m^2	51.72	材料
100100099	轻钢龙骨藻井天棚龙骨(圆弧形)		m^2	47.41	材料
100100101	轻钢龙骨中吊	U38	个	0.34	材料
100100103	轻钢龙骨中吊	U50	个	0.41	材料
100100105	轻钢竖向龙骨	30×30	m	2.33	材料
100100107	轻钢竖向龙骨	50×75	m	5.34	材料
100100109	轻钢通贯骨连接件		个	0.79	材料
100100111	轻钢沿边龙骨		m	1.72	材料
100100113	轻钢中小龙骨(覆面龙骨)	U38	m	2.95	材料
100100115	轻钢中小龙骨(覆面龙骨)	U50	m	4.87	材料
100100117	轻型龙骨	U38	m^2	7.33	材料
100100119	轻型龙骨	U50	m^2	13.79	材料
100300001	铝合金 T 形龙骨	$h=22$	m^2	6.90	材料

续表

代码	名称	型号规格	单位	基期价	类别
100300003	铝合金T形龙骨	$h=35$	m	7.33	材料
100300005	铝合金方板天棚龙骨不上人型(浮搁式)	500×500	m^2	17.24	材料
100300007	铝合金方板天棚龙骨不上人型(浮搁式)	600×600	m^2	17.24	材料
100300009	铝合金方板天棚龙骨不上人型(嵌入式)	500×500	m^2	17.24	材料
100300011	铝合金方板天棚龙骨不上人型(嵌入式)	600×600	m^2	17.24	材料
100300013	铝合金方板天棚龙骨不上人型(浮搁式)	600×600以上	m^2	17.24	材料
100300015	铝合金方板天棚龙骨不上人型(嵌入式)	600×600以上	m^2	17.24	材料
100300017	铝合金方板天棚龙骨上人型(浮搁式)	500×500	m^2	21.55	材料
100300019	铝合金方板天棚龙骨上人型(浮搁式)	600×600	m^2	21.55	材料
100300021	铝合金方板天棚龙骨上人型(浮搁式)	600×600以上	m^2	21.55	材料
100300023	铝合金方板天棚龙骨上人型(嵌入式)	500×500	m^2	21.55	材料
100300025	铝合金方板天棚龙骨上人型(嵌入式)	600×600	m^2	21.55	材料
100300027	铝合金方板天棚龙骨上人型(嵌入式)	600×600以上	m^2	21.55	材料
100300029	铝合金格片天棚龙骨(间距100mm)		m^2	12.93	材料
100300031	铝合金龙骨	60×30	m	5.17	材料
100300033	铝合金龙骨不上人型(跌级)	600×600以上	m^2	17.07	材料
100300035	铝合金龙骨不上人型(平面)	600×600以上	m^2	15.52	材料
100300037	铝合金龙骨不上人型(跌级)	300×300	m^2	28.45	材料
100300039	铝合金龙骨不上人型(跌级)	450×450	m^2	20.86	材料
100300041	铝合金龙骨不上人型(跌级)	600×600	m^2	17.07	材料
100300043	铝合金龙骨不上人型(平面)	300×300	m^2	25.86	材料
100300045	铝合金龙骨不上人型(平面)	450×450	m^2	18.97	材料
100300047	铝合金龙骨不上人型(平面)	600×600	m^2	15.52	材料
100300049	铝合金龙骨上人型(跌级)	600×600以上	m^2	15.09	材料
100300051	铝合金龙骨上人型(平面)	600×600以上	m^2	13.79	材料
100300053	铝合金龙骨上人型(跌级)	300×300	m^2	29.31	材料
100300055	铝合金龙骨上人型(跌级)	450×450	m^2	22.41	材料
100300057	铝合金龙骨上人型(跌级)	600×600	m^2	17.93	材料
100300059	铝合金龙骨上人型(平面)	300×300	m^2	25.86	材料
100300061	铝合金龙骨上人型(平面)	450×450	m^2	19.83	材料
100300063	铝合金龙骨上人型(平面)	600×600	m^2	16.38	材料
100300065	铝合金轻型方板天棚龙骨(中龙骨直接吊挂骨架)	500×500	m^2	12.93	材料
100300067	铝合金轻型方板天棚龙骨(中龙骨直接吊挂骨架)	600×600	m^2	12.93	材料
100300069	铝合金轻型方板天棚龙骨(中龙骨直接吊挂骨架)	600×600以上	m^2	12.93	材料
100300071	铝合金条板天棚龙骨(中型)		m^2	12.93	材料
100300073	铝框骨架		kg	24.57	材料
100500001	木龙骨		m^3	1552.00	材料
100700001	复合式烤漆龙骨(暗架式)		m^2	38.79	材料

续表

代 码	名 称	型 号 规 格	单位	基期价	类 别
100700003	复合式烤漆龙骨(明架式)		m^2	47.41	材料
101300001	△形轻钢龙骨挂件		个	0.43	材料
101300003	△形轻钢龙骨连接件		个	0.30	材料
101300005	U形38轻钢龙骨吊件		个	0.95	材料
101300007	弹簧件		件	4.31	材料
101300009	镀锌槽型吊码	单边 $\delta=3$	个	3.45	材料
101300011	镀锌槽型吊码	双边 $\delta=3$	个	6.03	材料
101300013	轻钢龙骨吊挂件	U38	个	0.81	材料
101300015	轻钢龙骨角托		个	0.64	材料
101300017	轻钢龙骨卡托		个	0.84	材料
101300019	轻钢龙骨连接件	U38	个	0.18	材料
101300021	轻钢龙骨支撑卡		个	0.47	材料
101300023	推拉门钢骨架		t	4724.00	材料
101700001	铝合金龙骨连接件		件	3.88	材料
110000001	不锈钢管防盗窗		m^2	129.00	材料
110000003	不锈钢管防盗门		m^2	431.00	材料
110000005	不锈钢拉栅门		m^2	155.00	材料
110000007	防火窗	55系列	m^2	474.00	材料
110000009	金属格栅门		m^2	259.00	材料
110000011	塑料纱		m^2	6.90	材料
110000013	铁纱		m^2	12.93	材料
110000015	铸铁花式窗		m^2	23.28	材料
110100001	成品吊装式移门	0.8m×2m	扇	828.00	材料
110100003	成品仿古木窗(含玻璃)		扇	2414.00	材料
110100005	成品仿古木门		扇	3078.00	材料
110100007	成品落地式移门	0.8m×2m	扇	1267.00	材料
110100009	成品装饰单开木门及门套	0.9m×2.1m(复合)	樘	2122.00	材料
110100011	成品装饰单开木门及门套	0.9m×2.1m(实木)	樘	5431.00	材料
110100013	成品装饰门扇		扇	690.00	材料
110100015	成品装饰木门		扇	1267.00	材料
110100017	成品装饰双开木门及门套	1.5m×2.4m(复合)	樘	3395.00	材料
110100019	成品装饰双开木门及门套	1.5m×2.4m(实木)	樘	9776.00	材料
110100021	单扇套装平开门	实木	樘	1078.00	材料
110100023	活动小门		个	171.00	材料
110100025	木门框		m	60.34	材料
110100027	木质门窗套		m^2	136.00	材料
110100029	全玻无框(点夹)门扇		m^2	121.00	材料
110100031	全玻无框(条夹)门扇		m^2	112.00	材料

续表

代码	名称	型号规格	单位	基期价	类别
110100033	全玻有框门扇		m^2	147.00	材料
110100035	双扇套装平开实木门		樘	3500.00	材料
110100037	双扇套装子母对开实木门		樘	3000.00	材料
110100039	装饰门扇		m^2	448.00	材料
110300001	半截百叶钢板门		m^2	776.00	材料
110300003	彩钢板窗		m^2	194.00	材料
110300005	彩钢板门		m^2	414.00	材料
110300007	钢窗(带纱扇)		m^2	216.00	材料
110300009	钢质封门		t	159.00	材料
110300011	钢质防盗门		m^2	362.00	材料
110300013	钢质防火门		m^2	976.00	材料
110300015	普通钢窗		m^2	82.76	材料
110300017	普通钢门		m^2	103.00	材料
110300019	圆钢防盗格栅窗		m^2	58.12	材料
110300021	组合钢窗		m^2	81.90	材料
110500001	附框		m	45.69	材料
110700001	不锈钢防盗格栅窗		m^2	181.00	材料
110700003	不锈钢伸缩门(含轨道)		m	819.00	材料
110900001	成品铝合金断桥隔热窗		m^2	448.00	材料
110900003	成品铝合金断桥隔热门		m^2	483.00	材料
110900005	铝合金百叶窗	厚 1.0	m^2	397.00	材料
110900007	铝合金百叶门		m^2	560.00	材料
110900009	铝合金断桥隔热固定窗	1.4 厚 5+9A+5 中空玻璃	m^2	431.00	材料
110900011	铝合金断桥隔热平开窗	1.4 厚 5+9A+5 中空玻璃	m^2	431.00	材料
110900013	铝合金断桥隔热平开门	2.0 厚 5+9A+5 中空玻璃	m^2	431.00	材料
110900015	铝合金断桥隔热平开飘凸窗	1.4 厚 5+9A+5 中空玻璃	m^2	431.00	材料
110900017	铝合金断桥隔热推拉窗	1.4 厚 5+9A+5 中空玻璃	m^2	431.00	材料
110900019	铝合金断桥隔热推拉门	2.0 厚 5+9A+5 中空玻璃	m^2	431.00	材料
110900021	铝合金断桥隔热下悬内平开窗	1.4 厚 5+9A+5 中空玻璃	m^2	431.00	材料
110900023	铝合金断桥隔热下悬内平开飘凸窗	1.4 厚 5+9A+5 中空玻璃	m^2	431.00	材料
110900025	铝合金断桥隔热阳台封闭窗	1.4 厚 5+9A+5 中空玻璃	m^2	431.00	材料
110900027	铝合金格栅门		m^2	690.00	材料
110900029	铝合金固定窗		m^2	216.00	材料
110900031	铝合金平开窗		m^2	336.00	材料
110900033	铝合金平开门		m^2	362.00	材料
110900035	铝合金全玻地弹门	厚 2.0	m^2	560.00	材料
110900037	铝合金纱窗扇		m^2	138.00	材料
110900039	铝合金推拉窗		m^2	603.00	材料

续表

代码	名称	型号规格	单位	基期价	类别
110900041	铝合金推拉门		m^2	241.00	材料
111100001	PVC 塑料百叶窗		m^2	284.00	材料
111100003	PVC 塑料百叶门		m^2	388.00	材料
111100005	PVC 塑料保温平开窗	含中空玻璃	m^2	207.00	材料
111100007	PVC 塑料保温平开门	含中空玻璃	m^2	259.00	材料
111100009	PVC 塑料保温推拉窗	含中空玻璃	m^2	172.00	材料
111100011	PVC 塑料保温推拉门	含中空玻璃	m^2	224.00	材料
111100013	PVC 塑料固定窗		m^2	203.00	材料
111100015	PVC 塑料平开窗		m^2	371.00	材料
111100017	PVC 塑料平开窗	5mm 浮法玻璃	m^2	328.00	材料
111100019	PVC 塑料平开门		m^2	371.00	材料
111100021	PVC 塑料纱窗扇		m^2	73.28	材料
111100023	PVC 塑料推拉窗		m^2	267.00	材料
111100025	PVC 塑料推拉窗	5mm 浮法玻璃	m^2	224.00	材料
111100027	PVC 塑料推拉门		m^2	276.00	材料
111100029	PVC 塑料下悬内平开窗	5mm 浮法玻璃	m^2	328.00	材料
111100031	PVC 塑料阳台封闭窗		m^2	267.00	材料
111100033	双扇 PVC 塑料全玻地弹门		m^2	560.00	材料
111500001	单扇 PVC 塑料全玻地弹门		m^2	258.00	材料
111700001	铁栅窗		m^2	603.00	材料
111900001	电动伸缩门		m	1121.00	材料
111900003	全玻璃转门	含玻璃转轴全套	樘	70700.00	材料
112100001	PVC 塑料平开纱窗扇		m^2	65.29	材料
112100003	PVC 塑料纱门扇		m^2	54.09	材料
112100005	PVC 塑料推拉纱窗扇		m^2	54.09	材料
112100007	成品纱门扇		m^2	34.48	材料
112100009	铝合金平开纱窗扇		m^2	86.21	材料
112100011	铝合金推拉纱窗扇		m^2	103.00	材料
112100013	铝合金隐形纱窗扇		m^2	155.00	材料
112300001	保温门		m^2	414.00	材料
112300003	变电室门		m^2	310.00	材料
112300005	电子对讲门		樘	2266.00	材料
112300007	防射线门		m^2	2155.00	材料
112300009	钢板防盗门		m^2	332.00	材料
112300011	钢结构活门槛单扇防护密闭门	GHFM0920(6)	樘	7205.00	材料
112300013	钢结构活门槛单扇防护密闭门	GHFM1220(6)	樘	10964.00	材料
112300015	钢结构活门槛单扇防护密闭门	GHFM1520(6)	樘	12116.00	材料
112300017	钢结构活门槛单扇防护密闭门	GHFM2020(6)	樘	18265.00	材料

续表

代码	名称	型号规格	单位	基期价	类别
112300019	钢结构活门槛双扇防护密闭门	GHSFM3025(6)	樘	39267.00	材料
112300021	钢结构活门槛双扇防护密闭门	GHSFM5025(6)	樘	65586.00	材料
112300023	钢结构活门槛双扇防护密闭门	GHSFM6025(6)	樘	76506.00	材料
112300025	钢结构活门槛双扇防护密闭门	GHSFM7025(5)	樘	88621.00	材料
112300027	隔音门		m^2	448.00	材料
112300029	冷藏库门		m^2	500.00	材料
112300031	连通口双向受力防护密闭封堵板	FMDB(6)板	m^2	1921.00	材料
112300033	临空墙防护密闭封堵板	LFMDB(6)板	m^2	3372.00	材料
112300035	密闭观察窗	MGC1008	樘	3615.00	材料
112300037	木质防火门		m^2	388.00	材料
112300039	木质防火门	成品	扇	1340.00	材料
112300041	型钢防盗门		m^2	332.00	材料
112500001	保温隔音门	成品	m^2	195.00	材料
112500003	不锈钢卷帘		m^2	336.00	材料
112500005	彩钢卷帘		m^2	302.00	材料
112500007	镀锌钢板卷帘		m^2	172.00	材料
112500009	防火卷帘		m^2	457.00	材料
112500011	金属大门	成品	m^2	142.00	材料
112500013	金属卷帘门		m^2	129.00	材料
112500015	冷藏库门	成品	m^2	441.00	材料
112500017	铝合金卷帘		m^2	259.00	材料
112500019	自动门	玻璃	樘	190.00	材料
113100001	铸铁楼梯栏杆	铁花(3片/m^2)	m^2	77.59	材料
113700001	不锈钢玻璃门传感装置		套	2155.00	材料
113700003	电动装置		套	1352.00	材料
113700005	感应装置		套	6897.00	材料
113700007	伸缩门电动装置系统		套	2155.00	材料
113700009	自动装置		套	53.84	材料
113900001	单元式幕墙	6+12+6双层真空玻璃	m^2	879.00	材料
120100001	成品木踢脚板		m	52.59	材料
120100003	成品木质窗套	展开宽度200	m	136.00	材料
120100005	成品木质窗套	展开宽度300	m	167.00	材料
120100007	成品木质门套	展开宽度250	m	185.00	材料
120100009	成品木质门套	展开宽度300	m	204.00	材料
120100011	成品木质踢脚线	高80	m	55.17	材料
120100013	地毯木条		m	1.25	材料
120100015	椴木阴角线条		m	1.29	材料
120100017	防滑木条		m^3	4052.00	材料

续表

代码	名称	型号规格	单位	基期价	类别
120100019	防静电踢脚线		m^2	108.00	材料
120100021	复杂木压条		m	1.29	材料
120100023	榉木百叶线	25×7	m	27.59	材料
120100025	榉木条		m	2.33	材料
120100027	榉木线条	22×5	m	13.79	材料
120100029	榉木线条	25×5	m	13.79	材料
120100031	榉木线条	32×57	m	118.00	材料
120100033	榉木线条	32×70	m	163.00	材料
120100035	榉木线条	32×85	m	163.00	材料
120100037	榉木线条	32×101	m	217.00	材料
120100039	榉木线条	40×5	m	25.00	材料
120100041	榉木线条	40×15	m	63.79	材料
120100043	榉木线条	60×5	m	29.31	材料
120100045	榉木线条	80×5	m	39.66	材料
120100047	榉木阴角线	12×12	m	31.90	材料
120100049	门套线		m	37.07	材料
120100051	木半圆形装饰线条	10mm	m	1.26	材料
120100053	木半圆形装饰线条	20mm	m	3.70	材料
120100055	木半圆形装饰线条	40mm	m	7.33	材料
120100057	木半圆形装饰线条	60mm	m	19.83	材料
120100059	木顶角线条	25×25	m	4.57	材料
120100061	木顶角线条	50×50	m	14.39	材料
120100063	木顶角线条	70×28	m	11.46	材料
120100065	木顶角线条	100×35	m	17.59	材料
120100067	木封边条	10×20	m	7.76	材料
120100069	木挂镜线	40×20	m	5.17	材料
120100071	木弧线	50mm	m	12.93	材料
120100073	木弧线	50×20	m	13.79	材料
120100075	木平面装饰线条	10×10	m	2.21	材料
120100077	木平面装饰线条	20×5	m	1.89	材料
120100079	木平面装饰线条	20×10	m	3.87	材料
120100081	木平面装饰线条	20×20	m	33.62	材料
120100083	木平面装饰线条	25×10	m	4.84	材料
120100085	木平面装饰线条	25×13	m	6.13	材料
120100087	木平面装饰线条	30×10	m	3.34	材料
120100089	木平面装饰线条	50×10	m	5.57	材料
120100091	木平面装饰线条	100×20	m	16.81	材料
120100093	木平面装饰线条	150×20	m	22.84	材料

续表

代　码	名　　称	型号规格	单位	基期价	类别
120100095	木踢脚线	100mm	m^2	43.10	材料
120100097	木压条	15×40	m	1.23	材料
120100099	木压条	25×10	m	0.60	材料
120100101	木阳角线条	25×25	m	4.53	材料
120100103	木阳角线条	50×50	m	14.29	材料
120100105	木阳角线条	80×80	m	31.03	材料
120100107	木阳角线条	100×100	m	48.59	材料
120100109	木阴角线条	12×12	m	1.41	材料
120100111	木阴角线条	50×50	m	16.28	材料
120100113	涂装木线		m	31.03	材料
120100115	硬木板条	1200×38×6	m	29.31	材料
120100117	硬木踢脚线	120×15	m^2	43.10	材料
120300001	EPS 装饰线条	50×50	m	0.00	材料
120300003	不锈钢槽线	20×20×20×1.0	m	15.52	材料
120300005	不锈钢槽线	50×50×50×1.0	m	38.79	材料
120300007	不锈钢角线	20×20×1.0	m	11.21	材料
120300009	不锈钢角线	50×50×1.0	m	25.86	材料
120300011	不锈钢角线	75×75×1.0	m	38.79	材料
120300013	不锈钢压条	2mm	m	6.90	材料
120300015	不锈钢压条	10×1.0	m	4.31	材料
120300017	不锈钢压条	20×20×1.2	m	12.07	材料
120300019	不锈钢压条	65×15×2	m	41.38	材料
120300021	成品金属踢脚板		m^2	190.00	材料
120300023	成品金属踢脚线	高 80	m	25.86	材料
120300025	金属踢脚线	综合	m^2	241.00	材料
120300027	铝合金槽线	20×12×1.0	m	2.09	材料
120300029	铝合金槽线	50×13×1.2	m	4.34	材料
120300031	铝合金槽线	50.8×12.7×1.5	m	40.09	材料
120300033	铝合金角线	20×20×1	m	1.90	材料
120300035	铝合金角线	20×20×1.5	m	2.85	材料
120300037	铝合金角线	30×30×1.5	m	3.78	材料
120300039	铝合金角线	50×50×1	m	4.74	材料
120300041	铝合金收边条		m	1.40	材料
120300043	铝合金条	ϕ4	m	1.29	材料
120300045	铝合金压条	10×25	m	2.18	材料
120300047	铝合金压条	16×1.5	m	2.41	材料
120300049	铝合金压条	30×1.2	m	4.83	材料
120300051	铝合金压条	50×13	m	4.36	材料

续表

代 码	名 称	型 号 规 格	单位	基期价	类 别
120300053	铝合金压条	20×20×1.2	m	3.28	材料
120300055	铝合金压条	综合	m	18.10	材料
120300057	铝收口条		m	3.07	材料
120300059	木平面装饰线条	40×10	m	4.46	材料
120300061	木平面装饰线条	60×15	m	6.68	材料
120300063	木平面装饰线条	80×20	m	8.91	材料
120300065	石膏平面装饰线	60mm	m	8.62	材料
120300067	石膏装饰角线	60×60	m	0.00	材料
120300069	铸铜条	6×110	m	134.00	材料
120500001	花岗岩圆柱身弧形线条	80mm	m	172.00	材料
120500003	石材装饰线	50mm	m	17.24	材料
120500005	石材装饰线	100mm	m	28.45	材料
120500007	石材装饰线	150mm	m	36.21	材料
120500009	石材装饰线	200mm	m	47.41	材料
120500011	石材装饰线	350mm	m	81.90	材料
120500013	石材装饰线条	50mm	m	17.24	材料
120500015	石材装饰线条	80mm	m	21.55	材料
120500017	石材装饰线条	100mm	m	28.45	材料
120500019	石材装饰线条	150mm	m	36.21	材料
120500021	石材装饰线条	200mm	m	47.41	材料
120500023	石材装饰线条	300mm	m	73.28	材料
120700001	石膏灯盘	1000mm	个	103.00	材料
120700003	石膏顶角线	80×30	m	7.76	材料
120700005	石膏平线	100mm	m	10.34	材料
120700007	石膏平线	150mm	m	12.93	材料
120700009	石膏平线	60×10	m	6.90	材料
120700011	石膏阴角线	100×100	m	10.34	材料
120700013	石膏阴角线	150×150	m	14.66	材料
120700015	石膏造型角	550×550	个	77.59	材料
120700017	石膏装饰线	25×85	m	8.62	材料
120700019	石膏装饰线	100×10	m	9.48	材料
120900001	PVC 护栏	高 350	m	51.72	材料
120900003	PVC 护栏	高 550	m	75.86	材料
120900005	PVC 护栏	高 700	m	103.00	材料
120900007	聚苯乙烯条	10×180	m	1.79	材料
120900009	聚氯乙烯边条		m	1.03	材料
120900011	聚氯乙烯阴、阳角线	50×50	m	4.24	材料
120900013	铝塑线条	20mm	m	6.72	材料

续表

代 码	名 称	型号规格	单位	基期价	类别
120900015	泡沫塑料板踢脚线	3000×100×5	m^2	47.41	材料
120900017	塑料板扫脚盖板		m	3.21	材料
120900019	塑料板压口盖板		m	5.34	材料
120900021	塑料板阴阳角卡口板		m	3.19	材料
120900023	塑料踢脚板		m^2	1.88	材料
120900025	塑料压条		m	1.72	材料
120900027	硬塑料线条		m	2.59	材料
121100001	沿口包角板	δ0.8	m^2	86.21	材料
121500001	GRC 拱形雕刻门窗头装饰	1500×540 以内	件	336.00	材料
121500003	GRC 拱形雕刻门窗头装饰	1500×540 以外	件	405.00	材料
121500005	GRC 欧式外挂檐口线板	550×550 以内	m	129.00	材料
121500007	GRC 欧式外挂檐口线板	550×550 以外	m	155.00	材料
121500009	欧式 GRC 装饰线条	400×400 以内	m	103.00	材料
121500011	欧式 GRC 装饰线条	400×400 以外	m	129.00	材料
121700001	金属墙纸		m^2	56.03	材料
122100001	不车花木栏杆	ϕ40	根	11.64	材料
122100003	不锈钢钢管栏杆	直线型(带扶手)	m	159.00	材料
122100005	不锈钢管栏杆	钢化玻璃栏板(带扶手)	m	121.00	材料
122100007	不锈钢管栏杆	圆弧形(带扶手)	m	112.00	材料
122100009	车花木栏杆	ϕ40	根	14.32	材料
122100011	钢管栏杆		kg	6.90	材料
122100013	钢栏杆		kg	6.90	材料
122100015	木栏杆	宽 40	m	7.76	材料
122100017	塑料扶手		m	13.79	材料
122100019	铸铁花饰、栏杆	$30kg/m^2$	m^2	181.00	材料
122300001	大理石扶手	弧形	m	121.00	材料
122300003	大理石扶手	直形	m	94.83	材料
122300005	木扶手	宽 65	m	24.86	材料
122300007	塑料楼梯扶手(普通型)		m	5.41	材料
122300009	硬木扶手		m	85.43	材料
122300011	硬木扶手	弧形	m	94.91	材料
122300013	硬木弯头	120×60	个	26.72	材料
123500001	泡沫塑料字	400×400	个	19.63	材料
123500003	泡沫塑料字	600×800	个	47.79	材料
123500005	泡沫塑料字	900×1000	个	75.86	材料
123700001	旗杆球珠		个	138.00	材料
123900001	不发光亚克力字	$1m^2$ 以内	个	129.00	材料
123900003	不发光亚克力字	$1m^2$ 以外	个	259.00	材料

续表

代码	名称	型号规格	单位	基期价	类别
123900005	发光亚克力字	$1m^2$ 以内	个	155.00	材料
123900007	发光亚克力字	$1m^2$ 以外	个	310.00	材料
123900009	聚氯乙烯字	$0.2m^2$ 以内	个	106.00	材料
123900011	聚氯乙烯字	$0.5m^2$ 以内	个	124.00	材料
123900013	聚氯乙烯字	$1.0m^2$ 以内	个	133.00	材料
123900015	聚氯乙烯字	$1.5m^2$ 以内	个	198.00	材料
123900017	木质字	$0.2m^2$ 以内	个	46.55	材料
123900019	木质字	$0.5m^2$ 以内	个	116.00	材料
123900021	木质字	$1.0m^2$ 以内	个	233.00	材料
123900023	石材字	$0.2m^2$ 以内	个	53.03	材料
123900025	石材字	$0.5m^2$ 以内	个	97.22	材料
123900027	钛金字	$0.2m^2$ 以内	个	121.00	材料
123900029	钛金字	$0.5m^2$ 以内	个	302.00	材料
123900031	钛金字	$1.0m^2$ 以内	个	603.00	材料
123900033	钛金字	$1.5m^2$ 以内	个	905.00	材料
123900035	铜质美术字	400×400	个	152.00	材料
123900037	铜质美术字	600×800	个	304.00	材料
123900039	铜质美术字	900×1000	个	380.00	材料
124100001	灯箱布		m^2	17.24	材料
124500001	玻璃纤维增强石膏装饰柱		m	129.00	材料
124500003	养护毯		m^2	2.84	材料
124500005	硬木质装饰柱		m	172.00	材料
130100001	CY409 液		kg	10.34	材料
130100003	FVC 底漆(NJG)		kg	14.14	材料
130100005	FVC 面漆(NJG)		kg	12.37	材料
130100007	KCM 清漆		kg	17.24	材料
130100009	KCM 色漆		kg	18.97	材料
130100011	白醇酸漆		kg	14.22	材料
130100013	白酚醛漆		kg	9.70	材料
130100015	白漆		kg	8.62	材料
130100017	白铅油		kg	8.34	材料
130100019	白油漆		kg	20.60	材料
130100021	苯丙清漆		kg	10.60	材料
130100023	苯乙烯涂料		kg	6.21	材料
130100025	丙烯酸清漆		kg	17.24	材料
130100027	丙稀酸稀释剂		kg	8.83	材料
130100029	醇酸磁漆		kg	15.52	材料
130100031	醇酸磁漆	各色	kg	15.52	材料

续表

代码	名称	型号规格	单位	基期价	类别
130100033	醇酸防锈漆		kg	7.76	材料
130100035	醇酸漆稀释剂		kg	6.90	材料
130100037	醇酸清漆		kg	12.50	材料
130100039	醇酸调和漆	白色	kg	6.80	材料
130100041	醇酸调和漆	各色	kg	8.44	材料
130100043	醇酸无光调和漆		kg	8.16	材料
130100045	带锈底漆		kg	14.83	材料
130100047	弹性涂料底涂		kg	7.76	材料
130100049	弹性涂料面涂		kg	15.52	材料
130100051	弹性涂料中涂		kg	10.34	材料
130100053	底漆		kg	17.24	材料
130100055	丁醛自粘腻子		kg	6.90	材料
130100057	酚醛磁漆		kg	12.07	材料
130100059	酚醛防锈漆		kg	6.90	材料
130100061	酚醛红漆		kg	14.66	材料
130100063	酚醛清漆		kg	10.34	材料
130100065	酚醛树脂		kg	21.55	材料
130100067	酚醛树脂漆		kg	11.29	材料
130100069	酚醛调和漆		kg	11.29	材料
130100071	酚醛调和漆	各色	kg	11.29	材料
130100073	呋喃树脂		kg	16.47	材料
130100075	氟碳漆底漆稀释剂		kg	12.93	材料
130100077	氟碳漆面漆稀释剂		kg	13.79	材料
130100079	氟碳漆腻子		kg	2.16	材料
130100081	氟碳罩面清漆		kg	76.72	材料
130100083	固底漆稀释剂		kg	18.97	材料
130100085	黑涂料		kg	21.55	材料
130100087	红酚醛调和漆		kg	12.76	材料
130100089	厚漆		kg	8.62	材料
130100091	厚漆各色	Y02-1	kg	8.62	材料
130100093	环氧磁漆		kg	22.41	材料
130100095	环氧富锌	底漆	kg	13.79	材料
130100097	环氧富锌底漆稀释剂		kg	11.21	材料
130100099	环氧沥青漆		kg	12.07	材料
130100101	环氧煤沥青	底漆	kg	12.07	材料
130100103	环氧煤沥青固化剂		kg	13.79	材料
130100105	环氧煤沥青漆		kg	12.07	材料
130100107	环氧煤沥青稀释剂		kg	11.21	材料

续表

代码	名称	型号规格	单位	基期价	类别
130100109	环氧树脂		kg	15.52	材料
130100111	环氧树脂	618#	kg	27.59	材料
130100113	环氧树脂底漆		kg	15.52	材料
130100115	环氧树脂面漆		kg	19.83	材料
130100117	聚氨酯固化剂		kg	36.21	材料
130100119	聚氨酯磁漆		kg	12.48	材料
130100121	聚氨酯底漆		kg	9.47	材料
130100123	聚氨酯漆稀释剂		kg	12.07	材料
130100125	聚氨酯清漆		kg	16.38	材料
130100127	聚醋酸乙烯乳液		kg	5.60	材料
130100129	聚酰胺树脂		kg	34.66	材料
130100131	聚乙烯醇		kg	9.48	材料
130100133	聚酯底漆		kg	22.50	材料
130100135	聚酯漆		kg	36.21	材料
130100137	聚酯清漆		kg	16.81	材料
130100139	聚酯色漆		kg	20.69	材料
130100141	聚酯透明腻子		kg	17.24	材料
130100143	聚酯哑光清漆		kg	12.07	材料
130100145	聚酯哑光色漆		kg	23.28	材料
130100147	绝缘清漆		kg	12.93	材料
130100149	沥青绝缘漆		kg	10.34	材料
130100151	沥青耐酸漆		kg	9.18	材料
130100153	沥青漆		kg	9.83	材料
130100155	沥青清漆		kg	9.83	材料
130100157	裂纹漆		kg	47.41	材料
130100159	磷化底漆		kg	16.92	材料
130100161	氯磺化聚乙烯漆		kg	18.97	材料
130100163	氯偏共聚乳液(禁止使用)		kg	0.00	材料
130100165	煤焦油沥青漆	L01-17	kg	7.51	材料
130100167	喷漆		kg	12.93	材料
130100169	普通腻子		kg	0.95	材料
130100171	漆酚树脂漆		kg	19.45	材料
130100173	漆片	各种规格	kg	38.79	材料
130100175	铅油		kg	5.60	材料
130100177	铅油(厚漆)		kg	7.33	材料
130100179	乳胶漆		kg	15.52	材料
130100181	生漆		kg	11.16	材料
130100183	手喷漆		kg	12.93	材料

续表

代码	名称	型号规格	单位	基期价	类别
130100185	树脂面漆	TO	kg	37.27	材料
130100187	水晶地板漆	S961	kg	23.24	材料
130100189	水泥基层腻子		kg	1.47	材料
130100191	调和漆		kg	11.21	材料
130100193	涂料(禁止使用)	106 型	kg	0.00	材料
130100195	外墙封固底漆		kg	7.76	材料
130100197	外墙氟碳漆		kg	56.03	材料
130100199	无光调和漆		kg	13.79	材料
130100201	无溶剂型环氧底漆		kg	17.24	材料
130100203	无溶剂型环氧面漆		kg	14.66	材料
130100205	无溶剂型环氧中间漆		kg	23.28	材料
130100207	硝基磁漆		kg	12.48	材料
130100209	硝基腻子		kg	7.67	材料
130100211	硝基清漆		kg	19.83	材料
130100213	硝基色漆		kg	14.29	材料
130100215	银粉漆		kg	12.93	材料
130100217	油灰		kg	1.19	材料
130100219	油性金属底漆		kg	13.79	材料
130100221	油性金属面漆		kg	14.66	材料
130100223	油性清漆		kg	12.93	材料
130100225	油性调和漆	蓝、白、灰	kg	7.72	材料
130300001	108 内墙涂料		kg	0.86	材料
130300003	苯丙乳胶漆	内墙用	kg	4.74	材料
130300005	苯丙乳胶漆	外墙用	kg	9.48	材料
130300007	苯乙烯地面漆		kg	21.21	材料
130300009	苯乙烯墙面漆		kg	21.21	材料
130300011	苯乙烯清漆		kg	21.21	材料
130300013	苯乙烯屋面漆		kg	21.21	材料
130300015	丙烯酸聚氨酯底漆		kg	15.52	材料
130300017	丙烯酸聚氨酯中间漆		kg	17.24	材料
130300019	成品腻子粉		kg	0.86	材料
130300021	仿瓷涂料		kg	4.31	材料
130300023	仿石型外墙涂料骨架		kg	5.17	材料
130300025	仿石型外墙涂料罩面		kg	15.52	材料
130300027	酚醛树脂打底料		m^3	39929.00	材料
130300029	酚醛树脂底漆		kg	8.02	材料
130300031	呋喃树脂打底料		m^3	36467.00	材料
130300033	氟碳漆用光面腻子粉		kg	1.50	材料

续表

代码	名称	型号规格	单位	基期价	类别
130300035	氟碳漆用抗裂腻子粉		kg	1.66	材料
130300037	复层涂料骨浆(喷涂型)		kg	21.55	材料
130300039	高级丙烯酸外墙涂料	无光	kg	13.79	材料
130300041	过氯乙烯磁漆	G52-1	kg	16.38	材料
130300043	过氯乙烯底漆	综合	kg	18.97	材料
130300045	过氯乙烯腻子		kg	10.34	材料
130300047	过氯乙烯清漆	综合	kg	19.83	材料
130300049	环氧酚醛树脂打底料		m^3	51172.00	材料
130300051	环氧呋喃树脂底料		m^3	36467.00	材料
130300053	环氧富锌底漆	封闭漆	kg	11.21	材料
130300055	环氧富锌漆		kg	13.79	材料
130300057	环氧砂浆主漆		kg	12.93	材料
130300059	环氧渗透底漆		kg	17.24	材料
130300061	环氧树脂打底料		m^3	49404.00	材料
130300063	环氧水泥改性聚合物底漆		kg	60.34	材料
130300065	环氧自流平面漆		kg	32.76	材料
130300067	聚氨酯丙烯酸外墙涂料		kg	19.40	材料
130300069	聚氨酯防潮底漆		kg	25.86	材料
130300071	聚氨酯甲乙料		kg	27.59	材料
130300073	聚氨酯腻子		kg	10.34	材料
130300075	聚氨酯涂料		kg	25.00	材料
130300077	聚合物胶乳		kg	9.48	材料
130300079	抗碱底涂料		kg	7.48	材料
130300081	氯磺化聚乙烯	面漆	kg	18.97	材料
130300083	氯磺化聚乙烯	中间漆	kg	15.52	材料
130300085	氯磺化聚乙烯漆底漆		kg	15.52	材料
130300087	面层高光面油		kg	8.99	材料
130300089	普通内墙涂料	803 型	kg	1.03	材料
130300091	水性封底漆(普通)		kg	10.34	材料
130300093	水性耐候面漆(半光型)		kg	23.28	材料
130300095	水性中间(层)涂料		kg	27.59	材料
130300097	外墙氟碳漆稀释剂		kg	81.03	材料
130300099	无机纤维罩面剂		kg	1.72	材料
130300101	油性金属闪光漆		kg	25.86	材料
130300103	真石面漆		kg	7.76	材料
130300105	真石漆		kg	5.17	材料
130300107	中层涂料		kg	2.84	材料
130300109	自流平复合浆		kg	21.55	材料

续表

代 码	名 称	型号规格	单位	基期价	类别
130500001	SR 型防水冷胶涂料		kg	3.35	材料
130500003	薄型防火涂料		kg	8.62	材料
130500005	玻璃钢底漆		kg	15.03	材料
130500007	超薄型防火涂料		kg	10.34	材料
130500009	醇酸防锈漆	C53-1	kg	6.90	材料
130500011	醇酸防锈漆	红丹	kg	8.19	材料
130500013	醇酸防锈漆	锌黄底漆	kg	8.19	材料
130500015	反光油漆		kg	12.93	材料
130500017	反射隔热涂料		kg	28.02	材料
130500019	防火密封胶		L	103.00	材料
130500021	防火漆		kg	15.52	材料
130500023	防火涂料		kg	13.36	材料
130500025	防火涂料稀释剂		kg	10.34	材料
130500027	防水腻子		kg	0.95	材料
130500029	防锈漆		kg	14.05	材料
130500031	防锈漆	C53-1	kg	14.05	材料
130500033	酚醛防锈漆	红丹	kg	7.57	材料
130500035	酚醛防锈漆(各种颜色)		kg	7.76	材料
130500037	酚醛黑板漆		kg	7.16	材料
130500039	钢结构防火漆		kg	24.85	材料
130500041	钢结构防火漆稀释剂		kg	21.72	材料
130500043	红丹防锈漆		kg	6.90	材料
130500045	红丹环氧防锈漆		kg	13.79	材料
130500047	厚型防火涂料		kg	2.59	材料
130500049	环氧玻璃鳞片防锈漆稀释剂		kg	12.07	材料
130500051	环氧沥青防锈漆		kg	12.07	材料
130500053	环氧砂浆主漆粉料		kg	12.93	材料
130500055	环氧水泥改性聚合物防水防腐涂料		kg	22.41	材料
130500057	铝基反光隔热涂料		kg	12.93	材料
130500059	耐高温防腐底漆		kg	23.86	材料
130500061	耐高温防腐面漆		kg	23.86	材料
130500063	耐火漆		kg	17.24	材料
130500065	耐水防霉涂料		kg	19.68	材料
130500067	耐酸漆		kg	18.97	材料
130700001	酚醛调和漆(各种颜色)		kg	11.29	材料
130700003	木地板漆		kg	11.72	材料
130900001	酚醛银粉漆		kg	10.95	材料
130900003	金属氟碳漆底漆		kg	17.24	材料

续表

代 码	名 称	型号规格	单位	基期价	类 别
130900005	金属氟碳漆面漆		kg	60.34	材料
130900007	氯化橡胶底漆		kg	15.52	材料
130900009	氯化橡胶中间漆		kg	13.79	材料
131100001	氯化橡胶面漆		kg	20.69	材料
131100003	热熔标线涂料		kg	8.62	材料
131500001	防水油		kg	6.00	材料
131500003	改性环氧树脂封闭底漆		kg	18.97	材料
131500005	改性环氧树脂面漆		kg	22.41	材料
131500007	改性环氧树脂中间漆		kg	15.52	材料
131500009	互穿网络底漆		kg	17.24	材料
131500011	互穿网络面漆		kg	18.10	材料
131500013	沥青防水油膏		kg	6.90	材料
131500015	汽包漆		kg	13.52	材料
132100001	耐酸板	150×150×30	块	8.15	材料
132100003	耐酸瓷砖	230×113×65	块	3.36	材料
132100005	耐酸缸砖	300×200×45	块	2.91	材料
132100007	耐酸缸砖	300×200×65	块	3.97	材料
132100009	耐酸缸砖	300×200×80	块	6.19	材料
132100011	耐酸缸砖	300×200×100	块	7.07	材料
132100013	耐酸陶板	150×150×30	块	6.19	材料
132100015	耐酸陶片	150×150×20	m^2	749.00	材料
133100001	PG 道路封缝胶		kg	21.29	材料
133100003	非固化橡胶沥青防水涂料		kg	8.62	材料
133100005	煤沥青		t	1086.00	材料
133100007	煤沥青		kg	1.09	材料
133100009	乳化沥青		kg	4.00	材料
133100011	石油沥青		kg	2.67	材料
133100013	石油沥青		t	2672.00	材料
133100015	石油沥青胶		kg	2.33	材料
133100017	橡胶沥青		t	4694.00	材料
133100019	再生胶沥青	溶剂型	kg	4.31	材料
133300001	SBS 弹性体改性沥青防水卷材	耐根穿刺(化学阻根) PY 4.0mm	m^2	36.21	材料
133300003	带自粘层聚乙烯高分子卷材	1.2mm	m^2	21.55	材料
133300005	弹性体改性沥青防水卷材	3.0mm I G M	m^2	23.28	材料
133300007	弹性体改性沥青防水卷材	耐根穿刺(复合铜胎基)4.0mm	m^2	81.90	材料
133300009	改性沥青卷材		m^2	21.55	材料
133300011	高分子自粘胶膜防水卷材	1.2mm Y P S	m^2	21.55	材料
133300013	环保型塑性体改性沥青防水卷材	3.0mm I 型 PY M	m^2	20.69	材料

续表

代码	名称	型号规格	单位	基期价	类别
133300015	环保型塑性体改性沥青防水卷材	5.0mm I 型 PY M	m^2	34.48	材料
133300017	胶粉油毡衬垫		kg	5.83	材料
133300019	聚合物改性沥青聚酯胎预铺防水卷材	4.0mm	m^2	30.17	材料
133300021	聚氯乙烯(PVC)防水板 非外露 L 类	1.5mm	m^2	30.30	材料
133300023	聚氯乙烯防水卷材	1.2mm H 类	m^2	24.40	材料
133300025	聚氯乙烯防水卷材	PVC 耐根穿刺(化学阻根) 2.0mm	m^2	26.72	材料
133300027	聚乙烯土工膜复合防水板	1.2mm 厚 GB/T 17643-2011	m^2	30.30	材料
133300029	聚酯布	100g/m^2	m^2	1.78	材料
133300031	沥青复合胎柔性防水卷材	JC/T 690-2008 I 型 3mm	m^2	20.69	材料
133300033	氯丁橡胶防水卷材		m^2	12.67	材料
133300035	氯化聚乙烯橡胶共混防水卷材	1.0mm GB 18173.1-2012 JL2	m^2	21.38	材料
133300037	铅合金防水卷材		m^2	58.11	材料
133300039	三元乙丙橡胶防水卷材	1.0mm JF1	m^2	20.69	材料
133300041	三元乙丙橡胶防水卷材搭接带		m	11.21	材料
133300043	石油沥青油毡	350#	m^2	2.37	材料
133300045	石油沥青油毡	400g	m^2	3.97	材料
133300047	石油沥青油毡	综合	m^2	1.90	材料
133300049	再生橡胶卷材		m^2	19.66	材料
133300051	自粘聚合物改性沥青防水卷材	2.0mm I 型 N 类	m^2	21.55	材料
133500001	SBS 改性沥青防水涂料	H 型	kg	9.48	材料
133500003	SBS 改性沥青防水涂料	L 型	kg	32.76	材料
133500005	单组分聚氨酯防水涂料	Ⅰ型	kg	13.79	材料
133500007	单组分聚氨酯防水涂料	Ⅰ型	kg	13.79	材料
133500009	道路嵌缝胶	PG	kg	23.28	材料
133500011	低温密封膏		kg	21.55	材料
133500013	堵塞剂		kg	174.00	材料
133500015	防爆阻燃密封剂		kg	129.00	材料
133500017	防水粉		kg	6.64	材料
133500019	防水密封胶		支	8.62	材料
133500021	防水密封胶		kg	138.00	材料
133500023	复合式防水板		m^2	22.41	材料
133500025	改性沥青嵌缝油膏		kg	7.16	材料
133500027	过氧化环乙酮糊液	50% 固化剂(密封膏)	kg	21.94	材料
133500029	环氧胶泥		kg	6.47	材料
133500031	环氧聚氨酯嵌缝膏		kg	2.22	材料
133500033	建筑油膏		kg	2.49	材料
133500035	胶接剂	JHF	kg	17.24	材料
133500037	胶泥		kg	7.26	材料

续表

代 码	名 称	型号规格	单位	基期价	类 别
133500039	焦油聚氨酯接缝密封膏	QJC—851	kg	22.07	材料
133500041	聚氨酯密封膏		kg	12.93	材料
133500043	聚氨酯嵌缝膏	600mL	支	14.48	材料
133500045	聚氨酯嵌缝胶		kg	4.83	材料
133500047	聚合物水泥基复合防水涂料	JS Ⅱ型	kg	7.76	材料
133500049	聚合物水泥基复合防水涂料	JS Ⅰ型	kg	8.62	材料
133500051	聚氯乙烯冷底子油		kg	7.87	材料
133500053	聚四氟乙烯盘根		kg	10.34	材料
133500055	聚四氟乙烯生料带		卷	5.00	材料
133500057	聚四氟乙烯生料带	宽 20	m	0.29	材料
133500059	聚四氟乙烯生料带	宽 40	m	0.43	材料
133500061	沥青嵌缝防水油膏		kg	3.02	材料
133500063	氯丁胶沥青胶液		kg	3.73	材料
133500065	氯丁胶乳沥青防水涂料		kg	9.91	材料
133500067	氯丁橡胶浆		kg	28.62	材料
133500069	密封垫		m^2	10.67	材料
133500071	密封膏		kg	56.03	材料
133500073	密封剂		kg	6.90	材料
133500075	密封胶		支	5.86	材料
133500077	密封胶		L	22.24	材料
133500079	密封胶		kg	11.12	材料
133500081	密封胶	KS 型	kg	13.28	材料
133500083	密封油膏		kg	5.86	材料
133500085	密封止水胶		kg	12.93	材料
133500087	模板嵌缝料		kg	1.42	材料
133500089	耐高温防水胶	380g 290mL	支	21.55	材料
133500091	内防水橡胶止水带		m	87.07	材料
133500093	嵌缝膏		kg	2.76	材料
133500095	嵌条铝	$\delta 5$	m	2.03	材料
133500097	乳胶		kg	5.60	材料
133500099	三元乙丙密封胶条		m	10.78	材料
133500101	石棉盘根	$\phi 6 \sim 10$	kg	6.64	材料
133500103	双组份聚氨酯防水涂料	Ⅰ型	kg	9.48	材料
133500105	双组份聚硫密封胶		kg	15.52	材料
133500107	水泥基渗透结晶型防水涂料		kg	13.62	材料
133500109	塑料油膏		kg	16.38	材料
133500111	外防水氯丁酚醛胶		kg	13.02	材料
133500113	橡胶盘根	低压	kg	40.73	材料

续表

代　码	名　　称	型 号 规 格	单位	基期价	类 别
133500115	橡胶石棉盘根	编织 ϕ4~5(250℃)	kg	42.24	材料
133500117	橡胶石棉盘根	编织 ϕ6~25(250℃)	kg	37.07	材料
133500119	橡胶石棉盘根	编织 ϕ11~25(250℃)	kg	17.93	材料
133500121	油浸石棉盘根	ϕ6~10	kg	15.95	材料
133500123	油浸石棉盘根	编织 ϕ4~5(450℃)	kg	42.24	材料
133500125	油浸石棉盘根	编织 ϕ6~10(250℃)	kg	17.93	材料
133500127	油浸石棉盘根	编织 ϕ11~25(250℃)	kg	17.93	材料
133500129	油浸石棉盘根	编制 ϕ6~10 (250℃)	kg	15.95	材料
133500131	油浸石棉盘根	编制 ϕ6~10 (450℃)	kg	15.95	材料
133500133	油浸石棉盘根	扭制 ϕ11~25	kg	24.14	材料
133500135	油浸石棉铜丝盘根	编织 ϕ3(450℃)	kg	28.97	材料
133500137	油麻盘根	ϕ6~25	kg	12.93	材料
133500139	遇水膨胀止水胶		kg	30.17	材料
133500141	遇水膨胀止水条		m	33.62	材料
133700001	背贴式止水带		m	39.66	材料
133700003	帆布止水带		m	27.93	材料
133700005	钢边橡胶止水带		m	46.55	材料
133700007	氯丁橡胶片止水带		m	128.00	材料
133700009	塑料止水带		m	27.93	材料
133700011	橡胶止水带		m	27.93	材料
133700013	遇水膨胀止水条	30×20	m	36.21	材料
133900001	PU 发泡剂		L	36.16	材料
133900003	发泡剂	750mL	支	27.12	材料
133900005	防腐油		kg	1.28	材料
133900007	黄丹粉		kg	11.90	材料
133900009	灰油		kg	7.33	材料
133900011	聚氯乙烯胶泥		kg	4.14	材料
133900013	煤焦油		kg	0.88	材料
133900015	密封带	3×20	m	0.36	材料
133900017	脲醛树脂		kg	2.67	材料
133900019	嵌缝料		kg	1.42	材料
133900021	清油		kg	14.22	材料
133900023	溶剂		kg	1.79	材料
133900025	色粉		kg	3.19	材料
133900027	生桐油		kg	4.31	材料
133900029	石油沥青油毡	350g	m^2	1.90	材料
133900031	熟桐油		kg	11.17	材料
133900033	水柏油		kg	0.44	材料

续表

代码	名称	型号规格	单位	基期价	类别
133900035	松节油		kg	7.76	材料
133900037	松香水		kg	4.74	材料
133900039	添加剂		kg	12.07	材料
133900041	贴缝网带		m	0.50	材料
133900043	铜金粉		kg	32.20	材料
133900045	脱漆剂		kg	7.62	材料
133900047	稀释剂		kg	12.07	材料
133900049	橡胶卷材		m^2	10.88	材料
133900051	硝基漆稀释剂	信那水	kg	13.79	材料
133900053	硝基清漆稀释剂		kg	13.79	材料
133900055	血料		kg	3.02	材料
133900057	氧化铬绿		kg	21.55	材料
133900059	氧化铁红		kg	6.79	材料
133900061	异氰酸酯(黑料)		kg	22.41	材料
133900063	银珠		kg	138.00	材料
133900065	自粘聚合物改性沥青防水卷材	1.2mm I 型 N 类	m^2	23.28	材料
133900067	组合聚醚(白料)		kg	15.52	材料
134100001	EPS 灌浆料		m^3	259.00	材料
134100003	洞口止水环	$\phi600$	套	845.00	材料
134100005	洞口止水环	$\phi800$	套	905.00	材料
134100007	洞口止水环	$\phi1000$	套	1086.00	材料
134100009	洞口止水环	$\phi1200$	套	2140.00	材料
134100011	洞口止水环	$\phi1350$	套	2648.00	材料
134100013	洞口止水环	$\phi1500$	套	2939.00	材料
134100015	洞口止水环	$\phi1650$	套	3225.00	材料
134100017	洞口止水环	$\phi1800$	套	3670.00	材料
134100019	洞口止水环	$\phi2000$	套	4340.00	材料
134100021	洞口止水环	$\phi2200$	套	5040.00	材料
134100023	洞口止水环	$\phi2400$	套	5622.00	材料
134100025	洞口止水环	$\phi2700$	套	6064.00	材料
134100027	洞口止水环	$\phi3000$	套	6506.00	材料
134100029	灌浆料		kg	5.60	材料
134100031	石材填缝剂		kg	2.59	材料
134100033	陶瓷砖填缝剂		kg	2.59	材料
134100035	填充绒		kg	8.61	材料
140100001	变压器油		kg	8.62	材料
140100003	锭子油	$20^{\#}$机油	kg	5.78	材料
140100005	光油		kg	0.00	材料

续表

代码	名称	型号规格	单位	基期价	类别
140100007	黄油		kg	9.05	材料
140100009	机油	综合	kg	2.91	材料
140100011	坯油		kg	6.03	材料
140100013	轻煤		kg	7.84	材料
140100015	清油	C01-1	kg	14.22	材料
140100017	溶剂汽油		kg	5.40	材料
140100019	溶剂油		kg	2.29	材料
140100021	透平油		kg	28.45	材料
140100023	亚麻子油		kg	215.00	材料
140100025	鱼油		kg	20.69	材料
140300001	柴油		kg	5.09	材料
140300003	柴油	0#	t	5086.00	材料
140300005	柴油	0#	kg	5.09	材料
140300007	柴油(机械)		kg	5.09	机械台班
140300009	机械油		kg	3.84	材料
140300011	机油	20#	kg	3.84	材料
140300013	机油	10#~14#	kg	3.84	材料
140300015	煤油		kg	3.79	材料
140300017	汽油	98#	kg	6.12	材料
140300019	汽油	70#~90#	kg	6.12	材料
140300021	汽油	综合	kg	6.12	材料
140300023	汽油(机械)		kg	6.12	机械台班
140500001	环氧煤焦油		kg	18.82	材料
140500003	清洗液	500mL	瓶	7.67	材料
140500005	溶剂汽油	200#	kg	5.40	材料
140500007	橡胶溶解剂油		kg	6.22	材料
140500009	油漆溶剂油		kg	3.79	材料
140700001	齿轮油	20#	kg	13.88	材料
140700003	黄干油		kg	10.34	材料
140700005	冷冻机油		kg	9.48	材料
140700007	汽缸油		kg	2.61	材料
140700009	汽轮机油		kg	9.91	材料
140700011	润滑剂		kg	4.33	材料
140700013	润滑冷却液		kg	19.47	材料
140700015	润滑油		kg	4.33	材料
140700017	纱锭油		kg	22.41	材料
140700019	石墨润滑剂		kg	6.21	材料
140700021	脱模油		kg	4.31	材料

续表

代码	名称	型号规格	单位	基期价	类别
140700023	液压油		kg	14.74	材料
140700025	真空泵油		kg	10.78	材料
140900001	地板蜡		kg	9.91	材料
140900003	电力复合脂		kg	17.24	材料
140900005	凡士林		kg	2.67	材料
140900007	钙基润滑酯		kg	9.05	材料
140900009	钙基脂		kg	0.00	材料
140900011	光蜡		kg	11.64	材料
140900013	黄甘油		kg	10.78	材料
140900015	黄干油　钙基脂		kg	9.05	材料
140900017	黄油钙基酯		kg	9.66	材料
140900019	建筑脂(无粘结预应力)		kg	8.62	材料
140900021	钠基脂		kg	10.43	材料
140900023	软蜡		kg	15.52	材料
140900025	砂蜡		kg	7.62	材料
140900027	石蜡		kg	5.00	材料
140900029	硬白蜡		kg	5.00	材料
140900031	油脂		kg	12.59	材料
142100001	过氯乙烯树脂		kg	11.21	材料
142100003	糠醇树脂		kg	17.50	材料
142100005	生胶		kg	17.59	材料
142100007	熟胶		kg	12.93	材料
142100009	双酚不饱和聚酯树脂	A 型	kg	36.29	材料
142300001	白铝粉		kg	42.93	材料
142300003	瓷粉		kg	8.19	材料
142300005	磁粉		g	0.17	材料
142300007	红丹粉		kg	11.90	材料
142300009	石性颜料		kg	5.00	材料
142300011	银粉		kg	25.00	材料
142300013	荧光磁粉		g	0.18	材料
143100001	氨水		kg	1.19	材料
143100003	白垩		kg	1.59	材料
143100005	苯磺酰氯		kg	5.24	材料
143100007	冰醋酸	98%	mL	0.01	材料
143100009	草酸		kg	3.88	材料
143100011	电池硫酸		kg	1.20	材料
143100013	电石		kg	4.31	材料
143100015	二硫化钼		kg	77.59	材料

续表

代　码	名　　称	型 号 规 格	单位	基期价	类 别
143100017	氟硅酸钠		kg	1.98	材料
143100019	氟碳保护剂		kg	3.02	材料
143100021	硅酸钠	水玻璃	kg	0.70	材料
143100023	黄色氧化铅	综合	kg	10.34	材料
143100025	甲氨基酚硫酸盐		g	118.00	材料
143100027	可赛银	白色	kg	1.45	材料
143100029	联氨	40%	kg	11.72	材料
143100031	磷酸	85%	kg	2.09	材料
143100033	磷酸二氢钠		kg	3.53	材料
143100035	磷酸氢二钠		kg	5.22	材料
143100037	磷酸三钠		kg	2.65	材料
143100039	硫代硫酸钠		g	0.01	材料
143100041	硫黄	98%	kg	2.30	材料
143100043	硫酸	38%	kg	0.39	材料
143100045	硫酸	98%	kg	2.09	材料
143100047	硫酸铵		kg	2.07	材料
143100049	硫酸钙		kg	2.84	材料
143100051	硫酸铝钾		g	0.01	材料
143100053	硫酸镁		kg	4.31	材料
143100055	六氟化硫		kg	27.47	材料
143100057	氯化钙		kg	2.97	材料
143100059	氯化钠		kg	0.53	材料
143100061	氯化锡		kg	41.16	材料
143100063	氯化锌		kg	7.33	材料
143100065	硼砂		kg	4.22	材料
143100067	硼酸		g	0.06	材料
143100069	轻质碳酸钙		kg	0.78	材料
143100071	氢氟酸	45%	kg	7.84	材料
143100073	氢氧化钠	烧碱	kg	2.59	材料
143100075	四氯化碳		kg	6.90	材料
143100077	碳酸钠	纯碱	kg	1.64	材料
143100079	碳酸钠	纯碱	kg	0.87	材料
143100081	碳酸氢钠		kg	1.64	材料
143100083	微孔硅酸钙		m^3	517.00	材料
143100085	乌洛托品		kg	10.43	材料
143100087	无水碳酸钠		g	0.02	材料
143100089	无水亚硫酸钠		g	0.02	材料
143100091	硝酸		kg	1.98	材料

续表

代 码	名 称	型 号 规 格	单位	基期价	类 别
143100093	溴化钾		g	0.03	材料
143100095	亚硝酸钠		kg	2.41	材料
143100097	亚硝酸钠		g	0.01	材料
143100099	盐(工业)		kg	0.74	材料
143100101	盐酸		kg	0.82	材料
143100103	一氧化铅		kg	14.91	材料
143100105	重铬酸钾	98%	kg	16.55	材料
143100107	重晶石粉		kg	0.33	材料
143300001	丙酮		kg	8.16	材料
143300003	丙烯酸		kg	23.19	材料
143300005	醋酸酊酯		kg	9.48	材料
143300007	醋酸乙酯		kg	5.97	材料
143300009	丁醇		kg	5.86	材料
143300011	动力苯		kg	4.84	材料
143300013	对苯二酚		g	13.62	材料
143300015	二丁酯		kg	14.66	材料
143300017	二甲苯		kg	6.03	材料
143300019	二氯乙烷		kg	9.40	材料
143300021	酚酞		kg	21.55	材料
143300023	甘油		kg	9.83	材料
143300025	环烷酸钴苯乙烯溶液		kg	16.90	材料
143300027	基膜(丙烯酸乳液)		kg	10.34	材料
143300029	甲苯		kg	6.81	材料
143300031	酒精		kg	7.07	材料
143300033	酒精	工业用99.5%	kg	7.07	材料
143300035	聚氨酯甲组分		kg	20.69	材料
143300037	聚氨酯乙组分		kg	18.10	材料
143300039	聚丙烯酰胺		kg	16.54	材料
143300041	聚四氟乙烯		kg	12.07	材料
143300043	聚四氟乙烯		g	0.12	材料
143300045	聚酰胺	300#	kg	16.54	材料
143300047	邻苯二甲酸二丁酯		kg	8.02	材料
143300049	柠檬酸		kg	4.48	材料
143300051	三氯乙烯		kg	10.09	材料
143300053	三乙醇胺		kg	12.93	材料
143300055	三异氰酸酯		kg	11.21	材料
143300057	天那水		kg	7.50	材料
143300059	贴缝胶带	9m	卷	10.34	材料

续表

代码	名称	型号规格	单位	基期价	类别
143300061	桐油钙松香		kg	6.90	材料
143300063	无机颜料		kg	5.17	材料
143300065	压敏胶粘带		m	0.69	材料
143300067	医用白胶布		m^2	24.31	材料
143300069	乙丙烯橡胶黑带		kg	14.22	材料
143300071	乙二胺		kg	18.53	材料
143300073	乙酸乙酯		kg	26.29	材料
143300075	硬脂酸		kg	13.71	材料
143300077	硬脂酸	一级	kg	7.02	材料
143300079	专用粘胶带		m	6.50	材料
143300081	自粘性塑料带	20mm×20m	卷	3.02	材料
143300083	自粘性橡胶带	20mm×5m	卷	15.37	材料
143300085	自粘性橡胶带	25mm×20m	卷	13.36	材料
143500001	EDTA 试剂	99.5%	kg	21.38	材料
143500003	FVC 稀释剂(NJG)		kg	14.14	材料
143500005	LDA 增强剂		kg	8.62	材料
143500007	NSJ-Ⅱ稀释剂		kg	30.17	材料
143500009	TO 固化剂		kg	21.55	材料
143500011	TO 树脂增韧剂稀释剂混合剂		kg	34.48	材料
143500013	U 形膨胀剂		kg	2.79	材料
143500015	表面活性剂	o-20	mL	0.01	材料
143500017	丙酮清洗剂		kg	17.24	材料
143500019	丙烯酸聚氨酯固化剂		kg	14.30	材料
143500021	丙烯酸聚氨酯稀释剂		kg	11.56	材料
143500023	除油剂(A5)		kg	10.69	材料
143500025	醇酸稀释剂		kg	10.09	材料
143500027	促进剂	KA	kg	4.61	材料
143500029	催干剂		kg	16.38	材料
143500031	多功能上光清洁剂		盒	25.86	材料
143500033	发泡剂		kg	8.80	材料
143500035	飞溅净		kg	2.76	材料
143500037	酚醛树脂稀释剂		kg	18.69	材料
143500039	氟氯昂		t	0.00	材料
143500041	氟碳漆固化剂		kg	54.31	材料
143500043	高级聚酯漆稀释剂		kg	10.09	材料
143500045	隔离剂		kg	4.67	材料
143500047	钴铅催干剂		kg	8.14	材料
143500049	固化剂		kg	30.69	材料

续表

代码	名称	型号规格	单位	基期价	类别
143500051	过氯乙烯漆稀释剂		kg	172.00	材料
143500053	互穿网络稀释剂		kg	4.42	材料
143500055	环氧砂浆主漆固化剂		kg	7.86	材料
143500057	环氧渗透底漆固化剂		kg	7.25	材料
143500059	环氧树脂稀释剂		kg	12.07	材料
143500061	环氧自流平面漆固化剂		kg	7.96	材料
143500063	缓凝剂		kg	3.02	材料
143500065	缓蚀剂氢氟酸缓蚀剂	F-102	kg	14.40	材料
143500067	缓蚀剂盐酸缓蚀剂		kg	13.19	材料
143500069	混凝土外加剂		kg	3.63	材料
143500071	减磨剂		kg	15.52	材料
143500073	降阻剂		kg	8.40	材料
143500075	界面剂		kg	1.73	材料
143500077	金属清洗剂		kg	11.03	材料
143500079	聚苯乙烯界面剂		kg	8.62	材料
143500081	聚酯固化剂		kg	13.52	材料
143500083	氯化橡胶稀释剂		kg	9.46	材料
143500085	氯磺化聚乙烯稀释剂		kg	11.64	材料
143500087	木胶粉		kg	8.62	材料
143500089	耐高温防腐稀释剂		kg	16.79	材料
143500091	耦合剂		kg	77.07	材料
143500093	膨胀剂		kg	2.76	材料
143500095	膨胀剂(破碎剂)		kg	3.33	材料
143500097	漂白粉	综合	kg	3.71	材料
143500099	清洁剂		kg	7.76	材料
143500101	清洗剂		kg	7.48	材料
143500103	清洗剂	500mL	瓶	3.74	材料
143500105	乳化剂	吹光缆专用	kg	44.83	材料
143500107	软填料		kg	17.24	材料
143500109	渗透剂	500mL	瓶	39.14	材料
143500111	石材保护液		kg	31.98	材料
143500113	石材养护液		kg	8.41	材料
143500115	酸洗分析药剂		套	6.72	材料
143500117	酸洗膏		kg	4.78	材料
143500119	填充剂		kg	8.62	材料
143500121	脱化剂		kg	8.02	材料
143500123	脱模剂		kg	1.54	材料
143500125	脱脂剂		L	12.93	材料

续表

代码	名称	型号规格	单位	基期价	类别
143500127	脱脂剂		kg	8.62	材料
143500129	外加剂	SN-2	kg	3.63	材料
143500131	微沫剂		kg	37.41	材料
143500133	洗涤剂		kg	5.92	材料
143500135	洗衣粉		kg	8.62	材料
143500137	显像剂	500mL	瓶	48.38	材料
143500139	香蕉水		kg	5.17	材料
143500141	橡胶溶剂	120#	kg	6.42	材料
143500143	消泡剂		g	0.08	材料
143500145	硝基漆稀释剂		kg	6.94	材料
143500147	研磨膏		盒	13.79	材料
143500149	药剂		kg	25.86	材料
143500151	乙炔气		kg	7.60	材料
143500153	引发剂		kg	5.30	材料
143500155	硬石蜡		kg	3.95	材料
143500157	有机硅漆稀释剂	X13	kg	10.78	材料
143500159	皂化冷却液		kg	3.65	材料
143500161	皂化液		kg	0.86	材料
143500163	制冷剂	R410A	G	0.01	材料
143500165	终端填充剂环氧树脂冷浇剂		kg	7.67	材料
143500167	助镀剂		kg	138.00	材料
143500169	专用稀释剂		kg	13.24	材料
143900001	氨气		m^3	3.13	材料
143900003	丙烷		kg	4.74	材料
143900005	氮气		瓶	204.00	材料
143900007	氮气		m^3	2.18	材料
143900009	二氧化碳气体		m^3	1.03	材料
143900011	高纯氮气	40L	瓶	16.47	材料
143900013	可燃气体(丙烷)		kg	4.74	材料
143900015	氢气		m^3	9.84	材料
143900017	试验介质(氮气)	155L	瓶	200.00	材料
143900019	试验介质(氮气)	270L	瓶	349.00	材料
143900021	试验介质(氮气)	40L	瓶	16.47	材料
143900023	试验介质(氮气)	70L	瓶	90.52	材料
143900025	试验介质(氮气)	90L	瓶	138.00	材料
143900027	氩气		m^3	7.00	材料
143900029	氧气		m^3	3.62	材料
143900031	液化气		kg	5.42	材料

续表

代码	名称	型号规格	单位	基期价	类别
143900033	液化石油气		kg	3.79	材料
143900035	一氧化碳气体	804ppm 25L	瓶	249.00	材料
143900037	乙炔气		m^3	8.90	材料
144100001	107 胶		kg	1.72	材料
144100003	108 建筑胶		kg	8.19	材料
144100005	108 胶		kg	1.03	材料
144100007	202 胶	FSC-2	kg	34.48	材料
144100009	401 胶		kg	9.05	材料
144100011	405 号树脂胶		kg	31.72	材料
144100013	502 粘合剂		kg	0.00	材料
144100015	903 胶		kg	15.52	材料
144100017	A884 粘接剂		kg	6.50	材料
144100019	FL-15 胶黏剂		kg	15.40	材料
144100021	PVC 胶水		kg	25.86	材料
144100023	SG791 胶水		kg	5.17	材料
144100025	XY-19 胶		kg	8.62	材料
144100027	XY-508 胶		kg	14.66	材料
144100029	YJ-Ⅲ胶		kg	11.31	材料
144100031	白胶	5kg	kg	10.34	材料
144100033	壁纸专用粘贴剂		kg	25.63	材料
144100035	玻璃胶		L	17.24	材料
144100037	玻璃胶	335g	支	10.34	材料
144100039	玻镁风管专用胶水		kg	2.59	材料
144100041	大玻璃结构胶		L	131.00	材料
144100043	单面胶带		卷	3.13	材料
144100045	地板胶水		kg	21.55	材料
144100047	二阶反应型防水粘结剂		kg	13.72	材料
144100049	粉状型建筑胶粘剂		kg	1.72	材料
144100051	改性沥青砂胶		kg	0.98	材料
144100053	干粉式苯板胶		kg	25.86	材料
144100055	干粉型粘接剂		kg	4.08	材料
144100057	骨胶		kg	11.21	材料
144100059	硅酮结构胶	300mL	支	10.78	材料
144100061	硅酮结构胶	双组分	L	44.83	材料
144100063	硅酮耐候胶	中性 310mL	支	13.75	材料
144100065	硅酮耐候密封胶		kg	35.80	材料
144100067	合成树脂密封胶		kg	26.45	材料
144100069	环氧煤焦油树脂底料		m^3	18475.00	材料

续表

代码	名称	型号规格	单位	基期价	类别
144100071	环氧密封胶		kg	15.52	材料
144100073	环氧树脂胶合剂		kg	9.31	材料
144100075	建筑胶		kg	2.16	材料
144100077	胶合剂		kg	25.34	材料
144100079	胶料		kg	4.31	材料
144100081	胶粘剂	504	kg	22.41	材料
144100083	胶粘剂	SY-19	kg	13.27	材料
144100085	胶粘剂	XY401	kg	11.46	材料
144100087	胶粘剂	XY502	kg	108.00	材料
144100089	胶粘剂	XY518	kg	17.46	材料
144100091	胶粘剂	XY-401	kg	11.46	材料
144100093	胶粘剂	干粉型	kg	2.24	材料
144100095	结构胶		L	13.41	材料
144100097	结构胶		kg	109.00	材料
144100099	聚氨酯粘合剂		kg	26.29	材料
144100101	聚氨酯发泡密封胶	750mL/支	支	20.09	材料
144100103	聚丁胶粘合剂		kg	15.95	材料
144100105	聚氯乙烯热熔密封胶		kg	10.86	材料
144100107	立时得胶		kg	21.55	材料
144100109	氯丁胶粘结剂		kg	12.24	材料
144100111	氯丁橡胶粘接剂		kg	14.81	材料
144100113	锚固胶		kg	27.59	材料
144100115	锚固药卷		kg	1.55	材料
144100117	密封胶	XY02#	kg	17.24	材料
144100119	耐候胶		L	43.28	材料
144100121	耐候型硅胶		kg	32.05	材料
144100123	牛皮胶		kg	20.95	材料
144100125	强力胶		kg	0.78	材料
144100127	强力胶	801 胶	kg	12.93	材料
144100129	强力植筋胶		L	58.45	材料
144100131	热熔胶		kg	9.14	材料
144100133	三元乙丙粘接剂		kg	1.38	材料
144100135	石材胶		kg	7.11	材料
144100137	石材粘合剂		kg	1.08	材料
144100139	双面玻璃胶带纸		m	0.26	材料
144100141	双面弹性胶带		m	1.99	材料
144100143	双面胶纸		m	0.09	材料
144100145	水胶粉		kg	18.10	材料

续表

代码	名称	型号规格	单位	基期价	类别
144100147	塑料粘结剂		kg	61.21	材料
144100149	陶瓷砖粘合剂		kg	0.43	材料
144100151	万能胶	环氧树脂	kg	18.97	材料
144100153	厌氧胶	325# 200g	瓶	21.55	材料
144100155	云石 AB 胶		kg	7.11	材料
144100157	云石胶		kg	7.76	材料
144100159	黏合剂	507	kg	12.84	材料
144100161	粘合剂		kg	26.29	材料
144100163	粘合剂		g	0.02	材料
144100165	粘接剂		kg	22.09	材料
144100167	粘接胶		kg	15.69	材料
144100169	粘结剂	CX-404	kg	9.91	材料
144100171	粘结剂	保温材料专用	kg	10.34	材料
144300001	不干胶纸		m^2	31.94	材料
144300003	胶带		卷	6.12	材料
144300005	胶带		m	0.19	材料
144300007	胶带纸		卷	4.31	材料
144300009	胶带纸	宽 30mm 单面胶	m	0.06	材料
144300011	聚氯乙烯橡胶粘带	40mm×50m	卷	27.41	材料
144300013	绝缘胶布	20m/卷	卷	7.76	材料
144300015	铝箔胶带	48mm×20m	卷	17.24	材料
144300017	铝箔胶带	45mm	卷	15.52	材料
144300019	屏间密闭粘条		m	4.31	材料
144300021	热敏铝箔胶带	64mm	m	0.35	材料
144300023	双面胶带		卷	3.35	材料
144300025	双面胶带纸		m^2	1.08	材料
144300027	双面强力弹性胶带		m	0.60	材料
144300029	双组分液体环氧树脂		kg	38.79	材料
144300031	塑料胶布带	20mm×10m	卷	2.07	材料
144300033	塑料胶布带	20mm×50m	卷	2.07	材料
144300035	塑料胶布带	25mm×10m	卷	1.24	材料
144300037	塑料胶带	20m	卷	17.24	材料
144300039	塑料胶条		kg	10.82	材料
144300041	塑料粘胶带		盘	3.08	材料
144300043	塑料粘胶带	20mm×50m	卷	15.37	材料
144300045	塑料粘胶带	60mm×50m	卷	3.88	材料
144300047	自粘橡胶带	20×5	卷	1.60	材料
144300049	自粘性橡胶带	20×5000	卷	2.67	材料

续表

代码	名称	型号规格	单位	基期价	类别
150000001	表面毡		m^2	4.95	材料
150000003	玻岩板		m^2	38.79	材料
150000005	短切毡		m^2	7.89	材料
150100001	超细玻璃棉板	48kg/m^3	m^2	30.17	材料
150100003	沥青玻璃棉		m^3	151.00	材料
150100005	耐酸石棉方绳	ϕ8~10 烧失量 24%	kg	68.97	材料
150100007	普通石棉布		kg	26.29	材料
150100009	铅粉石棉绳	ϕ6	kg	3.10	材料
150100011	铅粉石棉绳	ϕ6 250℃	kg	13.97	材料
150100013	石棉		kg	3.92	材料
150100015	石棉板	8~10	m^2	8.62	材料
150100017	石棉板	1.6~2×500~800	kg	5.17	材料
150100019	石棉板衬垫		kg	51.72	材料
150100021	石棉保温板		kg	6.90	材料
150100023	石棉编绳		kg	14.05	材料
150100025	石棉编绳	ϕ6	kg	14.05	材料
150100027	石棉编绳	ϕ6~10 烧失量 24%	kg	14.05	材料
150100029	石棉编绳	ϕ11~25 烧失量 24%	kg	14.05	材料
150100031	石棉编绳	ϕ11~25 烧损量 24%	10m	11.21	材料
150100033	石棉编绳	综合	kg	14.05	材料
150100035	石棉布	δ2.5	m^2	3.53	材料
150100037	石棉布	烧失量 32%	kg	4.19	材料
150100039	石棉垫		kg	6.53	材料
150100041	石棉粉		kg	3.45	材料
150100043	石棉灰	4 级	kg	0.78	材料
150100045	石棉泥		kg	4.31	材料
150100047	石棉扭绳	ϕ10~13	kg	2.27	材料
150100049	石棉扭绳	ϕ11~25	kg	2.27	材料
150100051	石棉扭绳	ϕ13~19	kg	2.27	材料
150100053	石棉扭绳	ϕ4~5 烧失量 24%	kg	2.27	材料
150100055	石棉扭绳	ϕ6~10 烧失量 24%	kg	2.27	材料
150100057	石棉扭绳	ϕ3 烧失量 24%	kg	2.27	材料
150100059	石棉扭绳	综合	kg	2.27	材料
150100061	石棉绒		kg	3.49	材料
150100063	石棉水泥板	δ20	m^2	31.21	材料
150100065	石棉水泥板	δ25	m^2	31.21	材料
150100067	石棉松绳	ϕ13~19	kg	5.89	材料
150100069	石棉织布	δ2.5	m^2	22.41	材料

续表

代码	名称	型号规格	单位	基期价	类别
150100071	石棉纸		kg	0.86	材料
150100073	岩棉板		m^2	25.95	材料
150100075	油浸石棉绳		kg	8.15	材料
150300001	岩棉板		m^3	466.00	材料
150300003	岩棉板	δ30	m^3	466.00	材料
150300005	岩棉板	δ50	m^3	466.00	材料
150300007	岩棉板	δ60	m^3	466.00	材料
150300009	岩棉板	δ80	m^3	466.00	材料
150300011	岩棉板	δ100	m^3	466.00	材料
150300013	岩棉板	δ120	m^3	466.00	材料
150300015	岩棉保温板	A级	m^3	474.00	材料
150500001	矿棉		m^3	4.31	材料
150500003	沥青矿渣棉毡		m^3	147.00	材料
150700001	玻璃布	0.15×300	m	0.95	材料
150700003	玻璃布	δ0.2	m^2	1.90	材料
150700005	玻璃布	综合	m^2	2.59	材料
150700007	玻璃棉毡	δ75	m^2	45.26	材料
150700009	玻璃棉毡	综合	m^2	10.34	材料
150700011	玻璃纤维网		m^2	1.90	材料
150700013	超细玻璃棉板	δ50	m^2	30.17	材料
150700015	超细玻璃棉毡		kg	12.57	材料
150700017	袋装玻璃棉	δ50	m^2	19.48	材料
150700019	沥青玻璃棉毡		m^3	151.00	材料
150700021	铝箔玻璃棉板	δ50	m^2	8.62	材料
150700023	棉毡		m^2	1.03	材料
150700025	耐碱玻璃纤维网格布		m^2	1.27	材料
150700027	无碱玻璃纤维		kg	8.10	材料
150900001	膨胀珍珠岩		m^3	216.00	材料
150900003	水泥珍珠岩板	1×0.5×50	m^3	586.00	材料
151300001	保温砂浆	综合	t	1103.00	材料
151300003	保温专用界面砂浆		t	2586.00	材料
151300005	苯板线条(成品)		m	17.24	材料
151300007	闭孔乳胶海绵	δ5	kg	7.23	材料
151300009	闭孔乳胶海绵	δ20	m^2	5.46	材料
151300011	大模内置专用挤塑聚苯板		m^3	448.00	材料
151300013	大模内置专用膨胀聚苯板		m^3	448.00	材料
151300015	低密度聚乙烯泡沫塑料	δ10	m^2	8.60	材料
151300017	防水与保温一体化板	50mm	m^2	129.00	材料

续表

代 码	名 称	型号规格	单位	基期价	类别
151300019	酚醛保温板	δ50	m^2	51.72	材料
151300021	钢丝网架聚苯乙烯泡沫夹心板	δ50	m^2	32.76	材料
151300023	钢丝网架聚苯乙烯泡沫夹心板	δ80	m^2	38.79	材料
151300025	钢丝网架聚苯乙烯泡沫夹心板	δ100	m^2	47.41	材料
151300027	海绵	δ20	m^2	6.90	材料
151300029	挤塑泡沫保温板 B2	δ15	m^2	6.72	材料
151300031	挤塑泡沫保温板 B2	δ30	m^2	13.45	材料
151300033	挤塑泡沫保温板 B2	δ50	m^2	22.41	材料
151300035	聚氨酯泡沫塑料		kg	30.17	材料
151300037	聚氨酯泡沫塑料板		m^3	647.00	材料
151300039	聚氨酯硬质泡沫 A、B 料		m^3	1552.00	材料
151300041	聚苯乙烯板		m^3	259.00	材料
151300043	聚苯乙烯板	δ40	m^2	18.97	材料
151300045	聚苯乙烯泡沫板		kg	18.97	材料
151300047	聚苯乙烯泡沫板	δ30	m^2	15.13	材料
151300049	聚苯乙烯泡沫板	δ50	m^2	25.22	材料
151300051	聚苯乙烯塑料保温装饰一体化板		m^2	190.00	材料
151300053	聚苯乙烯硬泡沫塑料		m^3	560.00	材料
151300055	聚酯乙烯泡沫塑料		kg	18.62	材料
151300057	聚酯乙烯泡沫塑料板		kg	18.62	材料
151300059	可发性聚氨酯泡沫塑料		kg	19.66	材料
151300061	耐火泥	NF-40	kg	0.27	材料
151300063	泡沫塑料	综合	m^2	8.60	材料
151300065	泡沫塑料瓦块		m^3	689.00	材料
151300067	热固性改性聚苯乙烯泡沫板		m^3	689.00	材料
151300069	软聚氯乙烯塑料板	δ3	m^2	7.67	材料
151300071	软塑料(软聚氯乙烯板)	δ3	m^2	25.80	材料
151300073	硬聚氯乙烯板		kg	8.62	材料
151300075	硬泡聚氨酯保温板	δ20	m^2	25.86	材料
151300077	硬泡聚氨酯防水保温板	δ20	m^2	27.59	材料
151300079	硬泡聚氨酯组合料		kg	19.66	材料
151300081	硬泡沫塑料板		m^3	474.00	材料
151500001	泡沫玻璃		m^3	1250.00	材料
151500003	泡沫玻璃		m^2	34.48	材料
151500005	泡沫玻璃	δ25	m^2	31.25	材料
151500007	泡沫玻璃	δ30	m^2	37.50	材料
151500009	泡沫玻璃	δ50	m^3	1250.00	材料
151500011	泡沫玻璃板	综合	m^3	0.00	材料

续表

代码	名称	型号规格	单位	基期价	类别
151700001	发泡水泥板	δ20	m^2	12.07	材料
151900001	硅藻泥		kg	4.14	材料
151900003	硅藻土粉	生料	kg	0.57	材料
152100001	保温被压缚结构		kg	5.12	材料
152100003	电加热片		m^2	1437.00	材料
152100005	电加热片	履带式	m^2	1437.00	材料
152300001	保温布		m^2	32.67	材料
152300003	玻璃纤维布		m^2	2.07	材料
152300005	玻璃纤维布	δ0.2	m^2	2.07	材料
152300007	玻璃纤维布	δ0.2~0.4	m^2	2.07	材料
152300009	单片保温模网		m^2	1.72	材料
152300011	厚层保温腻子		kg	1.72	材料
152300013	无机纤维棉		kg	2.24	材料
153100001	黏土耐火砖	230×113×65	块	5.17	材料
155100001	凡尔砂		kg	34.91	材料
155500001	玻璃纤维板		m^2	2.46	材料
155500003	玻璃纤维布	δ0.4	m^2	2.07	材料
155500005	玻璃纤维布	δ1.8	m^2	2.07	材料
155500007	钢纤维		kg	16.38	材料
155500009	高硅布	δ50	m^2	69.91	材料
155500011	高硅氧棉绳		kg	1.06	材料
155500013	硅酸铝毡		kg	5.17	材料
155500015	耐高温铝箔玻璃纤维带	50m/卷	卷	103.00	材料
155500017	耐火纤维毡		m^2	1.72	材料
155900001	黏土耐火砖	230×115×65	千块	1192.00	材料
160100001	木条吸音板		m^2	112.00	材料
160300001	隔声胶条		m	5.17	材料
160300003	隔音板		m^2	64.66	材料
160300005	矿棉吸音板		m^2	25.86	材料
160300007	岩棉吸音板		m^2	81.90	材料
161100001	X 射线胶片	80×150	张	3.25	材料
161100003	X 射线胶片	80×300	张	6.50	材料
161100005	定影剂		L	6.72	材料
161100007	定影剂	1000cc	瓶	13.69	材料
161100009	软胶片	80×300	张	2.06	材料
161100011	显影剂		L	2.17	材料
161100013	荧光渗透探伤剂	500mL	瓶	85.34	材料
161100015	增感屏	80×300	副	37.33	材料

续表

代码	名称	型号规格	单位	基期价	类别
161100017	转速信号荧光感应纸		卷	33.53	材料
170100001	非磁性钢管	ϕ100	m	94.14	材料
170100003	钢板井管		m	190.00	材料
170100005	钢管		t	3879.00	材料
170100007	钢管		kg	3.88	材料
170100009	钢管	*DN*150	kg	3.88	材料
170100011	钢管	*DN*200	kg	3.88	材料
170100013	钢管	ϕ100×4	kg	3.88	材料
170100015	焊接钢管	ϕ600 以内	t	3879.00	材料
170100017	空气采样管	UPVC *d*25	m	8.62	材料
170100019	孔道成型钢管		kg	0.00	材料
170100021	碳素结构钢镀锌焊接钢管	综合	t	4741.00	材料
170100023	碳素结构钢镀锌焊接钢管	综合	m	34.48	材料
170100025	碳素结构钢镀锌焊接钢管	综合	kg	4.74	材料
170100027	碳素结构钢焊接钢管	*DN*400	m	121.00	材料
170100029	碳素结构钢焊接钢管	*DN*500	m	464.00	材料
170100031	碳素结构钢焊接钢管	*DN*15×2.8	m	4.40	材料
170100033	碳素结构钢焊接钢管	*DN*15×2.8	kg	3.88	材料
170100035	碳素结构钢焊接钢管	*DN*20×2.8	m	5.73	材料
170100037	碳素结构钢焊接钢管	*DN*25×3.2	m	8.34	材料
170100039	碳素结构钢焊接钢管	*DN*25×3.2	kg	3.88	材料
170100041	碳素结构钢焊接钢管	*DN*32×3.5	m	8.09	材料
170100043	碳素结构钢焊接钢管	*DN*40×3.5	m	9.93	材料
170100045	碳素结构钢焊接钢管	*DN*40×3.5	kg	3.88	材料
170100047	碳素结构钢焊接钢管	*DN*50×3.8	m	12.62	材料
170100049	碳素结构钢焊接钢管	*DN*50×3.8	t	3879.00	材料
170100051	碳素结构钢焊接钢管	*DN*50×3.8	kg	3.88	材料
170100053	碳素结构钢焊接钢管	*DN*65×4.0	m	22.59	材料
170100055	碳素结构钢焊接钢管	*DN*80×4.0	m	28.45	材料
170100057	碳素结构钢焊接钢管	*DN*80×4.0	kg	3.88	材料
170100059	碳素结构钢焊接钢管	*DN*100×4.0	m	37.24	材料
170100061	碳素结构钢焊接钢管	*DN*100×4.0	kg	3.88	材料
170100063	碳素结构钢焊接钢管	*DN*125×4.0	m	51.98	材料
170100065	碳素结构钢焊接钢管	*DN*125×4.0	kg	3.88	材料
170100067	碳素结构钢焊接钢管	*DN*150×4.5	m	62.41	材料
170100069	碳素结构钢焊接钢管	*DN*150×4.5	kg	3.88	材料
170100071	碳素结构钢焊接钢管	*DN*200×4.5	m	77.76	材料
170100073	碳素结构钢焊接钢管	*DN*200×4.5	kg	3.88	材料

续表

代　码	名　　称	型号规格	单位	基期价	类别
170100075	碳素结构钢焊接钢管	*DN*250×5.0	m	129.00	材料
170100077	碳素结构钢焊接钢管	*DN*300×5.0	m	121.00	材料
170100079	碳素结构钢焊接钢管	ϕ400 以内	t	3879.00	材料
170100081	碳素结构钢焊接钢管	ϕ1000 以内	t	3879.00	材料
170100083	碳素结构钢焊接钢管	ϕ1400 以内	t	3879.00	材料
170100085	碳素结构钢焊接钢管	ϕ1400 以外	t	3879.00	材料
170100087	碳素结构钢焊接钢管	综合	t	3879.00	材料
170100089	碳素结构钢焊接钢管	综合	kg	3.88	材料
170100091	岩心管		m	99.14	材料
170300001	碳素结构钢镀锌焊接钢管		t	4741.00	材料
170300003	碳素结构钢镀锌焊接钢管	*DN*20	m	7.90	材料
170300005	碳素结构钢镀锌焊接钢管	*DN*40	m	17.38	材料
170300007	碳素结构钢镀锌焊接钢管	*DN*15×2.8	m	6.07	材料
170300009	碳素结构钢镀锌焊接钢管	*DN*20×2.8	m	7.90	材料
170300011	碳素结构钢镀锌焊接钢管	*DN*20×2.8	kg	4.66	材料
170300013	碳素结构钢镀锌焊接钢管	*DN*25×3.2	m	11.38	材料
170300015	碳素结构钢镀锌焊接钢管	*DN*32×3.5	m	14.69	材料
170300017	碳素结构钢镀锌焊接钢管	*DN*40×3.5	m	17.38	材料
170300019	碳素结构钢镀锌焊接钢管	*DN*50×3.8	m	22.12	材料
170300021	碳素结构钢镀锌焊接钢管	*DN*65×4.0	m	23.47	材料
170300023	碳素结构钢镀锌焊接钢管	*DN*80×4.0	m	37.44	材料
170300025	碳素结构钢镀锌焊接钢管	*DN*100×4.0	m	48.99	材料
170300027	碳素结构钢镀锌铁皮水落管	26#	m	11.10	材料
170300029	透水镀锌钢管(钻孔钢管)	ϕ50	m	45.40	材料
170300031	钻孔镀锌钢管	ϕ50×5	m	0.65	材料
170500001	不锈钢方管	35×38×1	m	4.05	材料
170500003	不锈钢管		t	13793.00	材料
170500005	不锈钢管	*DN*50	m	10.10	材料
170500007	不锈钢管	ϕ32	m	8.43	材料
170500009	不锈钢管	ϕ50	m	10.10	材料
170500011	不锈钢管	ϕ57	m	10.17	材料
170500013	不锈钢管	ϕ62	m	11.03	材料
170500015	不锈钢管	ϕ76	m	22.97	材料
170500017	不锈钢管	ϕ89	m	27.56	材料
170500019	不锈钢管	ϕ108	m	40.88	材料
170500021	不锈钢管	ϕ133	m	43.96	材料
170500023	不锈钢管	ϕ159	m	48.28	材料
170500025	不锈钢管	ϕ273	m	61.81	材料

续表

代码	名称	型号规格	单位	基期价	类别
170500027	不锈钢管	ϕ377	m	78.82	材料
170500029	不锈钢管	ϕ63.5×1.2×6000	t	13793.00	材料
170500031	不锈钢装饰圆管	ϕ22.2×1.0	m	7.13	材料
170500033	不锈钢装饰圆管	ϕ22.2×1.5	m	10.35	材料
170500035	不锈钢装饰圆管	ϕ25.4×1.5	m	11.75	材料
170500037	不锈钢装饰圆管	ϕ31.8×1.5	m	15.11	材料
170500039	不锈钢装饰圆管	ϕ38.1×1.5	m	18.33	材料
170500041	不锈钢装饰圆管	ϕ39×3	m	27.18	材料
170500043	不锈钢装饰圆管	ϕ45×1.5	m	22.11	材料
170500045	不锈钢装饰圆管	ϕ50.8×1.5	m	25.04	材料
170500047	不锈钢装饰圆管	ϕ63.5×2	m	42.93	材料
170500049	不锈钢装饰圆管	ϕ75×2	m	37.78	材料
170500051	不锈钢装饰圆管	ϕ75×3	m	55.71	材料
170700001	钢套管		kg	3.88	材料
170700003	输送管		kg	4.74	材料
170700005	碳钢管	*D*42×3.5	m	20.69	材料
170700007	碳钢管	*D*60×3.5	m	29.40	材料
170700009	碳钢管	*D*89×4	m	50.26	材料
170700011	碳钢管	*D*89×4.5	m	50.26	材料
170700013	碳钢管	*D*108×4.5	m	58.45	材料
170700015	碳钢管	*D*159×4.5	m	82.67	材料
170700017	碳钢管	*D*273×7	m	234.00	材料
170700019	碳钢管	*D*325×8	m	322.00	材料
170700021	碳钢管	*D*377×9	m	421.00	材料
170700023	碳钢管	*D*426×9	m	477.00	材料
170700025	碳钢管	*D*530×10	m	677.00	材料
170700027	碳钢管	*D*630×10	m	322.00	材料
170700029	碳素结构钢流体无缝钢管	ϕ15	m	26.51	材料
170700031	碳素结构钢流体无缝钢管	ϕ25	kg	4.74	材料
170700033	碳素结构钢流体无缝钢管	ϕ32	kg	4.74	材料
170700035	碳素结构钢流体无缝钢管	ϕ80	kg	4.74	材料
170700037	碳素结构钢流体无缝钢管		kg	4.74	材料
170700039	碳素结构钢流体无缝钢管	ϕ57~219	kg	4.74	材料
170700041	碳素结构钢流体无缝钢管	22×2	m	6.90	材料
170700043	碳素结构钢流体无缝钢管	22×2.5	m	8.15	材料
170700045	碳素结构钢流体无缝钢管	25×2	m	8.43	材料
170700047	碳素结构钢流体无缝钢管	25×3	m	10.25	材料
170700049	碳素结构钢流体无缝钢管	25×4	m	8.60	材料

续表

代　码	名　　称	型号规格	单位	基期价	类别
170700051	碳素结构钢流体无缝钢管	32×2.5	m	10.17	材料
170700053	碳素结构钢流体无缝钢管	32×2.5	kg	4.74	材料
170700055	碳素结构钢流体无缝钢管	32×3	m	11.21	材料
170700057	碳素结构钢流体无缝钢管	32×3.5	m	15.34	材料
170700059	碳素结构钢流体无缝钢管	32×3.5	kg	4.74	材料
170700061	碳素结构钢流体无缝钢管	38×2.25	m	16.29	材料
170700063	碳素结构钢流体无缝钢管	42×3.5	m	15.74	材料
170700065	碳素结构钢流体无缝钢管	42×3.5	kg	4.74	材料
170700067	碳素结构钢流体无缝钢管	42.5×3.5	m	19.40	材料
170700069	碳素结构钢流体无缝钢管	45×3.5	m	13.22	材料
170700071	碳素结构钢流体无缝钢管	50×3	m	13.80	材料
170700073	碳素结构钢流体无缝钢管	50×3.5	m	24.64	材料
170700075	碳素结构钢流体无缝钢管	57×3	m	18.97	材料
170700077	碳素结构钢流体无缝钢管	57×3.5	m	19.40	材料
170700079	碳素结构钢流体无缝钢管	57×4	m	26.64	材料
170700081	碳素结构钢流体无缝钢管	57×6	m	33.24	材料
170700083	碳素结构钢流体无缝钢管	60×3.5	m	29.40	材料
170700085	碳素结构钢流体无缝钢管	70×3	m	36.34	材料
170700087	碳素结构钢流体无缝钢管	73×4	m	39.66	材料
170700089	碳素结构钢流体无缝钢管	76×4	m	33.62	材料
170700091	碳素结构钢流体无缝钢管	76×4	kg	4.74	材料
170700093	碳素结构钢流体无缝钢管	89×4	m	36.98	材料
170700095	碳素结构钢流体无缝钢管	89×6	kg	4.74	材料
170700097	碳素结构钢流体无缝钢管	102×4	m	53.45	材料
170700099	碳素结构钢流体无缝钢管	108×4	m	40.34	材料
170700101	碳素结构钢流体无缝钢管	108×4.5	m	58.45	材料
170700103	碳素结构钢流体无缝钢管	108×4.5	kg	4.74	材料
170700105	碳素结构钢流体无缝钢管	108×6	m	59.48	材料
170700107	碳素结构钢流体无缝钢管	108×6	kg	4.74	材料
170700109	碳素结构钢流体无缝钢管	133×4	m	98.77	材料
170700111	碳素结构钢流体无缝钢管	150×6	m	65.52	材料
170700113	碳素结构钢流体无缝钢管	152×6	m	78.79	材料
170700115	碳素结构钢流体无缝钢管	159×4.5	m	69.22	材料
170700117	碳素结构钢流体无缝钢管	159×6	m	102.00	材料
170700119	碳素结构钢流体无缝钢管	159×6	kg	4.74	材料
170700121	碳素结构钢流体无缝钢管	203×6	kg	4.66	材料
170700123	碳素结构钢流体无缝钢管	219×6	m	121.00	材料
170700125	碳素结构钢流体无缝钢管	219×6	kg	4.66	材料

续表

代 码	名 称	型 号 规 格	单位	基期价	类 别
170700127	碳素结构钢流体无缝钢管	219×7	m	141.00	材料
170700129	碳素结构钢流体无缝钢管	219×8	m	187.00	材料
170700131	碳素结构钢流体无缝钢管	219×8	kg	4.74	材料
170700133	碳素结构钢流体无缝钢管	273×7	m	181.00	材料
170700135	碳素结构钢流体无缝钢管	325×7	m	276.00	材料
170700137	碳素结构钢流体无缝钢管	325×8	m	314.00	材料
170700139	碳素结构钢流体无缝钢管	325×10	m	391.00	材料
170700141	碳素结构钢流体无缝钢管	426×10	m	858.00	材料
170700143	碳素结构钢流体无缝钢管	630×10	m	809.00	材料
170700145	碳素结构钢流体无缝钢管	820×10	m	1162.00	材料
170700147	碳素结构钢流体无缝钢管	1020×10	m	1449.00	材料
170700149	碳素结构钢流体无缝钢管	1220×10	m	1736.00	材料
170700151	碳素结构钢流体无缝钢管	51~70×4.7~7	kg	4.74	材料
170700153	碳素结构钢流体无缝钢管	77~90×4.5~7	kg	4.74	材料
170700155	碳素结构钢流体无缝钢管	203~245×7.1~12	kg	4.66	材料
170700157	碳素结构钢流体无缝钢管	*D*63.5×5	kg	4.74	材料
170700159	碳素结构钢流体无缝钢管	ϕ128×8	kg	4.74	材料
170700161	碳素结构钢流体无缝钢管	ϕ168×8	kg	4.74	材料
170700163	碳素结构钢流体无缝钢管	ϕ273×8	kg	4.74	材料
170700165	碳素结构钢流体无缝钢管	综合	m	5.29	材料
170700167	碳素结构钢流体无缝钢管	综合	kg	4.74	材料
170700169	无缝钢管	ϕ32×2.5	m	8.58	材料
170700171	无缝钢管	ϕ48×3.0	m	15.86	材料
170900001	不锈钢装饰方管	30×30×1.2	m	15.67	材料
170900003	不锈钢装饰矩形管	50×25×0.7	m	14.42	材料
170900005	端子头异型管		m	5.86	材料
170900007	方钢管	25×25×2.5	m	8.83	材料
170900009	铝合金扁管	100×44×1.8	m	28.22	材料
170900011	铝合金方管	20×20×1.0	m	4.24	材料
170900013	铝合金方管	25×25×1.2	m	6.35	材料
170900015	铝合金矩形管	100×44×1.0	m	13.71	材料
170900017	塑料异型管	ϕ5	m	0.22	材料
171100001	承插铸铁排水管	*DN*150	m	92.67	材料
171100003	离心球墨铸铁上水管	综合	m	99.14	材料
171300001	导向铝管	ϕ30	m	19.63	材料
171300003	铝管		kg	20.69	材料
171500001	铜管		m	193.00	材料
171500003	铜管	ϕ15	m	21.55	材料

续表

代码	名称	型号规格	单位	基期价	类别
171500005	铜管	ϕ75	m	347.00	材料
171500007	铜管	ϕ12×1.2	kg	58.99	材料
171500009	铜管	ϕ25×0.8	m	35.93	材料
171500011	紫铜管		m	30.17	材料
171500013	紫铜管	ϕ4～13	kg	54.31	材料
172100001	波纹管		kg	9.48	材料
172100003	波纹管	ϕ50	m	10.00	材料
172100005	钢质波纹管	*DN*60	m	25.86	材料
172100007	高压胶皮风管	ϕ25	m	17.24	材料
172100009	金属波纹管		m	9.35	材料
172500001	HDPE 缠绕结构壁管(A 型)	SN6.3 *DN*1000	m	0.00	材料
172500003	HDPE 缠绕结构壁管(A 型)	SN6.3 *DN*2300	m	1563.00	材料
172500005	HDPE 缠绕结构壁管(A 型)	SN8 *DN*200	m	52.33	材料
172500007	HDPE 缠绕结构壁管(A 型)	SN8 *DN*300	m	84.57	材料
172500009	HDPE 缠绕结构壁管(A 型)	SN8 *DN*400	m	147.00	材料
172500011	HDPE 缠绕结构壁管(A 型)	SN8 *DN*500	m	228.00	材料
172500013	HDPE 缠绕结构壁管(A 型)	SN8 *DN*600	m	346.00	材料
172500015	HDPE 缠绕结构壁管(A 型)	SN8 *DN*800	m	601.00	材料
172500017	HDPE 缠绕结构壁管(A 型)	SN8 *DN*1000	m	932.00	材料
172500019	HDPE 承插管	*dn*225	m	63.84	材料
172500021	HDPE 承插管	*dn*355	m	142.00	材料
172500023	HDPE 承插管	*dn*450	m	242.00	材料
172500025	HDPE 承插管	*dn*560	m	352.00	材料
172500027	HDPE 承插管	*dn*710	m	586.00	材料
172500029	HDPE 承插管	*dn*900	m	1243.00	材料
172500031	HDPE 排水管	*dn*110	m	23.10	材料
172500033	HDPE 实壁管	*dn*160	m	63.84	材料
172500035	HDPE 实壁管	*dn*200	m	63.84	材料
172500037	HDPE 实壁管	*dn*250	m	63.84	材料
172500039	HDPE 实壁管	*dn*800	m	1328.00	材料
172500041	HDPE 实壁管	*dn*1000	m	1707.00	材料
172500043	PVC-U 加筋管	*DN*150	m	16.47	材料
172500045	PVC-U 加筋管	*DN*225	m	32.43	材料
172500047	PVC-U 加筋管	*DN*300	m	54.57	材料
172500049	PVC-U 加筋管	*DN*400	m	101.00	材料
172500051	Pvc 塑料管	ϕ100	m	13.63	材料
172500053	UPVC 双壁波纹排水管	*DN*150	m	17.24	材料
172500055	UPVC 双壁波纹排水管	*DN*250	m	35.37	材料

续表

代 码	名 称	型号规格	单位	基期价	类 别
172500057	UPVC 双壁波纹排水管	DN300	m	50.25	材料
172500059	UPVC 双壁波纹排水管	DN400	m	63.22	材料
172500061	UPVC 双壁波纹排水管	DN500	m	108.00	材料
172500063	UPVC 双壁波纹排水管	DN600	m	167.00	材料
172500065	UPVC 双壁波纹排水管	DN800	m	333.00	材料
172500067	UPVC 双壁波纹排水管	DN1000	m	493.00	材料
172500069	UPVC 塑料管	De50	m	6.03	材料
172500071	UPVC 塑料管	De75	m	11.21	材料
172500073	半硬塑料管	φ32	m	3.20	材料
172500075	承插塑料排水管	DN32	m	2.24	材料
172500077	承插塑料排水管	DN40	m	2.59	材料
172500079	承插塑料排水管	DN50	m	4.31	材料
172500081	承插塑料排水管	DN63	m	6.03	材料
172500083	聚乙烯管		m	0.34	材料
172500085	聚乙烯管	PE De76×150	m	24.09	材料
172500087	聚乙烯塑料管		m	0.34	材料
172500089	耐碱塑料管	DN25	m	10.76	材料
172500091	耐碱塑料管	DN50	m	10.76	材料
172500093	耐酸塑料管	DN25	m	10.76	材料
172500095	耐酸塑料管	DN50	m	7.26	材料
172500097	热塑管		m	0.95	材料
172500099	软塑料管	φ8	m	0.43	材料
172500101	蛇皮塑料管	DN25	m	9.48	材料
172500103	蛇皮塑料管	DN50	m	10.76	材料
172500105	输水软管	φ25	m	10.34	材料
172500107	塑料测斜管	φ80	m	16.81	材料
172500109	塑料打孔波纹管	φ100	m	13.79	材料
172500111	塑料打孔波纹管	φ400	m	84.48	材料
172500113	塑料弹簧软管	φ50	m	9.74	材料
172500115	塑料弹簧软管	φ110	m	28.88	材料
172500117	塑料管	DN20	m	1.72	材料
172500119	塑料管	DN25	m	2.16	材料
172500121	塑料管	综合	kg	9.72	材料
172500123	塑料管	综合	m	12.93	材料
172500125	塑料盲管	φ100	m	14.02	材料
172500127	塑料盲管	φ200	m	37.62	材料
172500129	塑料排水板	插塑	m	5.17	材料
172500131	塑料排水管		m	0.22	材料

续表

代码	名称	型号规格	单位	基期价	类别
172500133	塑料排水管	*DN*50	m	4.74	材料
172500135	塑料软管		m	0.34	材料
172500137	塑料软管	*De*4	m	0.11	材料
172500139	塑料软管	*De*5	m	0.12	材料
172500141	塑料软管	*De*6	m	0.13	材料
172500143	塑料软管	*De*7	m	0.17	材料
172500145	塑料软管	*De*9	m	0.41	材料
172500147	塑料软管	*De*10	m	0.26	材料
172500149	塑料软管	*De*12	m	0.34	材料
172500151	塑料软管	*De*14	m	0.39	材料
172500153	塑料软管	*De*15	m	0.48	材料
172500155	塑料软管	*De*16	m	0.74	材料
172500157	塑料软管	*De*20	m	0.86	材料
172500159	塑料软管	*De*25	m	1.23	材料
172500161	塑料软管	*De*40	m	1.53	材料
172500163	塑料软管	ϕ5	m	0.22	材料
172500165	塑料软管	ϕ10	m	1.02	材料
172500167	塑料软管	ϕ12	m	1.16	材料
172500169	塑料软管	ϕ20	m	1.44	材料
172500171	塑料软管	ϕ25	m	0.16	材料
172500173	塑料软管	综合	m	0.34	材料
172500175	塑料软管	ϕ7	kg	6.89	材料
172500177	塑料软管	综合	kg	7.59	材料
172500179	塑料双壁波纹管		m	15.52	材料
172500181	塑料水落管	ϕ110 以内	m	8.62	材料
172500183	塑料透水管		m	0.94	材料
172500185	塑料雨水管	*DN*150	m	21.55	材料
172500187	塑料注浆阀管		m	11.51	材料
172500189	塑料注浆管		m	14.66	材料
172500191	异型塑料管	ϕ5	m	0.16	材料
172500193	异型塑料管	ϕ2.5~5	m	0.94	材料
172500195	硬聚氯乙烯管	ϕ12.5	m	1.72	材料
172500197	硬聚氯乙烯管	ϕ25×3	m	4.31	材料
172500199	硬塑料管	ϕ20	m	1.98	材料
172500201	硬塑料管	ϕ32	m	4.14	材料
172500203	硬塑料管	ϕ70	m	14.05	材料
172500205	硬塑料管	ϕ150	m	39.22	材料
172700001	高压胶管	ϕ25	m	18.97	材料

续表

代 码	名 称	型 号 规 格	单位	基期价	类 别
172700003	高压胶管	ϕ50	m	17.24	材料
172700005	高压胶管	ϕ64×10	m	47.41	材料
172700007	高压胶皮风管	ϕ50	m	17.24	材料
172700009	高压胶皮风管	ϕ25-6P-20m	m	15.52	材料
172700011	高压胶皮水管	ϕ19-6P-20m	m	12.07	材料
172700013	高压橡胶风管	ϕ25	m	12.93	材料
172700015	高压橡胶管	ϕ100	m	32.41	材料
172700017	高压橡胶水管	13-22×1P	m	12.07	材料
172700019	硅胶管		m	4.40	材料
172700021	夹布胶管(耐油)	ϕ25	m	13.02	材料
172700023	夹布胶管(耐油)	ϕ50	m	17.33	材料
172700025	夹布胶管(耐油)	ϕ100	m	26.03	材料
172700027	胶管	*D*25	m	8.88	材料
172700029	胶管	*D*50	m	17.24	材料
172700031	胶管	综合	m	6.54	材料
172700033	理化橡皮管		箱	95.00	材料
172700035	耐压胶管	ϕ50	m	22.41	材料
172700037	耐油胶管	综合	m	10.34	材料
172700039	喷砂用胶管	中压 *D*40	m	53.79	材料
172700041	皮托管	ϕ8×1000	只	440.00	材料
172700043	热缩管	ϕ50	m	5.00	材料
172700045	橡胶管		m	5.14	材料
172700047	橡胶管	1″	m	5.14	材料
172700049	橡胶管	*D*8	m	5.14	材料
172700051	橡胶管	*D*16	m	6.63	材料
172700053	橡胶管	*D*50	m	17.24	材料
172700055	橡胶管	*D*65	m	23.67	材料
172700057	橡胶管	*D*125	m	30.51	材料
172700059	橡胶管	*D*150	m	50.86	材料
172700061	橡胶管	*D*13~50	m	10.82	材料
172700063	橡胶管	ϕ150 δ6	m	47.79	材料
172700065	橡胶管	ϕ13~50	kg	10.82	材料
172700067	橡胶管	综合	m	10.34	材料
172700069	橡胶护套管		m	12.84	材料
172700071	橡胶软管	*DN*20	m	7.76	材料
172700073	橡胶软管	*DN*50	m	13.79	材料
172700075	橡胶软管	*DN*100	m	22.42	材料
172700077	橡胶压力管		m	90.52	材料

续表

代码	名称	型号规格	单位	基期价	类别
172700079	橡皮管	ϕ6	m	4.74	材料
172700081	橡皮管	ϕ10	m	5.22	材料
172700083	养护用胶管	ϕ32	m	8.97	材料
172700085	氧气胶管	ϕ8	m	5.47	材料
172700087	医用输血胶管	ϕ8	m	5.47	材料
172800001	钢塑给水管	*DN*15	m	0.00	材料
172900001	钢筋混凝土承插管	ϕ200×4000	m	40.52	材料
172900003	钢筋混凝土承插管	ϕ250×4000	m	49.14	材料
172900005	钢筋混凝土承插管	ϕ300×4000	m	56.03	材料
172900007	钢筋混凝土承插管	ϕ400×4000	m	73.28	材料
172900009	钢筋混凝土承插管	ϕ500×4000	m	103.00	材料
172900011	钢筋混凝土承插管	ϕ600×4000	m	125.00	材料
172900013	钢筋混凝土承插管	ϕ700×4000	m	159.00	材料
172900015	钢筋混凝土承插管	ϕ800×3000	m	190.00	材料
172900017	钢筋混凝土承插管	ϕ900×3000	m	216.00	材料
172900019	钢筋混凝土承插管	ϕ1000×3000	m	289.00	材料
172900021	钢筋混凝土承插管	ϕ1100×3000	m	319.00	材料
172900023	钢筋混凝土承插管	ϕ1200×3000	m	397.00	材料
172900025	钢筋混凝土承插管	ϕ1350×3000	m	474.00	材料
172900027	钢筋混凝土承插管	ϕ1500×3000	m	612.00	材料
172900029	钢筋混凝土承插管	ϕ1650×3000	m	819.00	材料
172900031	钢筋混凝土承插管	ϕ1800×3000	m	1190.00	材料
172900033	钢筋混凝土承插管	ϕ2000×3000	m	2155.00	材料
172900035	钢筋混凝土承插管	ϕ2200×3000	m	2371.00	材料
172900037	钢筋混凝土承插管	ϕ2400×3000	m	2716.00	材料
172900039	钢筋混凝土承插管	ϕ2600×3000	m	3276.00	材料
172900041	钢筋混凝土承插管	ϕ2800×3000	m	4181.00	材料
172900043	钢筋混凝土承插管	ϕ3000×3000	m	4741.00	材料
172900045	钢筋混凝土顶管(F管)	ϕ600×3000	m	414.00	材料
172900047	钢筋混凝土顶管(F管)	ϕ800×3000	m	563.00	材料
172900049	钢筋混凝土顶管(F管)	ϕ1000×3000	m	760.00	材料
172900051	钢筋混凝土顶管(F管)	ϕ1200×3000	m	1041.00	材料
172900053	钢筋混凝土顶管(F管)	ϕ1350×2500	m	1420.00	材料
172900055	钢筋混凝土顶管(F管)	ϕ1500×2500	m	1859.00	材料
172900057	钢筋混凝土顶管(F管)	ϕ1650×2500	m	2025.00	材料
172900059	钢筋混凝土顶管(F管)	ϕ1800×2500	m	2353.00	材料
172900061	钢筋混凝土顶管(F管)	ϕ2000×2500	m	2814.00	材料
172900063	钢筋混凝土顶管(F管)	ϕ2200×2500	m	3184.00	材料

续表

代　码	名　　称	型 号 规 格	单位	基期价	类 别
172900065	钢筋混凝土顶管(F 管)	ϕ2400×2500	m	3757.00	材料
172900067	钢筋混凝土顶管(F 管)	ϕ2700×2500	m	4655.00	材料
172900069	钢筋混凝土顶管(F 管)	ϕ3000×2500	m	5603.00	材料
172900071	钢筋混凝土管	d300	m	60.34	材料
172900073	钢筋混凝土管	ϕ300	m	64.66	材料
172900075	钢筋混凝土管	ϕ500	m	103.00	材料
172900077	混凝土透水管	D300	m	68.97	材料
172900079	混凝土透水管	D380	m	121.00	材料
172900081	混凝土透水管	D450	m	155.00	材料
172900083	混凝土透水管	ϕ200	m	22.67	材料
172900085	混凝土透水管	ϕ300	m	33.15	材料
172900087	混凝土透水管	ϕ380	m	40.20	材料
172900089	混凝土透水管	ϕ450	m	51.47	材料
172900091	井管	ϕ400	m	159.00	材料
172900093	无砂管	D500	m	68.97	材料
172900095	无砂管	D600	m	77.59	材料
172900097	线缆水泥管(3 孔)		根	13.62	材料
172900099	线缆水泥管(4 孔)		根	14.48	材料
172900101	线缆水泥管(6 孔)		根	16.21	材料
173100001	泵管		m	5.39	材料
173100003	玻璃钢排水管	110×1500	m	43.10	材料
173100005	玻璃管		m	34.48	材料
173100007	玻璃管	ϕ12	m	13.24	材料
173100009	导管		kg	1.98	材料
173100011	镀铬钢管	D10	m	14.82	材料
173100013	高压皮龙管	ϕ150×3	根	151.00	材料
173100015	管材		m	37.07	材料
173100017	孔道成形管		kg	3.45	材料
173100019	滤管	ϕ30	m	30.17	材料
173100021	滤网管		根	68.31	材料
173100023	喷射管		m	20.47	材料
173100025	喷射井点井管	D76	m	20.69	材料
173100027	喷射井点井管	ϕ159	m	89.66	材料
173100029	喷射井点总管	D159	m	34.48	材料
173100031	喷射井点总管	ϕ100	m	62.32	材料
173100033	轻型井点井管	D40	m	19.26	材料
173100035	轻型井点井管	ϕ76	m	32.59	材料
173100037	轻型井点总管	D100	m	47.22	材料

续表

代 码	名 称	型 号 规 格	单位	基期价	类 别
173100039	轻型井点总管	ϕ40	m	26.53	材料
173100041	热缩管	ϕ15	m	2.33	材料
173100043	声测钢管	D50×3.5	m	22.59	材料
173100045	锁口管		kg	5.05	材料
173100047	套管	DN100	根	27.86	材料
173100049	套管	DN200	根	58.59	材料
173100051	套管	DN300	根	91.38	材料
173100053	套管	KT-2 型	个	0.45	材料
173100055	透水管		m	9.74	材料
173100057	有机玻璃管		m	6.90	材料
173100059	粘胶布风筒	ϕ500	m	11.21	材料
173100061	粘胶布风筒	ϕ1000	m	22.41	材料
173100063	遮挡式靠背管		个	5.09	材料
173100065	注浆管		kg	6.03	材料
180100001	给水铸铁短管	甲型 DN80	个	54.31	材料
180100003	给水铸铁短管	甲型 DN100	个	65.52	材料
180100005	给水铸铁短管	甲型 DN150	个	103.00	材料
180100007	给水铸铁短管	甲型 DN200	个	151.00	材料
180100009	给水铸铁短管	甲型 DN250	个	207.00	材料
180100011	给水铸铁短管	甲型 DN300	个	272.00	材料
180100013	给水铸铁短管	甲型 DN350	个	330.00	材料
180100015	给水铸铁短管	甲型 DN400	个	405.00	材料
180100017	给水铸铁短管	甲型 DN450	个	491.00	材料
180100019	给水铸铁短管	甲型 DN500	个	573.00	材料
180100021	给水铸铁短管	乙型 DN80	个	57.76	材料
180100023	给水铸铁短管	乙型 DN100	个	70.69	材料
180100025	给水铸铁短管	乙型 DN150	个	115.00	材料
180100027	给水铸铁短管	乙型 DN200	个	166.00	材料
180100029	给水铸铁短管	乙型 DN250	个	237.00	材料
180100031	给水铸铁短管	乙型 DN300	个	319.00	材料
180100033	给水铸铁短管	乙型 DN350	个	384.00	材料
180100035	给水铸铁短管	乙型 DN400	个	474.00	材料
180100037	给水铸铁短管	乙型 DN450	个	582.00	材料
180100039	给水铸铁短管	乙型 DN500	个	672.00	材料
180100041	黑玛钢堵头	DN15	个	0.48	材料
180100043	黑玛钢堵头	DN32	个	1.49	材料
180100045	黑玛钢管箍	DN15	个	0.86	材料
180100047	黑玛钢活接头		个	21.55	材料

续表

代　码	名　　称	型 号 规 格	单位	基期价	类 别
180100049	黑玛钢活接头	DN15	个	2.98	材料
180100051	黑玛钢活接头	DN20	个	1.03	材料
180100053	黑玛钢活接头	DN25	个	4.98	材料
180100055	黑玛钢活接头	DN32	个	7.26	材料
180100057	黑玛钢活接头	DN40	个	2.93	材料
180100059	黑玛钢活接头	DN50	个	4.40	材料
180100061	黑玛钢活接头	DN65	个	17.33	材料
180100063	黑玛钢活接头	DN80	个	12.93	材料
180100065	黑玛钢活接头	DN100	个	21.55	材料
180100067	黑玛钢六角内接头	DN15	个	0.56	材料
180100069	黑玛钢六角内接头	DN20	个	0.62	材料
180100071	黑玛钢六角内接头	DN25	个	1.02	材料
180100073	黑玛钢六角内接头	DN32	个	1.96	材料
180100075	黑玛钢六角内接头	DN40	个	2.28	材料
180100077	黑玛钢六角内接头	DN50	个	3.17	材料
180100079	黑玛钢六角内接头	DN65	个	5.71	材料
180100081	黑玛钢六角内接头	DN80	个	7.73	材料
180100083	黑玛钢六角内接头	DN100	个	13.28	材料
180100085	黑玛钢三通	DN15	个	1.29	材料
180100087	黑玛钢三通	DN20	个	1.64	材料
180100089	黑玛钢三通	DN25	个	2.84	材料
180100091	黑玛钢三通	DN32	个	4.57	材料
180100093	黑玛钢三通	DN40	个	5.26	材料
180100095	黑玛钢三通	DN50	个	8.19	材料
180100097	黑玛钢三通	DN65	个	15.17	材料
180100099	黑玛钢三通	DN80	个	30.34	材料
180100101	黑玛钢三通	DN100	个	47.16	材料
180100103	黑玛钢丝堵	DN20	个	0.61	材料
180100105	黑玛钢弯头	DN15	个	0.93	材料
180100107	黑玛钢弯头	DN20	个	1.29	材料
180100109	黑玛钢弯头	DN25	个	2.16	材料
180100111	黑玛钢弯头	DN32	个	3.45	材料
180100113	黑玛钢弯头	DN40	个	4.05	材料
180100115	黑玛钢弯头	DN50	个	6.64	材料
180100117	黑玛钢弯头	DN65	个	11.90	材料
180100119	黑玛钢弯头	DN80	个	36.64	材料
180100121	黑玛钢弯头	DN100	个	27.91	材料
180100123	排水铸铁接轮	DN50	个	12.83	材料

续表

代码	名称	型号规格	单位	基期价	类别
180100125	排水铸铁接轮	DN75	个	16.27	材料
180100127	排水铸铁接轮	DN100	个	26.30	材料
180100129	排水铸铁接轮	DN150	个	49.68	材料
180100131	排水铸铁接轮	DN200	个	75.98	材料
180100133	室内承插铸铁给水管件	DN65	个	23.79	材料
180100135	室内承插铸铁给水管件	DN100	个	44.48	材料
180100137	室内承插铸铁给水管件	DN150	个	74.74	材料
180100139	室内承插铸铁给水管件	DN200	个	128.00	材料
180100141	室内承插铸铁给水管件	DN250	个	217.00	材料
180100143	室内承插铸铁给水管件	DN300	个	343.00	材料
180100145	室内承插铸铁给水管件	DN350	个	487.00	材料
180100147	室内承插铸铁给水管件	DN400	个	576.00	材料
180100149	室内承插铸铁排水管件	DN50	个	10.34	材料
180100151	室内承插铸铁排水管件	DN80	个	17.93	材料
180100153	室内承插铸铁排水管件	DN100	个	29.66	材料
180100155	室内承插铸铁排水管件	DN150	个	49.83	材料
180100157	室内承插铸铁排水管件	DN200	个	84.91	材料
180100159	室内承插铸铁排水管件	DN250	个	145.00	材料
180100161	室内承插铸铁雨水管件	DN80	个	9.83	材料
180100163	室内承插铸铁雨水管件	DN100	个	17.03	材料
180100165	室内承插铸铁雨水管件	DN150	个	28.17	材料
180100167	室内承插铸铁雨水管件	DN200	个	47.34	材料
180100169	室内承插铸铁雨水管件	DN250	个	80.67	材料
180100171	室内承插铸铁雨水管件	DN300	个	138.00	材料
180100173	室内柔性排水铸铁管件(机械接口)	DN250	个	298.00	材料
180100175	室内柔性排水铸铁管件(机械接口)	DN50	个	20.34	材料
180100177	室内柔性排水铸铁管件(机械接口)	DN75	个	31.64	材料
180100179	室内柔性排水铸铁管件(机械接口)	DN100	个	62.70	材料
180100181	室内柔性排水铸铁管件(机械接口)	DN150	个	119.00	材料
180100183	室内柔性排水铸铁管件(机械接口)	DN200	个	218.00	材料
180100185	室内柔性排水铸铁管件(机械接口)	DN250	个	207.00	材料
180100187	室内无承口柔性排水铸铁管件(卡箍连接)	DN250	个	298.00	材料
180100189	室内无承口柔性排水铸铁管件(卡箍连接)	DN50	个	20.34	材料
180100191	室内无承口柔性排水铸铁管件(卡箍连接)	DN75	个	31.64	材料
180100193	室内无承口柔性排水铸铁管件(卡箍连接)	DN100	个	62.70	材料
180100195	室内无承口柔性排水铸铁管件(卡箍连接)	DN150	个	119.00	材料
180100197	室内无承口柔性排水铸铁管件(卡箍连接)	DN200	个	218.00	材料
180100199	室内无承口柔性排水铸铁管件(卡箍连接)	DN250	个	298.00	材料

续表

代　码	名　　称	型 号 规 格	单位	基期价	类 别
180100201	室内无承口柔性雨水铸铁管管件(卡箍连接)	*DN*50	个	20.34	材料
180100203	室外承插铸铁给水管件	*DN*75	个	22.60	材料
180100205	室外承插铸铁给水管件	*DN*100	个	42.26	材料
180100207	室外承插铸铁给水管件	*DN*150	个	71.01	材料
180100209	室外承插铸铁给水管件	*DN*200	个	122.00	材料
180100211	室外承插铸铁给水管件	*DN*250	个	206.00	材料
180100213	室外承插铸铁给水管件	*DN*300	个	326.00	材料
180100215	室外承插铸铁给水管件	*DN*350	个	463.00	材料
180100217	室外承插铸铁给水管件	*DN*400	个	547.00	材料
180100219	室外承插铸铁给水管件	*DN*450	个	669.00	材料
180100221	室外承插铸铁给水管件	*DN*500	个	809.00	材料
180100223	铸铁三通		个	59.83	材料
180100225	铸铁水斗	*DN*100	个	33.62	材料
180100227	铸铁雨水口(带罩)	*DN*100	套	55.17	材料
180100229	铸铁雨水弯头		个	25.00	材料
180300001	T 形接头	FTE25	个	1.27	材料
180300003	T 形接头	FTE32	个	1.39	材料
180300005	T 形接头	FTE40	个	1.57	材料
180300007	T 形接头	FTE50	个	1.75	材料
180300009	T 形接头	FTE70	个	1.98	材料
180300011	采暖室外预制直埋保温焊接管件	*DN*32	个	2.98	材料
180300013	采暖室外预制直埋保温焊接管件	*DN*40	个	3.38	材料
180300015	采暖室外预制直埋保温焊接管件	*DN*50	个	5.74	材料
180300017	采暖室外预制直埋保温焊接管件	*DN*65	个	10.34	材料
180300019	采暖室外预制直埋保温焊接管件	*DN*80	个	15.12	材料
180300021	采暖室外预制直埋保温焊接管件	*DN*100	个	19.75	材料
180300023	采暖室外预制直埋保温焊接管件	*DN*125	个	37.25	材料
180300025	采暖室外预制直埋保温焊接管件	*DN*150	个	52.06	材料
180300027	采暖室外预制直埋保温焊接管件	*DN*200	个	92.24	材料
180300029	采暖室外预制直埋保温焊接管件	*DN*250	个	204.00	材料
180300031	采暖室外预制直埋保温焊接管件	*DN*300	个	283.00	材料
180300033	采暖室外预制直埋保温焊接管件	*DN*350	个	382.00	材料
180300035	采暖室外预制直埋保温焊接管件	*DN*400	个	477.00	材料
180300037	冲压弯头	*DN*80	个	15.52	材料
180300039	镀锌扁钢卡子	25×4	kg	4.83	材料
180300041	镀锌补芯	*DN*20	个	1.12	材料
180300043	镀锌钢管活接头	*DN*15	个	2.59	材料
180300045	镀锌钢管活接头	*DN*20	个	3.74	材料

续表

代　码	名　　称	型 号 规 格	单位	基期价	类 别
180300047	镀锌钢管活接头	DN25	个	4.31	材料
180300049	镀锌钢管活接头	DN32	个	6.83	材料
180300051	镀锌钢管活接头	DN40	个	9.06	材料
180300053	镀锌钢管活接头	DN50	个	13.10	材料
180300055	镀锌钢管活接头	DN65	个	25.00	材料
180300057	镀锌钢管活接头	DN70	个	30.17	材料
180300059	镀锌钢管活接头	DN80	个	37.07	材料
180300061	镀锌钢管活接头	DN100	个	49.24	材料
180300063	镀锌钢管接头	15×2.75	个	0.51	材料
180300065	镀锌钢管接头	20×2.75	个	1.00	材料
180300067	镀锌钢管接头	25×3.25	个	1.40	材料
180300069	镀锌钢管接头	32×3.25	个	2.10	材料
180300071	镀锌钢管接头	40×3.5	个	2.51	材料
180300073	镀锌钢管接头	50×3.5	个	3.59	材料
180300075	镀锌钢管接头	65×3.75	个	4.49	材料
180300077	镀锌钢管接头	80×4	个	6.21	材料
180300079	镀锌钢管接头	100×4	个	9.83	材料
180300081	镀锌钢管接头	125×4.5	个	13.45	材料
180300083	镀锌钢管接头	150×4.5	个	16.03	材料
180300085	镀锌钢管接头管件	DN25	个	3.10	材料
180300087	镀锌钢管接头管件	DN32	个	4.90	材料
180300089	镀锌钢管接头管件	DN40	个	6.08	材料
180300091	镀锌钢管接头管件	DN50	个	10.44	材料
180300093	镀锌钢管接头管件	DN65	个	20.82	材料
180300095	镀锌钢管接头管件	DN80	个	26.08	材料
180300097	镀锌钢管接头管件	DN100	个	18.10	材料
180300099	镀锌管堵	DN20	个	0.97	材料
180300101	镀锌管堵	DN25	个	1.59	材料
180300103	镀锌管堵	DN32	个	2.07	材料
180300105	镀锌管堵	DN40	个	2.95	材料
180300107	镀锌管堵	DN50	个	3.93	材料
180300109	镀锌管接头	1.5×15	个	0.51	材料
180300111	镀锌管接头	1.5×20	个	1.00	材料
180300113	镀锌管接头	1.5×25	个	1.40	材料
180300115	镀锌管接头	1.5×32	个	2.10	材料
180300117	镀锌管接头	1.5×40	个	2.50	材料
180300119	镀锌管接头	1.5×50	个	3.59	材料
180300121	镀锌管接头	3×15	个	0.51	材料

续表

代码	名称	型号规格	单位	基期价	类别
180300123	镀锌管接头	3×20	个	1.00	材料
180300125	镀锌管接头	3×25	个	1.40	材料
180300127	镀锌管接头	3×32	个	3.02	材料
180300129	镀锌管接头	3×50	个	6.07	材料
180300131	镀锌管接头	3×70	个	11.14	材料
180300133	镀锌管接头	5×15	个	0.51	材料
180300135	镀锌管接头	5×20	个	1.00	材料
180300137	镀锌管接头	6×25	个	1.40	材料
180300139	镀锌管接头	6×32	个	2.10	材料
180300141	镀锌管接头	7×40	个	2.50	材料
180300143	镀锌管接头	7×50	个	3.59	材料
180300145	镀锌管接头	8×70	个	4.49	材料
180300147	镀锌管接头	8×80	个	6.21	材料
180300149	镀锌管接头	10×100	个	9.83	材料
180300151	镀锌管接头	10×125	个	13.45	材料
180300153	镀锌管接头	10×150	个	16.03	材料
180300155	镀锌管接头(金属软管)	*DN*15	个	0.44	材料
180300157	镀锌管接头(金属软管)	*DN*20	个	1.07	材料
180300159	镀锌管接头(金属软管)	*DN*25	个	0.66	材料
180300161	镀锌管接头(金属软管)	*DN*32	个	1.06	材料
180300163	镀锌管接头(金属软管)	*DN*40	个	1.42	材料
180300165	镀锌管接头(金属软管)	*DN*50	个	2.90	材料
180300167	镀锌管接头(金属软管)	*DN*70	个	3.77	材料
180300169	镀锌活接头	*DN*15	个	2.78	材料
180300171	镀锌活接头	*DN*20	个	3.74	材料
180300173	镀锌活接头	*DN*25	个	5.34	材料
180300175	镀锌活接头	*DN*32	个	6.83	材料
180300177	镀锌活接头	*DN*40	个	9.06	材料
180300179	镀锌活接头	*DN*50	个	13.09	材料
180300181	镀锌活接头	*DN*65	个	30.17	材料
180300183	镀锌活接头	*DN*80	个	37.07	材料
180300185	镀锌活接头	*DN*100	个	49.24	材料
180300187	镀锌卡箍(保温管用)	*DN*100	个	2.69	材料
180300189	镀锌卡箍(保温管用)	*DN*125	个	3.14	材料
180300191	镀锌卡箍(保温管用)	*DN*150	个	3.59	材料
180300193	镀锌卡箍(保温管用)	*DN*200	个	4.48	材料
180300195	镀锌卡箍(保温管用)	*DN*250	个	5.38	材料
180300197	镀锌卡箍(保温管用)	*DN*300	个	6.28	材料

续表

代码	名称	型号规格	单位	基期价	类别
180300199	镀锌六角内接头	DN15	个	0.47	材料
180300201	镀锌六角内接头	DN20	个	0.77	材料
180300203	镀锌六角内接头	DN25	个	1.13	材料
180300205	镀锌六角内接头	DN32	个	2.17	材料
180300207	镀锌六角内接头	DN40	个	2.53	材料
180300209	镀锌六角内接头	DN50	个	3.53	材料
180300211	镀锌六角内接头	DN65	个	6.34	材料
180300213	镀锌六角内接头	DN70	个	6.34	材料
180300215	镀锌六角内接头	DN80	个	8.59	材料
180300217	镀锌六角内接头	DN100	个	14.03	材料
180300219	镀锌内接头	DN15	个	1.10	材料
180300221	镀锌内接头	DN20	个	1.45	材料
180300223	镀锌内接头	DN25	个	2.07	材料
180300225	镀锌内接头	DN32	个	3.26	材料
180300227	镀锌内接头	DN40	个	4.31	材料
180300229	镀锌内接头	DN50	个	6.16	材料
180300231	镀锌内接头	DN70	个	11.05	材料
180300233	镀锌内接头	DN80	个	17.29	材料
180300235	镀锌内接头	DN100	个	28.03	材料
180300237	镀锌三通	DN15	个	1.72	材料
180300239	镀锌三通	DN20	个	2.59	材料
180300241	镀锌三通	DN25	个	3.45	材料
180300243	镀锌三通	DN32	个	5.17	材料
180300245	镀锌三通	DN40	个	6.90	材料
180300247	镀锌三通	DN50	个	8.62	材料
180300249	镀锌三通	DN65	个	12.93	材料
180300251	镀锌三通	DN80	个	17.24	材料
180300253	镀锌三通	DN100	个	62.16	材料
180300255	镀锌丝堵	DN15	个	1.03	材料
180300257	镀锌丝堵	DN20	个	1.38	材料
180300259	镀锌丝堵	DN25	个	1.92	材料
180300261	镀锌丝堵	DN50	个	4.91	材料
180300263	镀锌铁卡箍	ϕ100	个	2.35	材料
180300265	镀锌铁卡箍	ϕ125	个	2.75	材料
180300267	镀锌铁卡箍	ϕ150	个	3.14	材料
180300269	镀锌铁卡箍	ϕ200	个	3.92	材料
180300271	镀锌铁卡箍	ϕ250	个	4.71	材料
180300273	镀锌铁卡箍	ϕ300	个	5.49	材料

续表

代码	名称	型号规格	单位	基期价	类别
180300275	镀锌外接头	DN25	个	2.76	材料
180300277	镀锌外接头	DN32	个	3.88	材料
180300279	镀锌外接头	DN70	个	18.32	材料
180300281	镀锌弯头	DN15	个	2.60	材料
180300283	镀锌弯头	DN20	个	2.63	材料
180300285	镀锌弯头	DN25	个	2.79	材料
180300287	镀锌弯头	DN32	个	3.10	材料
180300289	镀锌弯头	DN40	个	4.09	材料
180300291	镀锌弯头	DN50	个	7.76	材料
180300293	镀锌弯头	DN65	个	12.50	材料
180300295	镀锌弯头	DN80	个	17.24	材料
180300297	镀锌弯头	DN100	个	31.90	材料
180300299	镀锌弯头	DN20×15	个	2.63	材料
180300301	镀锌弯头	DN25×15	个	2.79	材料
180300303	镀锌弯头	DN32×15	个	3.10	材料
180300305	镀锌弯头	DN40×15	个	4.09	材料
180300307	镀锌弯头	DN50×15	个	7.76	材料
180300309	镀锌异径三通	DN20×15	个	2.59	材料
180300311	镀锌异径三通	DN25×15	个	3.45	材料
180300313	镀锌异径三通	DN32×15	个	4.31	材料
180300315	镀锌异径三通	DN40×15	个	6.03	材料
180300317	镀锌异径三通	DN50×15	个	8.62	材料
180300319	镀锌月弯	DN20	个	4.38	材料
180300321	镀锌月弯	DN25	个	7.54	材料
180300323	镀锌月弯	DN32	个	11.27	材料
180300325	镀锌月弯	DN40	个	14.23	材料
180300327	镀锌月弯	DN50	个	21.79	材料
180300329	盖堵	φ75 以内	个	10.78	材料
180300331	钢管(焊接)管件	DN65	个	5.69	材料
180300333	钢管(焊接)管件	DN80	个	9.50	材料
180300335	钢管(焊接)管件	DN100	个	12.41	材料
180300337	钢管(焊接)管件	DN125	个	23.41	材料
180300339	钢管(焊接)管件	DN150	个	32.73	材料
180300341	钢管(焊接)管件	DN200	个	67.71	材料
180300343	钢线卡子	φ6	个	2.59	材料
180300345	钢线卡子	φ10~20	个	2.59	材料
180300347	钢制活接头	DN25	个	7.22	材料
180300349	钢制活接头	DN32	个	10.08	材料

续表

代码	名称	型号规格	单位	基期价	类别
180300351	钢制活接头	DN40	个	13.56	材料
180300353	钢制活接头	DN50	个	19.40	材料
180300355	钢制活接头	DN70	个	33.50	材料
180300357	钢制活接头	DN80	个	46.66	材料
180300359	钢制丝堵	DN15	个	0.72	材料
180300361	钢制丝堵	DN20	个	0.84	材料
180300363	钢制丝堵	DN25	个	1.31	材料
180300365	钢制丝堵	DN32	个	1.67	材料
180300367	钢制丝堵	DN40	个	2.33	材料
180300369	钢制丝堵	DN50	个	4.15	材料
180300371	钢制外接头	DN15	个	0.41	材料
180300373	钢制外接头	DN20	个	0.80	材料
180300375	钢制外接头	DN25	个	1.12	材料
180300377	钢制外接头	DN32	个	1.68	材料
180300379	钢制外接头	DN40	个	2.01	材料
180300381	钢制外接头	DN50	个	2.88	材料
180300383	钢制外接头	DN65	个	3.59	材料
180300385	钢制外接头	DN80	个	4.97	材料
180300387	钢制外接头	DN100	个	7.86	材料
180300389	钢制外接头	DN125	个	10.76	材料
180300391	钢制外接头	DN150	个	12.83	材料
180300393	给水室内钢管焊接管件	DN20	个	1.41	材料
180300395	给水室内钢管焊接管件	DN25	个	1.99	材料
180300397	给水室内钢管焊接管件	DN32	个	2.30	材料
180300399	给水室内钢管焊接管件	DN40	个	2.60	材料
180300401	给水室内钢管焊接管件	DN50	个	4.42	材料
180300403	给水室内钢管焊接管件	DN65	个	7.97	材料
180300405	给水室内钢管焊接管件	DN80	个	10.30	材料
180300407	给水室内钢管焊接管件	DN100	个	13.65	材料
180300409	给水室内钢管焊接管件	DN125	个	25.75	材料
180300411	给水室内钢管焊接管件	DN150	个	36.00	材料
180300413	给水室内钢管焊接管件	DN200	个	74.48	材料
180300415	给水室内钢管焊接管件	DN250	个	165.00	材料
180300417	给水室内钢管焊接管件	DN300	个	229.00	材料
180300419	给水室内钢管焊接管件	DN350	个	307.00	材料
180300421	给水室内钢管焊接管件	DN400	个	385.00	材料
180300423	给水室内焊接钢管螺纹管件	DN15	个	0.53	材料
180300425	给水室内焊接钢管螺纹管件	DN20	个	0.82	材料

续表

代　码	名　　称	型 号 规 格	单位	基期价	类 别
180300427	给水室内焊接钢管螺纹管件	DN25	个	1.40	材料
180300429	给水室内焊接钢管螺纹管件	DN32	个	2.53	材料
180300431	给水室内焊接钢管螺纹管件	DN40	个	3.42	材料
180300433	给水室内焊接钢管螺纹管件	DN50	个	5.32	材料
180300435	给水室内焊接钢管螺纹管件	DN65	个	10.29	材料
180300437	给水室内焊接钢管螺纹管件	DN80	个	14.16	材料
180300439	给水室内焊接钢管螺纹管件	DN100	个	24.35	材料
180300441	给水室内焊接钢管螺纹管件	DN125	个	47.53	材料
180300443	给水室内焊接钢管螺纹管件	DN150	个	66.78	材料
180300445	给水室外镀锌钢管螺纹管件	DN15	个	1.21	材料
180300447	给水室外镀锌钢管螺纹管件	DN20	个	1.67	材料
180300449	给水室外镀锌钢管螺纹管件	DN25	个	2.59	材料
180300451	给水室外镀锌钢管螺纹管件	DN32	个	3.96	材料
180300453	给水室外镀锌钢管螺纹管件	DN40	个	5.80	材料
180300455	给水室外镀锌钢管螺纹管件	DN50	个	8.75	材料
180300457	给水室外镀锌钢管螺纹管件	DN65	个	16.08	材料
180300459	给水室外镀锌钢管螺纹管件	DN80	个	23.52	材料
180300461	给水室外镀锌钢管螺纹管件	DN100	个	39.29	材料
180300463	给水室外镀锌钢管螺纹管件	DN125	个	81.22	材料
180300465	给水室外镀锌钢管螺纹管件	DN150	个	112.00	材料
180300467	给水室外钢管焊接管件	DN20	个	1.01	材料
180300469	给水室外钢管焊接管件	DN25	个	1.42	材料
180300471	给水室外钢管焊接管件	DN32	个	1.64	材料
180300473	给水室外钢管焊接管件	DN40	个	1.86	材料
180300475	给水室外钢管焊接管件	DN50	个	3.16	材料
180300477	给水室外钢管焊接管件	DN65	个	5.69	材料
180300479	给水室外钢管焊接管件	DN80	个	9.50	材料
180300481	给水室外钢管焊接管件	DN100	个	12.41	材料
180300483	给水室外钢管焊接管件	DN125	个	23.41	材料
180300485	给水室外钢管焊接管件	DN150	个	32.73	材料
180300487	给水室外钢管焊接管件	DN200	个	67.71	材料
180300489	给水室外钢管焊接管件	DN250	个	150.00	材料
180300491	给水室外钢管焊接管件	DN300	个	208.00	材料
180300493	给水室外钢管焊接管件	DN350	个	279.00	材料
180300495	给水室外钢管焊接管件	DN400	个	350.00	材料
180300497	给水室外钢管焊接管件	DN450	个	541.00	材料
180300499	给水室外钢管焊接管件	DN500	个	647.00	材料
180300501	给水室外焊接钢管螺纹管件	DN15	个	0.63	材料

续表

代 码	名 称	型 号 规 格	单位	基期价	类 别
180300503	给水室外焊接钢管螺纹管件	DN20	个	0.87	材料
180300505	给水室外焊接钢管螺纹管件	DN25	个	1.37	材料
180300507	给水室外焊接钢管螺纹管件	DN32	个	2.07	材料
180300509	给水室外焊接钢管螺纹管件	DN40	个	3.04	材料
180300511	给水室外焊接钢管螺纹管件	DN50	个	4.57	材料
180300513	给水室外焊接钢管螺纹管件	DN65	个	8.41	材料
180300515	给水室外焊接钢管螺纹管件	DN80	个	12.30	材料
180300517	给水室外焊接钢管螺纹管件	DN100	个	20.51	材料
180300519	给水室外焊接钢管螺纹管件	DN125	个	42.45	材料
180300521	给水室外焊接钢管螺纹管件	DN150	个	58.29	材料
180300523	沟槽式卡箍	DN80	个	18.45	材料
180300525	沟槽式卡箍	DN100	个	26.57	材料
180300527	沟槽式卡箍	DN125	个	41.49	材料
180300529	沟槽式卡箍	DN150	个	51.20	材料
180300531	沟槽式卡箍	DN200	个	93.10	材料
180300533	沟槽式卡箍	DN250	个	145.00	材料
180300535	沟槽式卡箍	DN300	个	200.00	材料
180300537	管堵	$\phi50$	个	3.53	材料
180300539	管接头	3×100	个	19.26	材料
180300541	活接头	15mm	个	2.79	材料
180300543	活接头	20mm	个	3.36	材料
180300545	活接头	25mm	个	4.41	材料
180300547	活接头	32mm	个	6.38	材料
180300549	活接头	$\phi50$	个	4.24	材料
180300551	接头	DN25	个	2.76	材料
180300553	接头	DN32	个	3.88	材料
180300555	接头三通		个	0.69	材料
180300557	接头四通		个	1.03	材料
180300559	空调凝结水室内镀锌钢管螺纹管件	DN15	个	1.44	材料
180300561	空调凝结水室内镀锌钢管螺纹管件	DN20	个	1.96	材料
180300563	空调凝结水室内镀锌钢管螺纹管件	DN25	个	3.10	材料
180300565	空调凝结水室内镀锌钢管螺纹管件	DN32	个	4.90	材料
180300567	空调凝结水室内镀锌钢管螺纹管件	DN40	个	6.08	材料
180300569	空调凝结水室内镀锌钢管螺纹管件	DN50	个	10.44	材料
180300571	螺纹管件	DN15	个	2.41	材料
180300573	取压短管		个	6.81	材料
180300575	燃气镀锌管接头零件	DN15 室内	个	1.66	材料
180300577	燃气镀锌管接头零件	DN20 室内	个	1.74	材料

续表

代　码	名　　称	型号规格	单位	基期价	类别
180300579	燃气镀锌管接头零件	DN25 室内	个	3.33	材料
180300581	燃气镀锌管接头零件	DN32 室内	个	4.60	材料
180300583	燃气镀锌管接头零件	DN40 室内	个	6.26	材料
180300585	燃气镀锌管接头零件	DN50 室内	个	10.12	材料
180300587	燃气镀锌管接头零件	DN65 室内	个	19.36	材料
180300589	燃气镀锌管接头零件	DN80 室内	个	27.95	材料
180300591	燃气镀锌管接头零件	DN100 室内	个	46.03	材料
180300593	燃气室内镀锌钢管螺纹管件	DN15	个	1.47	材料
180300595	燃气室内镀锌钢管螺纹管件	DN20	个	2.00	材料
180300597	燃气室内镀锌钢管螺纹管件	DN25	个	3.16	材料
180300599	燃气室内镀锌钢管螺纹管件	DN32	个	4.99	材料
180300601	燃气室内镀锌钢管螺纹管件	DN40	个	6.20	材料
180300603	燃气室内镀锌钢管螺纹管件	DN50	个	10.65	材料
180300605	燃气室内镀锌钢管螺纹管件	DN65	个	21.23	材料
180300607	燃气室内镀锌钢管螺纹管件	DN80	个	26.60	材料
180300609	燃气室内镀锌钢管螺纹管件	DN100	个	50.04	材料
180300611	燃气室内碳钢焊接管件	DN25	个	1.36	材料
180300613	燃气室内碳钢焊接管件	DN32	个	1.57	材料
180300615	燃气室内碳钢焊接管件	DN40	个	1.78	材料
180300617	燃气室内碳钢焊接管件	DN50	个	3.02	材料
180300619	燃气室内碳钢焊接管件	DN65	个	5.43	材料
180300621	燃气室内碳钢焊接管件	DN80	个	9.07	材料
180300623	燃气室内碳钢焊接管件	DN100	个	11.84	材料
180300625	燃气室内碳钢焊接管件	DN125	个	22.34	材料
180300627	燃气室内碳钢焊接管件	DN150	个	31.24	材料
180300629	燃气室内碳钢焊接管件	DN200	个	64.63	材料
180300631	燃气室内碳钢焊接管件	DN250	个	143.00	材料
180300633	燃气室内碳钢焊接管件	DN300	个	198.00	材料
180300635	燃气室外镀锌钢管螺纹管件	DN25	个	2.72	材料
180300637	燃气室外镀锌钢管螺纹管件	DN32	个	4.16	材料
180300639	燃气室外镀锌钢管螺纹管件	DN40	个	6.09	材料
180300641	燃气室外镀锌钢管螺纹管件	DN50	个	9.19	材料
180300643	燃气室外镀锌钢管螺纹管件	DN65	个	16.88	材料
180300645	燃气室外镀锌钢管螺纹管件	DN80	个	24.69	材料
180300647	燃气室外镀锌钢管螺纹管件	DN100	个	41.26	材料
180300649	燃气室外碳钢焊接管件	DN25	个	1.32	材料
180300651	燃气室外碳钢焊接管件	DN32	个	1.52	材料
180300653	燃气室外碳钢焊接管件	DN40	个	1.72	材料

续表

代码	名称	型号规格	单位	基期价	类别
180300655	燃气室外碳钢焊接管件	DN50	个	2.93	材料
180300657	燃气室外碳钢焊接管件	DN65	个	5.28	材料
180300659	燃气室外碳钢焊接管件	DN80	个	8.81	材料
180300661	燃气室外碳钢焊接管件	DN100	个	11.51	材料
180300663	燃气室外碳钢焊接管件	DN125	个	21.71	材料
180300665	燃气室外碳钢焊接管件	DN150	个	30.34	材料
180300667	燃气室外碳钢焊接管件	DN200	个	62.78	材料
180300669	燃气室外碳钢焊接管件	DN250	个	139.00	材料
180300671	燃气室外碳钢焊接管件	DN300	个	192.00	材料
180300673	燃气室外碳钢焊接管件	DN350	个	259.00	材料
180300675	燃气室外碳钢焊接管件	DN400	个	324.00	材料
180300677	室内镀锌钢管接头零件	DN15	个	1.44	材料
180300679	室内镀锌钢管接头零件	DN20	个	1.96	材料
180300681	室内镀锌钢管接头零件	DN25	个	3.10	材料
180300683	室内镀锌钢管接头零件	DN32	个	4.90	材料
180300685	室内镀锌钢管接头零件	DN40	个	6.08	材料
180300687	室内镀锌钢管接头零件	DN50	个	10.44	材料
180300689	室内镀锌钢管接头零件	DN65	个	20.82	材料
180300691	室内镀锌钢管接头零件	DN80	个	26.08	材料
180300693	室内镀锌钢管接头零件	DN100	个	49.06	材料
180300695	室内镀锌钢管接头零件	DN125	个	85.02	材料
180300697	室内镀锌钢管接头零件	DN150	个	120.00	材料
180300699	室内镀锌钢管接头零件(消防)	DN25	个	3.14	材料
180300701	室内镀锌钢管接头零件(消防)	DN32	个	5.82	材料
180300703	室内镀锌钢管接头零件(消防)	DN40	个	6.64	材料
180300705	室内镀锌钢管接头零件(消防)	DN50	个	11.46	材料
180300707	室内镀锌钢管接头零件(消防)	DN65	个	20.98	材料
180300709	室内镀锌钢管接头零件(消防)	DN80	个	32.52	材料
180300711	室内镀锌钢管接头零件(消防)	DN100	个	52.86	材料
180300713	丝堵	ϕ38 以内	个	0.86	材料
180300715	塑料护口(钢管用)	DN70	个	0.35	材料
180300717	碳钢三通	DN50	个	10.34	材料
180300719	碳钢三通	DN80	个	17.24	材料
180300721	碳钢三通	DN100	个	25.86	材料
180300723	碳钢三通	DN150	个	65.52	材料
180300725	碳钢三通	DN200	个	88.79	材料
180300727	碳钢三通	DN250	个	157.00	材料
180300729	碳钢三通	DN300	个	288.00	材料

续表

代码	名称	型号规格	单位	基期价	类别
180300731	套接管	DN60	个	25. 41	材料
180300733	铜制管件	D10	个	8. 47	材料
180300735	铜制管件	D13	个	10. 46	材料
180300737	铜制管件	D16	个	13. 69	材料
180300739	铜制管件	D20	个	16. 94	材料
180300741	铜制管件	D28	个	21. 55	材料
180300743	铜制管件	D35	个	46. 55	材料
180300745	铜制管件	D42	个	62. 07	材料
180300747	铜制管件	D54	个	103. 00	材料
180300749	外接头	ϕ50	个	9. 40	材料
180300751	压制弯头	90°R=1. 5D DN50	个	4. 52	材料
180300753	压制弯头	90°R=1. 5D DN100	个	17. 49	材料
180300755	压制弯头	90°R=1. 5D DN150	个	40. 71	材料
180300757	压制弯头	DN20	个	0. 92	材料
180300759	压制弯头	DN25	个	1. 29	材料
180300761	压制弯头	DN32	个	1. 49	材料
180300763	压制弯头	DN40	个	1. 69	材料
180300765	压制弯头	DN50	个	2. 87	材料
180300767	压制弯头	DN65	个	5. 17	材料
180300769	压制弯头	DN80	个	8. 64	材料
180300771	压制弯头	DN100	个	11. 28	材料
180300773	压制弯头	DN125	个	21. 28	材料
180300775	压制弯头	DN150	个	29. 75	材料
180300777	压制弯头	DN200	个	61. 55	材料
180300779	压制弯头	DN250	个	136. 00	材料
180300781	压制弯头	DN300	个	189. 00	材料
180300783	压制弯头	DN350	个	254. 00	材料
180300785	压制弯头	DN400	个	318. 00	材料
180300787	压制弯头	DN450	个	492. 00	材料
180300789	压制弯头	DN500	个	588. 00	材料
180300791	压制弯头	ϕ108×7	个	13. 36	材料
180300793	压制弯头	ϕ159×8	个	37. 07	材料
180300795	压制弯头	ϕ219×9	个	65. 07	材料
180300797	压制弯头	ϕ273×8	个	121. 00	材料
180300799	压制弯头	ϕ325×8	个	162. 00	材料
180300801	压制弯头	ϕ426×10	个	3. 45	材料
180300803	压制异径管	DN50	个	8. 45	材料
180300805	压制异径管	DN65	个	9. 56	材料

续表

代码	名称	型号规格	单位	基期价	类别
180300807	压制异径管	*DN*80	个	11.47	材料
180300809	压制异径管	*DN*100	个	21.42	材料
180300811	异径管	*DN*65×50	个	9.56	材料
180300813	异径管	*DN*80×50	个	11.47	材料
180300815	异径管	*DN*100×80	个	21.42	材料
180300817	异径管	*DN*150×100	个	47.27	材料
180300819	异径管	*DN*200×150	个	106.00	材料
180300821	异径管	*DN*250×200	个	197.00	材料
180300823	异径管	*DN*300×250	个	282.00	材料
180300825	异径管	*DN*350×300	个	491.00	材料
180300827	异径管	*DN*400×300	个	784.00	材料
180300829	直角弯头	FBN15	个	1.44	材料
180300831	直角弯头	FBN20	个	1.72	材料
180300833	直角弯头	FBN25	个	2.59	材料
180300835	直角弯头	FBN32	个	3.45	材料
180300837	直角弯头	FBN40	个	3.71	材料
180300839	直角弯头	FBN50	个	4.05	材料
180300841	直角弯头	FBN70	个	13.79	材料
180300843	锥形堵块		只	2.16	材料
180500001	不锈钢带 U 形卡	3mm	只	14.95	材料
180500003	不锈钢虹吸雨水斗		个	198.00	材料
180500005	不锈钢卡箍	*DN*50	个	17.09	材料
180500007	不锈钢卡箍	*DN*75	个	18.44	材料
180500009	不锈钢卡箍	*DN*100	个	22.12	材料
180500011	不锈钢卡箍	*DN*150	个	41.90	材料
180500013	不锈钢卡箍	*DN*200	个	62.15	材料
180500015	不锈钢卡箍	*DN*250	个	76.72	材料
180500017	给水室内不锈钢管焊接管件	*DN*15	个	8.04	材料
180500019	给水室内不锈钢管焊接管件	*DN*20	个	13.03	材料
180500021	给水室内不锈钢管焊接管件	*DN*25	个	16.97	材料
180500023	给水室内不锈钢管焊接管件	*DN*32	个	35.66	材料
180500025	给水室内不锈钢管焊接管件	*DN*40	个	47.77	材料
180500027	给水室内不锈钢管焊接管件	*DN*50	个	79.14	材料
180500029	给水室内不锈钢管焊接管件	*DN*65	个	145.00	材料
180500031	给水室内不锈钢管焊接管件	*DN*80	个	209.00	材料
180500033	给水室内不锈钢管焊接管件	*DN*100	个	308.00	材料
180500035	给水室内不锈钢管焊接管件	*DN*125	个	420.00	材料
180500037	给水室内不锈钢管卡套管件	*DN*15	个	8.94	材料

续表

代　码	名　　称	型号规格	单位	基期价	类别
180500039	给水室内不锈钢管卡套管件	*DN*20	个	14.48	材料
180500041	给水室内不锈钢管卡套管件	*DN*25	个	18.85	材料
180500043	给水室内不锈钢管卡套管件	*DN*32	个	39.63	材料
180500045	给水室内不锈钢管卡套管件	*DN*40	个	53.08	材料
180500047	给水室内不锈钢管卡套管件	*DN*50	个	87.93	材料
180500049	给水室内不锈钢管卡套管件	*DN*65	个	161.00	材料
180500051	给水室内不锈钢管卡套管件	*DN*80	个	233.00	材料
180500053	给水室内不锈钢管卡套管件	*DN*100	个	342.00	材料
180500055	给水室内不锈钢管卡压管件	*DN*15	个	8.94	材料
180500057	给水室内不锈钢管卡压管件	*DN*20	个	14.48	材料
180500059	给水室内不锈钢管卡压管件	*DN*25	个	18.85	材料
180500061	给水室内不锈钢管卡压管件	*DN*32	个	39.63	材料
180500063	给水室内不锈钢管卡压管件	*DN*40	个	53.08	材料
180500065	给水室内不锈钢管卡压管件	*DN*50	个	87.93	材料
180500067	给水室内不锈钢管卡压管件	*DN*65	个	161.00	材料
180500069	给水室内不锈钢管卡压管件	*DN*80	个	233.00	材料
180500071	给水室内不锈钢管卡压管件	*DN*100	个	342.00	材料
180500073	给水室内不锈钢管螺纹管件	*DN*15	个	7.59	材料
180500075	给水室内不锈钢管螺纹管件	*DN*20	个	12.31	材料
180500077	给水室内不锈钢管螺纹管件	*DN*25	个	16.03	材料
180500079	给水室内不锈钢管螺纹管件	*DN*32	个	33.68	材料
180500081	给水室内不锈钢管螺纹管件	*DN*40	个	45.11	材料
180500083	给水室内不锈钢管螺纹管件	*DN*50	个	74.74	材料
180500085	给水室内不锈钢管螺纹管件	*DN*65	个	137.00	材料
180500087	给水室内不锈钢管螺纹管件	*DN*80	个	198.00	材料
180500089	给水室内不锈钢管螺纹管件	*DN*100	个	291.00	材料
180500091	给水室内氩弧焊薄壁不锈钢管件	*DN*15	个	8.04	材料
180500093	给水室内氩弧焊薄壁不锈钢管件	*DN*20	个	13.03	材料
180500095	给水室内氩弧焊薄壁不锈钢管件	*DN*25	个	16.97	材料
180500097	给水室内氩弧焊薄壁不锈钢管件	*DN*32	个	35.66	材料
180500099	给水室内氩弧焊薄壁不锈钢管件	*DN*40	个	47.77	材料
180500101	给水室内氩弧焊薄壁不锈钢管件	*DN*50	个	79.14	材料
180500103	给水室内氩弧焊薄壁不锈钢管件	*DN*65	个	145.00	材料
180500105	给水室内氩弧焊薄壁不锈钢管件	*DN*80	个	209.00	材料
180500107	给水室内氩弧焊薄壁不锈钢管件	*DN*100	个	308.00	材料
180500109	燃气室内薄壁不锈钢管卡套式管件	*DN*15	个	9.39	材料
180500111	燃气室内薄壁不锈钢管卡套式管件	*DN*20	个	15.21	材料
180500113	燃气室内薄壁不锈钢管卡套式管件	*DN*25	个	19.79	材料

续表

代码	名称	型号规格	单位	基期价	类别
180500115	燃气室内薄壁不锈钢管卡套式管件	*DN*32	个	41.61	材料
180500117	燃气室内薄壁不锈钢管卡套式管件	*DN*40	个	55.73	材料
180500119	燃气室内薄壁不锈钢管卡套式管件	*DN*50	个	92.24	材料
180500121	燃气室内薄壁不锈钢管卡压式管件	*DN*15	个	9.39	材料
180500123	燃气室内薄壁不锈钢管卡压式管件	*DN*20	个	15.21	材料
180500125	燃气室内薄壁不锈钢管卡压式管件	*DN*25	个	19.79	材料
180500127	燃气室内薄壁不锈钢管卡压式管件	*DN*32	个	41.61	材料
180500129	燃气室内薄壁不锈钢管卡压式管件	*DN*40	个	55.73	材料
180500131	燃气室内薄壁不锈钢管卡压式管件	*DN*50	个	92.24	材料
180500133	燃气室内承插氩弧焊薄壁不锈钢管件	*DN*25	个	17.81	材料
180500135	燃气室内承插氩弧焊薄壁不锈钢管件	*DN*32	个	37.45	材料
180500137	燃气室内承插氩弧焊薄壁不锈钢管件	*DN*40	个	50.16	材料
180500139	燃气室内承插氩弧焊薄壁不锈钢管件	*DN*50	个	83.09	材料
180500141	燃气室内承插氩弧焊薄壁不锈钢管件	*DN*65	个	153.00	材料
180500143	燃气室内承插氩弧焊薄壁不锈钢管件	*DN*80	个	220.00	材料
180500145	燃气室内承插氩弧焊薄壁不锈钢管件	*DN*100	个	323.00	材料
180700001	给水室内铜管焊接管件	*DN*15	个	20.91	材料
180700003	给水室内铜管焊接管件	*DN*20	个	33.89	材料
180700005	给水室内铜管焊接管件	*DN*25	个	44.11	材料
180700007	给水室内铜管焊接管件	*DN*32	个	93.10	材料
180700009	给水室内铜管焊接管件	*DN*40	个	124.00	材料
180700011	给水室内铜管焊接管件	*DN*50	个	205.00	材料
180700013	给水室内铜管焊接管件	*DN*65	个	377.00	材料
180700015	给水室内铜管焊接管件	*DN*80	个	545.00	材料
180700017	给水室内铜管焊接管件	*DN*100	个	801.00	材料
180700019	给水室内铜管卡压管件	*DN*15	个	23.24	材料
180700021	给水室内铜管卡压管件	*DN*20	个	37.66	材料
180700023	给水室内铜管卡压管件	*DN*25	个	49.02	材料
180700025	给水室内铜管卡压管件	*DN*32	个	103.00	材料
180700027	给水室内铜管卡压管件	*DN*40	个	138.00	材料
180700029	给水室内铜管卡压管件	*DN*50	个	228.00	材料
180700031	给水室内铜管卡压管件	*DN*65	个	419.00	材料
180700033	给水室内铜管卡压管件	*DN*80	个	605.00	材料
180700035	给水室内铜管卡压管件	*DN*100	个	890.00	材料
180700037	给水室内铜管钎焊管件	*DN*15	个	20.91	材料
180700039	给水室内铜管钎焊管件	*DN*20	个	33.89	材料
180700041	给水室内铜管钎焊管件	*DN*25	个	44.11	材料
180700043	给水室内铜管钎焊管件	*DN*32	个	93.10	材料

续表

代 码	名 称	型号规格	单位	基期价	类别
180700045	给水室内铜管钎焊管件	DN40	个	124.00	材料
180700047	给水室内铜管钎焊管件	DN50	个	205.00	材料
180700049	给水室内铜管钎焊管件	DN65	个	377.00	材料
180700051	给水室内铜管钎焊管件	DN80	个	545.00	材料
180700053	给水室内铜管钎焊管件	DN100	个	801.00	材料
180700055	燃气室内铜管钎焊式管件	D18	个	21.54	材料
180700057	燃气室内铜管钎焊式管件	D22	个	34.91	材料
180700059	燃气室内铜管钎焊式管件	D28	个	45.44	材料
180700061	燃气室内铜管钎焊式管件	D35	个	95.69	材料
180700063	燃气室内铜管钎焊式管件	D42	个	128.00	材料
180700065	燃气室内铜管钎焊式管件	D54	个	211.00	材料
180700067	铜三通		个	6.72	材料
180700069	紫铜接头		个	33.91	材料
180700071	紫铜接头		只	18.02	材料
180900001	HDPE 排水管检查口	ϕ110	个	55.17	材料
180900003	HDPE 排水管伸缩节	ϕ110	个	36.21	材料
180900005	PE 封堵塞		个	0.26	材料
180900007	PVC 管缩节	ϕ150	只	9.91	材料
180900009	PVC 管弯头	ϕ150	个	32.76	材料
180900011	UPVC 对丝		个	0.22	材料
180900013	UPVC 排水管雨水斗	110E	只	11.90	材料
180900015	给水室内钢骨架塑料复合管电熔管件	DN15	个	2.82	材料
180900017	给水室内钢骨架塑料复合管电熔管件	DN20	个	4.27	材料
180900019	给水室内钢骨架塑料复合管电熔管件	DN25	个	6.47	材料
180900021	给水室内钢骨架塑料复合管电熔管件	DN32	个	9.84	材料
180900023	给水室内钢骨架塑料复合管电熔管件	DN40	个	12.64	材料
180900025	给水室内钢骨架塑料复合管电熔管件	DN50	个	20.34	材料
180900027	给水室内钢骨架塑料复合管电熔管件	DN65	个	37.06	材料
180900029	给水室内钢骨架塑料复合管电熔管件	DN80	个	47.19	材料
180900031	给水室内钢骨架塑料复合管电熔管件	DN100	个	90.72	材料
180900033	给水室内钢骨架塑料复合管电熔管件	DN125	个	187.00	材料
180900035	给水室内钢骨架塑料复合管电熔管件	DN150	个	309.00	材料
180900037	给水室外钢骨架塑料复合管电熔管件	DN25	个	5.11	材料
180900039	给水室外钢骨架塑料复合管电熔管件	DN32	个	7.53	材料
180900041	给水室外钢骨架塑料复合管电熔管件	DN40	个	11.28	材料
180900043	给水室外钢骨架塑料复合管电熔管件	DN50	个	16.85	材料
180900045	给水室外钢骨架塑料复合管电熔管件	DN65	个	29.25	材料
180900047	给水室外钢骨架塑料复合管电熔管件	DN80	个	43.35	材料

续表

代　码	名　称	型号规格	单位	基期价	类别
180900049	给水室外钢骨架塑料复合管电熔管件	DN100	个	73.35	材料
180900051	给水室外钢骨架塑料复合管电熔管件	DN125	个	172.00	材料
180900053	给水室外钢骨架塑料复合管电熔管件	DN150	个	283.00	材料
180900055	固定卡子	75	只	1.16	材料
180900057	聚乙烯管固定堵头		个	0.43	材料
180900059	聚乙烯管塞子		个	0.29	材料
180900061	空调凝结水室内塑料管粘接管件	DN20	个	0.37	材料
180900063	空调凝结水室内塑料管粘接管件	DN25	个	0.59	材料
180900065	空调凝结水室内塑料管粘接管件	DN32	个	0.77	材料
180900067	空调凝结水室内塑料管粘接管件	DN40	个	1.55	材料
180900069	空调凝结水室内塑料管粘接管件	DN50	个	2.88	材料
180900071	空调凝结水室内塑料管粘接管件	DN65	个	4.90	材料
180900073	难燃波纹管接头	DN15	个	0.34	材料
180900075	难燃波纹管接头	DN20	个	0.43	材料
180900077	难燃波纹管接头	DN25	个	0.52	材料
180900079	难燃波纹管接头	DN32	个	0.69	材料
180900081	难燃波纹管接头	DN40	个	0.95	材料
180900083	难燃波纹管接头	DN50	个	1.29	材料
180900085	燃气室外聚乙烯塑料管电熔管件	DN25	个	1.80	材料
180900087	燃气室外聚乙烯塑料管电熔管件	DN32	个	3.22	材料
180900089	燃气室外聚乙烯塑料管电熔管件	DN40	个	7.52	材料
180900091	燃气室外聚乙烯塑料管电熔管件	DN50	个	13.30	材料
180900093	燃气室外聚乙烯塑料管电熔管件	DN65	个	25.40	材料
180900095	燃气室外聚乙烯塑料管电熔管件	DN80	个	49.38	材料
180900097	燃气室外聚乙烯塑料管电熔管件	DN100	个	76.77	材料
180900099	燃气室外聚乙烯塑料管热熔管件	DN40	个	6.08	材料
180900101	燃气室外聚乙烯塑料管热熔管件	DN50	个	10.74	材料
180900103	燃气室外聚乙烯塑料管热熔管件	DN65	个	20.51	材料
180900105	燃气室外聚乙烯塑料管热熔管件	DN80	个	39.88	材料
180900107	燃气室外聚乙烯塑料管热熔管件	DN100	个	62.01	材料
180900109	燃气室外聚乙烯塑料管热熔管件	DN150	个	111.00	材料
180900111	燃气室外聚乙烯塑料管热熔管件	DN200	个	171.00	材料
180900113	燃气室外聚乙烯塑料管热熔管件	DN250	个	240.00	材料
180900115	燃气室外聚乙烯塑料管热熔管件	DN300	个	338.00	材料
180900117	室内塑料给水管电熔管件	DN15	个	1.28	材料
180900119	室内塑料给水管电熔管件	DN20	个	1.93	材料
180900121	室内塑料给水管电熔管件	DN25	个	3.48	材料
180900123	室内塑料给水管电熔管件	DN32	个	9.68	材料

续表

代码	名称	型号规格	单位	基期价	类别
180900125	室内塑料给水管电熔管件	DN40	个	43.10	材料
180900127	室内塑料给水管电熔管件	DN50	个	18.16	材料
180900129	室内塑料给水管电熔管件	DN65	个	37.66	材料
180900131	室内塑料给水管电熔管件	DN80	个	62.53	材料
180900133	室内塑料给水管电熔管件	DN100	个	79.34	材料
180900135	室内塑料给水管电熔管件	DN125	个	128.00	材料
180900137	室内塑料给水管电熔管件	DN150	个	197.00	材料
180900139	室内塑料给水管热熔管件	DN15	个	0.98	材料
180900141	室内塑料给水管热熔管件	DN20	个	1.48	材料
180900143	室内塑料给水管热熔管件	DN25	个	2.68	材料
180900145	室内塑料给水管热熔管件	DN32	个	3.72	材料
180900147	室内塑料给水管热熔管件	DN40	个	7.45	材料
180900149	室内塑料给水管热熔管件	DN50	个	13.97	材料
180900151	室内塑料给水管热熔管件	DN65	个	28.97	材料
180900153	室内塑料给水管热熔管件	DN80	个	48.10	材料
180900155	室内塑料给水管热熔管件	DN100	个	61.03	材料
180900157	室内塑料给水管热熔管件	DN125	个	134.00	材料
180900159	室内塑料给水管热熔管件	DN150	个	207.00	材料
180900161	室内塑料给水管粘接管件	DN15	个	0.52	材料
180900163	室内塑料给水管粘接管件	DN20	个	0.73	材料
180900165	室内塑料给水管粘接管件	DN25	个	1.18	材料
180900167	室内塑料给水管粘接管件	DN32	个	1.53	材料
180900169	室内塑料给水管粘接管件	DN40	个	3.09	材料
180900171	室内塑料给水管粘接管件	DN50	个	5.75	材料
180900173	室内塑料给水管粘接管件	DN65	个	9.79	材料
180900175	室内塑料给水管粘接管件	DN80	个	14.02	材料
180900177	室内塑料给水管粘接管件	DN100	个	21.72	材料
180900179	室内塑料给水管粘接管件	DN125	个	32.07	材料
180900181	室内塑料给水管粘接管件	DN150	个	50.69	材料
180900183	室内塑料排水管件(卡箍连接)	DN50	个	3.50	材料
180900185	室内塑料排水管件(卡箍连接)	DN75	个	11.79	材料
180900187	室内塑料排水管件(卡箍连接)	DN100	个	35.66	材料
180900189	室内塑料排水管件(卡箍连接)	DN150	个	63.79	材料
180900191	室内塑料排水管件(卡箍连接)	DN200	个	98.28	材料
180900193	室内塑料排水管热熔管件	DN50	个	6.08	材料
180900195	室内塑料排水管热熔管件	DN75	个	20.51	材料
180900197	室内塑料排水管热熔管件	DN100	个	62.01	材料
180900199	室内塑料排水管热熔管件	DN150	个	111.00	材料

续表

代　码	名　　称	型 号 规 格	单位	基期价	类 别
180900201	室内塑料排水管热熔管件	*DN*200	个	171.00	材料
180900203	室内塑料排水管热熔管件	*DN*250	个	240.00	材料
180900205	室内塑料排水管粘接管件	*DN*50	个	1.93	材料
180900207	室内塑料排水管粘接管件	*DN*75	个	4.20	材料
180900209	室内塑料排水管粘接管件	*DN*100	个	9.34	材料
180900211	室内塑料排水管粘接管件	*DN*150	个	23.26	材料
180900213	室内塑料排水管粘接管件	*DN*200	个	34.07	材料
180900215	室内塑料雨水管电熔管件	*DN*75	个	10.97	材料
180900217	室内塑料雨水管电熔管件	*DN*100	个	34.04	材料
180900219	室内塑料雨水管电熔管件	*DN*150	个	61.35	材料
180900221	室内塑料雨水管电熔管件	*DN*200	个	75.39	材料
180900223	室内塑料雨水管电熔管件	*DN*250	个	96.72	材料
180900225	室内塑料雨水管热熔管件	*DN*75	个	9.97	材料
180900227	室内塑料雨水管热熔管件	*DN*100	个	30.95	材料
180900229	室内塑料雨水管热熔管件	*DN*150	个	55.78	材料
180900231	室内塑料雨水管热熔管件	*DN*200	个	68.53	材料
180900233	室内塑料雨水管热熔管件	*DN*250	个	87.93	材料
180900235	室内塑料雨水管粘接管件	*DN*75	个	3.99	材料
180900237	室内塑料雨水管粘接管件	*DN*100	个	12.41	材料
180900239	室内塑料雨水管粘接管件	*DN*150	个	41.81	材料
180900241	室内塑料雨水管粘接管件	*DN*200	个	32.36	材料
180900243	室内塑料雨水管粘接管件	*DN*250	个	43.97	材料
180900245	室外塑料给水管电熔管件	*DN*25	个	1.80	材料
180900247	室外塑料给水管电熔管件	*DN*32	个	3.22	材料
180900249	室外塑料给水管电熔管件	*DN*40	个	7.52	材料
180900251	室外塑料给水管电熔管件	*DN*50	个	13.30	材料
180900253	室外塑料给水管电熔管件	*DN*65	个	25.40	材料
180900255	室外塑料给水管电熔管件	*DN*80	个	49.38	材料
180900257	室外塑料给水管电熔管件	*DN*100	个	76.77	材料
180900259	室外塑料给水管电熔管件	*DN*125	个	115.00	材料
180900261	室外塑料给水管电熔管件	*DN*150	个	138.00	材料
180900263	室外塑料给水管电熔管件	*DN*200	个	212.00	材料
180900265	室外塑料给水管电熔管件	*DN*250	个	289.00	材料
180900267	室外塑料给水管电熔管件	*DN*300	个	503.00	材料
180900269	室外塑料给水管热熔管件	*DN*25	个	1.39	材料
180900271	室外塑料给水管热熔管件	*DN*32	个	2.48	材料
180900273	室外塑料给水管热熔管件	*DN*40	个	5.78	材料
180900275	室外塑料给水管热熔管件	*DN*50	个	10.23	材料

续表

代码	名称	型号规格	单位	基期价	类别
180900277	室外塑料给水管热熔管件	*DN*65	个	19.53	材料
180900279	室外塑料给水管热熔管件	*DN*80	个	37.98	材料
180900281	室外塑料给水管热熔管件	*DN*100	个	59.05	材料
180900283	室外塑料给水管热熔管件	*DN*125	个	88.79	材料
180900285	室外塑料给水管热熔管件	*DN*150	个	106.00	材料
180900287	室外塑料给水管热熔管件	*DN*200	个	163.00	材料
180900289	室外塑料给水管热熔管件	*DN*250	个	228.00	材料
180900291	室外塑料给水管热熔管件	*DN*300	个	322.00	材料
180900293	室外塑料给水管粘接管件	*DN*25	个	0.93	材料
180900295	室外塑料给水管粘接管件	*DN*32	个	1.44	材料
180900297	室外塑料给水管粘接管件	*DN*40	个	2.91	材料
180900299	室外塑料给水管粘接管件	*DN*50	个	5.26	材料
180900301	室外塑料给水管粘接管件	*DN*65	个	8.83	材料
180900303	室外塑料给水管粘接管件	*DN*80	个	12.48	材料
180900305	室外塑料给水管粘接管件	*DN*100	个	19.66	材料
180900307	室外塑料给水管粘接管件	*DN*125	个	29.84	材料
180900309	室外塑料给水管粘接管件	*DN*150	个	48.97	材料
180900311	室外塑料给水管粘接管件	*DN*200	个	71.72	材料
180900313	室外塑料给水管粘接管件	*DN*250	个	105.00	材料
180900315	室外塑料给水管粘接管件	*DN*300	个	137.00	材料
180900317	塑料堵头		个	0.91	材料
180900319	塑料管充气堵头		个	560.00	材料
180900321	塑料管热熔 U 形弯头	*DN*25 以内	个	3.45	材料
180900323	塑料管热熔 U 形弯头	*DN*32 以内	个	4.83	材料
180900325	塑料活接头	*DN*20	个	1.29	材料
180900327	塑料集水短管	Dg25 *L*=80	根	2.57	材料
180900329	塑料卡箍	*DN*50	个	6.84	材料
180900331	塑料卡箍	*DN*80	个	7.38	材料
180900333	塑料卡箍	*DN*100	个	8.84	材料
180900335	塑料卡箍	*DN*160	个	16.76	材料
180900337	塑料卡箍	*DN*200	个	24.86	材料
180900339	塑料落水斗		个	11.21	材料
180900341	塑料落水口		个	10.34	材料
180900343	塑料内螺纹三通	*DN*20	个	1.29	材料
180900345	塑料内螺纹三通	*DN*25	个	2.53	材料
180900347	塑料内螺纹三通	*DN*32	个	2.82	材料
180900349	塑料内螺纹直接头	*DN*20	个	1.29	材料
180900351	塑料内螺纹直接头	*DN*25	个	2.82	材料

续表

代码	名称	型号规格	单位	基期价	类别
180900353	塑料内螺纹直接头	*DN*32	个	2.60	材料
180900355	塑料排水管(电熔)直接	*DN*50	个	4.66	材料
180900357	塑料排水管(电熔)直接	*DN*75	个	15.84	材料
180900359	塑料排水管(电熔)直接	*DN*100	个	35.28	材料
180900361	塑料排水管(电熔)直接	*DN*150	个	68.45	材料
180900363	塑料排水管(电熔)直接	*DN*200	个	97.41	材料
180900365	塑料排水管(电熔)直接	*DN*250	个	134.00	材料
180900367	塑料排水管(电熔)直接	*DN*300	个	202.00	材料
180900369	塑料排水管(电熔)直接	*DN*350	个	281.00	材料
180900371	塑料排水管热熔直接	*DN*50	个	6.42	材料
180900373	塑料排水管热熔直接	*DN*75	个	15.09	材料
180900375	塑料排水管热熔直接	*DN*100	个	32.16	材料
180900377	塑料排水管热熔直接	*DN*150	个	55.14	材料
180900379	塑料排水管热熔直接	*DN*200	个	84.72	材料
180900381	塑料排水三通	*DN*50	个	1.78	材料
180900383	塑料排水外接	*DN*50	个	0.72	材料
180900385	塑料排水弯头	*DN*50	个	1.41	材料
180900387	塑料热熔 90°弯头	*DN*32 以内	个	4.83	材料
180900389	塑料三通	*DN*20	个	1.29	材料
180900391	塑料丝堵	*DN*15	个	0.21	材料
180900393	塑料丝堵	*DN*20	个	0.26	材料
180900395	塑料丝堵	*DN*25	个	0.34	材料
180900397	塑料弯头	45°*DN*40	个	1.78	材料
180900399	塑料弯头	*DN*20	个	1.29	材料
180900401	塑料弯头落水口		个	10.34	材料
180900403	阻燃管接头	FST15	个	0.41	材料
180900405	阻燃管接头	FST20	个	0.46	材料
180900407	阻燃管接头	FST25	个	0.54	材料
180900409	阻燃管接头	FST32	个	0.62	材料
180900411	阻燃管接头	FST40	个	0.84	材料
180900413	阻燃管接头	FST50	个	1.00	材料
180900415	阻燃管接头	FST70	个	0.91	材料
181100001	室外钢塑给水管管件	*DN*15	个	3.74	材料
181100003	室外钢塑给水管管件	*DN*100	个	88.57	材料
181300001	T 形接头	FTE15	个	0.82	材料
181300003	T 形接头	FTE20	个	1.01	材料
181300005	给水室内钢塑复合管螺纹管件	*DN*15	个	2.45	材料
181300007	给水室内钢塑复合管螺纹管件	*DN*20	个	3.71	材料

续表

代　码	名　　称	型 号 规 格	单位	基期价	类 别
181300009	给水室内钢塑复合管螺纹管件	DN25	个	5. 63	材料
181300011	给水室内钢塑复合管螺纹管件	DN32	个	8. 56	材料
181300013	给水室内钢塑复合管螺纹管件	DN40	个	10. 99	材料
181300015	给水室内钢塑复合管螺纹管件	DN50	个	17. 69	材料
181300017	给水室内钢塑复合管螺纹管件	DN65	个	32. 22	材料
181300019	给水室内钢塑复合管螺纹管件	DN80	个	41. 03	材料
181300021	给水室内钢塑复合管螺纹管件	DN100	个	78. 89	材料
181300023	给水室内钢塑复合管螺纹管件	DN125	个	163. 00	材料
181300025	给水室内钢塑复合管螺纹管件	DN150	个	269. 00	材料
181300027	给水室内铝塑复合管卡套管件	DN15	个	2. 22	材料
181300029	给水室内铝塑复合管卡套管件	DN20	个	3. 35	材料
181300031	给水室内铝塑复合管卡套管件	DN25	个	5. 08	材料
181300033	给水室内铝塑复合管卡套管件	DN32	个	7. 72	材料
181300035	给水室内铝塑复合管卡套管件	DN40	个	9. 91	材料
181300037	给水室内铝塑复合管卡套管件	DN50	个	15. 97	材料
181300039	给水室内塑铝稳态管热熔管件	DN15	个	2. 33	材料
181300041	给水室内塑铝稳态管热熔管件	DN20	个	3. 53	材料
181300043	给水室内塑铝稳态管热熔管件	DN25	个	5. 34	材料
181300045	给水室内塑铝稳态管热熔管件	DN32	个	8. 13	材料
181300047	给水室内塑铝稳态管热熔管件	DN40	个	10. 44	材料
181300049	给水室内塑铝稳态管热熔管件	DN50	个	16. 80	材料
181300051	给水室内塑铝稳态管热熔管件	DN65	个	30. 61	材料
181300053	给水室内塑铝稳态管热熔管件	DN80	个	38. 98	材料
181300055	给水室内塑铝稳态管热熔管件	DN100	个	74. 94	材料
181300057	给水室内塑铝稳态管热熔管件	DN125	个	155. 00	材料
181300059	给水室内塑铝稳态管热熔管件	DN150	个	256. 00	材料
181300061	给水室外塑铝稳态管热熔管件	DN25	个	4. 22	材料
181300063	给水室外塑铝稳态管热熔管件	DN32	个	6. 22	材料
181300065	给水室外塑铝稳态管热熔管件	DN40	个	9. 31	材料
181300067	给水室外塑铝稳态管热熔管件	DN50	个	13. 92	材料
181300069	给水室外塑铝稳态管热熔管件	DN65	个	24. 16	材料
181300071	给水室外塑铝稳态管热熔管件	DN80	个	35. 81	材料
181300073	给水室外塑铝稳态管热熔管件	DN100	个	60. 59	材料
181300075	给水室外塑铝稳态管热熔管件	DN125	个	142. 00	材料
181300077	给水室外塑铝稳态管热熔管件	DN150	个	234. 00	材料
181300079	室外钢塑给水管管件	DN20	个	5. 49	材料
181300081	室外钢塑给水管管件	DN25	个	7. 77	材料
181300083	室外钢塑给水管管件	DN32	个	11. 39	材料

续表

代码	名称	型号规格	单位	基期价	类别
181300085	室外钢塑给水管管件	DN40	个	13.53	材料
181300087	室外钢塑给水管管件	DN50	个	22.53	材料
181300089	室外钢塑给水管管件	DN65	个	38.51	材料
181300091	室外钢塑给水管管件	DN80	个	49.30	材料
181300093	室外钢塑给水管管件	DN150	个	179.00	材料
182100001	伸缩接头	FSE15	个	1.03	材料
182100003	伸缩接头	FSE20	个	1.20	材料
182100005	伸缩接头	FSE25	个	1.28	材料
182100007	伸缩接头	FSE32	个	1.36	材料
182100009	伸缩接头	FSE40	个	1.97	材料
182100011	伸缩接头	FSE50	个	2.05	材料
182100013	伸缩接头	FSE70	个	2.22	材料
182300001	透镜垫		kg	10.60	材料
182500001	U形管夹		套	9.57	材料
182500003	U形扣 综合		副	38.79	材料
182500005	扁钢卡子	25×4	kg	3.48	材料
182500007	不锈钢管卡	15	个	2.16	材料
182500009	不锈钢管卡	20	个	2.16	材料
182500011	不锈钢管卡	32	个	2.59	材料
182500013	不锈钢管卡	50	个	3.45	材料
182500015	撑脚卡箍	综合	套	3.79	材料
182500017	打包铁卡子		10个	0.26	材料
182500019	导向支架		套	188.00	材料
182500021	吊管卡子	15	个	1.29	材料
182500023	吊管卡子	20	个	1.47	材料
182500025	吊管卡子	25	个	2.07	材料
182500027	吊管卡子	32	个	2.28	材料
182500029	镀锌管箍	DN15	个	0.86	材料
182500031	镀锌管箍	DN20	个	1.02	材料
182500033	镀锌管箍	DN25	个	1.65	材料
182500035	镀锌管箍	DN32	个	2.77	材料
182500037	镀锌管箍	DN40	个	3.16	材料
182500039	镀锌管箍	DN50	个	4.93	材料
182500041	镀锌管箍	DN65	个	9.48	材料
182500043	镀锌管箍	DN75	个	12.93	材料
182500045	镀锌管箍	DN80	个	12.93	材料
182500047	镀锌管箍	DN100	个	24.14	材料
182500049	镀锌管箍	DN125	个	33.97	材料

续表

代码	名称	型号规格	单位	基期价	类别
182500051	镀锌管箍	*DN*150	个	43.45	材料
182500053	镀锌管卡子	3×15	个	1.35	材料
182500055	镀锌管卡子	3×20	个	1.60	材料
182500057	镀锌管卡子	3×25	个	1.70	材料
182500059	镀锌管卡子	3×32	个	1.80	材料
182500061	镀锌管卡子	3×50	个	2.23	材料
182500063	镀锌管卡子	3×75	个	2.53	材料
182500065	镀锌管卡子	ϕ100~150	个	5.68	材料
182500067	镀锌异径管箍	*DN*25×15	个	1.43	材料
182500069	镀锌异径管箍	*DN*25×20	个	1.57	材料
182500071	镀锌异径管箍	*DN*32×25	个	2.24	材料
182500073	方卡		只	1152.00	材料
182500075	钢管卡子		副	0.32	材料
182500077	钢线卡子	ϕ25	个	2.29	材料
182500079	固定卡子	1.5×32	个	2.04	材料
182500081	固定卡子	3×80	套	2.04	材料
182500083	固定卡子	ϕ40	个	0.53	材料
182500085	固定卡子	ϕ90	个	1.84	材料
182500087	管箍		只	3.16	材料
182500089	管箍	*DN*25	个	1.43	材料
182500091	管箍	*DN*50	个	5.00	材料
182500093	管夹		个	0.26	材料
182500095	管卡(带膨胀螺栓)	*DN*32	套	0.69	材料
182500097	管卡子	ϕ25	个	0.47	材料
182500099	管卡子	ϕ50	个	1.32	材料
182500101	管卡子(不锈钢)	*DN*50	个	10.84	材料
182500103	管卡子(不锈钢)	*DN*75	个	14.91	材料
182500105	管卡子(不锈钢)	*DN*100	个	18.10	材料
182500107	管卡子(不锈钢)	*DN*150	个	19.89	材料
182500109	管卡子(不锈钢)	*DN*200	个	32.51	材料
182500111	管卡子(不锈钢)	*DN*250	个	45.72	材料
182500113	管卡子(电线管用)	15~20	个	0.28	材料
182500115	管卡子(电线管用)	25~32	个	0.40	材料
182500117	管卡子(电线管用)	40~50	个	0.52	材料
182500119	管卡子(钢管用)	15mm	个	0.34	材料
182500121	管卡子(钢管用)	20mm	个	0.36	材料
182500123	管卡子(钢管用)	25mm	个	0.39	材料
182500125	管卡子(钢管用)	32mm	个	0.48	材料

续表

代码	名称	型号规格	单位	基期价	类别
182500127	管卡子(钢管用)	40mm	个	0.53	材料
182500129	管卡子(钢管用)	50mm	个	0.62	材料
182500131	管卡子(钢管用)	70mm	个	0.72	材料
182500133	管卡子(钢管用)	80mm	个	1.23	材料
182500135	管卡子(钢管用)	100mm	个	1.84	材料
182500137	管卡子(钢管用)	125mm	个	9.05	材料
182500139	管卡子(钢管用)	150mm	个	9.48	材料
182500141	管扣		个	2.78	材料
182500143	管码	FCL15	个	0.25	材料
182500145	管码	FCL20	个	0.36	材料
182500147	管码	FCL25	个	0.43	材料
182500149	管码	FCL32	个	0.58	材料
182500151	管码	FCP15	个	0.43	材料
182500153	管码	FCP20	个	0.47	材料
182500155	管码	FCP25	个	0.52	材料
182500157	管码	FSA15	个	0.34	材料
182500159	管码	FSA20	个	0.39	材料
182500161	管码	FSA25	个	0.43	材料
182500163	管码	FSA32	个	0.60	材料
182500165	管码	FSA40	个	0.65	材料
182500167	管码	FSA50	个	0.78	材料
182500169	管码	FSA70	个	2.16	材料
182500171	黑玛钢管箍	*DN*20	个	1.02	材料
182500173	黑玛钢管箍	*DN*25	个	1.65	材料
182500175	黑玛钢管箍	*DN*32	个	2.77	材料
182500177	黑玛钢管箍	*DN*40	个	3.16	材料
182500179	黑玛钢管箍	*DN*50	个	4.93	材料
182500181	黑玛钢管箍	*DN*65	个	9.48	材料
182500183	黑玛钢管箍	*DN*80	个	12.93	材料
182500185	黑玛钢管箍	*DN*100	个	24.14	材料
182500187	角钢立管卡	*DN*50	副	4.31	材料
182500189	角钢立管卡	*DN*75	副	5.17	材料
182500191	角钢立管卡	*DN*100	副	6.03	材料
182500193	角钢立管卡	*DN*150	副	6.90	材料
182500195	角钢立管卡	*DN*200	副	29.74	材料
182500197	角钢立管卡	*DN*250	副	71.98	材料
182500199	角钢立管卡	*DN*300	副	112.00	材料
182500201	角钢立管卡	*DN*32~40	副	1.21	材料

续表

代 码	名 称	型 号 规 格	单位	基期价	类 别
182500203	接地卡子	综合	个	0.48	材料
182500205	接头管箍		个	12.93	材料
182500207	连接箍	δ150	个	2.23	材料
182500209	铝卡码		m	0.01	材料
182500211	滤头套箍	ϕ30	个	3.10	材料
182500213	难燃波纹管卡子	*DN*15	个	0.34	材料
182500215	难燃波纹管卡子	*DN*20	个	0.43	材料
182500217	难燃波纹管卡子	*DN*25	个	0.52	材料
182500219	难燃波纹管卡子	*DN*32	个	0.78	材料
182500221	难燃波纹管卡子	*DN*40	个	0.69	材料
182500223	难燃波纹管卡子	*DN*50	个	1.21	材料
182500225	软管夹		个	0.26	材料
182500227	熟铁管箍	*DN*15	个	0.75	材料
182500229	熟铁管箍	*DN*20	个	0.93	材料
182500231	熟铁管箍	*DN*25	个	1.38	材料
182500233	熟铁管箍	*DN*50	个	2.93	材料
182500235	塑料管夹		个	0.26	材料
182500237	塑料管夹	*DN*20	个	0.00	材料
182500239	塑料管夹	*DN*25	个	0.00	材料
182500241	塑料管夹	*DN*32	个	0.00	材料
182500243	塑料管夹	*DN*40	个	0.00	材料
182500245	塑料管夹	*DN*50	个	0.00	材料
182500247	塑料管夹	综合	个	3.17	材料
182500249	塑料管卡	FCL20	个	0.72	材料
182500251	塑料管卡	FCL32	个	1.03	材料
182500253	塑料管卡子	50	个	0.32	材料
182500255	塑料管卡子	100	个	0.55	材料
182500257	塑料管卡子	125	个	0.69	材料
182500259	塑料管卡子	150	个	0.86	材料
182500261	塑料管卡子		个	0.69	材料
182500263	塑料管卡子	ϕ110	个	0.69	材料
182500265	塑料管卡子	ϕ100 以内	个	0.55	材料
182500267	塑料管卡子	ϕ100 以外	个	0.69	材料
182500269	铁皮箍		kg	4.71	材料
182500271	铜管卡及螺栓		套	1.03	材料
182500273	线卡子		个	4.81	材料
182500275	圆钢卡子	ϕ50	kg	9.05	材料
182700001	C 形玻璃钢套管		套	25.86	材料

续表

代 码	名 称	型 号 规 格	单位	基期价	类 别
182700003	吊架	角钢 36×3×135	kg	5.10	材料
182700005	钢管支撑		kg	4.87	材料
182700007	托架	综合	个	4.31	材料
182900001	开启式套管		套	0.26	材料
182900003	螺栓套管		个	0.62	材料
182900005	柔性塑料套管	ϕ10	m	1.03	材料
182900007	柔性塑料套管	ϕ20	m	1.24	材料
182900009	柔性塑料套管	ϕ25	m	1.74	材料
182900011	柔性塑料套管	ϕ32	m	2.78	材料
182900013	线号套管	综合	m	1.72	材料
182900015	阻气套管		套	382.00	材料
183100001	玻璃钢排水管检查口	ϕ110	个	0.00	材料
183100003	玻璃钢排水管伸缩节	ϕ110	个	2.82	材料
183100005	玻璃钢弯头	ϕ50	个	8.44	材料
183100007	玻璃钢雨水斗带罩	ϕ110	个	0.00	材料
183100009	电热熔带	300×200×7	只	84.48	材料
183100011	电热熔带	400×200×7	只	109.00	材料
183100013	电热熔带	500×350×9	只	312.00	材料
183100015	电热熔带	600×350×9	只	353.00	材料
183100017	电热熔带	800×350×9	只	452.00	材料
183100019	电热熔带	1000×350×9	只	694.00	材料
183100021	回扩器	*DN*250	只	142.00	材料
183100023	回扩器	*DN*300	只	171.00	材料
183100025	回扩器	*DN*450	只	199.00	材料
183100027	回扩器	*DN*550	只	237.00	材料
183100029	回扩器	*DN*650	只	332.00	材料
183100031	回扩器	*DN*750	只	379.00	材料
183100033	回扩器	*DN*850	只	616.00	材料
183100035	回扩器	*DN*950	只	759.00	材料
183100037	回扩器	*DN*1000	只	901.00	材料
183100039	回水连接件		副	0.52	材料
183100041	卡箍(泵管用)		个	75.86	材料
183100043	铝压接管	16mm^2	个	3.45	材料
183100045	铝压接管	50mm^2	个	15.52	材料
183100047	铝压接管	70mm^2	个	25.86	材料
183100049	排水接头	*DN*50	个	2.41	材料
183100051	热熔带	150×200×3	只	20.69	材料
183100053	热熔带	250×200×3	只	36.21	材料

续表

代码	名称	型号规格	单位	基期价	类别
183100055	热熔带	300×350×3	只	43.10	材料
183100057	热熔带	400×350×3	只	62.07	材料
183100059	热熔带	500×350×3	只	90.52	材料
183100061	柔性接头		套	50.97	材料
183100063	中继间	ϕ600	套	5172.00	材料
183100065	中继间	ϕ800	套	6034.00	材料
183100067	中继间	ϕ1000	套	7069.00	材料
183100069	中继间	ϕ1200	套	8190.00	材料
183100071	中继间	ϕ1350	套	9983.00	材料
183100073	中继间	ϕ1400	套	9528.00	材料
183100075	中继间	ϕ1500	套	11379.00	材料
183100077	中继间	ϕ1600	套	13262.00	材料
183100079	中继间	ϕ1650	套	12414.00	材料
183100081	中继间	ϕ1800	套	14706.00	材料
183100083	中继间	ϕ2000	套	17241.00	材料
183100085	中继间	ϕ2200	套	18776.00	材料
183100087	中继间	ϕ2400	套	19828.00	材料
183100089	中继间	ϕ2700	套	23276.00	材料
183100091	中继间	ϕ3000	套	26724.00	材料
190000001	阀门	*PN*10 *DN*50	个	68.97	材料
190000003	法兰阀门	*DN*20	个	25.86	材料
190000005	法兰阀门	*DN*50	个	172.00	材料
190000007	法兰阀门	*DN*80	个	241.00	材料
190000009	法兰阀门	*DN*100	个	259.00	材料
190000011	法兰阀门	*DN*150	个	388.00	材料
190000013	法兰阀门	*DN*200	个	534.00	材料
190000015	螺纹阀门	*DN*15	个	30.17	材料
190000017	螺纹阀门	*DN*20	个	25.86	材料
190000019	螺纹阀门	*DN*25	个	32.76	材料
190100001	截止阀	J41H-16C *DN*25	个	90.52	材料
190100003	截止阀	J41H-16C *DN*50	个	194.00	材料
190100005	截止阀	J41H-16C *DN*100	个	440.00	材料
190100007	截止阀	J41H-16C *DN*150	个	1121.00	材料
190100009	截止阀	J41H-16C *DN*250	个	2155.00	材料
190100011	截止阀	J41T-16 *DN*20	个	27.59	材料
190100013	截止阀	J41T-16 *DN*25	个	34.48	材料
190100015	截止阀	J41T-16 *DN*32	个	56.03	材料
190100017	截止阀	J41T-16 *DN*50	个	194.00	材料

续表

代码	名称	型号规格	单位	基期价	类别
190100019	截止阀	J41T-16 *DN*80	个	431.00	材料
190100021	截止阀	J41T-16 *DN*100	个	440.00	材料
190100023	截止阀	J41T-16 *DN*150	个	621.00	材料
190100025	截止阀	J41T-16 *DN*200	个	1293.00	材料
190100027	截止阀	J11T-16K *DN*15	个	19.83	材料
190100029	截止阀	J11T-16K *DN*20	个	27.59	材料
190100031	截止阀	J11T-16K *DN*25	个	68.97	材料
190100033	截止阀	J11T-16K *DN*32	个	73.28	材料
190100035	截止阀	J11T-16K *DN*50	个	112.00	材料
190100037	截止阀	J11W-16P *DN*50	个	224.00	材料
190300001	闸阀	*DN*65	个	207.00	材料
190300003	闸阀	Z41H-16C *DN*50	个	250.00	材料
190300005	闸阀	Z41H-16C *DN*80	个	517.00	材料
190300007	闸阀	Z41H-16C *DN*100	个	379.00	材料
190300009	闸阀	Z41H-40C *DN*50	个	297.00	材料
190300011	闸阀	Z41H-40C *DN*100	个	866.00	材料
190300013	闸阀	Z45T-10 *DN*50	个	250.00	材料
190300015	闸阀	Z45T-10 *DN*100	个	431.00	材料
190300017	闸阀	Z45T-10 *DN*125	个	560.00	材料
190300019	闸阀	Z45T-10 *DN*150	个	764.00	材料
190300021	闸阀	Z15T-10K *DN*20	个	12.93	材料
190300023	闸阀	Z15T-10K *DN*25	个	15.52	材料
190300025	铸铁闸阀套筒		个	172.00	材料
190500001	球阀	Q11F-16T *DN*15	个	17.24	材料
190500003	球阀	Q11F-16T *DN*20	个	27.59	材料
190500005	球阀	Q11F-16T *DN*50	个	112.00	材料
190500007	球阀	综合	个	6.90	材料
190500009	制冷剂管路专用铜球阀		个	0.00	材料
190900001	止回阀	H41H-6C *DN*25	个	179.00	材料
190900003	止回阀	H44H-16C *DN*50	个	397.00	材料
190900005	止回阀	H44T-10 *DN*50	个	77.59	材料
190900007	止回阀	H44T-10 *DN*100	个	207.00	材料
190900009	止回阀	H44T-10 *DN*150	个	259.00	材料
192300001	旋塞阀	X13T-10 *DN*15	个	68.97	材料
192300003	旋塞阀	X13T-10 *DN*20	个	90.52	材料
192300005	旋塞阀	X13T-10 *DN*50	个	172.00	材料
192500001	衬胶隔膜阀	G40J-10 *DN*50	个	293.00	材料
192500003	衬胶隔膜阀	G40J-10 *DN*100	个	431.00	材料

续表

代 码	名 称	型 号 规 格	单位	基期价	类 别
192700001	减压阀	*DN*100	个	1103. 00	材料
194100001	针型阀	J13H-16P *DN*15	个	38. 79	材料
200100001	镀锌法兰盘	ϕ32	只	13. 53	材料
200100003	对焊法兰	*PN*4. 0MPa *DN*50	副	96. 98	材料
200100005	对焊法兰	*PN*4. 0MPa *DN*100	副	189. 00	材料
200100007	法兰		片	65. 52	材料
200100009	法兰	*PN*1. 6MPa *DN*150	副	151. 00	材料
200100011	钢板平焊法兰	1. 6MPa *DN*25	片	11. 64	材料
200100013	钢板平焊法兰	1. 6MPa *DN*50	片	28. 79	材料
200100015	钢板平焊法兰	1. 6MPa *DN*100	片	45. 43	材料
200100017	螺纹法兰		副	100. 00	材料
200100019	平焊法兰		片	0. 00	材料
200100021	平焊法兰	*DN*32	片	19. 31	材料
200100023	平焊法兰	*DN*50	片	28. 79	材料
200100025	平焊法兰	*DN*80	副	74. 66	材料
200100027	平焊法兰	*DN*80	片	37. 33	材料
200100029	平焊法兰	*DN*100	片	45. 43	材料
200100031	平焊法兰	*DN*100	副	90. 86	材料
200100033	平焊法兰	*DN*150	片	75. 69	材料
200100035	平焊法兰	*DN*150	副	151. 00	材料
200100037	平焊法兰	0. 6MPa *DN*25	副	25. 17	材料
200100039	平焊法兰	0. 6MPa *DN*50	副	52. 76	材料
200100041	平焊法兰	1. 0MPa *DN*50	片	28. 79	材料
200100043	平焊法兰	1. 0MPa *DN*80	片	35. 69	材料
200100045	平焊法兰	1. 0MPa *DN*100	片	45. 43	材料
200100047	平焊法兰	1. 0MPa *DN*150	片	75. 69	材料
200100049	平焊法兰	1. 6MPa *DN*32	片	19. 31	材料
200100051	平焊法兰	1. 6MPa *DN*50	片	28. 79	材料
200100053	平焊法兰	1. 6MPa *DN*50	副	57. 59	材料
200100055	平焊法兰	1. 6MPa *DN*65	片	34. 40	材料
200100057	平焊法兰	1. 6MPa *DN*80	副	74. 66	材料
200100059	平焊法兰	1. 6MPa *DN*100	片	45. 43	材料
200100061	平焊法兰	1. 6MPa *DN*100	副	90. 86	材料
200100063	平焊法兰	1. 6MPa *DN*150	片	75. 69	材料
200100065	平焊法兰	1. 6MPa *DN*150	副	151. 00	材料
200100067	平焊法兰	1. 6MPa *DN*200	副	193. 00	材料
200100069	平焊法兰	1. 6MPa *DN*250	副	274. 00	材料
200100071	平焊法兰	*PN*1. 6MPa *DN*50	副	57. 59	材料

续表

代码	名称	型号规格	单位	基期价	类别
200100073	平焊法兰	PN1.6MPa DN100	副	90.86	材料
200100075	平焊法兰	PN1.6MPa DN150	副	151.00	材料
200100077	平焊法兰	PN1.6MPa DN200	副	193.00	材料
200100079	平焊法兰	PN1.6MPa DN300	副	393.00	材料
200100081	平焊法兰	PN1.6MPa DN400	副	668.00	材料
200100083	平焊法兰	PN1.6MPa DN500	副	1198.00	材料
200100085	平焊法兰	PN1.6MPa DN600	副	1834.00	材料
200100087	碳钢法兰	0.6MPa DN50	副	67.24	材料
200100089	碳钢法兰	0.6MPa DN100	副	113.00	材料
200100091	碳钢法兰	0.6MPa DN200	副	169.00	材料
200100093	碳钢法兰	0.6MPa DN250	副	178.00	材料
200100095	碳钢法兰	0.6MPa DN400	副	356.00	材料
200100097	碳钢平焊法兰	DN50	副	57.59	材料
200100099	碳钢平焊法兰	DN100	副	90.86	材料
200100101	碳钢平焊法兰	DN150	副	151.00	材料
200100103	碳钢平焊法兰	1.6MPa DN50	片	28.79	材料
200100105	碳钢平焊法兰	1.6MPa DN65	片	34.40	材料
200100107	碳钢平焊法兰	1.6MPa DN100	片	45.43	材料
200100109	碳钢平焊法兰	1.6MPa DN150	片	75.69	材料
200300001	不锈钢法兰		片	9.96	材料
200700001	铜法兰	DN50	片	233.00	材料
201100001	绝缘垫片	3240 酚醛玻璃布板	m^2	34.48	材料
201100003	腰子法兰		片	41.69	材料
202100001	法兰压盖	DN50	个	29.31	材料
202100003	法兰压盖	DN75	个	36.21	材料
202100005	法兰压盖	DN100	个	56.03	材料
202100007	法兰压盖	DN150	个	103.00	材料
202100009	法兰压盖	DN200	个	149.00	材料
202100011	法兰压盖	DN250	个	227.00	材料
202100013	法兰压盖	DN300	个	321.00	材料
202100015	封头		个	4.31	材料
202100017	盲板		kg	10.84	材料
202100019	盲板	DN100	片	67.24	材料
202100021	盲板	DN200	片	176.00	材料
202100023	盲板	DN300	片	380.00	材料
202100025	盲板	综合	kg	10.84	材料
203100001	不锈钢垫片		片	17.24	材料
203100003	弹簧垫片	综合	10个	0.86	材料

续表

代 码	名 称	型号规格	单位	基期价	类别
203100005	垫片		个	1.29	材料
203100007	垫片	30×30×3	个	0.30	材料
203100009	法兰垫片	综合	个	0.52	材料
203100011	钢齿形垫	综合	片	10.34	材料
203100013	钢垫片	0.8	kg	10.43	材料
203100015	内外环缠绕垫 综合		个	5.17	材料
203300001	垫胶		kg	21.55	材料
203300003	氟丁腈橡胶垫		片	0.00	材料
203300005	氟丁腈橡胶垫	*DN*25	片	4.31	材料
203300007	氟丁腈橡胶垫	*DN*40	片	6.90	材料
203300009	氟丁腈橡胶垫	*DN*50	片	11.21	材料
203300011	氟丁腈橡胶垫	*DN*65	片	16.38	材料
203300013	氟丁腈橡胶垫	*DN*80	片	19.83	材料
203300015	氟丁腈橡胶垫	*DN*100	片	25.86	材料
203300017	氟丁腈橡胶垫	*DN*150	片	47.41	材料
203300019	氟丁腈橡胶垫	*DN*200	片	74.14	材料
203300021	氟丁腈橡胶垫	*DN*250	片	91.38	材料
203300023	氟丁腈橡胶垫	*DN*300	片	124.00	材料
203300025	氟丁腈橡胶垫	*DN*400	片	295.00	材料
203300027	聚四氟乙烯垫片	$\delta3$ $\phi200$	个	38.79	材料
203300029	绝缘垫	$\delta2$	m^2	18.97	材料
203300031	石棉橡胶垫	2	m^2	60.34	材料
203300033	石棉橡胶垫	$\phi100$	个	5.43	材料
203300035	石棉橡胶垫	$\phi150$	个	8.53	材料
203300037	石棉橡胶垫	$\phi200$	个	12.33	材料
203300039	石棉橡胶垫	$\phi250$	个	20.17	材料
203300041	石棉橡胶垫	$\phi300$	个	27.84	材料
203300043	石棉橡胶垫	$\phi400$	个	40.34	材料
203300045	橡胶垫片	25	m	0.08	材料
203300047	羊毛毡垫圈		个	0.43	材料
210900001	洗脸盆		个	253.00	材料
211700001	挂式小便器		个	211.00	材料
211700003	立式小便器		个	681.00	材料
212700001	碳纤维浴霸		套	369.00	材料
213100001	不锈钢毛巾环		副	79.31	材料
213100003	肥皂盒	不锈钢	个	43.97	材料
213100005	排水阻隔板		m^2	66.38	材料
213100007	塑料毛巾杆		根	13.27	材料

续表

代码	名称	型号规格	单位	基期价	类别
213100009	洗脸盆托架		副	25.86	材料
214700001	油过滤器		个	155.00	材料
215500001	燃油喷嘴	1#~2#	件	6.77	材料
215500003	支撑圈	*DN*100	套	0.69	材料
215500005	支撑圈	*DN*150	套	1.21	材料
215500007	支撑圈	*DN*200	套	11.72	材料
215500009	支撑圈	*DN*300	套	21.90	材料
215500011	支撑圈	*DN*400	套	43.88	材料
215500013	支撑圈	*DN*500	套	73.19	材料
215500015	支撑圈	*DN*600	套	122.00	材料
215500017	主副点火器		套	15.13	材料
221100001	散热器补芯		个	1.72	材料
221100003	散热器对丝		个	1.72	材料
221100005	散热器卡子(带膨胀螺栓)		个	0.43	材料
221100007	散热器丝堵		个	2.59	材料
221100009	散热器托钩(带膨胀螺栓)		个	2.59	材料
221100011	散热器托架	D型	个	4.31	材料
221100013	散热器组成胶垫	$\delta 3$	个	0.17	材料
223300001	电加热器		个	431.00	材料
224100001	铝合金回风口		个	23.92	材料
224100003	铝合金回风口	成品	个	0.00	材料
224100005	铝合金送风口		个	23.92	材料
224100007	硬木风口		个	0.00	材料
224100009	柚木回风口		个	15.39	材料
224100011	柚木送风口		个	8.62	材料
224500001	玻璃钢风管	4以外	m^2	86.21	材料
224500003	风管		kg	2.59	材料
224500005	高压风管	$\phi 25$	m	11.21	材料
224500007	高压风管	$\phi 50$	m	51.72	材料
224500009	铁风筒	$\phi 1500$	m	172.00	材料
224500011	粘胶布风筒	$\phi 1500$	m	129.00	材料
224700001	不锈钢风帽		个	259.00	材料
224700003	混凝土风帽		个	103.00	材料
224900001	成品暖气罩	600×1200	个	43.10	材料
224900003	防雨罩		m^2	68.97	材料
225100001	尼龙过滤网		m^2	1.72	材料
225300001	排烟(气)止回阀		个	51.72	材料
226100001	侧面PVC接口法兰		m	2.59	材料

续表

代码	名称	型号规格	单位	基期价	类别
226100003	顶丝卡		个	0.43	材料
226100005	风管专用胶水		kg	12.93	材料
226100007	风机盘管		台	1609.00	材料
226100009	铝合金法兰		m	17.24	材料
226100011	平面PVC接口法兰		m	2.59	材料
226100013	液压台	YKT-36	台	1034.00	材料
226100015	支撑柱保温套		副	1.72	材料
226100017	支撑柱垫片		只	0.86	材料
226100019	支撑柱螺杆	ϕ12	kg	3.10	材料
230300001	地上消火栓	SS100/65-1.6 150	套	0.00	材料
231100001	泡沫发生器		台	862.00	材料
231100003	平衡压力式泡沫比例混合器		台	2586.00	材料
231100005	压力储罐式泡沫比例混合器		台	9310.00	材料
231300001	水流指示器		只	129.00	材料
231700001	防火包		t	2759.00	材料
231700003	防火带		m	8.62	材料
231700005	防火堵料		t	4310.00	材料
231700007	防火墙		m^2	51.72	材料
232700001	塑料集水短管	*DN*25 *L*=80	根	2.59	材料
234100001	报警终端电阻		个	0.43	材料
240700001	恒电位仪		块	689.00	材料
240700003	交流电压表	1T1-0-300V	块	46.29	材料
240900001	玻璃管温度计	0~200℃ WNG-11	支	30.17	材料
240900003	铂电阻温度计		支	26.03	材料
240900005	测温笔		支	64.66	材料
240900007	温度计	0~100℃	支	23.41	材料
240900009	温度计	0~120℃	支	26.98	材料
240900011	温度计套管		个	8.84	材料
241100001	弹簧压力表	Y-100 0~16kg/cm^2	只	34.48	材料
241100003	弹簧压力表	Y-100 0~40kg/cm^2	只	32.84	材料
241100005	弹簧压力表	Y-100 0~1.6MPa	只	56.03	材料
241100007	钢筋应力计		个	321.00	材料
241100009	界面式孔隙水压计		支	344.00	材料
241100011	界面式土压计		支	305.00	材料
241100013	压力表	0~1.6MPa	块	112.00	材料
241100015	压力表	0~4.0MPa	只	8.62	材料
241100017	压力表	0~16MPa	只	19.22	材料
241100019	压力表	0~64MPa	只	32.41	材料

续表

代码	名称	型号规格	单位	基期价	类别
241100021	压力表	0~2.5MPa ϕ50	只	6.90	材料
241100023	压力表	0~2.5MPa ϕ50(带表弯)	套	15.52	材料
241100025	压力表	25MPa(带弯带阀)	套	135.00	材料
241100027	压力表	0~1.6MPa(带弯带阀)	套	181.00	材料
241100029	压力表	Y-100 0~6MPa	只	15.52	材料
241100031	压力表	高压	只	32.41	材料
241100033	压力表	中压	只	19.22	材料
241300001	转子流量计	TZB-25 1000t/min	支	1803.00	材料
241900001	像质计		个	43.10	材料
242500001	混凝土应变计		个	267.00	材料
242500003	支撑轴力计	200t	个	1451.00	材料
242500005	浊度计		套	1034.00	材料
243300001	光盘	5″	片	1.03	材料
243300003	警示带		m	2.33	材料
243300005	色带		盒	17.24	材料
243300007	色带		卷	6.47	材料
243300009	色带		根	0.69	材料
245900001	表计插座		个	21.55	材料
245900003	压力表表弯		个	7.76	材料
245900005	压力表表弯	*DN*15	个	9.48	材料
245900007	压力表补芯		个	12.93	材料
245900009	压力表气门	*DN*15	个	12.12	材料
245900011	压力表弯管	*DN*15	个	12.37	材料
245900013	仪表阀垫片		个	0.69	材料
245900015	仪表接头		套	3.02	材料
245900017	仪表接头(不锈钢)		个	10.78	材料
245900019	应变计		个	229.00	材料
245900021	应变计预埋件		个	38.18	材料
245900023	应变片		片	6.11	材料
246900001	热电偶	1000℃ 1m	个	103.00	材料
250000001	成套灯具		套	474.00	材料
250100001	白炽灯泡	100W	个	2.24	材料
250100003	彩色灯泡	220V 35W	个	3.02	材料
250100005	灯泡		个	1.29	材料
250100007	电珠	2.5V	个	1.29	材料
250100009	防水灯头		个	3.02	材料
250100011	红外线灯泡	220V 1000W	个	30.17	材料
250100013	座灯头		个	3.02	材料

续表

代码	名称	型号规格	单位	基期价	类别
256100001	灯片		m^2	68.97	材料
256100003	吊杆		kg	5.17	材料
256100005	顶套		个	3.02	材料
256100007	镀锌大灯泡抱箍连压板		副	94.83	材料
256100009	镀锌圆钢吊杆	带 4 个螺母 4 个垫圈 $\phi8$	根	4.31	材料
256100011	瓜子灯链	大号	m	1.29	材料
256100013	霓虹管支座	综合	个	8.62	材料
256100015	弯灯抱箍		套	129.00	材料
256100017	圆镀锌挂钩底座	$\phi100$	个	12.93	材料
256100019	镇流器支架		块	12.93	材料
256100021	支柱移动装置		kg	5.86	材料
260300001	扳把开关	5A	个	4.31	材料
264100001	三相四孔插座	15A	个	18.97	材料
264100003	温度计插座		个	6.90	材料
264500001	莲花插头		个	5.17	材料
264900001	电闸箱		个	224.00	材料
264900003	防水按钮	LN-10S 3P	个	13.79	材料
264900005	放烟花用刀闸		个	21.55	材料
264900007	胶壳闸刀	220V/100A	个	30.17	材料
264900009	铁壳开关	3P 30A	个	64.66	材料
264900011	铁壳闸刀	30A/3	个	0.00	材料
264900013	铁壳闸刀	380V/200A	个	56.03	材料
270100001	瓷插式熔断器	5A	个	0.43	材料
270100003	飞保险(羊角熔断器)	5A	个	4.31	材料
270100005	熔断器	RT18/63A	个	8.62	材料
270100007	熔断器	220V/100A	个	4.31	材料
270100009	熔断器	380V/100A	个	4.31	材料
270100011	熔丝	30~40A	条	0.56	材料
270100013	羊角熔断器	5A	个	4.31	材料
270100015	羊角熔断器	10A	个	4.31	材料
270300001	保险丝	5A	轴	7.33	材料
270300003	保险丝	10A	轴	7.33	材料
270300005	保险丝管	10A	个	0.86	材料
270300007	铠装热电偶		只	51.72	材料
270600001	镀锌接地板	40×5×120	个	1.72	材料
270600003	接地环		组	8.62	材料
270600005	接地铜排	5×30	m	68.97	材料
270600007	接地线	$16mm^2$	m	8.62	材料

续表

代码	名称	型号规格	单位	基期价	类别
270600009	接地线	$25mm^2$	m	12.93	材料
270600011	接地线	$5.5\sim16mm^2$	m	3.45	材料
270600013	接地引线		m	4.31	材料
270600015	绝缘监测装置		套	181.00	材料
270600017	铜接地线	$25m^2$	m	12.93	材料
270900001	蝶式绝缘子	ED-1	个	2.59	材料
270900003	蝶式绝缘子	ED-2	个	2.01	材料
270900005	蝶式绝缘子	ED-3	个	1.33	材料
270900007	蝶式绝缘子	大号	个	2.76	材料
270900009	绝缘套管	3240 酚醛玻璃布板	m	4.06	材料
270900011	绝缘子		个	0.00	材料
270900013	拉紧绝缘子	J-2	个	6.90	材料
270900015	直瓷管	$\phi9\sim15\times305$	个	6.47	材料
270900017	直瓷管	$\phi19\sim25\times300$	个	6.47	材料
271100001	电车绝缘子	WX-01	个	6.47	材料
271100003	鼓形绝缘子	G38	个	0.23	材料
271100005	鼓形绝缘子	G50	个	0.26	材料
271100007	绝缘子及灌注螺栓	WX-01	套	17.24	材料
271100009	拉紧绝缘子	J-4.5	个	10.60	材料
271100011	针式绝缘子	PD-1T	个	4.66	材料
271100013	针式绝缘子	PD-2T	个	5.09	材料
271100015	针式绝缘子	PD-3T	个	5.60	材料
271100017	针式绝缘子	大号	个	3.93	材料
271300001	直瓷管	$\phi32\times305$	个	1.29	材料
271300003	直瓷管	$\phi9\sim15\times305$	个	1.29	材料
271300005	直瓷管	$\phi10\sim16\times300$	个	5.60	材料
271300007	直瓷管	$\phi19\sim25\times300$	个	5.60	材料
271500001	瓷板		m^2	12.93	材料
271500003	铁担针式瓷瓶	3#	个	15.52	材料
271700001	电气绝缘胶带	18mm×10m×0.13mm	卷	2.59	材料
271700003	防火电缆扎带	300mm	根	0.36	材料
271700005	黑胶布	20mm×20m	卷	1.29	材料
271700007	黄蜡带	20mm×10m	卷	1.29	材料
271700009	黄蜡带	20mm×40m	卷	12.93	材料
271700011	绝缘胶带	20mm×20m	卷	0.00	材料
271700013	尼龙扎带	150mm	个	0.43	材料
271700015	尼龙扎带	200mm	个	0.43	材料
271700017	尼龙扎带	250mm	个	0.52	材料

续表

代 码	名 称	型 号 规 格	单位	基期价	类 别
271700019	尼龙扎带	300mm	个	0.56	材料
271700021	尼龙扎带	L=100~150	个	0.43	材料
271700023	尼龙扎带	综合	根	0.43	材料
271700025	丝绸绝缘布		m^2	43.10	材料
271700027	塑料胶带		m	3.02	材料
271700029	扎带	B50	m	0.18	材料
271900001	电表板酚醛布板		kg	17.24	材料
271900003	酚醛布板		kg	21.55	材料
271900005	酚醛层压板		kg	51.72	材料
271900007	酚醛层压板	10~20	m^2	90.52	材料
271900009	绝缘钢纸板	δ0.5	kg	51.72	材料
271900011	橡皮绝缘板	δ5	m^2	29.31	材料
272300001	绝缘棒		kg	51.72	材料
272500001	扁形塑料绑带		m	0.43	材料
272500003	磁环	(夹具)	个	12.93	材料
272500005	螺栓绝缘外套		个	12.93	材料
272500007	青壳纸	δ0.1~1.0	kg	4.31	材料
272500009	青壳纸	δ0.1~1.0	张	0.86	材料
273100001	磁环		个	15.52	材料
273100003	电炉丝	220V 2000W	条	4.31	材料
273100005	电阻丝		根	4.31	材料
273100007	耐热电瓷环	ϕ20	个	4.31	材料
273100009	镍铬电阻丝	ϕ3.2	kg	4.31	材料
280100001	补偿导线	EV2×1	m	3.02	材料
280100003	导线		m	1.29	材料
280100005	电热器检查接线		组	4.31	材料
280100007	镀锡裸铜绞线	TJRX 16~25	kg	50.00	材料
280100009	镀锡裸铜软绞线	TJRX 16	kg	50.00	材料
280100011	镀锡裸铜软绞线	TJRX 6~10	kg	50.00	材料
280100013	镀锡裸铜软绞线	TJRX 16~25	kg	50.00	材料
280100015	镀锌裸铜绞线	16mm	kg	50.00	材料
280100017	花线	2×16/0.15	m	0.86	材料
280100019	绝缘导线		m	4.31	材料
280100021	绝缘导线	BX-10	m	1.90	材料
280100023	裸铜线	$6mm^2$	kg	50.00	材料
280100025	裸铜线	$10mm^2$	m	8.62	材料
280100027	裸铜线	$10mm^2$	kg	50.00	材料
280100029	裸铜线	$16mm^2$	m	8.62	材料

续表

代码	名称	型号规格	单位	基期价	类别
280100031	裸铜线	$95mm^2$	m	30.47	材料
280100033	裸铜线	$25mm^2$	m	8.18	材料
280100035	裸铜线	$35mm^2$	m	11.28	材料
280100037	裸铜线	$50mm^2$	m	15.81	材料
280100039	铝芯塑料绝缘线	BLV	1000m	431.00	材料
280100041	铝芯橡皮绝缘线	BLX2.5	m	0.43	材料
280100043	铝芯橡皮绝缘线	BLX6	m	0.60	材料
280100045	铝芯橡皮绝缘线	BLX16	m	1.03	材料
280100047	铝芯橡皮绝缘线	BLX25	m	1.47	材料
280100049	铝芯橡皮绝缘线	BLX70	m	1.72	材料
280100051	铝芯橡皮绝缘线	BLX120	m	6.90	材料
280100053	铝芯橡皮绝缘线	BLX35 双芯	m	3.02	材料
280100055	屏蔽绞线	2 芯	m	1.72	材料
280100057	屏蔽绞线	4 芯	m	3.45	材料
280100059	屏蔽线二芯		m	2.59	材料
280100061	屏蔽线四芯		m	5.17	材料
280100063	软铜绞线	TJR7/1.33	kg	50.00	材料
280100065	铜芯多股绝缘电线		m	0.52	材料
280100067	铜芯聚氯乙烯护套屏蔽软线	RVVP 2×1.0	m	1.92	材料
280100069	铜芯聚氯乙烯护套屏蔽软线	RVVSP 2×1.5	m	2.59	材料
280100071	铜芯聚氯乙烯绞型软线	RVS 2×2.5	m	2.59	材料
280100073	铜芯塑料绝缘线	BV1.0	m	0.60	材料
280100075	铜芯塑料绝缘线	BV1.5	m	0.78	材料
280100077	铜芯塑料绝缘线	BV2.5	m	1.29	材料
280100079	铜芯塑料绝缘线	BV4	m	1.90	材料
280100081	铜芯塑料绝缘线	BV6	m	3.02	材料
280100083	铜芯塑料绝缘线	BV6.0	m	3.02	材料
280100085	铜芯塑料绝缘线	BV8.0	m	4.30	材料
280100087	铜芯塑料绝缘线	BV10	m	6.03	材料
280100089	铜芯塑料绝缘线	BV16	m	7.63	材料
280100091	铜芯塑料绝缘线	BV25	m	11.21	材料
280100093	铜芯塑料绝缘线	BV35	m	16.38	材料
280100095	铜芯塑料绝缘线	BV120	m	55.17	材料
280100097	铜芯塑料绝缘线	BV	m	1.72	材料
280100099	铜芯塑料绝缘线	BV 3×2.5	m	5.17	材料
280100101	铜芯塑料绝缘线	BVR1.5	m	0.95	材料
280100103	铜芯塑料绝缘线	BVR2.5	m	1.55	材料
280100105	铜芯塑料绝缘线	BVR4	m	2.16	材料

续表

代 码	名 称	型 号 规 格	单位	基期价	类 别
280100107	铜芯塑料绝缘线	BVR6	m	3.45	材料
280100109	铜芯塑料绝缘线	BVR6	km	3448.00	材料
280100111	铜芯塑料绝缘线	BVR10	m	8.63	材料
280100113	铜芯塑料绝缘线	BVR16	m	10.01	材料
280100115	铜芯塑料绝缘线	BVR35	m	19.83	材料
280100117	铜芯塑料绝缘线	BVV 1×10	m	5.17	材料
280100119	铜芯塑料绝缘线	VV 1×4	m	4.31	材料
280100121	铜芯塑料绝缘线	VV 1×10	m	7.33	材料
280100123	铜芯塑料绝缘线	VV 2×4	m	6.90	材料
280100125	铜芯塑料绝缘线	VV 3×10	m	14.66	材料
280100127	铜芯塑料绝缘线	VV 3×70+2×25	m	121.00	材料
280100129	铜芯塑料绝缘线	VV 3×120+2×70	m	214.00	材料
280100131	铜芯塑料绝缘线	VV 3×150+2×120	m	257.00	材料
280100133	铜芯塑料绝缘线	VV 3×180+2×150	m	319.00	材料
280100135	铜芯塑料绝缘线	ZR-BV 1.5	m	0.78	材料
280100137	铜芯塑料绝缘线	ZR-RVS 2×1.5	m	1.55	材料
280100139	铜芯橡皮绝缘线	BX 1.5	m	0.78	材料
280100141	铜芯橡皮绝缘线	BX 2.5	m	1.29	材料
280100143	铜芯橡皮绝缘线	BX 4.0	m	2.16	材料
280100145	铜芯橡皮绝缘线	BX 6.0	m	2.16	材料
280100147	铜芯橡皮绝缘线	BX 3×2.5	m	4.31	材料
280100149	铜芯橡皮绝缘线	BXH 2×16/0.15	m	2.59	材料
280100151	铜芯橡皮绝缘线	BXH 2×23/0.15	m	2.59	材料
280100153	橡胶四芯软缆		m	164.00	材料
280100155	橡胶四芯软缆	3×70+1×25	m	164.00	材料
280100157	橡套软线	2 芯 1.5mm^2	m	1.55	材料
280100159	橡套软线	2 芯 2.5mm^2	m	2.24	材料
280100161	硬铜绞线	TJ-4	kg	50.00	材料
280100163	硬铜绞线	TJ-6	kg	50.00	材料
280100165	硬铜绞线	TJ-10	m	3.88	材料
280100167	硬铜绞线	TJ-10	kg	43.10	材料
280100169	硬铜绞线	TJ-16	m	8.62	材料
280100171	硬铜绞线	TJ-35	m	17.24	材料
280100173	硬铜绞线	TJ-35	kg	50.00	材料
280100175	硬铜绞线	TJ-95	kg	50.00	材料
280100177	硬铜绞线	TJ-120	kg	50.00	材料
280100179	硬铜绞线	TJ-2.5-4	m	1.72	材料
280100181	阻燃屏蔽线	2×0.3mm^2	m	3.74	材料

续表

代码	名称	型号规格	单位	基期价	类别
280300001	低烟无卤电力电缆	WDZC-YJY-1kV 3×10+1×6	m	12.93	材料
280300003	电缆	3×6+1×4	m	18.10	材料
280300005	电缆	35mm^2	m	17.24	材料
280300007	电缆	YCW-3×6WH500W	m	18.97	材料
280300009	电缆	YCW-3×70WH500W	m	164.00	材料
280300011	电力电缆	VV 1×6	m	3.88	材料
280300013	电力电缆	VV 1×12	m	7.33	材料
280300015	电力电缆	VV 3×70+1×2	m	168.00	材料
280300017	电力电缆	YHC3×16+1×6	m	38.79	材料
280300019	电力电缆	YHC3×50+1×6	m	129.00	材料
280300021	动力电缆		m	16.07	材料
280300023	防水电缆		m	8.62	材料
280300025	接地电缆		m	6.59	材料
280300027	软电缆		根	23.00	材料
280300029	调相电缆	75-9-4	m	33.53	材料
280300031	橡胶三芯软缆	3×35	m	56.03	材料
280300033	橡套电力电缆	YHC 3×16+1×6	m	26.72	材料
280300035	橡套电力电缆	YHC 3×50+1×6	m	75.86	材料
280300037	橡套电力电缆	YHC 3×70+1×25	m	103.00	材料
280300039	信号电缆		m	1.68	材料
280300041	阻燃信号电缆	250V3 芯	m	4.68	材料
280500001	塑料绝缘控制电缆	KVV	100m	8.62	材料
282700001	信号连接电缆(VGA)		条	10.34	材料
282700003	信号连接电缆(含接头)		m	6.90	材料
282700005	信号连接光缆跳线		m	38.79	材料
282900001	射频电缆	50-9-4	m	33.53	材料
283100001	双绞线(4 对)		m	4.31	材料
283100003	跳线	100m	盘	0.43	材料
283100005	阻燃对绞屏蔽线	2×23×0.15(mm^2)	m	2.59	材料
284300001	地线埋设标		根	12.33	材料
284300003	电打火电缆线	ϕ8BV8.12 股铜线	m	5.67	材料
284300005	电打火电缆线	ϕ10BV8.2 股铜线	m	7.57	材料
284300007	放烟花用电线		m	1.03	材料
284300009	高精度热电偶补偿导线		m	3.02	材料
284300011	光缆护套		m	8.62	材料
284300013	试纸		张	1.81	材料
284300015	探头线		根	58.62	材料
290100001	桥架	综合	m	68.97	材料

续表

代码	名称	型号规格	单位	基期价	类别
290200001	电缆托板		块	7.81	材料
290200003	电缆托架	甲	套	16.38	材料
290200005	电缆托架	乙	套	7.91	材料
290200007	接头支架		套	12.93	材料
290200009	金属支架		kg	5.17	材料
290200011	支撑架		kg	5.17	材料
290200013	铸铁垫板		kg	5.17	材料
290300001	间隔垫	MJG 1-4	套	5.63	材料
290300003	塑料线槽配件	线槽断面周长 120 以内	个	2.59	材料
290300005	塑料线槽配件	线槽断面周长 170 以内	个	3.45	材料
290300007	塑料线槽配件	线槽断面周长 260 以内	个	4.74	材料
290300009	塑料线槽配件	线槽断面周长 360 以内	个	6.90	材料
290500001	白钢元母线		10m	94.83	材料
290500003	铜排	25×3	m	31.03	材料
290500005	紫铜排	-50×5	m	135.00	材料
290600001	PVC 电工管	6(中型)	m	0.48	材料
290600003	PVC 电工管	16(中型)	m	0.94	材料
290600005	保安地气棒		根	25.86	材料
290600007	保护管		m	4.83	材料
290600009	穿线管	$\phi60$	根	12.93	材料
290600011	地气棒		根	21.55	材料
290600013	电线管	TC20	m	2.59	材料
290600015	电线管	TC32	m	3.45	材料
290600017	电线管	TC50	m	5.17	材料
290600019	镀锌电缆吊挂	3.0×50	套	4.31	材料
290600021	镀锌电缆吊挂	3.0×100	套	8.62	材料
290600023	镀锌电线管卡子	15	个	0.09	材料
290600025	镀锌电线管卡子	20	个	0.13	材料
290600027	镀锌电线管卡子	25	个	0.17	材料
290600029	镀锌电线管卡子	32	个	0.26	材料
290600031	镀锌电线管卡子	40	个	0.34	材料
290600033	镀锌电线管卡子	50	个	0.43	材料
290600035	镀锌钢管塑料护口	*DN*15	个	0.04	材料
290600037	镀锌钢管塑料护口	*DN*20	个	0.09	材料
290600039	镀锌钢管塑料护口	*DN*25	个	0.12	材料
290600041	镀锌钢管塑料护口	*DN*50	个	0.24	材料
290600043	镀锌钢管塑料护口	*DN*65	个	0.35	材料
290600045	镀锌钢管塑料护口	*DN*80	个	0.38	材料

续表

代码	名称	型号规格	单位	基期价	类别
290600047	镀锌钢管塑料护口	DN100	个	0.62	材料
290600049	镀锌拉线棒	ϕ19×2500	个	25.86	材料
290600051	镀锌拉线棒	ϕ22×2500	个	30.17	材料
290600053	镀锌拉线棒	ϕ25×2500	个	25.86	材料
290600055	镀锌铜压接管	240mm^2	个	62.07	材料
290600057	钢管保护管	ϕ40×400	根	8.62	材料
290600059	管卡子(电线管用)	45~50	个	0.37	材料
290600061	管卡子(金属软管用)	15	个	0.34	材料
290600063	管卡子(金属软管用)	20	个	0.36	材料
290600065	管卡子(金属软管用)	25	个	0.40	材料
290600067	管卡子(金属软管用)	32	个	0.48	材料
290600069	管卡子(金属软管用)	40	个	0.53	材料
290600071	管卡子(金属软管用)	50	个	0.62	材料
290600073	金属软管		m	5.17	材料
290600075	金属软管	D15	m	2.46	材料
290600077	金属软管	D20	m	3.10	材料
290600079	金属软管	D25	m	3.45	材料
290600081	金属软管	D40	m	5.00	材料
290600083	金属软管	D50	m	5.34	材料
290600085	金属软管	D75	m	6.90	材料
290600087	金属软管	D100	m	8.19	材料
290600089	金属软管活接头	ϕ20	套	7.76	材料
290600091	金属软管活接头	ϕ25	套	7.33	材料
290600093	金属软管活接头	ϕ40	套	14.14	材料
290600095	金属软管活接头	ϕ50	套	19.40	材料
290600097	金属软管活接头	ϕ75	套	84.48	材料
290600099	金属软管活接头	ϕ100	套	94.83	材料
290600101	金属软管接头	DN15	个	0.79	材料
290600103	金属软管接头	DN20	个	1.07	材料
290600105	金属软管接头	DN25	个	1.47	材料
290600107	金属软管接头	DN32	个	1.79	材料
290600109	金属软管接头	DN40	个	3.38	材料
290600111	金属软管接头	DN50	个	3.61	材料
290600113	金属软管卡子	DN15	个	0.34	材料
290600115	金属软管卡子	DN20	个	0.36	材料
290600117	金属软管卡子	DN25	个	0.40	材料
290600119	金属软管卡子	DN32	个	0.48	材料
290600121	金属软管卡子	DN40	个	0.53	材料

续表

代码	名称	型号规格	单位	基期价	类别
290600123	金属软管卡子	*DN*50	个	0.62	材料
290600125	金属软管尼龙接头	15	个	0.34	材料
290600127	金属软管尼龙接头	20	个	0.34	材料
290600129	金属软管尼龙接头	25	个	0.45	材料
290600131	金属软管尼龙接头	32	个	0.53	材料
290600133	金属软管尼龙接头	40	个	0.63	材料
290600135	金属软管尼龙接头	50	个	0.73	材料
290600137	聚丙烯斜管		m	18.10	材料
290600139	聚氯乙烯管	ϕ165	kg	10.17	材料
290600141	聚氯乙烯软管	*D*20×2.5	m	0.33	材料
290600143	可挠金属套管护口	BP-10	个	0.17	材料
290600145	可挠金属套管护口	BP-12	个	0.43	材料
290600147	可挠金属套管护口	BP-15	个	0.86	材料
290600149	可挠金属套管护口	BP-17	个	0.86	材料
290600151	可挠金属套管护口	BP-24	个	0.86	材料
290600153	可挠金属套管护口	BP-30	个	0.86	材料
290600155	可挠金属套管护口	BP-38	个	0.86	材料
290600157	可挠金属套管护口	BP-50	个	1.72	材料
290600159	可挠金属套管护口	BP-63	个	3.45	材料
290600161	可挠金属套管护口	BP-76	个	3.45	材料
290600163	可挠金属套管护口	BP-83	个	3.45	材料
290600165	可挠金属套管护口	BP-101	个	5.17	材料
290600167	可挠金属套管接头	KS-10	个	1.99	材料
290600169	可挠金属套管接头	KS-12	个	2.66	材料
290600171	可挠金属套管接头	KS-15	个	2.81	材料
290600173	可挠金属套管接头	KS-17	个	2.96	材料
290600175	可挠金属套管接头	KS-24	个	3.43	材料
290600177	可挠金属套管接头	KS-30	个	4.56	材料
290600179	可挠金属套管接头	KS-38	个	6.07	材料
290600181	可挠金属套管接头	KS-50	个	8.35	材料
290600183	可挠金属套管接头	KS-63	个	20.09	材料
290600185	可挠金属套管接头	KS-76	个	24.05	材料
290600187	可挠金属套管接头	KS-83	个	27.59	材料
290600189	可挠金属套管接头	KS-101	个	41.38	材料
290600191	可挠金属套管卡子	SP-10	个	0.30	材料
290600193	可挠金属套管卡子	SP-12	个	0.31	材料
290600195	可挠金属套管卡子	SP-15	个	0.33	材料
290600197	可挠金属套管卡子	SP-17	个	0.34	材料

续表

代　码	名　　称	型号规格	单位	基期价	类别
290600199	可挠金属套管卡子	SP-24	个	0.37	材料
290600201	可挠金属套管卡子	SP-30	个	0.52	材料
290600203	拉线保护管		根	86.21	材料
290600205	铝压接管	$2.5mm^2$	个	0.26	材料
290600207	铝压接管	$4mm^2$	个	0.09	材料
290600209	铝压接管	$6mm^2$	个	0.17	材料
290600211	铝压接管	$10mm^2$	个	1.29	材料
290600213	铝压接管	$35mm^2$	个	3.45	材料
290600215	铝压接管	$120mm^2$	个	6.90	材料
290600217	铝压接管	$240mm^2$	个	12.93	材料
290600219	铝压接管	$400mm^2$	个	30.17	材料
290600221	铝扎索管	$35mm^2$	m	1.29	材料
290600223	铝扎索管	$120mm^2$	个	2.59	材料
290600225	铝扎索管	$240mm^2$	个	4.31	材料
290600227	难燃塑料管接头	15	个	0.17	材料
290600229	难燃塑料管接头	20	个	0.26	材料
290600231	难燃塑料管接头	25	个	0.39	材料
290600233	难燃塑料管接头	32	个	0.69	材料
290600235	难燃塑料管接头	40	个	0.95	材料
290600237	难燃塑料管接头	50	个	1.29	材料
290600239	难燃塑料管接头	65	个	1.72	材料
290600241	难燃塑料管接头	80	个	2.59	材料
290600243	难燃塑料管卡子	15	个	0.09	材料
290600245	难燃塑料管卡子	20	个	0.17	材料
290600247	难燃塑料管卡子	25	个	0.22	材料
290600249	难燃塑料管卡子	32	个	0.26	材料
290600251	难燃塑料管卡子	40	个	0.39	材料
290600253	难燃塑料管卡子	50	个	0.74	材料
290600255	难燃塑料管卡子	65	个	1.72	材料
290600257	难燃塑料管三通	15	个	1.29	材料
290600259	难燃塑料管三通	20	个	1.72	材料
290600261	难燃塑料管三通	25	个	2.16	材料
290600263	难燃塑料管三通	32	个	2.59	材料
290600265	难燃塑料管三通	40	个	3.02	材料
290600267	难燃塑料管三通	50	个	3.45	材料
290600269	难燃塑料管三通	65	个	4.31	材料
290600271	难燃塑料管伸缩接头	15	个	0.43	材料
290600273	难燃塑料管伸缩接头	20	个	0.69	材料

续表

代　码	名　　称	型号规格	单位	基期价	类别
290600275	难燃塑料管伸缩接头	25	个	0.86	材料
290600277	难燃塑料管伸缩接头	32	个	1.29	材料
290600279	难燃塑料管伸缩接头	40	个	1.72	材料
290600281	难燃塑料管伸缩接头	50	个	2.59	材料
290600283	难燃塑料管伸缩接头	65	个	3.02	材料
290600285	难燃塑料管弯头	15	个	0.43	材料
290600287	难燃塑料管弯头	20	个	0.69	材料
290600289	难燃塑料管弯头	25	个	0.86	材料
290600291	难燃塑料管弯头	32	个	1.29	材料
290600293	难燃塑料管弯头	40	个	1.72	材料
290600295	难燃塑料管弯头	50	个	2.59	材料
290600297	难燃塑料管弯头	65	个	3.02	材料
290600299	钳接管	QJG-35	个	3.45	材料
290600301	钳接管	QJG-95	个	6.03	材料
290600303	钳接管	QJG-25-35mm^2	个	4.31	材料
290600305	钳接管	QL-10	个	1.29	材料
290600307	钳接管	QL-16	个	1.29	材料
290600309	钳接管	QL-25	个	2.16	材料
290600311	钳接管	QL-35	个	3.45	材料
290600313	钳接管	QL-50	个	4.31	材料
290600315	钳接管	QL-70	个	5.17	材料
290600317	钳接管	QL-95	个	6.03	材料
290600319	钳接管	QL-120	个	6.90	材料
290600321	钳接管	QL-150	个	12.93	材料
290600323	钳接管	QL-185	个	15.52	材料
290600325	钳接管	QL-240	个	17.24	材料
290600327	钳接管	QL-150-240	个	15.52	材料
290600329	钳接管	QLG-150	个	12.93	材料
290600331	钳接管	QLG-150-185	个	13.79	材料
290600333	热缩式电缆中间接头	35~400mm^2	套	129.00	材料
290600335	热缩套管	ϕ6	个	0.00	材料
290600337	热缩套管	ϕ7×220	m	0.69	材料
290600339	塑料管卡子	15	个	0.09	材料
290600341	塑料管卡子	20	个	0.13	材料
290600343	塑料管卡子	25	个	0.17	材料
290600345	塑料管卡子	32	个	0.22	材料
290600347	塑料管卡子	40	个	0.26	材料
290600349	塑料管卡子	70	个	0.43	材料

续表

代码	名称	型号规格	单位	基期价	类别
290600351	塑料管卡子	80	个	0.86	材料
290600353	塑料护口(电线管用)	*DN*15	个	0.04	材料
290600355	塑料护口(电线管用)	*DN*20	个	0.09	材料
290600357	塑料护口(电线管用)	*DN*25	个	0.13	材料
290600359	塑料护口(电线管用)	*DN*32	个	0.17	材料
290600361	塑料护口(电线管用)	*DN*40	个	0.22	材料
290600363	塑料护口(电线管用)	*DN*50	个	0.26	材料
290600365	塑料护口(电线管用)	*DN*65	个	0.34	材料
290600367	塑料护口(电线管用)	*DN*80	个	0.39	材料
290600369	塑料护口(电线管用)	*DN*100	个	0.65	材料
290600371	塑料护口(电线管用)	*DN*15~20	个	0.09	材料
290600373	塑料护口(电线管用)	*DN*25~32	个	0.16	材料
290600375	塑料护口(电线管用)	*DN*40~50	个	0.26	材料
290600377	塑料护口(电线管用)	*DN*125	个	0.75	材料
290600379	塑料护口(电线管用)	*DN*150	个	0.95	材料
290600381	塑料护口(钢管用)	*DN*15	个	0.04	材料
290600383	塑料护口(钢管用)	*DN*20	个	0.09	材料
290600385	塑料护口(钢管用)	*DN*25	个	0.12	材料
290600387	塑料护口(钢管用)	*DN*32	个	0.16	材料
290600389	塑料护口(钢管用)	*DN*40	个	0.21	材料
290600391	塑料护口(钢管用)	*DN*50	个	0.24	材料
290600393	塑料护口(钢管用)	*DN*65	个	0.35	材料
290600395	塑料护口(钢管用)	*DN*80	个	0.38	材料
290600397	塑料护口(钢管用)	*DN*100	个	0.62	材料
290600399	塑料护口(钢管用)	*DN*125	个	0.84	材料
290600401	塑料护口(钢管用)	*DN*150	个	1.34	材料
290600403	塑料护口(钢管用)	*DN*15~20	个	0.09	材料
290600405	塑料护口(钢管用)	*DN*25~32	个	0.15	材料
290600407	塑料护口(钢管用)	*DN*40~50	个	0.24	材料
290600409	塑料卡子		个	0.43	材料
290600411	塑料线卡	ϕ15 以内	个	0.09	材料
290600413	套管 KT2 型		个	0.43	材料
290600415	套接管		m	2.16	材料
290600417	铜卡子		个	7.76	材料
290600419	铜压接管	2.5mm^2	个	0.43	材料
290600421	铜压接管	16mm^2	个	1.55	材料
290600423	铜压接管	25mm^2	个	2.59	材料
290600425	铜压接管	35mm^2	个	3.45	材料

续表

代码	名称	型号规格	单位	基期价	类别
290600427	铜压接管	$50mm^2$	个	5.00	材料
290600429	铜压接管	$70mm^2$	个	7.41	材料
290600431	铜压接管	$95mm^2$	个	8.62	材料
290600433	铜压接管	$120mm^2$	个	12.93	材料
290600435	铜压接管	$185mm^2$	个	17.24	材料
290600437	铜压接管	$240mm^2$	个	44.83	材料
290600439	铜压接管	$400mm^2$	个	84.48	材料
290600441	硬聚氯乙烯塑料直接	*DN*50	个	1.16	材料
290600443	硬聚氯乙烯塑料直接	*DN*75	个	1.38	材料
290600445	硬聚氯乙烯塑料直接	*DN*100	个	3.45	材料
290600447	硬聚氯乙烯塑料直接	*DN*150	个	4.83	材料
290600449	硬聚氯乙烯塑料直接	*DN*200	个	6.90	材料
290600451	硬聚氯乙烯塑料直接	*DN*250	个	8.62	材料
290600453	硬聚氯乙烯塑料直接	*DN*300	个	17.24	材料
290600455	硬聚氯乙烯塑料直接	*DN*350	个	34.48	材料
290600457	硬聚氯乙烯塑料直接	*DN*400	个	56.03	材料
290600459	硬塑料管接头	*D*20	个	1.29	材料
290600461	硬塑料管接头	*D*32	个	2.16	材料
290600463	硬塑料管接头	*D*50	个	3.28	材料
290600465	硬塑料管接头	*D*70	个	5.09	材料
290600467	硬塑料管接头	*D*100	个	6.38	材料
290600469	硬塑料管接头	*D*150	个	10.09	材料
290600471	硬塑料管接头	*D*200	个	12.59	材料
290600473	终端头卡子	1.5×20	个	0.86	材料
290700001	成套型电缆中间接头		套	129.00	材料
290700003	户外热缩式电缆终端头		套	129.00	材料
290700005	冷压接线端头	RJ4r	个	0.43	材料
290700007	漏缆终端头	L16Q-J104	个	76.50	材料
290700009	漏缆终端座	L16Q-50K339	个	177.00	材料
290700011	热缩式电缆中间接头	35	套	129.00	材料
290700013	热缩式电缆中间接头	120	套	129.00	材料
290700015	热缩式电缆中间接头	240	套	129.00	材料
290700017	铜线鼻子		个	1.03	材料
290900001	TG 端子		个	0.17	材料
290900003	瓷管头	ϕ10~16×25	个	0.86	材料
290900005	瓷接头	(双)	个	0.86	材料
290900007	瓷接头	1~3 回路	个	0.17	材料
290900009	电缆接线子		只	1.72	材料

续表

代码	名称	型号规格	单位	基期价	类别
290900011	接线铜端子头		个	0.86	材料
290900013	冷压端子	ϕ6 孔	个	2.67	材料
290900015	冷压端子	ϕ8 孔	个	3.19	材料
290900017	冷压接线端头	RJ45	个	0.86	材料
290900019	铝接线端子	16~35	个	1.72	材料
290900021	铝接线端子	50~95	个	4.31	材料
290900023	铝接线端子	120~150	个	2.59	材料
290900025	铝接线端子	185~240	个	12.93	材料
290900027	铝接线端子	DL-10	个	0.86	材料
290900029	铝接线端子	DL-16	个	1.72	材料
290900031	铝接线端子	DL-25	个	1.72	材料
290900033	铝接线端子	DL-35	个	2.59	材料
290900035	铝接线端子	DL-50	个	3.02	材料
290900037	铝接线端子	DL-70	个	3.45	材料
290900039	铝接线端子	DL-95	个	5.17	材料
290900041	铝接线端子	DL-120	个	5.17	材料
290900043	铝接线端子	DL-150	个	8.62	材料
290900045	铝接线端子	DL-185	个	10.34	材料
290900047	铝接线端子	DL-240	个	12.93	材料
290900049	铝接线端子	DL-300	个	21.55	材料
290900051	铝接线端子	DL-400	个	34.48	材料
290900053	弱电冷压端子		个	0.86	材料
290900055	视频接线端子		个	13.59	材料
290900057	塑料接线柱	双线	个	1.72	材料
290900059	铜端子	$6mm^2$	个	0.86	材料
290900061	铜端子	$16mm^2$	个	2.16	材料
290900063	铜接地端子带螺栓		套	5.00	材料
290900065	铜接地端子带螺栓	DT-6	个	2.59	材料
290900067	铜接线端子	20A	个	0.86	材料
290900069	铜接线端子	50A	个	0.86	材料
290900071	铜接线端子	100A	个	1.72	材料
290900073	铜接线端子	400A	个	3.45	材料
290900075	铜接线端子	1000A	个	14.66	材料
290900077	铜接线端子	1500A	个	31.03	材料
290900079	铜接线端子	2000A	个	36.21	材料
290900081	铜接线端子	DT-2.5	个	1.55	材料
290900083	铜接线端子	DT-6	个	2.24	材料
290900085	铜接线端子	DT-10	个	2.59	材料

续表

代码	名称	型号规格	单位	基期价	类别
290900087	铜接线端子	DT-16	个	2.59	材料
290900089	铜接线端子	DT-25	个	3.45	材料
290900091	铜接线端子	DT-35	个	4.31	材料
290900093	铜接线端子	DT-50	个	6.03	材料
290900095	铜接线端子	DT-70	个	8.62	材料
290900097	铜接线端子	DT-95	个	11.21	材料
290900099	铜接线端子	DT-120	个	14.66	材料
290900101	铜接线端子	DT-150	个	17.24	材料
290900103	铜接线端子	DT-185	个	21.55	材料
290900105	铜接线端子	DT-240	个	30.17	材料
290900107	铜接线端子	DT-300	个	47.41	材料
290900109	铜接线端子	DT-400	个	73.28	材料
290900111	铜铝过渡接线端子	25	个	1.30	材料
290900113	铜铝过渡接线端子	DT-35	个	12.05	材料
290900115	铜铝过渡接线端子	DT-50	个	15.86	材料
290900117	铜铝过渡接线端子	DT-70	个	18.19	材料
290900119	铜铝过渡接线端子	DT-120	个	32.93	材料
290900121	铜铝过渡接线端子	DT-240	个	56.29	材料
290900123	铜铝过渡接线端子	DT-400	个	93.97	材料
290900125	铜线端子	20A	个	2.76	材料
290900127	压根线端子		个	7.33	材料
291100001	插接件		个	0.43	材料
291100003	道岔电路用整流盒		个	17.24	材料
291100005	电缆中间接头盒	35	套	17.24	材料
291100007	电缆中间接头盒	120	套	17.24	材料
291100009	电缆中间接头盒	240	套	17.24	材料
291100011	多用接头盒		套	129.00	材料
291100013	光缆绝缘盒		个	259.00	材料
291100015	光缆终端盒	28芯	个	302.00	材料
291100017	光缆终端盒	48芯	个	431.00	材料
291100019	光缆终端盒	60芯	个	431.00	材料
291100021	户外热塑头户外终端盒	35	套	60.34	材料
291100023	户外热塑头户外终端盒	120	套	60.34	材料
291100025	户外热塑头户外终端盒	240	套	60.34	材料
291100027	接头箱		kg	4.31	材料
291100029	接线盒		个	8.62	材料
291100031	接线盒	50~70×50~70×25	个	8.62	材料
291100033	接线盒	50~70×50~70×25	个	6.90	材料

续表

代码	名称	型号规格	单位	基期价	类别
291100035	接线箱		个	8.62	材料
291100037	免维护地下电缆接续盒	HDM-T	套	608.00	材料
291100039	塑料吊线盒		个	0.86	材料
291100041	阻燃槽盒		m	86.21	材料
291300001	母线拉紧装置	$500mm^2$ 以内	套	32.76	材料
291300003	母线拉紧装置	$1200mm^2$ 以内	套	43.10	材料
291700001	并沟线夹	JB-1	只	4.31	材料
291700003	并沟线夹	JB-2	只	5.17	材料
291700005	并沟线夹	JB-3	只	6.03	材料
291700007	并沟线夹	JB-4	只	8.62	材料
291700009	并沟线夹	$35mm^2$	个	51.72	材料
291700011	并沟线夹	$95mm^2$	个	51.72	材料
291700013	并沟线夹	$150mm^2$	个	68.97	材料
291700015	地线夹板		块	4.18	材料
291700017	地线夹板		副	4.18	材料
291700019	镀锌地线夹	15	套	0.78	材料
291700021	镀锌地线夹	20	套	0.78	材料
291700023	镀锌地线夹	25	套	0.95	材料
291700025	镀锌地线夹	32	套	0.95	材料
291700027	镀锌地线夹	40	套	1.03	材料
291700029	镀锌地线夹	50	套	1.03	材料
291700031	镀锌地线夹	65	套	1.38	材料
291700033	镀锌地线夹	80	套	1.55	材料
291700035	镀锌地线夹	100	套	2.16	材料
291700037	镀锌地线夹	125	套	2.59	材料
291700039	镀锌地线夹	150	套	3.10	材料
291700041	胶木线夹		个	0.17	材料
291700043	塑料线夹	$\phi15$	个	0.17	材料
291700045	铜铝过渡线夹	UT-1	个	8.62	材料
291700047	铜铝过渡线夹	UT-2	个	12.93	材料
291900001	导电杆		只	67.24	材料
291900003	水泥电杆		根	517.00	材料
291900005	铁塔		基	124138.00	材料
292100001	U形卡子		个	1.81	材料
292100003	抱箍	U形	套	9.83	材料
292100005	茶托拉板		块	8.62	材料
292100007	电缆固定压板	铁件	kg	3.62	材料
292100009	吊线抱箍		套	4.31	材料

续表

代码	名称	型号规格	单位	基期价	类别
292100011	镀锌 M 形抱铁		个	6.00	材料
292100013	镀锌 U 形抱箍		套	9.33	材料
292100015	镀锌 V 形横箍		副	7.91	材料
292100017	镀锌扁钢抱箍	−40×4	副	6.81	材料
292100019	镀锌大灯抱箍压板		副	13.28	材料
292100021	镀锌横担抱箍		副	8.84	材料
292100023	镀锌角钢卡箍		副	20.88	材料
292100025	镀锌铁拉板	50×6×650	块	8.45	材料
292100027	镀锌铁拉板	40×4×200~350	块	3.86	材料
292100029	钢担 U 形抱箍(二线担用)		套	9.48	材料
292100031	钢拉杆		kg	8.62	材料
292100033	管线抱箍标志		个	129.00	材料
292100035	卡扣		kg	6.90	材料
292100037	拉扣		只	0.86	材料
292100039	拉线抱箍		套	4.31	材料
292100041	锚环		个	17.24	材料
292100043	圆箍		副	8.62	材料
292100045	直可变抱箍		套	9.48	材料
292100047	终端可变抱箍		套	9.48	材料
292300001	底盘		块	25.86	材料
292300003	吊线担		根	10.34	材料
292300005	镀锌 V 形横箍		副	3.02	材料
292300007	镀锌横担	L5×50×1500	根	25.86	材料
292300009	镀锌角钢横担	50×5×800	根	21.55	材料
292300011	镀锌接地线板	40×5×120	个	8.62	材料
292300013	镀锌拉线横担	L50×5×650	副	34.48	材料
292300015	多用二线钢担		根	22.41	材料
292300017	横担		根	12.93	材料
292300019	终端转角墙担		根	9.14	材料
292500001	电缆吊挂		套	9.05	材料
292500003	电缆卡子		个	0.26	材料
292500005	电缆卡子 综合		个	0.26	材料
292500007	吊挂漏泄电缆卡子		套	1.27	材料
292500009	镀锌电缆卡子		套	1.72	材料
292500011	镀锌电缆卡子	综合	个	2.16	材料
292500013	镀锌电缆卡子	2×35	套	0.97	材料
292500015	镀锌电缆卡子	3×35	套	1.17	材料
292500017	镀锌电缆卡子	3×50	套	1.48	材料

续表

代 码	名 称	型 号 规 格	单位	基期价	类别
292500019	镀锌电缆卡子	3×100	套	3.51	材料
292500021	钢线双向膨胀锁		只	5.60	材料
292500023	钢线终端膨胀锁		只	4.66	材料
292500025	拉线		根	30.17	材料
292500027	拉线衬环		个	0.26	材料
292500029	三眼双槽夹板		副	1.29	材料
292500031	四线木夹板	$500mm^2$ 以内	套	31.64	材料
292500033	四线木夹板	$1200mm^2$ 以内	套	34.48	材料
292500035	条形护杆板		块	0.17	材料
292500037	铜接线卡	1.0~2.5	个	0.43	材料
292500039	铜质电缆卡子	2×35	套	1.90	材料
292500041	铜质电缆卡子	3×35	套	2.93	材料
292500043	铜质电缆卡子	3×50	套	3.53	材料
292500045	铜质电缆卡子	3×80	套	4.78	材料
292500047	小拉板		块	3.45	材料
292500049	走道板		kg	8.62	材料
292700001	磁力启动器	QC-30A	个	68.97	材料
292700003	电池盒		个	0.43	材料
292700005	电磁铁		块	38.79	材料
292700007	吊线压板(带穿钉)		副	1.71	材料
292700009	定相带		个	129.00	材料
292700011	镀锌接地端子板	双孔	个	2.59	材料
292700013	镀锌铁拉板	40×4×200~350	块	4.31	材料
292700015	端子板	JX2-2510	组	12.93	材料
292700017	固定件		套	0.86	材料
292700019	滑触线拉紧装置		套	43.10	材料
292700021	滑触线伸缩器		套	25.86	材料
292700023	滑触线支持器		套	25.86	材料
292700025	交流变压器		台	129.00	材料
292700027	接高装置		套	259.00	材料
292700029	卡盘		个	43.10	材料
292700031	开关箱固定压板	4×50	副	2.59	材料
292700033	拉盘		个	43.10	材料
292700035	绕线电阻	300Ω 15W	个	2.76	材料
292700037	铜铝过渡线夹(楔形)	LX-1	个	8.62	材料
292700039	铜铝过渡线夹(楔形)	LX-2	个	12.93	材料
292700041	楔形线夹	LX-3	个	17.24	材料
292700043	蓄电池	24AH	块	647.00	材料

续表

代码	名称	型号规格	单位	基期价	类别
292700045	蓄电池	24V	组	647.00	材料
300100001	斜探头		个	171.00	材料
300100003	直探头		个	154.00	材料
300300001	显示设备托盘		个	10.34	材料
300300003	专业视频头		个	1.72	材料
301300001	RJ45水晶头		个	0.86	材料
301300003	RS232接头		个	1.72	材料
301300005	防爆插头		个	8.62	材料
302100001	C形拉钩		个	10.60	材料
302100003	S固定件		个	24.22	材料
302100005	固定器材		套	0.00	材料
302100007	夹板拉钩		个	1.81	材料
302100009	紧箍拉钩		个	1.03	材料
302100011	塑料吊杆及管夹	综合	个	3.17	材料
302100013	余缆架		套	0.00	材料
302100015	预留缆架		套	0.00	材料
310300001	琉璃半面正吻	1# 700×100×700	座	207.00	材料
310300003	琉璃半面正吻	2# 600×100×600	座	99.14	材料
310300005	琉璃半面正吻	3# 470×100×490	座	51.72	材料
310300007	琉璃包头脊	1# 450×300×450	座	129.00	材料
310300009	琉璃包头脊	2# 300×200×300	座	65.52	材料
310300011	琉璃宝顶(珠泡)	1# 1800	座	1983.00	材料
310300013	琉璃宝顶(珠泡)	2# 1500	座	1379.00	材料
310300015	琉璃宝顶(珠泡)	3# 1200	座	1034.00	材料
310300017	琉璃宝顶(珠泡)	4# 1000	座	690.00	材料
310300019	琉璃宝顶(珠泡)	5# 800	座	328.00	材料
310300021	琉璃宝顶(珠泡)	7# 600	座	155.00	材料
310300023	琉璃滴水	1# 370×280	张	6.64	材料
310300025	琉璃滴水	2# 320×220	张	3.88	材料
310300027	琉璃滴水	3# 280×200	张	2.76	材料
310300029	琉璃滴水	4# 180×260	张	2.41	材料
310300031	琉璃滴水	5# 210×120	张	2.16	材料
310300033	琉璃底瓦	1# 350×280	张	3.36	材料
310300035	琉璃底瓦	2# 300×220	张	1.90	材料
310300037	琉璃底瓦	3# 290×200	张	1.38	材料
310300039	琉璃底瓦	4# 260×175	张	1.21	材料
310300041	琉璃底瓦	5# 210×120	张	0.86	材料
310300043	琉璃二戗脊	1# 400×240×300	节	27.59	材料

续表

代码	名称	型号规格	单位	基期价	类别
310300045	琉璃二戗脊	2# 300×240×300	节	27.59	材料
310300047	琉璃凤纹花窗	500×350	座	63.79	材料
310300049	琉璃盖瓦	1# 300×180	张	3.36	材料
310300051	琉璃盖瓦	2# 300×150	张	1.90	材料
310300053	琉璃盖瓦	3# 260×130	张	1.38	材料
310300055	琉璃盖瓦	4# 220×110	张	1.21	材料
310300057	琉璃盖瓦	5# 160×80	张	0.86	材料
310300059	琉璃沟头	1# 300×180	张	6.64	材料
310300061	琉璃沟头	2# 300×150	张	3.88	材料
310300063	琉璃沟头	3# 260×130	张	2.76	材料
310300065	琉璃沟头	4# 220×110	张	2.41	材料
310300067	琉璃沟头	5# 160×80	张	2.16	材料
310300069	琉璃过桥底瓦	2# 420×220	张	6.90	材料
310300071	琉璃过桥底瓦	3# 420×220	张	5.17	材料
310300073	琉璃过桥盖瓦	2# 420×220	张	6.90	材料
310300075	琉璃过桥盖瓦	3# 420×220	张	5.17	材料
310300077	琉璃合角吻	1# 700×200×700	座	414.00	材料
310300079	琉璃合角吻	2# 600×200×600	座	194.00	材料
310300081	琉璃合角吻	3# 470×200×490	座	103.00	材料
310300083	琉璃葫芦宝顶	高 600	只	155.00	材料
310300085	琉璃葫芦宝顶	高 800	只	328.00	材料
310300087	琉璃葫芦宝顶	高 1000	只	690.00	材料
310300089	琉璃葫芦宝顶	高 1200	只	1034.00	材料
310300091	琉璃葫芦宝顶	高 1500	只	1379.00	材料
310300093	琉璃葫芦宝顶	高 1800	只	1983.00	材料
310300095	琉璃花窗	300×300	座	12.93	材料
310300097	琉璃花脊	1# 400×150×600	节	81.90	材料
310300099	琉璃花脊	2# 200×150×400	节	32.76	材料
310300101	琉璃龙吻	高 800	座	276.00	材料
310300103	琉璃龙吻	高 1000	座	690.00	材料
310300105	琉璃龙吻	高 1200	座	948.00	材料
310300107	琉璃普通顶帽	1# 80	座	2.41	材料
310300109	琉璃普通顶帽	2# 60	座	1.81	材料
310300111	琉璃普通顶帽	3# 50	座	1.12	材料
310300113	琉璃翘角(普通型)	500×200×180	座	241.00	材料
310300115	琉璃翘角(兽型)	500×200×180	节	241.00	材料
310300117	琉璃斜当沟	1#	张	2.33	材料
310300119	琉璃斜当沟	2#	张	1.55	材料

续表

代 码	名 称	型号规格	单位	基期价	类 别
310300121	琉璃斜当沟	3#	张	1.29	材料
310300123	琉璃斜沟底瓦	300×180×450	节	5.17	材料
310300125	琉璃斜沟盖瓦	300×180×450	节	5.17	材料
310300127	琉璃正当沟	1# 260×880	张	2.33	材料
310300129	琉璃正当沟	2# 260×180	张	1.55	材料
310300131	琉璃正当沟	3# 240×100	张	1.29	材料
310300133	琉璃正脊	1# 450×300×450	张	51.72	材料
310300135	琉璃正脊	2# 300×200×300	张	21.55	材料
310500001	琉璃套兽	1#A 型 310×200×200	座	68.97	材料
310500003	琉璃套兽	2#B 型 270×200×220	座	43.10	材料
310500005	琉璃走兽	1# 400	座	50.00	材料
310500007	琉璃走兽	2# 300	座	38.79	材料
310500009	琉璃走兽	3# 200	座	27.59	材料
310700001	琉璃龙纹花窗	600×400	座	68.97	材料
310900001	城墙砖	400×200×65	千张	9052.00	材料
310900003	尺八方砖		百块	1810.00	材料
310900005	尺六方砖		百块	1448.00	材料
310900007	大城砖	480×240×128	百块	21552.00	材料
310900009	大金砖	660×660×80	百块	21810.00	材料
310900011	定形砖		百块	21.72	材料
310900013	二样城砖	448×224×112	百块	17241.00	材料
310900015	方砖	310×310×35	百块	1448.00	材料
310900017	方砖	380×380×40	百块	1810.00	材料
310900019	方砖	400×400×50	百块	1988.00	材料
310900021	方砖	430×430×50	百块	1988.00	材料
310900023	方砖	500×500×70	百块	5680.00	材料
310900025	方砖	530×530×70	百块	5680.00	材料
310900027	仿京砖(钟山青)		m^2	144.00	材料
310900029	沟头筒瓦	1#	百张	441.00	材料
310900031	沟头筒瓦	2#	百张	391.00	材料
310900033	沟头筒瓦	3#	百张	310.00	材料
310900035	鼓钉砖		百块	65.95	材料
310900037	黄道砖	250×250×50	百块	348.00	材料
310900039	琉璃回吻	1# 700×200×700	座	276.00	材料
310900041	琉璃回吻	2# 600×180×600	座	129.00	材料
310900043	琉璃回吻	3# 470×200×500	座	68.97	材料
310900045	嵌砖	400×190×120	百块	1293.00	材料
310900047	青条砖	200×45×15	百块	49.14	材料

续表

代码	名称	型号规格	单位	基期价	类别
310900049	三开砖		百块	125.00	材料
310900051	双开砖	240×120×25	百块	125.00	材料
310900053	土青砖	220×105×42	千块	1293.00	材料
310900055	土青砖	220×105×42	百块	129.00	材料
310900057	万字脊花砖		百块	129.00	材料
310900059	望砖	210×105×15	百块	61.21	材料
310900061	压脊砖		百块	233.00	材料
310900063	做细中加厚方砖	400×400×40	百块	1988.00	材料
311100001	半圆瓦脊		百张	474.00	材料
311100003	大号滴水瓦		百张	411.00	材料
311100005	大蝴蝶瓦(底)	200×200×13	百张	84.48	材料
311100007	蝴蝶瓦大号滴水		百张	308.00	材料
311100009	蝴蝶瓦大号花边		百张	308.00	材料
311100011	蝴蝶瓦黄瓜环(底)		百张	456.00	材料
311100013	蝴蝶瓦黄瓜环(盖)		百张	456.00	材料
311100015	蝴蝶瓦小号滴水		百张	265.00	材料
311100017	蝴蝶瓦小号花边		百张	265.00	材料
311100019	蝴蝶瓦斜沟滴水		百张	391.00	材料
311100021	蝴蝶斜沟瓦	240×240	百张	245.00	材料
311100023	筒瓦	1# 160×295	百张	314.00	材料
311100025	筒瓦	2# 140×280	百张	260.00	材料
311100027	筒瓦	3# 120×220	百张	208.00	材料
311100029	筒瓦过桥底瓦	2# 340×180	百张	862.00	材料
311100031	筒瓦过桥底瓦	3# 320×160	百张	690.00	材料
311100033	筒瓦过桥盖瓦	2# 340×180	百张	862.00	材料
311100035	筒瓦过桥盖瓦	3# 320×160	百张	690.00	材料
311500001	方砖	300×300×35	百块	1552.00	材料
311500003	方砖	600×600×80	百块	15517.00	材料
311500005	细望砖糙直缝		百块	134.00	材料
311500007	细望砖船篷轩望		百块	288.00	材料
311500009	细望砖平面望		百块	271.00	材料
311500011	细望砖双弯轩望		百块	295.00	材料
311500013	中蝴蝶瓦(盖)	180×180×13	百张	65.52	材料
311700001	面粉		kg	6.03	材料
311700003	墨汁		kg	2.59	材料
311900001	草纸		kg	6.90	材料
311900003	隔电纸		m^2	6.90	材料
311900005	红钢纸	0.2~0.5	kg	10.34	材料

续表

代码	名称	型号规格	单位	基期价	类别
311900007	滤油纸	300×300	张	0.35	材料
311900009	美纹纸		m	0.50	材料
312300001	大门环	ϕ13cm	个	86.21	材料
312300003	倒风勾		个	34.48	材料
312300005	铜风铃	2.5kg	个	108.00	材料
312300007	小门环	ϕ6cm	个	38.79	材料
320700001	草皮		m^2	15.52	材料
320700003	草皮砖		m^2	18.97	材料
320700005	地坪块		m^2	94.83	材料
321100001	垂直压板	加工件	kg	4.91	材料
322900001	种植土		m^3	21.55	材料
323000001	镀锌连接铁件		kg	4.74	材料
323000003	肥料		kg	0.25	材料
323000005	木桩		根	0.00	材料
323000007	蒲公英喷头 29 根杆		套	862.00	材料
323000009	蒲公英喷头 43 根杆		套	1293.00	材料
323000011	蒲公英喷头 85 根杆		套	1724.00	材料
323000013	有机肥		m^3	22.41	材料
323000015	扎绑绳		kg	3.45	材料
323000017	遮阴布		m^2	0.86	材料
323000019	竹梢	1.2m	根	2.59	材料
323000021	竹梢	2.2m	根	2.59	材料
323200001	五通滴箭组		套	25.86	材料
323200003	趵突喷头	*DN*20	套	129.00	材料
323200005	趵突喷头	*DN*40	套	198.00	材料
323200007	地埋式喷灌喷头		个	60.34	材料
323200009	可调喷头		套	90.52	材料
323200011	喇叭花喷头	*DN*25	套	15.52	材料
323200013	喇叭花喷头	*DN*100	套	68.97	材料
323200015	盘龙抱柱喷头	*DN*40	套	216.00	材料
323200017	三层水花喷头	*DN*40	套	207.00	材料
323200019	扇花形喷头	*DN*50	套	51.72	材料
323200021	树形喷头	*DN*50	套	68.97	材料
323200023	旋转喷头	*DN*75	套	30.17	材料
323200025	雪松喷头	*DN*40	套	68.97	材料
323200027	雪松喷头	*DN*75	套	103.00	材料
323200029	玉柱喷头	*DN*40	套	43.10	材料
323200031	柱顶白喷头	*DN*25	套	51.72	材料

续表

代 码	名 称	型号规格	单位	基期价	类 别
323200033	柱顶白喷头	*DN*40	套	86.21	材料
323500001	UPVC 直通	ϕ4	个	0.05	材料
323500003	凹凸型排水板		m^2	8.62	材料
323500005	复合材料树池盖		套	172.00	材料
323500007	块状树皮		m^3	1034.00	材料
323500009	木板带树皮		m^2	302.00	材料
323500011	渗灌管		m	0.43	材料
323500013	渗灌管堵		个	2.59	材料
323500015	生态袋	810×430	条	1.72	材料
323500017	网状交织排水板		m^2	11.21	材料
323500019	整石坐凳		套	1983.00	材料
323500021	竹竿		m	3.88	材料
323500023	铸铁成品桌凳	无靠背	套	216.00	材料
323500025	铸铁成品桌凳	有靠背	套	302.00	材料
330100001	不锈钢隔离护栏		m	216.00	材料
330100003	不锈钢水槽		组	431.00	材料
330100005	不锈钢支架	*L*=240	个	9.40	材料
330100007	不锈钢支架	*L*=250	个	9.91	材料
330100009	不锈钢支架	*L*=300	个	13.19	材料
330100011	不锈钢支架	*L*=350	个	14.05	材料
330100013	传力板		块	276.00	材料
330100015	吊装夹具		套	103.00	材料
330100017	镀锌扁钢支架	40×3	kg	4.09	材料
330100019	镀锌圆钢支撑	ϕ16×1000	根	6.13	材料
330100021	镀锌支架支撑	<50×50×1320	副	19.30	材料
330100023	钢板底座	300×300×6	kg	4.70	材料
330100025	钢板桩		kg	4.74	材料
330100027	钢吊笼支架		kg	3.53	材料
330100029	钢顶柱横梁		t	7586.00	材料
330100031	钢拱架		kg	4.31	材料
330100033	钢管桩	直径 400mm 长 6m	根	2400.00	材料
330100035	钢架		t	5431.00	材料
330100037	钢筋扎头底板		kg	5.17	材料
330100039	钢模支撑		kg	4.74	材料
330100041	钢平台		kg	6.28	材料
330100043	钢升降平台		kg	8.62	材料
330100045	钢提升架		kg	5.60	材料
330100047	钢网架		m^2	152.00	材料

续表

代码	名称	型号规格	单位	基期价	类别
330100049	钢支撑		kg	3.97	材料
330100051	钢支撑及配件		kg	3.97	材料
330100053	钢支架、平台及连接件		kg	4.86	材料
330100055	钢制台座		kg	2.40	材料
330100057	钢桩帽	ϕ400	只	57.93	材料
330100059	钢桩帽	ϕ900	只	293.00	材料
330100061	辊轴钢支座		t	4652.00	材料
330100063	角钢支架		kg	3.75	材料
330100065	立支撑杆件	$\phi48\times3.5$	套	129.00	材料
330100067	平开门钢骨架		t	5603.00	材料
330100069	切线钢支座		t	5647.00	材料
330100071	塑钢爬梯		kg	5.42	材料
330100073	提升钢爬杆		kg	4.42	材料
330100075	斜支撑杆件	$\phi48\times3.5$	套	155.00	材料
330100077	压型钢板楼板	0.9	m^2	64.66	材料
330100079	预制型钢护栏		m	129.00	材料
330100081	自承式楼承板	0.6	m^2	60.34	材料
330100083	自承式楼承板		m^2	60.34	材料
330500001	不锈钢货架支柱	宽80	m	24.63	材料
330500003	底盖		个	1.72	材料
330500005	电镀货臂架支柱	宽80	m	43.10	材料
330500007	防尘盖		个	1.72	材料
330500009	复合水箅盖		m^2	103.00	材料
330500011	托绳地滚钢材		kg	3.88	材料
330500013	铸铁爬梯		kg	3.88	材料
330700001	分离器		个	129.00	材料
330700003	分气罐	$\phi377\times800\times8$	台	4052.00	材料
330700005	油缓冲罐	$\phi377\times800\times8$	台	4052.00	材料
330700007	贮油罐	$\phi1000\times2000\times8$	台	2642.00	材料
331100001	水箱		kg	4.29	材料
332300001	钢帽	ϕ1000	个	547.00	材料
333100001	圆木桩		m^3	1379.00	材料
333300001	不锈钢垫圈	M10-12	10个	4.31	材料
333300003	弹簧垫圈	43091	10个	1.29	材料
333300005	弹簧垫圈	2~10	10个	0.86	材料
333300007	镀锌垫圈	42778	10个	0.86	材料
333300009	钢筋扎头		包	3.28	材料
333300011	金属垫板	20	kg	4.22	材料

续表

代码	名称	型号规格	单位	基期价	类别
333300013	绝缘垫圈3240酚醛玻璃布板		m^2	3.14	材料
333300015	热电偶固定螺母		个	1.72	材料
333300017	碳钢平垫铁		kg	4.09	材料
333500001	成品检修孔安装		个	12.93	材料
333500003	烟囱	ϕ500~600×2000×4	个	1100.00	材料
333900001	成品排烟(气)道及其配件		m	75.20	材料
333900003	成品排烟(气)帽		座	116.00	材料
334100001	底座		个	2.03	材料
334100003	镀锌铁皮排水水斗		个	27.59	材料
334100005	镀锌铁皮排水水口		个	10.34	材料
334100007	镀锌铁皮天沟		m	11.21	材料
334100009	镀锌铁皮檐沟		m	11.21	材料
334100011	镀锌支架支撑	L50×50×1320	副	39.73	材料
334100013	钢钎		kg	5.86	材料
334100015	钢锲(垫铁)		kg	5.95	材料
334100017	钢丝网水泥排气道	400×500	m	81.03	材料
334100019	钢丝网水泥排气道	450×300	m	73.28	材料
334100021	钢丝网水泥排气道	550×600	m	99.14	材料
334100023	焊接球节点	综合	t	4670.00	材料
334100025	接缝变化装置		个	259.00	材料
334100027	门式钢支架		t	4043.00	材料
334100029	千斤顶支架		kg	5.12	材料
334100031	墙板固定金属配件(不锈钢板)		kg	20.69	材料
334100033	预制轻钢龙骨内隔墙板	δ80	m^2	94.83	材料
334100035	预制轻钢龙骨内隔墙板	δ100	m^2	112.00	材料
334100037	预制轻钢龙骨内隔墙板	δ150	m^2	138.00	材料
334100039	装配式钢支架		t	4336.00	材料
340100001	电极棒		根	2.67	材料
340100003	电解质离子接地极		套	259.00	材料
340100005	石墨阳极	100×100	个	474.00	材料
340100007	钍钨极棒		g	0.86	材料
340300001	导爆索		m	3.17	材料
340300003	导火索		m	0.24	材料
340300005	导火线	1.5mm^2	m	0.42	材料
340300007	导火线	2.5mm^2	m	0.68	材料
340300009	导火线	4.0mm^2	m	1.07	材料
340300011	导火线	120s/m	m	0.34	材料
340300013	电雷管		个	0.95	材料

续表

代 码	名 称	型 号 规 格	单位	基期价	类 别
340300015	火雷管		个	0.95	材料
340300017	雷管		个	0.95	材料
340300019	乳化炸药		kg	9.11	材料
340300021	硝铵炸药		kg	9.26	材料
340300023	硝铵炸药	2#	kg	9.26	材料
340300025	烟花		个	5.43	材料
340500001	标签纸	50页/本	本	10.03	材料
340500003	标签纸 综合		m	13.79	材料
340500005	草板纸	80#	张	2.67	材料
340500007	打印纸		箱	190.00	材料
340500009	打印纸		包	21.55	材料
340500011	打印纸	132-1	箱	190.00	材料
340500013	打印纸卷		盒	112.00	材料
340500015	道林纸		张	0.48	材料
340500017	复印纸	A4 500张/包	包	25.86	材料
340500019	记号笔		支	4.31	材料
340500021	描图纸		m^2	30.17	材料
340500023	木工铅笔		支	1.29	材料
340500025	牛皮纸		m^2	6.03	材料
340500027	泡沫防潮纸		m^2	11.29	材料
340500029	取样瓶(袋)		个	2.50	材料
340500031	热转印打印机用纸(票、纸)		卷	84.76	材料
340500033	仪表打印纸	综合	卷	104.00	材料
340500035	油浸薄纸	8开	张	0.47	材料
340500037	专用清洁纸		张	0.04	材料
340700001	导向钻刀片		只	216.00	材料
340700003	定影剂	1000mL	瓶	12.93	材料
340700005	防尘口罩		只	5.00	材料
340700007	防护眼罩		个	3.97	材料
340700009	非电毫秒雷管		个	1.29	材料
340700011	肥皂		条	2.50	材料
340700013	锯纹机刀片		套	862.00	材料
340700015	喷砂嘴		个	60.34	材料
340700017	漂白粉		kg	3.88	材料
340700019	石棉手套		副	9.48	材料
340700021	双面半导体布带	20×5000	m	2.27	材料
340700023	塑料手套	ST型	个	3.88	材料
340700025	细纱白手套		副	1.29	材料

续表

代　码	名　　称	型 号 规 格	单位	基期价	类 别
340700027	显影剂	5000mL	袋	72.34	材料
340700029	橡胶手套		副	10.34	材料
340700031	一次性耳塞		个	3.28	材料
340700033	医用口罩		个	1.29	材料
340700035	医用手套		副	1.64	材料
340700037	油浸石棉盘根	编织 ϕ6~10(250℃)	kg	27.59	材料
340700039	增感纸	60×300	张	12.28	材料
340900001	白纱布带	19mm×20m	卷	6.47	材料
340900003	白纱布带	20mm×20m	卷	6.47	材料
340900005	绑扎绳		kg	7.76	材料
340900007	充电电池	5#	节	25.00	材料
340900009	刀片	*D*450	片	1293.00	材料
340900011	电池		节	1.29	材料
340900013	电池	1#	节	2.59	材料
340900015	电池	5#	节	1.29	材料
340900017	复印机墨盒		盒	75.53	材料
340900019	黄漆布带	20mm×40m	卷	64.66	材料
340900021	接头专用枪子弹		发	6.47	材料
340900023	锯木屑		m^3	21.55	材料
340900025	聚氯乙烯相色带	红、黄、绿、黑	卷	6.47	材料
340900027	毛刷		把	2.16	材料
340900029	毛刷	2″	把	2.16	材料
340900031	棉丝		kg	21.55	材料
340900033	泡沫条	ϕ8	m	0.28	材料
340900035	泡沫条	ϕ18	m	0.39	材料
340900037	泡沫条	ϕ25	m	0.86	材料
340900039	喷射器		个	35.52	材料
340900041	篷布		m^2	38.79	材料
340900043	乒乓球		个	1.72	材料
340900045	漆刷	1"~1.5"	把	3.02	材料
340900047	热转印机碳带		卷	33.05	材料
340900049	双面半导体布带	20mm×5m	m	0.33	材料
340900051	塑料保护膜		m^2	1.96	材料
340900053	塑料相色带	20×2000	卷	28.36	材料
340900055	塑料圆台		块	0.22	材料
340900057	贴片磁铁		副	2.07	材料
340900059	脱脂棉		kg	38.79	材料
340900061	铣刨鼓边刀		把	30.17	材料

续表

代　码	名　　称	型 号 规 格	单位	基期价	类 别
340900063	相色带	20mm×20m	卷	25.86	材料
340900065	英文字母铅码		套	155.00	材料
340900067	油刷	65mm	把	3.28	材料
340900069	造型藤条吊顶		m^2	41.38	材料
340900071	纸筋		kg	0.98	材料
341100001	电		kW · h	0.78	材料
341100003	电(机械)		kW · h	0.78	机械台班
341100005	粉末活性炭		m^3	4526.00	材料
341100007	风(机械)		m^3	0.00	机械台班
341100009	焦炭		kg	0.71	材料
341100011	颗粒活性炭		m^3	4224.00	材料
341100013	煤		t	603.00	材料
341100015	煤		kg	0.60	材料
341100017	煤(机械)		kg	0.60	机械台班
341100019	木柴		kg	0.16	材料
341100021	木柴(机械)		kg	0.16	机械台班
341100023	木炭		kg	2.41	材料
341100025	软化水		t	3.10	材料
341100027	水		t	4.27	材料
341100029	水		m^3	4.27	材料
341100031	水		kg	0.01	材料
341100033	水(机械)		m^3	4.27	机械台班
341100035	烟煤		t	603.00	材料
341100037	蒸馏水		kg	2.59	材料
341100039	蒸汽		t	53.71	材料
341300001	阿拉伯铅号码		套	73.28	材料
341300003	标志牌		个	0.43	材料
341300005	标志牌	塑料扁形	个	0.26	材料
341300007	光缆标志牌		个	0.86	材料
341300009	号码铅字		套	1.03	材料
341300011	警告牌		个	10.34	材料
341300013	拉线警示管		套	23.28	材料
341300015	铝牌		个	3.02	材料
341300017	铅标志牌		个	1.55	材料
341300019	塑料号牌		个	0.69	材料
341300021	位号牌		个	1.03	材料
341300023	英文铅号码		套	43.10	材料
350100001	ABS 工程塑料凹凸型模板		m^2	30.40	材料

续表

代 码	名 称	型 号 规 格	单位	基期价	类 别
350100003	定型钢模板		kg	5.91	材料
350100005	复合模板	综合	m^2	32.33	材料
350100007	钢滑模		kg	4.52	材料
350100009	钢模板		t	5959.00	材料
350100011	钢模板		kg	5.96	材料
350100013	工具式钢模板		kg	5.91	材料
350100015	梁卡具	模板用	kg	5.08	材料
350100017	铝模板		kg	34.99	材料
350100019	模具		只	388.00	材料
350100021	木模板		m^3	1445.00	材料
350100023	木模具		个	37.07	材料
350100025	内模(混凝土板用)		m^3	431.00	材料
350100027	穴模		套	5.34	材料
350100029	穴模	后张法用	套	4.05	材料
350100031	组合钢模板		kg	3.71	材料
350200001	U形卡		kg	3.45	材料
350200003	复合木模板面板		m^2	56.03	材料
350200005	钢管脚手架扣件		个	3.91	材料
350200007	钢模板连接件		kg	3.79	材料
350200009	钢模扣件		个	4.40	材料
350200011	钢模零配件		kg	4.74	材料
350300001	安全网		m^2	7.76	材料
350300003	对接扣件		个	2.29	材料
350300005	反力架		个	276.00	材料
350300007	反力架		t	3966.00	材料
350300009	风镐凿子		根	4.31	材料
350300011	钢脚手板		kg	4.74	材料
350300013	钢脚手配件直角扣件铸钢		个	4.14	材料
350300015	回转扣件		个	2.41	材料
350300017	脚手杆	ϕ100×6000 杉木	根	50.52	材料
350300019	脚手管扣件		个	4.14	材料
350300021	脚手架钢管		t	3621.00	材料
350300023	脚手架钢管		kg	3.62	材料
350300025	脚手架钢管底座		个	5.69	材料
350300027	脚手架扣件		只	5.22	材料
350300029	扣件		只	5.69	材料
350300031	密目网		m^2	4.79	材料
350300033	木脚手板		m^3	1124.00	材料

续表

代 码	名 称	型号规格	单位	基期价	类别
350300035	木脚手杆		m^3	1265.00	材料
350300037	木脚手杆	ϕ100×6000 杉木	根	45.45	材料
350300039	木支撑		m^3	1552.00	材料
350300041	千斤顶		台	109.00	材料
350300043	提升装置及架体		套	10345.00	材料
350300045	万能杆件		t	3936.00	材料
350300047	卸扣	ϕ24	个	20.34	材料
350300049	张拉机具摊销		kg	5.13	材料
350300051	竹脚手片		m^2	8.19	材料
350500001	钢挡土板		kg	4.10	材料
350700001	铝热焊模具	LHM-3Y	个	112.00	材料
350900001	槽型钢板桩使用费		t·d	43.10	材料
350900003	吊斗摊销		kg	6.90	材料
350900005	镀锌焊接钢管	ϕ48	kg	3.53	材料
350900007	钢肋板	6	kg	4.52	材料
350900009	钢跳板	300×3000×2	块	62.07	材料
350900011	钢围檩		kg	3.09	材料
350900013	钢支架摊销		kg	4.86	材料
350900015	供电通信设备费		%	0.00	材料
350900017	滚杠		kg	3.88	材料
350900019	进风套筒	ϕ320×560×4	套	66.38	材料
350900021	柔性吊装带		kg	8.62	材料
350900023	铁撑板		t	3578.00	材料
350900025	铁撑板使用费		t·d	38.79	材料
350900027	铁撑脚		kg	8.17	材料
350900029	铁风筒	ϕ500	m	33.62	材料
350900031	铁风筒	ϕ1000	m	77.59	材料
350900033	液压设备费		%	0.00	材料
350900035	张拉平台摊销		m^2	5.37	材料
350900037	桩帽		kg	4.03	材料
350900039	桩靴		kg	4.85	材料
351100001	开孔器	20	个	12.93	材料
351300001	千斤顶支架油箱操作台		kg	5.47	材料
352700001	木板标尺		m^3	1152.00	材料
352700003	木板标尺	170×85×20	块	6.12	材料
352900001	台秤		个	419.00	材料
353300001	分液器(分支器)		个	0.00	材料
353900001	板方材		m^3	1034.00	材料

续表

代码	名称	型号规格	单位	基期价	类别
353900003	沉降预埋点		个	38.79	材料
353900005	刀片	D1000	片	4.74	材料
353900007	刀片	D1500	片	4.74	材料
353900009	电热熔套卡具		套	103.00	材料
353900011	枋木		m^3	776.00	材料
353900013	钢扶梯平台摊销		kg	5.13	材料
353900015	钢围檩		kg	3.09	材料
353900017	扩孔器		个	264.00	材料
353900019	拉森钢板桩		kg	4.72	材料
353900021	收敛标志点		个	17.24	材料
353900023	托绳地滚用钢材摊销		kg	4.03	材料
353900025	烟气取样枪		个	33.10	材料
353900027	预埋标志点		个	17.24	材料
360100001	HDPE 复合排水片	3cm	m^2	267.00	材料
360100003	复合材料检查井盖	ϕ700	套	268.00	材料
360100005	钢筋混凝土外套环		个	96.00	材料
360100007	钢纤维雨水平箅		套	112.00	材料
360100009	高架进水口	铸铁	套	99.14	材料
360100011	混凝土井盖		套	116.00	材料
360100013	塑料检查井		套	1034.00	材料
360100015	铸铁盖板	20 厚	m^2	903.00	材料
360100017	铸铁盖板	30 厚	m^2	1354.00	材料
360100019	铸铁盖板	40 厚	m^2	1805.00	材料
360100021	铸铁盖板	50 厚	m^2	2257.00	材料
360100023	铸铁检查井盖		套	484.00	材料
360100025	铸铁检查井盖	ϕ600 轻型	套	184.00	材料
360100027	铸铁检查井盖	ϕ700 轻型	套	459.00	材料
360100029	铸铁检查井盖	ϕ500 重型	套	372.00	材料
360100031	铸铁检查井盖	ϕ600 重型	套	414.00	材料
360100033	铸铁检查井盖	ϕ700 重型	套	642.00	材料
360100035	铸铁检查井盖	ϕ800 重型	套	875.00	材料
360100037	铸铁水箅	雨水	套	244.00	材料
360100039	铸铁水箅		套	244.00	材料
360100041	铸铁窨井框盖		套	248.00	材料
360100043	铸铁整体立箅式座套盖板及箅子		套	38.79	材料
360300001	边网栅片	230×1600	m^2	169.00	材料
360300003	标准网栅	530×1600	m^2	259.00	材料
360300005	玻璃纤维格栅		m^2	5.60	材料

续表

代码	名称	型号规格	单位	基期价	类别
360300007	不锈钢格栅		m^2	94.83	材料
360300009	土工复合排水网	5.0mm	m^2	1.03	材料
360300011	土工复合排水网	30mm	m^2	267.00	材料
360300013	土工格栅		m^2	6.81	材料
360300015	土工格栅	单向	m^2	5.95	材料
360300017	土工格栅	双向	m^2	6.81	材料
360300019	网栅便门	564×1600	间隔	276.00	材料
360500001	彩色混凝土路面砖	200×100×60	千块	797.00	材料
360500003	水泥花砖	200×200×30	m^2	12.41	材料
360500005	透水路面砖		m^2	30.17	材料
360500007	预制灰砂连锁砖		千块	560.00	材料
360700001	道路侧石	370×150×1000	m	35.78	材料
360700003	道路侧石	L形	m	35.78	材料
360700005	高侧石	500×150×1000	m	30.17	材料
360700007	广场砖	100×100	m^2	28.45	材料
360700009	混凝土分离开型侧平石(立缘石)		m	24.57	材料
360700011	混凝土立缘石		m	15.00	材料
360700013	混凝土连接开型侧平石(立缘石)		m	44.83	材料
360700015	混凝土路面砖	250×250×50 人行道	千块	2493.00	材料
360700017	混凝土路面砖	300×300×60 人行道	千块	3590.00	材料
360700019	混凝土路面砖	400×400×70 人行道	千块	6382.00	材料
360700021	混凝土路面砖	500×500×80 人行道	千块	9972.00	材料
360700023	混凝土平石	500×500×120	m	30.17	材料
360700025	混凝土缘石		m	37.93	材料
360700027	人行道板	250×250×50	m^2	31.90	材料
360700029	人行道砖	200×100×60	m^2	39.91	材料
360700031	石质侧石		m	30.17	材料
360700033	石质侧石	300×150×1000	m	69.90	材料
360700035	石质块		块	12.93	材料
360700037	石质立缘石	350×150	m	39.22	材料
360700039	石质平石	120×120×1000	m	22.34	材料
360700041	石质平石	300×500×100	m	53.88	材料
360700043	石质条	150×50	m	16.29	材料
360700045	石质缘石	300×150	m	39.22	材料
360700047	水泥花砖	250×250×50	块	1.72	材料
360700049	水泥花砖	D形	块	4.31	材料
360700051	水泥花砖	S形	块	4.74	材料
360700053	水泥花砖	T形	块	4.31	材料

续表

代 码	名 称	型号规格	单位	基期价	类 别
360900001	广场砖	108×108	m^2	51.72	材料
360900003	广场砖	152×152	m^2	47.41	材料
360900005	广场砖	200×200	m^2	34.48	材料
360900007	广场砖	综合	m^2	44.66	材料
360900009	植草砖		m^2	35.17	材料
361300001	立柱	ϕ6×1700 Ⅰ型	套	101.00	材料
361300003	立柱	ϕ6×1700 Ⅱ型	套	103.00	材料
362100001	标志牌立柱	含基础	个	102.00	材料
362100003	电缆标桩	120×120×1200	根	32.93	材料
362100005	端子号牌		个	0.09	材料
362100007	反光材料	玻璃珠	kg	2.59	材料
362900001	6F 测速仪	进口	台	129310.00	材料
362900003	I/O 卡		块	2155.00	材料
362900005	PC 隔音板	10mm 进口原料	m^2	276.00	材料
362900007	RVVP	2×1	m	3.07	材料
362900009	RVVP	2×1.5	m	3.93	材料
362900011	安全广角镜	ϕ600	套	172.00	材料
362900013	安全广角镜	ϕ800	套	190.00	材料
362900015	避雷器	电源+信号	台	1853.00	材料
362900017	标线漆		kg	10.34	材料
362900019	标志杆	F 杆	t	6207.00	材料
362900021	标志杆	T 杆	t	6207.00	材料
362900023	标志杆	门式架	t	6207.00	材料
362900025	标志杆	弯杆	t	6466.00	材料
362900027	波行钢板	2 波 3mm 镀锌	t	5000.00	材料
362900029	玻璃钢柱体	120×100×1050	根	43.10	材料
362900031	草坪砖	600×400×100	m^2	31.03	材料
362900033	超速检测固定空箱体	进口	台	12931.00	材料
362900035	车道灯	302LED	组	733.00	材料
362900037	车道灯	402LED	组	1121.00	材料
362900039	待驶区显示屏	2550×450 左转直行待驶	块	990.00	材料
362900041	单模单芯光纤跳线	3m	根	72.59	材料
362900043	道钉		个	4.31	材料
362900045	底油		kg	9.91	材料
362900047	电源避雷器	FLD12 8/20μs · 1.5kA	台	1590.00	材料
362900049	电子警察设备机箱	600×450×1100	台	1724.00	材料
362900051	电子警察用工控机		台	6897.00	材料
362900053	镀锌钢管立柱	ϕ140×4.5	t	6207.00	材料

续表

代码	名称	型号规格	单位	基期价	类别
362900055	镀锌型钢立柱		t	5948.00	材料
362900057	多功能卡		块	5845.00	材料
362900059	反光玻璃珠		kg	2.21	材料
362900061	反光膜		m^2	138.00	材料
362900063	反射器	180×40	片	3.45	材料
362900065	防雷箱	40A	台	690.00	材料
362900067	防眩板	800×180×1.5	块	19.83	材料
362900069	防眩板	900×220×6	块	25.86	材料
362900071	非机动车灯	303LED	组	1164.00	材料
362900073	非机动车灯	304LED	组	1724.00	材料
362900075	风镐凿子		支	8.62	材料
362900077	辅灯	303LED	组	1293.00	材料
362900079	复合材料检查井盖	ϕ700 轻型	套	147.00	材料
362900081	钢盆式橡胶支座	20000kN 以内	个	32336.00	材料
362900083	钢盆式橡胶支座	25000kN 以内	个	44448.00	材料
362900085	钢盆式橡胶支座	30000kN 以内	个	59241.00	材料
362900087	钢丝扁帚		盘	31.03	材料
362900089	钢箱梁		kg	9.19	材料
362900091	高强模塑料平箅		套	129.00	材料
362900093	高清 OD 数据记录系统成像单元		台	15517.00	材料
362900095	高清 OD 数据记录系统监控主机		台	10345.00	材料
362900097	高清电子警察车辆检测单元		套	2328.00	材料
362900099	高清电子警察实时信息采集单元		套	3879.00	材料
362900101	高清电子警察实时信息存储单元		套	5172.00	材料
362900103	高清电子警察数据采集控制存储单元		套	25862.00	材料
362900105	高清频闪灯		台	2241.00	材料
362900107	黄闪警示灯	ϕ300	个	560.00	材料
362900109	黄闪警示灯	ϕ400	个	815.00	材料
362900111	机动车道满屏灯	JD303LED	组	1148.00	材料
362900113	机动车道满屏灯	JD403LED	组	1379.00	材料
362900115	机动车满屏灯	JD303LED	组	1207.00	材料
362900117	机动车满屏灯	JD403LED	组	1379.00	材料
362900119	监控抓拍软件		套	5862.00	材料
362900121	检测器信号控制转换器		台	3017.00	材料
362900123	交通监视机箱	800×800×600	台	2586.00	材料
362900125	交通信号控制器	SCATS 16 组	台	70259.00	材料
362900127	交通信号控制器	SCATS 32 组	台	82759.00	材料
362900129	交通信号控制器	单点远程 16 组	台	37500.00	材料

续表

代码	名称	型号规格	单位	基期价	类别
362900131	交通信号控制器	单点远程 32 组	台	48276.00	材料
362900133	交通信号控制器	普通 16 组	台	3276.00	材料
362900135	交通信号控制器	普通 32 组	台	3879.00	材料
362900137	胶泥环氧树脂		kg	24.57	材料
362900139	接地棒		根	82.28	材料
362900141	接地线	BRV6	m	2.96	材料
362900143	接地线	BRV16	m	7.91	材料
362900145	矩形标志牌	600×300	块	71.55	材料
362900147	矩形标志牌	600×600	块	143.00	材料
362900149	矩形标志牌	800×400	块	127.00	材料
362900151	矩形标志牌	800×800	块	253.00	材料
362900153	矩形标志牌	1000×500	块	198.00	材料
362900155	矩形标志牌	1000×1000	块	397.00	材料
362900157	矩形标志牌	1200×600	块	285.00	材料
362900159	矩形标志牌	1200×1200	块	571.00	材料
362900161	矩形标志牌	1400×1000	块	555.00	材料
362900163	控制器		台	2155.00	材料
362900165	腊克线	FVN/2.5	m	1.81	材料
362900167	路边线轮廓标		个	8.62	材料
362900169	模块嵌缝料		kg	0.51	材料
362900171	牌照识别软件		套	2586.00	材料
362900173	球形摄像机	22 倍	台	15517.00	材料
362900175	球形摄像机	23 倍	台	18966.00	材料
362900177	球形摄像机	35 倍	台	21552.00	材料
362900179	热熔涂料		kg	3.02	材料
362900181	人行道灯	静态	组	733.00	材料
362900183	三角形标志牌	△700	块	27.59	材料
362900185	三角形标志牌	△900	块	45.69	材料
362900187	三角形标志牌	△1100	块	67.24	材料
362900189	三角形标志牌	△1300	块	93.97	材料
362900191	闪光灯		台	697.00	材料
362900193	视频避雷器	KOAXB-E2/MF-F 8/20μs·1kA	台	917.00	材料
362900195	视频线	SYV-75-5	m	2.11	材料
362900197	数据避雷器	8/20μs·1.5kA	台	556.00	材料
362900199	数据传输器		台	2586.00	材料
362900201	数据连接线		根	5.04	材料
362900203	数码相机		台	2802.00	材料
362900205	塑胶隔离墩	JD-01F360×800	个	51.72	材料

续表

代码	名称	型号规格	单位	基期价	类别
362900207	塑料防撞桶		个	68.97	材料
362900209	塑料水马		个	103.00	材料
362900211	塑料凸起路标		个	5.17	材料
362900213	太阳能凸起路标		个	51.72	材料
362900215	特型塑胶管	ϕ55×2.5	m	6.90	材料
362900217	特征软件卡		块	86.21	材料
362900219	铜芯线		m	0.69	材料
362900221	脱树脂		kg	12.66	材料
362900223	万向节		套	34.48	材料
362900225	微波雷达交通流检测系统机箱	600×600×450	台	690.00	材料
362900227	微波雷达交通流检测系统机箱	1200×600×450	台	1293.00	材料
362900229	围栏水马		个	103.00	材料
362900231	稳压电源	1kW/220V	台	302.00	材料
362900233	稳压器		台	302.00	材料
362900235	橡胶反光减速带	1000×380×50	m	67.24	材料
362900237	橡胶防撞桶		个	155.00	材料
362900239	橡胶警示柱	ϕ80	根	172.00	材料
362900241	信号避雷器	FLD12 8/20μs · 1.5kA	台	556.00	材料
362900243	信号灯信号转换器		台	3017.00	材料
362900245	信号控制机箱	550×780×1348	台	8276.00	材料
362900247	信息诱导发布系统设备机箱	800×800×600	台	2586.00	材料
362900249	硬盘 DVR 专用硬盘	160G	块	103.00	材料
362900251	预成型标带		m^2	43.10	材料
362900253	圆形标志牌	ϕ600	块	38.79	材料
362900255	圆形标志牌	ϕ800	块	66.38	材料
362900257	圆形标志牌	ϕ1000	块	104.00	材料
362900259	圆形标志牌	ϕ1200	块	151.00	材料
362900261	再生树脂复合材料检查井盖	350×250	套	125.00	材料
362900263	再生树脂复合材料检查井盖	500×450	套	147.00	材料
362900265	再生树脂复合材料检查井盖	500×500	套	159.00	材料
362900267	振荡涂料		kg	5.86	材料
362900269	铸铝凸起路标		个	11.21	材料
362900271	铸铁平箅	260×420	套	244.00	材料
363100001	单支弹性底座		套	171.00	材料
363100003	弹性底座		套	198.00	材料
363100005	弹性支座		套	198.00	材料
363100007	镀锌束节	*DN*50	只	3.88	材料
363100009	高分子材料	HS-1	kg	23.71	材料

续表

代码	名称	型号规格	单位	基期价	类别
363100011	减速垄		m	67.24	材料
363100013	橡胶条伸缩缝		m	51.72	材料
363100015	橡胶支座		个	47.41	材料
363100017	型钢伸缩缝		m	293.00	材料
363100019	压浆料		t	388.00	材料
370100001	出土轨道		副	26.12	材料
370100003	钢轨		m	149.00	材料
370100005	轨道		kg	3.79	材料
370100007	轨道(型钢)		t	3530.00	材料
370100009	轻便轨	24kg	kg	4.31	材料
370100011	轻轨		kg	3.79	材料
370100013	重轨	38kg/m	t	4422.00	材料
370100015	重轨	综合	kg	4.42	材料
370500001	钢轨枕		kg	4.62	材料
370500003	木枕	Ⅰ类	根	168.00	材料
370500005	木枕	Ⅱ类	根	172.00	材料
370900001	道床吸音板		m^2	1552.00	材料
370900003	电缆固定压板		kg	3.02	材料
370900005	钢板垫板		kg	3.72	材料
370900007	钢垫板	$\delta 1\sim2$	kg	4.74	材料
370900009	钢垫板	综合	kg	5.17	材料
370900011	钢垫板、挡板、槽钢连接板		kg	4.74	材料
370900013	钢垫块		kg	7.24	材料
370900015	钢轨降噪阻尼板		km	1465517.00	材料
370900017	钢轨扣件	DTⅢ型	套	164.00	材料
370900019	钢轨扣件	SD-1型	套	164.00	材料
370900021	钢轨扣件	WJ-2型	套	185.00	材料
370900023	钢轨扣件	弹条Ⅰ型	套	47.41	材料
370900025	钢轨连接板	QU70	套	104.00	材料
370900027	钢轨连接板	QU80	套	115.00	材料
370900029	钢轨连接板	QU100	套	150.00	材料
370900031	钢轨连接板	QU120	套	179.00	材料
370900033	钢轨鱼尾板	24kg/m	套	23.28	材料
370900035	钢轨鱼尾板	38kg/m	套	50.86	材料
370900037	钢轨鱼尾板	43kg/m	套	86.21	材料
370900039	钢轨鱼尾板	50kg/m	套	92.24	材料
370900041	钢轨鱼尾板	24~50kg/m	kg	4.87	材料

续表

代 码	名 称	型 号 规 格	单位	基期价	类 别
370900043	钢轨支撑架		套	861.00	材料
370900045	高压不锈钢垫		kg	13.58	材料
370900047	轨距挡板	60kg	块	6.90	材料
370900049	接地标		根	12.33	材料
370900051	绝缘轨距杆	ϕ34	根	115.00	材料
370900053	绝缘轨距杆	ϕ36	根	121.00	材料
370900055	连接杆		个	17.24	材料
370900057	普通轨距杆	ϕ34	根	137.00	材料
370900059	普通轨距杆	ϕ36	根	147.00	材料
370900061	普通轨距杆	ϕ38	根	158.00	材料
370900063	收缩带		m^2	73.28	材料
370900065	瞬时保护模块		个	26.72	材料
370900067	铁垫板	50kg	块	21.55	材料
370900069	铁垫板	60kg	块	25.86	材料
370900071	橡胶道口	宽 2.5m	m^2	1121.00	材料
370900073	鱼尾板		kg	2.11	材料
371100001	卡轨器		个	25.86	材料
372100001	壁挂式箱托架		套	12.09	材料
372300001	DI 弹条	ϕ18	个	7.17	材料
372300003	电缆敷设滚轮	综合	个	560.00	材料
372300005	电缆敷设牵引头	综合	只	431.00	材料
372300007	电缆敷设转向导轮	综合	个	129.00	材料
372300009	电缆托架穿钉	M16	根	2.24	材料
372300011	盾构托架		t	2178.00	材料
372300013	接头夹板	50kg	块	61.21	材料
372300015	接头夹板	60kg	块	77.84	材料
372300017	普通扣件		套	13.45	材料
372300019	热镀锌金属基础(变压器箱)		个	342.00	材料
372300021	热镀锌金属基础(方向盒)		个	372.00	材料
372300023	热镀锌金属基础(终端盒)		个	234.00	材料
372300025	双叉连接器	ϕ32	个	5.95	材料
372500001	定位器		套	39.66	材料
372700001	防爬器	50kg	个	13.45	材料
372700003	防爬器	60kg	个	15.17	材料
372700005	接地模块		块	517.00	材料
372700007	限位器		个	64.66	材料
373300001	点式应答器安装支架		个	79.07	材料
379900001	$12^{\#}$道岔钢轨支撑架		组	7060.00	材料

续表

代码	名　称	型号规格	单位	基期价	类别
379900003	12#交叉渡线道岔	钢轨支撑架	组	7060.00	材料
379900005	30件插接件		副	54.81	材料
379900007	50kg 钢轨弹条	Ⅰ型扣件	套	39.26	材料
379900009	60kg 钢轨弹条	Ⅰ型扣件	套	40.36	材料
379900011	8U 预埋栓		个	8.62	材料
379900013	9#道岔钢轨支撑架		组	6517.00	材料
379900015	9#交叉渡线道岔	钢轨支撑架	组	6517.00	材料
379900017	CDKN 型库内车挡		个	12931.00	材料
379900019	C 形梁		m	13.23	材料
379900021	DDCQY 型液压缓冲挡车器		个	112069.00	材料
379900023	EAA 环氧浆		kg	40.52	材料
379900025	EVA 防水板		m^2	17.07	材料
379900027	FGI 型复合材料底板系列反光标		m^2	502.00	材料
379900029	JDG 镀锌钢导管	ϕ40×1.6	m	7.41	材料
379900031	LDPE 防水卷材	600g	m^2	16.38	材料
379900033	PC 隔音板	10mm	m^2	70.69	材料
379900035	PE 泡沫板	40mm	m^2	26.55	材料
379900037	PG 型吊杆		m	1.29	材料
379900039	PVC 止水带	250mm	m	18.97	材料
379900041	SH 掺加剂		kg	15.52	材料
379900043	S 棒固定卡子		个	1.34	材料
379900045	VGA 插头		个	4.83	材料
379900047	白石蜡		kg	11.21	材料
379900049	半圆管衬垫	9.1×80 型	套	2.59	材料
379900051	绑扎带		根	0.95	材料
379900053	背板 U 形抱箍		副	8.95	材料
379900055	泵管		kg	3.97	材料
379900057	变位计		只	224.00	材料
379900059	标钉		个	20.69	材料
379900061	标牌		个	0.26	材料
379900063	玻璃胶(密封胶)		支	8.53	材料
379900065	驳通	钢管排山用	m	5.69	材料
379900067	不锈钢软态铁丝	ϕ3.5	kg	10.86	材料
379900069	不锈钢走线槽道	300×100	m	400.00	材料
379900071	侧向支座		块	8.62	材料
379900073	插头	DB-9	副	15.10	材料
379900075	插头	DB-25	副	45.67	材料
379900077	插头	48 芯	个	58.62	材料

续表

代码	名称	型号规格	单位	基期价	类别
379900079	插座板		个	19.18	材料
379900081	抽芯铆钉		个	0.22	材料
379900083	磁带		盒	12.93	材料
379900085	磁带(清洁带)		盒	15.52	材料
379900087	单根馈线固定卡子		套	6.48	材料
379900089	单开道岔	50kg 7#	组	52231.00	材料
379900091	单开道岔	50kg 9#	组	62372.00	材料
379900093	单开道岔	60kg 9#	组	86578.00	材料
379900095	单开道岔	50kg 9# AT(混凝土枕用)	组	105323.00	材料
379900097	单开道岔	50kg 12# AT(混凝土枕用)	组	103314.00	材料
379900099	单开道岔	60kg 9# AT(混凝土枕用)	组	106130.00	材料
379900101	单开道岔	60kg 12# AT(混凝土枕用)	组	156709.00	材料
379900103	单开道岔	60kg 9#(整体道床)	组	106130.00	材料
379900105	单开道岔	60kg 12#(整体道床)	组	156709.00	材料
379900107	单开道岔	50kg 12#高锰钢(混凝土枕用)	组	103314.00	材料
379900109	单向安装支架		套	526.00	材料
379900111	单向曲线型调节器	伸缩量 ±500mm	对	25797.00	材料
379900113	单圆角铝		m	7.16	材料
379900115	弹簧隔振器		套	4819.00	材料
379900117	弹性隔离层		个	4.03	材料
379900119	导电膏		kg	36.21	材料
379900121	导电涂层		kg	241.00	材料
379900123	道钉	16×16×165	个	3.02	材料
379900125	地线棒	ϕ12×100	根	7.59	材料
379900127	地线夹板		套	4.18	材料
379900129	地线盘		个	38.87	材料
379900131	电缆标牌		个	0.19	材料
379900133	电缆固定卡环		套	22.41	材料
379900135	电缆接头		个	76.50	材料
379900137	电缆绝缘节		个	128.00	材料
379900139	电缆卡钩	25	个	0.16	材料
379900141	电缆卡钩	55	个	0.64	材料
379900143	电缆卡钩	65	个	0.76	材料
379900145	电缆卡环		个	0.55	材料
379900147	电缆排流器(有外护箱)		个	786.00	材料
379900149	电缆去向铭牌		个	0.17	材料
379900151	电缆托架穿钉	M16	套	2.24	材料
379900153	电源板包括闸刀插座		套	50.08	材料

续表

代　码	名　　称	型号规格	单位	基期价	类别
379900155	电源插座	二孔 250V 5A	个	7.07	材料
379900157	丁烷气		mL	0.18	材料
379900159	洞内标志(金属反光)		个	15.52	材料
379900161	镀锌低碳钢丝	ϕ0.7~5	kg	5.34	材料
379900163	镀锌黄铜棒		kg	51.90	材料
379900165	镀锌蛇皮管	*d*38	m	24.48	材料
379900167	镀锌铁皮		kg	4.09	材料
379900169	镀锌无头穿钉	M19×800~900	根	35.19	材料
379900171	端子直六柱座		个	12.41	材料
379900173	断轨急救器		套	310.00	材料
379900175	断路器安装底板		块	16.85	材料
379900177	断路器防护罩		个	13.30	材料
379900179	法兰连接螺栓	20×80	套	3.81	材料
379900181	防腐帮桩	ϕ160~200×2000	根	22.90	材料
379900183	防护套管	内径 28mm	m	31.92	材料
379900185	防静电面层		kg	28.02	材料
379900187	防静电液蜡		套	38.79	材料
379900189	防爬器	43kg	个	33.41	材料
379900191	防爬支撑(混凝土)		个	2.91	材料
379900193	防爬支撑(木)		个	2.16	材料
379900195	防松卡		套	2.59	材料
379900197	废(旧)轨		t	3103.00	材料
379900199	分线盘端子配线铭牌		个	0.17	材料
379900201	分线设备背板		块	14.42	材料
379900203	封箱泥		kg	0.27	材料
379900205	复式交分道岔	50kg 7#	组	106127.00	材料
379900207	复式交分道岔	50kg 9#	组	158851.00	材料
379900209	复式交分道岔	60kg 9#	组	190237.00	材料
379900211	复式交分道岔	60kg 12#(固定辙岔整体道床)	组	301694.00	材料
379900213	复式交分道岔	60kg 12#(可动心辙岔整体道床)	组	366028.00	材料
379900215	坩埚		个	267.00	材料
379900217	钢法兰盘	*DN*150	个	41.81	材料
379900219	钢法兰盘	*DN*300	个	250.00	材料
379900221	钢轨	50kg 12.5m	根	3568.00	材料
379900223	钢轨	50kg 25m	根	7136.00	材料
379900225	钢轨	60kg 25m	根	8563.00	材料
379900227	钢轨	60kg 25m 中锰钢	根	8563.00	材料
379900229	钢轨	50kg 25m 中锰钢	根	7136.00	材料

续表

代码	名称	型号规格	单位	基期价	类别
379900231	钢轨架		个	71.63	材料
379900233	钢轨架车挡		个	4091.00	材料
379900235	钢轨伸缩调节器(桥面用)	50kg 0.6m	对	22173.00	材料
379900237	钢轨伸缩调节器(桥面用)	50kg 1m	对	26609.00	材料
379900239	钢轨伸缩调节器(桥面用)	60kg 0.6m	对	23212.00	材料
379900241	钢轨伸缩调节器(桥面用)	60kg 1m	对	29016.00	材料
379900243	钢轨伸缩调节器(桥头用)	50kg 0.6m	对	19956.00	材料
379900245	钢轨伸缩调节器(桥头用)	50kg 1m	对	21286.00	材料
379900247	钢轨伸缩调节器(桥头用)	60kg 0.6m	对	14034.00	材料
379900249	钢轨伸缩调节器(桥头用)	60kg 1m	对	26988.00	材料
379900251	钢滚筒		t	4483.00	材料
379900253	钢筋混凝土接头槽(带盖板)	槽宽250	套	37.12	材料
379900255	钢配件		kg	5.19	材料
379900257	钢丝绳卡具混凝土枕通用		套	11.44	材料
379900259	钢支墩		个	733.00	材料
379900261	钢制外接头(轨道用)	*DN*50	个	15.52	材料
379900263	钢制外接头(轨道用)	*DN*80	个	22.41	材料
379900265	钢制外接头(轨道用)	*DN*100	个	31.03	材料
379900267	钢质转向基座		t	4612.00	材料
379900269	高强塑料套管		个	4.40	材料
379900271	高压油管		m	15.52	材料
379900273	工具轨		t	3448.00	材料
379900275	轨撑垫板	43kg	个	34.09	材料
379900277	轨撑垫板	50kg	个	34.37	材料
379900279	轨道扭转传感器		台	2586.00	材料
379900281	轨距垫		个	3.68	材料
379900283	轨卡(中间)	50kg、60kg	个	2.12	材料
379900285	过滤管	ϕ127~168	kg	3.45	材料
379900287	焊接模具		套	388.00	材料
379900289	焊药	200#	kg	129.00	材料
379900291	焊药	35mm^2 专用	筒	25.86	材料
379900293	焊药	185mm^2 专用	筒	30.17	材料
379900295	合成轨枕	60kg 9#间距5.0m(交叉渡线)	组	135509.00	材料
379900297	合成轨枕	60kg 12#间距5.0m(交叉渡线)	组	169387.00	材料
379900299	合成轨枕	50kg 12#(单开道岔用)	组	21101.00	材料
379900301	合成轨枕	50kg 9#(单开道岔用)	组	20222.00	材料
379900303	合成轨枕	60kg 9#(单开道岔用)	组	22138.00	材料
379900305	合成轨枕	60kg 12#(单开道岔用)	组	23763.00	材料

续表

代码	名称	型号规格	单位	基期价	类别
379900307	厚垫板		个	1.02	材料
379900309	厚胶皮板	$\delta 3$	kg	3.93	材料
379900311	弧形垫块		kg	5.01	材料
379900313	护壁泥浆		m^3	30.17	材料
379900315	护轨	槽钢	t	4983.00	材料
379900317	护套道岔跳线	$\phi 1.2 \times 19$ $L=3000$	根	63.30	材料
379900319	护套钢轨引接线	$\phi 1.2 \times 19$ $L=1600$	根	50.34	材料
379900321	护套钢轨引接线	$\phi 1.2 \times 19$ $L=3600$	根	75.97	材料
379900323	滑动式挡车器		个	13770.00	材料
379900325	混凝土岔枕	60kg 9#间距 5.0m(交叉渡线)	组	167710.00	材料
379900327	混凝土岔枕	60kg 12#间距 5.0m(交叉渡线)	组	169387.00	材料
379900329	混凝土岔枕	50kg 9#(单开道岔用)	组	28994.00	材料
379900331	混凝土岔枕	50kg 12#(单开道岔用)	组	29483.00	材料
379900333	混凝土岔枕	60kg 9#(单开道岔用)	组	26938.00	材料
379900335	混凝土岔枕	60kg 12#(单开道岔用)	组	28187.00	材料
379900337	混凝土岔枕	60kg 9#(复式交分)	组	26938.00	材料
379900339	混凝土岔枕	60kg 12#(复式交分)	组	28187.00	材料
379900341	混凝土弹性短枕		块	62.07	材料
379900343	混凝土弹性短枕	扣件	套	26.38	材料
379900345	混凝土弹性长枕		根	235.00	材料
379900347	混凝土弹性长枕	扣件	套	43.97	材料
379900349	混凝土短枕		块	71.77	材料
379900351	混凝土短枕	减振型扣件	套	241.00	材料
379900353	混凝土短枕	普通扣件	套	26.38	材料
379900355	混凝土长枕		根	134.00	材料
379900357	混凝土长枕	减振型扣件	套	241.00	材料
379900359	混凝土长枕	普通扣件	套	26.38	材料
379900361	活动扣	钢管排山用	个	4.14	材料
379900363	积水罐带盖		个	13.79	材料
379900365	集线箱		个	57.76	材料
379900367	加重管	$\phi 178$	kg	3.88	材料
379900369	减振道床垫		m^2	1103.00	材料
379900371	剪力铰		个	690.00	材料
379900373	交叉渡线	60kg 9#间距 5.0m(合成轨枕)	组	539159.00	材料
379900375	交叉渡线	60kg 12#间距 5.0m(合成轨枕)	组	724066.00	材料
379900377	交叉渡线	50kg 7#间距 5.0m	组	289515.00	材料
379900379	交叉渡线	50kg 9#间距 5.0m	组	304656.00	材料
379900381	交叉渡线	60kg 9#间距 5.0m	组	447873.00	材料

续表

代码	名称	型号规格	单位	基期价	类别
379900383	交叉渡线	60kg 9#间距 5.0m(整体道床)	组	539159.00	材料
379900385	交叉渡线	60kg 12#间距 5.0m(整体道床)	组	724066.00	材料
379900387	交叉渡线	60kg 9#间距 5.0m(混凝土岔枕)	组	539159.00	材料
379900389	交叉渡线	60kg 12#间距 5.0m(混凝土岔枕)	组	724066.00	材料
379900391	胶结绝缘接头		套	3113.00	材料
379900393	角钢热镀锌	L 50×5	根	1.03	材料
379900395	脚手架钢管		m	20.69	材料
379900397	接口插头	24针	个	32.41	材料
379900399	接头管		kg	3.88	材料
379900401	接头夹板	38kg	块	60.43	材料
379900403	接头扣板	50kg	块	2.73	材料
379900405	接头螺栓带帽	50kg	套	5.46	材料
379900407	接头螺栓带帽	60kg	套	5.46	材料
379900409	紧线器	5t	个	42.24	材料
379900411	静力水准仪(一次性投入)		套	31.03	材料
379900413	聚氯乙烯单丝		kg	16.88	材料
379900415	绝缘垫		个	0.95	材料
379900417	绝缘垫片		套	0.09	材料
379900419	绝缘管及垫(一管二垫)	$\phi14$	套	12.07	材料
379900421	绝缘轨距杆	$\phi32$	根	141.00	材料
379900423	绝缘轨距杆	$\phi38$	根	181.00	材料
379900425	绝缘轨距杆	粘接式	根	181.00	材料
379900427	可动心单开道岔	60kg 12# AT(混凝土枕用)	组	244341.00	材料
379900429	框铝		m	13.97	材料
379900431	冷压接线环	35mm² 专用	个	2.06	材料
379900433	连接铜排	-5×200	m	73.28	材料
379900435	连通管		m	2.14	材料
379900437	连通液		kg	2.16	材料
379900439	裂缝计		只	155.00	材料
379900441	漏缆洞内防火吊夹		个	14.65	材料
379900443	漏缆终端负载 TZ-10		个	310.00	材料
379900445	铝合金条板吊顶龙骨		m	4.50	材料
379900447	铝合金条型板龙骨挂件		个	0.69	材料
379900449	铝热焊剂		套	376.00	材料
379900451	氯丁乳胶水泥		kg	0.69	材料
379900453	麻筋		kg	5.06	材料
379900455	门槛灌胶模具		套	259.00	材料
379900457	门柱灌胶模具		套	259.00	材料

续表

代码	名称	型号规格	单位	基期价	类别
379900459	密封膏		支	2.63	材料
379900461	木材防腐油		kg	7.41	材料
379900463	木岔枕		m^3	1724.00	材料
379900465	耐压管		m	74.14	材料
379900467	配线用电缆芯线托环		个	1.81	材料
379900469	膨包夹板		套	490.00	材料
379900471	普通轨距杆	ϕ32	根	122.00	材料
379900473	铅皮条		m	23.36	材料
379900475	青麻		kg	5.06	材料
379900477	球墨铸铁精加工件		t	9483.00	材料
379900479	热镀锌走线槽道	300×100	m	145.00	材料
379900481	软塑料管	ϕ75×7	m	0.33	材料
379900483	三向安装支架		套	1034.00	材料
379900485	三眼单槽夹板		套	9.34	材料
379900487	色灯信号机引入管高柱用(直)		根	17.24	材料
379900489	蛇管接头电动转辙机用		组	20.59	材料
379900491	砷铜合计		kg	3.10	材料
379900493	室内堵洞胶		kg	18.10	材料
379900495	室外箱盒端子配线铭牌		个	0.17	材料
379900497	双向曲线型调节器	伸缩量 ±500mm	对	29590.00	材料
379900499	双向曲线型调节器	伸缩量 ±1000mm	对	32241.00	材料
379900501	丝光毛巾		条	6.90	材料
379900503	丝锥	M8	根	27.59	材料
379900505	松锯材		m^3	1121.00	材料
379900507	速度传感器安装支架		个	42.57	材料
379900509	塑料彩条编织布		m^2	1.21	材料
379900511	塑料垫板	护轨	块	2.48	材料
379900513	塑料胀塞		个	0.09	材料
379900515	缩节		只	22.84	材料
379900517	锁接头(公)	ϕ156	kg	5.88	材料
379900519	梯笼		只	560.00	材料
379900521	调相头	L27-J114	个	219.00	材料
379900523	调相座	L27Q-K338A	个	438.00	材料
379900525	铁垫板		个	16.13	材料
379900527	通信接头	DB9	个	2.59	材料
379900529	铜桩		个	41.38	材料
379900531	弯头		只	24.09	材料
379900533	微调杆接头		只	2.16	材料

续表

代 码	名 称	型号规格	单位	基期价	类 别
379900535	温度计	±50℃	块	23.41	材料
379900537	无孔胶接绝缘轨	25m	根	10991.00	材料
379900539	线号机打字色带		盘	10.78	材料
379900541	线号套管	ϕ3.5 综合	只	0.78	材料
379900543	线路涂油器		个	12931.00	材料
379900545	橡胶包套	含微孔橡胶垫板	套	13.79	材料
379900547	信号机打字色带		盘	10.78	材料
379900549	信号配线软套管		m	8.91	材料
379900551	牙轮接头	ϕ190	个	155.00	材料
379900553	氧丹原油		kg	28.50	材料
379900555	异径接头	ϕ73~190	个	30.17	材料
379900557	异形钢轨	50~60kg 6.25m	根	1941.00	材料
379900559	异形钢轨	50~60kg 12.5m	根	3907.00	材料
379900561	有孔短轨	6m	根	1277.00	材料
379900563	鱼鳞接头	ϕ51~63	kg	5.17	材料
379900565	预热装置及支架		套	10310.00	材料
379900567	月牙式挡车器		个	13770.00	材料
379900569	增强保护管		个	1.16	材料
379900571	粘胶布风管		m	12.93	材料
379900573	长轨枕橡胶包套	含微孔橡胶垫板	套	13.79	材料
379900575	支持绝缘子	45×48-M10	支	5.60	材料
379900577	止水环		个	1.55	材料
379900579	止水袜套	7.5m×4.8m	只	1166.00	材料
379900581	中间扣板	50kg	块	2.73	材料
379900583	助燃助剂		根	2.67	材料
379900585	纵向支座		个	287.00	材料
379900587	组合架侧面配线槽道	50×35	m	30.17	材料
379900589	钻杆	ϕ114	kg	3.32	材料
400100001	泵管使用		m·d	0.17	租赁费
400100003	槽型钢板桩使用费		t·d	9.02	租赁费
400100005	木驳船	30t	t·d	3.29	租赁费
400100007	木驳船	50t	t·d	3.29	租赁费
400100009	木驳船	60t	t·d	3.29	租赁费
400100011	木驳船	80t	t·d	3.29	租赁费
400100013	木驳船	100t	t·d	3.29	租赁费
400100015	木驳船	120t	t·d	3.29	租赁费
400100017	木船	30t	t·d	2.85	租赁费
400100019	木船	60t	t·d	2.76	租赁费

续表

代码	名称	型号规格	单位	基期价	类别
400100021	铁驳船	80t	t·d	2.12	租赁费
400100023	铁驳船	100t	t·d	3.01	租赁费
400100025	铁驳船	120t	t·d	3.01	租赁费
400100027	铁驳船	150t	t·d	2.06	租赁费
400100029	铁驳船	200t	t·d	1.75	租赁费
400100031	铁撑板使用费		t·d	9.02	租赁费
500100001	大口径井点吸水器	15m	套	583.00	设备
500100003	大口径井点吸水器	25m	套	668.00	设备
500100005	旗帜电动升降系统		套	43103.00	设备
500100007	旗帜风动系统		套	6121.00	设备
500100009	升降传动装置		套	3405.00	设备
500100011	液压控制系统		套	1897.00	设备
600100001	K值		元	0.00	其他费
600100003	安拆及场外运输费		元	1.00	其他费
600100005	安全设施及照明费		元	1.00	其他费
600100007	材料摊销费		元	1.00	其他费
600100009	残值率		%	0.00	其他费
600100011	回程费		%	1.00	其他费
600100013	回库维修费		元	1.00	其他费
600100015	机械费		元	1.00	其他费
600100017	机械人工		工日	135.00	其他费
600100019	激光测量导向费		元	1.00	其他费
600100021	激光仪器使用费		元	1.00	其他费
600100023	架线		次	388.00	其他费
600100025	检修次数		次	0.00	其他费
600100027	检修费		元	1.00	其他费
600100029	脚手架材料费		元	1.00	其他费
600100031	冷拉设备摊销费		元	1.00	其他费
600100033	路基板摊销费		元	1.00	其他费
600100035	耐用总台班		台班	0.00	其他费
600100037	年工作台班		台班	0.00	其他费
600100039	年平均安拆次数		次	0.00	其他费
600100041	拼装费		元	1.00	其他费
600100043	平台组装费		元	1.00	其他费
600100045	其他材料费		元	1.00	其他费
600100047	其他材料费		%	1.00	其他费
600100049	其他费用		元	1.00	其他费
600100051	其他费用(机械)		元	1.00	其他费

续表

代码	名称	型号规格	单位	基期价	类别
600100053	其他机具费		%	1.00	其他费
600100055	其他机械费		元	1.00	其他费
600100057	其他机械降效		%	1.00	其他费
600100059	起重机具费		元	1.00	其他费
600100061	轻轨摊销费		元	1.00	其他费
600100063	燃料动力费		元	0.00	其他费
600100065	设备材料费		元	1.00	其他费
600100067	设备摊销费		元	1.00	其他费
600100069	锁口管摊销费		元	1.00	其他费
600100071	台面摊销费		元	1.00	其他费
600100073	维护费		元	1.00	其他费
600100075	五金费		元	1.00	其他费
600100077	小五金费		元	1.00	其他费
600100079	校验材料费		元	1.00	其他费
600100081	液压设备费		元	1.00	其他费
600100083	一次安拆费及场外运费		元	1.00	其他费
600100085	一次检修费		元	1.00	其他费
600100087	仪器使用费		元	1.00	其他费
600100089	仪器摊销		元	1.00	其他费
600100091	预算价格		元	1.00	其他费
600100093	折旧费		元	1.00	其他费
600100095	周转性材料费		元	1.00	其他费
600100097	砖模摊销费		元	1.00	其他费
600100099	桩架摊销费		元	1.00	其他费
800100001	107胶纯水泥浆		m^3	490.56	配比材料
800100003	白水泥浆	1：2	m^3	384.35	配比材料
800100005	纯白水泥浆		m^3	887.46	配比材料
800100007	纯水泥浆		m^3	430.36	配比材料
800100009	防水砂浆	1：1	m^3	335.00	配比材料
800100011	防水砂浆	1：1.5	m^3	313.00	配比材料
800100013	防水砂浆	1：2	m^3	300.00	配比材料
800100015	防水砂浆	1：2.5	m^3	280.00	配比材料
800100017	防水砂浆	1：3	m^3	262.00	配比材料
800100019	防水砂浆	1：4	m^3	265.00	配比材料
800100021	防水水泥砂浆	1：2	m^3	242.00	材料
800100023	干混地面砂浆	DS M15.0	m^3	443.08	配比材料
800100025	干混地面砂浆	DS M20.0	m^3	443.08	配比材料
800100027	干混地面砂浆	DS M25.0	m^3	460.16	配比材料

续表

代码	名称	型号规格	单位	基期价	类别
800100029	干混抹灰砂浆	DP M5.0	m^3	413.85	配比材料
800100031	干混抹灰砂浆	DP M10.0	m^3	430.35	配比材料
800100033	干混抹灰砂浆	DP M15.0	m^3	446.85	配比材料
800100035	干混抹灰砂浆	DP M20.0	m^3	446.95	配比材料
800100037	干混砌筑砂浆	DM M5.0	m^3	397.23	配比材料
800100039	干混砌筑砂浆	DM M7.5	m^3	413.73	配比材料
800100041	干混砌筑砂浆	DM M10.0	m^3	413.73	配比材料
800100043	干混砌筑砂浆	DM M15.0	m^3	430.23	配比材料
800100045	干混砌筑砂浆	DM M20.0	m^3	446.81	配比材料
800100047	干硬水泥砂浆	1∶2	m^3	274.55	配比材料
800100049	干硬水泥砂浆	1∶3	m^3	244.35	配比材料
800100051	菱苦土砂浆	1∶4	m^3	401.38	配比材料
800100053	菱苦土砂浆	1∶1.4∶0.6	m^3	595.15	配比材料
800100055	麻刀快硬水泥		m^3	990.08	配比材料
800100057	水泥基自流平砂浆		m^3	2347.08	配比材料
800100059	水泥砂浆	1∶1	m^3	294.20	配比材料
800100061	水泥砂浆	1∶1.5	m^3	278.48	配比材料
800100063	水泥砂浆	1∶2	m^3	268.85	配比材料
800100065	水泥砂浆	1∶2.5	m^3	252.49	配比材料
800100067	水泥砂浆	1∶3	m^3	238.10	配比材料
800100069	水泥砂浆	1∶4	m^3	243.43	配比材料
800100071	水泥砂浆	M2.5	m^3	209.01	配比材料
800100073	水泥砂浆	M5.0	m^3	212.41	配比材料
800100075	水泥砂浆	M7.5	m^3	215.81	配比材料
800100077	水泥砂浆	M10.0	m^3	222.61	配比材料
800100079	水泥石灰纸筋砂浆	1∶0.5∶0.5	m^3	397.03	配比材料
800100081	水泥石灰纸筋砂浆	1∶3∶9	m^3	283.07	配比材料
800500001	混合砂浆	1∶0.2∶2	m^3	287.68	配比材料
800500003	混合砂浆	1∶0.3∶3	m^3	277.99	配比材料
800500005	混合砂浆	1∶0.3∶4	m^3	244.22	配比材料
800500007	混合砂浆	1∶0.5∶0.5	m^3	383.20	配比材料
800500009	混合砂浆	1∶0.5∶1	m^3	310.12	配比材料
800500011	混合砂浆	1∶0.5∶2	m^3	276.82	配比材料
800500013	混合砂浆	1∶0.5∶2.5	m^3	290.65	配比材料
800500015	混合砂浆	1∶0.5∶3	m^3	281.51	配比材料
800500017	混合砂浆	1∶0.5∶4	m^3	265.24	配比材料
800500019	混合砂浆	1∶0.5∶5	m^3	239.80	配比材料
800500021	混合砂浆	1∶1∶1	m^3	313.95	配比材料

续表

代码	名称	型号规格	单位	基期价	类别
800500023	混合砂浆	1：1：2	m^3	297.56	配比材料
800500025	混合砂浆	1：1：4	m^3	276.85	配比材料
800500027	混合砂浆	1：1：6	m^3	250.72	配比材料
800500029	混合砂浆	1：2：1	m^3	317.30	配比材料
800500031	混合砂浆	1：3：9	m^3	273.89	配比材料
800500033	混合砂浆	M2.5	m^3	219.46	配比材料
800500035	混合砂浆	M5.0	m^3	227.82	配比材料
800500037	混合砂浆	M7.5	m^3	228.35	配比材料
800500039	混合砂浆	M10.0	m^3	231.51	配比材料
800500041	披刀灰	M1.5	m^3	260.23	配比材料
800500043	披刀灰	M2.5	m^3	265.62	配比材料
800500045	石灰砂浆	1：2	m^3	251.34	配比材料
800500047	石灰砂浆	1：2.5	m^3	249.67	配比材料
800500049	石灰砂浆	1：3	m^3	236.24	配比材料
800500051	石灰砂浆	1：4	m^3	214.00	配比材料
800500053	石灰砂浆(抹灰用)	1：2	m^3	251.34	配比材料
800500055	石灰砂浆(抹灰用)	1：2.5	m^3	249.67	配比材料
800500057	石灰砂浆(抹灰用)	1：3	m^3	236.24	配比材料
800500059	石灰砂浆(抹灰用)	1：4	m^3	213.83	配比材料
800900001	107 胶水泥砂浆	1：6：0.2	m^3	279.43	配比材料
800900003	107 胶稀水泥浆		m^3	371.85	配比材料
800900005	不发火砂浆	1：0.44：1.75	m^3	854.08	配比材料
800900007	防水砂浆		m^3	365.57	配比材料
800900009	酚醛树脂胶泥	1：0.08：0.06：1.8	m^3	15657.42	配比材料
800900011	钢丝网水泥砂浆	1：1.8	m^3	320.36	配比材料
800900013	钢丝网水泥砂浆	1：2	m^3	315.63	配比材料
800900015	环氧打底料	1：1：0.07：0.15	m^3	29487.76	配比材料
800900017	环氧酚醛胶泥	0.7：0.3：0.06：1.8	m^3	14257.48	配比材料
800900019	环氧呋喃胶泥	0.7：0.3：0.05：1.7	m^3	13352.55	配比材料
800900021	环氧煤焦油胶泥	0.5：0.5：0.04：2.2	m^3	7381.41	配比材料
800900023	环氧砂浆	1：0.07：2：4	m^3	10815.35	配比材料
800900025	环氧树脂胶泥	1：0.08：0.1：2	m^3	12868.18	配比材料
800900027	环氧稀胶泥		m^3	17442.37	配比材料
800900029	金属屑砂浆	1：0.3：1.5	m^3	2508.48	配比材料
800900031	冷底子油		kg	5.57	配比材料
800900033	沥青胶泥		m^3	2943.94	配比材料
800900035	沥青稀胶泥	100：30	m^3	3037.45	配比材料
800900037	沥青油膏	1：2	m^3	1337.00	配比材料

续表

代码	名称	型号规格	单位	基期价	类别
800900039	硫黄砂浆	1∶0.35∶0.6∶0.05	m^3	5165.29	配比材料
800900041	麻刀石灰砂浆	1∶3	m^3	282.05	配比材料
800900043	耐碱砂浆	1∶1	m^3	561.03	配比材料
800900045	耐碱砂浆	1∶2	m^3	620.83	配比材料
800900047	耐热砂浆	1∶1.5	m^3	780.75	配比材料
800900049	耐酸沥青胶泥	隔离层用1∶0.3∶0.05	m^3	3157.97	配比材料
800900051	耐酸沥青胶泥	平面结合层用1∶2∶0.05	m^3	2971.67	配比材料
800900053	耐酸沥青胶泥	铺砌用1∶1∶0.05	m^3	3056.76	配比材料
800900055	耐酸沥青砂浆	铺设压实用1.3∶2.6∶7.4	m^3	2774.90	配比材料
800900057	耐酸沥青砂浆	涂抹用1.2∶1.3∶3.5	m^3	2820.16	配比材料
800900059	耐油砂浆	1∶2	m^3	310.10	配比材料
800900061	膨胀水泥砂浆	1∶1	m^3	271.00	配比材料
800900063	石膏灰浆		m^3	583.57	配比材料
800900065	石膏砂浆		m^3	394.57	配比材料
800900067	石灰黄泥浆	1∶2.5	m^3	131.26	配比材料
800900069	石灰黄泥浆	1∶3	m^3	120.86	配比材料
800900071	石灰麻刀浆		m^3	321.08	配比材料
800900073	石棉水泥	3∶7	m^3	457.00	配比材料
800900075	水玻璃胶泥	1∶0.15∶1.2∶1.1	m^3	2448.67	配比材料
800900077	水玻璃耐酸砂浆	1∶0.15∶1.1∶1∶2.6	m^3	2493.49	配比材料
800900079	水玻璃稀胶泥	1∶0.15∶0.5∶0.5	m^3	1978.50	配比材料
800900081	水泥石英混合砂浆	1∶0.2∶1.5	m^3	561.94	配比材料
800900083	水泥珍珠岩	1∶8	m^3	220.46	配比材料
800900085	水泥珍珠岩	1∶10	m^3	223.55	配比材料
800900087	水泥珍珠岩	1∶12	m^3	228.83	配比材料
800900089	水泥蛭石	1∶8	m^3	122.53	配比材料
800900091	水泥蛭石	1∶10	m^3	119.43	配比材料
800900093	水泥蛭石	1∶12	m^3	118.21	配比材料
800900095	素石膏浆		m^3	592.12	配比材料
800900097	纸筋灰浆		m^3	331.19	配比材料
800900099	纸筋灰砂浆	1∶2	m^3	276.10	配比材料
800900101	重晶石砂浆	1∶0.2∶4	m^3	729.62	配比材料
800900103	重晶石砂浆	1∶2∶1	m^3	521.14	配比材料
801100001	水泥石灰麻刀砂浆	1∶2∶4	m^3	328.16	配比材料
801100003	水泥石灰麻刀砂浆	1∶2∶9	m^3	287.97	配比材料
801100005	水泥石灰纸筋灰浆	1∶0.5	m^3	430.83	配比材料
801100007	水泥石灰纸筋砂浆	1∶1∶4	m^3	285.42	配比材料
801100009	纸筋混合灰浆		m^3	402.87	配比材料

续表

代　码	名　　称	型 号 规 格	单位	基期价	类 别
801300001	白水泥白石屑浆	1：1.5	m^3	449.18	配比材料
801300003	白水泥白石屑浆	1：2	m^3	404.88	配比材料
801300005	白水泥白石屑浆	1：2.5	m^3	363.41	配比材料
801300007	白水泥白石子浆	1：1.5	m^3	693.08	配比材料
801300009	白水泥白石子浆	1：2	m^3	657.40	配比材料
801300011	白水泥彩色石子浆	1：1.5	m^3	728.99	配比材料
801300013	白水泥彩色石子浆	1：2	m^3	697.95	配比材料
801300015	水泥白石屑浆	1：1.5	m^3	280.15	配比材料
801300017	水泥白石屑浆	1：2	m^3	258.85	配比材料
801300019	水泥白石屑浆	1：2.5	m^3	236.38	配比材料
801300021	水泥白石子浆	1：1	m^3	442.40	配比材料
801300023	水泥白石子浆	1：1.5	m^3	439.66	配比材料
801300025	水泥白石子浆	1：2	m^3	435.67	配比材料
801300027	水泥石灰白石屑浆	1：1：6	m^3	190.68	配比材料
801300029	水泥石子浆	1：2.5	m^3	307.08	配比材料
801300031	水泥珍珠岩砂浆	1：1：6	m^3	365.67	配比材料
802100001	泵送防水混凝土	C20/P6(20)	m^3	321.41	配比材料
802100003	泵送防水混凝土	C30/P8(20)	m^3	345.36	配比材料
802100005	泵送防水混凝土	C35/P8(20)	m^3	349.97	配比材料
802100007	泵送混凝土	C20(16)	m^3	298.24	配比材料
802100009	泵送混凝土	C20(20)	m^3	294.58	配比材料
802100011	泵送混凝土	C25(16)	m^3	316.77	配比材料
802100013	泵送混凝土	C25(20)	m^3	312.70	配比材料
802100015	泵送混凝土	C30(16)	m^3	325.07	配比材料
802100017	泵送混凝土	C30(20)	m^3	319.26	配比材料
802100019	泵送混凝土	C35(16)	m^3	339.69	配比材料
802100021	泵送混凝土	C35(20)	m^3	335.58	配比材料
802100023	泵送混凝土	C40(20)	m^3	342.89	配比材料
802100025	泵送混凝土	C45(20)	m^3	362.22	配比材料
802100027	泵送混凝土	C50(20)	m^3	374.61	配比材料
802100029	沉管成孔桩混凝土	C20(40)	m^3	311.09	配比材料
802100031	沉管成孔桩混凝土	C25(40)	m^3	317.22	配比材料
802100033	沉管成孔桩混凝土	C30(40)	m^3	327.72	配比材料
802100035	道路路面混凝土(最大粒径 40)	抗折强度等级 4.5MPa	m^3	328.04	配比材料
802100037	道路路面混凝土(最大粒径 40)	抗折强度等级 5MPa	m^3	335.37	配比材料
802100039	防水混凝土	C20/P6(20)	m^3	321.26	配比材料
802100041	防水混凝土	C20/P6(40)	m^3	321.65	配比材料
802100043	防水混凝土	C25/P8(20)	m^3	331.25	配比材料

续表

代码	名称	型号规格	单位	基期价	类别
802100045	防水混凝土	C25/P8(40)	m^3	326.52	配比材料
802100047	防水混凝土	C30/P8(20)	m^3	340.16	配比材料
802100049	防水混凝土	C30/P8(40)	m^3	334.23	配比材料
802100051	防水混凝土	C35/P8(20)	m^3	340.69	配比材料
802100053	防水混凝土	C35/P8(40)	m^3	333.87	配比材料
802100055	加气混凝土	容量 500kg/m^3	m^3	110.24	配比材料
802100057	加气混凝土	容量 700kg/m^3	m^3	132.80	配比材料
802100059	加气混凝土	容量 900kg/m^3	m^3	156.39	配比材料
802100061	现场预制混凝土	C15(16)	m^3	290.55	配比材料
802100063	现场预制混凝土	C15(20)	m^3	297.83	配比材料
802100065	现场预制混凝土	C15(40)	m^3	281.93	配比材料
802100067	现场预制混凝土	C20(16)	m^3	299.89	配比材料
802100069	现场预制混凝土	C20(20)	m^3	305.50	配比材料
802100071	现场预制混凝土	C20(40)	m^3	293.12	配比材料
802100073	现场预制混凝土	C25(16)	m^3	308.41	配比材料
802100075	现场预制混凝土	C25(20)	m^3	314.78	配比材料
802100077	现场预制混凝土	C25(40)	m^3	305.79	配比材料
802100079	现场预制混凝土	C30(16)	m^3	329.71	配比材料
802100081	现场预制混凝土	C30(20)	m^3	321.80	配比材料
802100083	现场预制混凝土	C30(40)	m^3	315.91	配比材料
802100085	现场预制混凝土	C35(16)	m^3	341.51	配比材料
802100087	现场预制混凝土	C35(20)	m^3	332.93	配比材料
802100089	现场预制混凝土	C35(40)	m^3	327.28	配比材料
802100091	现场预制混凝土	C40(16)	m^3	351.42	配比材料
802100093	现场预制混凝土	C40(20)	m^3	343.08	配比材料
802100095	现场预制混凝土	C40(40)	m^3	336.41	配比材料
802100097	现场预制混凝土	C45(20)	m^3	353.33	配比材料
802100099	现场预制混凝土	C45(40)	m^3	346.32	配比材料
802100101	现场预制混凝土	C50(20)	m^3	367.30	配比材料
802100103	现场预制混凝土	C50(40)	m^3	357.57	配比材料
802100105	现场预制混凝土	C40(16)-水泥 52.5	m^3	357.29	配比材料
802100107	现场预制混凝土	C40(20)-水泥 52.5	m^3	347.33	配比材料
802100109	现场预制混凝土	C40(40)-水泥 52.5	m^3	340.87	配比材料
802100111	现场预制混凝土	C45(20)-水泥 52.5	m^3	357.44	配比材料
802100113	现场预制混凝土	C45(40)-水泥 52.5	m^3	349.27	配比材料
802100115	现浇现拌混凝土	C10(40)	m^3	269.57	配比材料
802100117	现浇现拌混凝土	C15(16)	m^3	290.06	配比材料
802100119	现浇现拌混凝土	C15(20)	m^3	287.78	配比材料

续表

代码	名称	型号规格	单位	基期价	类别
802100121	现浇现拌混凝土	C15(40)	m^3	276.46	配比材料
802100123	现浇现拌混凝土	C20(16)	m^3	296.00	配比材料
802100125	现浇现拌混凝土	C20(20)	m^3	292.53	配比材料
802100127	现浇现拌混凝土	C20(40)	m^3	284.89	配比材料
802100129	现浇现拌混凝土	C25(16)	m^3	308.88	配比材料
802100131	现浇现拌混凝土	C25(20)	m^3	304.43	配比材料
802100133	现浇现拌混凝土	C25(40)	m^3	298.96	配比材料
802100135	现浇现拌混凝土	C30(16)	m^3	318.67	配比材料
802100137	现浇现拌混凝土	C30(20)	m^3	313.43	配比材料
802100139	现浇现拌混凝土	C30(40)	m^3	305.80	配比材料
802100141	现浇现拌混凝土	C35(16)	m^3	331.25	配比材料
802100143	现浇现拌混凝土	C35(20)	m^3	308.60	配比材料
802100145	现浇现拌混凝土	C35(40)	m^3	316.52	配比材料
802100147	现浇现拌混凝土	C40(16)	m^3	348.06	配比材料
802100149	现浇现拌混凝土	C40(20)	m^3	302.80	配比材料
802100151	现浇现拌混凝土	C40(40)	m^3	330.72	配比材料
802100153	现浇现拌混凝土	C45(16)	m^3	357.74	配比材料
802100155	现浇现拌混凝土	C45(20)	m^3	351.90	配比材料
802100157	现浇现拌混凝土	C45(40)	m^3	341.19	配比材料
802100159	现浇现拌混凝土	C50(16)	m^3	370.09	配比材料
802100161	现浇现拌混凝土	C50(20)	m^3	361.41	配比材料
802100163	现浇现拌混凝土	C50(40)	m^3	349.33	配比材料
802100165	现浇现拌混凝土	C40(16)-水泥52.5	m^3	345.30	配比材料
802100167	现浇现拌混凝土	C40(20)-水泥52.5	m^3	338.45	配比材料
802100169	现浇现拌混凝土	C45(20)-水泥52.5	m^3	349.44	配比材料
802100171	钻孔桩混凝土	C20(40)	m^3	315.02	配比材料
802100173	钻孔桩混凝土	C25(40)	m^3	324.98	配比材料
802100175	钻孔桩混凝土	C30(40)	m^3	337.40	配比材料
802500001	耐酸沥青混凝土	中粒式	m^3	2005.65	配比材料
802500003	耐酸沥青胶泥	1:0.3:0.05	m^3	4946.00	配比材料
802500005	耐酸沥青胶泥	1:1:0.05	m^3	4503.00	配比材料
802500007	耐酸沥青胶泥	1:2:0.05	m^3	4116.00	配比材料
802500009	耐酸沥青砂浆	1.2:1.3:3.5	m^3	3631.00	配比材料
802500011	耐酸沥青砂浆	1.3:2.6:7.4	m^3	2775.00	配比材料
802500013	石油沥青砂浆	1:0.53:0.53:3.12(不发火)	m^3	2231.42	配比材料
802700001	硫黄混凝土		m^3	2813.05	配比材料
802700003	耐碱混凝土 水泥用量	350kg	m^3	324.16	配比材料
802700005	耐碱混凝土 水泥用量	450kg	m^3	334.98	配比材料

续表

代 码	名 称	型 号 规 格	单位	基期价	类 别
802700007	耐热混凝土	耐热度 900℃以内	m^3	528.92	配比材料
802700009	耐热混凝土	耐热度 1200℃以内	m^3	858.20	配比材料
802700011	耐热混凝土	耐热度 1800℃以内	m^3	1182.71	配比材料
802700013	耐酸沥青混凝土	细粒式	m^3	2215.39	配比材料
802700015	耐油混凝土		m^3	374.72	配比材料
802700017	水玻璃耐酸混凝土		m^3	1799.09	配比材料
802700019	重晶石混凝土		m^3	1343.93	配比材料
802900001	泵送防水混凝土	C25/P8(20)	m^3	339.81	配比材料
802900003	道路路面混凝土(最大粒径 40)	抗折强度等级 4MPa	m^3	320.74	配比材料
802900005	灰土	3:7	m^3	110.60	配比材料
802900007	喷射混凝土	1:2.5:2	m^3	337.71	配比材料
802900009	石油沥青玛琋脂		m^3	2263.90	配比材料
802900011	石油沥青砂浆	1:2:7	m^3	1311.80	配比材料
803100001	灰土	1:4	m^3	91.43	配比材料
803300001	炉(矿)渣混凝土	CL3.5	m^3	210.40	配比材料
803300003	炉(矿)渣混凝土	CL5.0	m^3	217.46	配比材料
803300005	炉(矿)渣混凝土	CL7.5	m^3	229.64	配比材料
803300007	炉(矿)渣混凝土	CL10	m^3	237.26	配比材料
803300009	三合土 碎石	1:3:6	m^3	239.06	配比材料
803300011	三合土 碎石	1:4:8	m^3	238.42	配比材料
803300013	三合土 碎砖	1:3:6	m^3	143.53	配比材料
803300015	三合土 碎砖	1:4:8	m^3	140.23	配比材料
803300017	石灰炉(矿)渣	1:3	m^3	169.70	配比材料
803300019	石灰炉(矿)渣	1:10	m^3	131.00	配比材料
803500001	石灰炉(矿)渣	1:4	m^3	165.74	配比材料
803500003	碎砖四合土	1:1:5:10	m^3	0.00	配比材料
984700001	1.6G 天线		台班	3760.00	仪器仪表
984700003	100M 天线		台班	5640.00	仪器仪表
984700005	2000A 大电流发生器		台班	31.34	仪器仪表
984700007	200M 天线		台班	4700.00	仪器仪表
984700009	BOD 测试仪		台班	48.37	仪器仪表
984700011	PCM 测试仪	2048kb/s	台班	46.83	仪器仪表
984700013	PCM 呼叫分析仪	300~3400Hz,频偏±5%	台班	20.31	仪器仪表
984700015	PCM 话路特性测试仪		台班	110.00	仪器仪表
984700017	PCM 话路特性测试仪	200~4000Hz,-60~6dBm	台班	110.00	仪器仪表
984700019	PCM 数字通道分析仪	2MB/s	台班	208.00	仪器仪表
984700021	PCM 通道测试仪	20~4000Hz,-60~10dBm	台班	686.00	仪器仪表
984700023	PH 测试仪		台班	7.64	仪器仪表

续表

代码	名称	型号规格	单位	基期价	类别
984700025	TPFRC 电容分压器交直流高压测量系统		台班	125.00	仪器仪表
984700027	X. Y 辐射剂测量仪		台班	8.02	仪器仪表
984700029	X 射线探伤机	穿透厚度 4~40	台班	130.00	仪器仪表
984700031	X 射线探伤机	最大穿透力 75mm	台班	101.00	仪器仪表
984700033	YDQ 充气式试验变压器		台班	57.76	仪器仪表
984700035	γ 射线探伤仪	Ir192	台班	6.36	仪器仪表
984700037	安全阀试压机	YFC-A	台班	303.00	仪器仪表
984700039	安全阀整定装置		台班	73.41	仪器仪表
984700041	氦气检漏仪		台班	80.92	仪器仪表
984700043	笔记本电脑		台班	10.41	仪器仪表
984700045	编程器		台班	3.51	仪器仪表
984700047	变比自动测量仪	AOJ-2	台班	12.17	仪器仪表
984700049	变压器直流电阻测试仪		台班	20.43	仪器仪表
984700051	变压器直流电阻测试仪	JD2520	台班	56.90	仪器仪表
984700053	便携式电导率表		台班	7.72	仪器仪表
984700055	便携式多组气体分析仪		台班	135.00	仪器仪表
984700057	便携式精密露点仪		台班	98.29	仪器仪表
984700059	便携式可燃气体检漏仪		台班	14.30	仪器仪表
984700061	便携式煤粉取样装置		台班	40.51	仪器仪表
984700063	便携式双探头超声波流量计		台班	9.56	仪器仪表
984700065	便携式污染检测仪		台班	27.51	仪器仪表
984700067	便携式烟气预处理器		台班	35.02	仪器仪表
984700069	标准铂电阻温度计		台班	15.76	仪器仪表
984700071	标准测力仪		台班	12.09	仪器仪表
984700073	标准差压发生器 PASHEN		台班	29.51	仪器仪表
984700075	标准电阻、电容箱	EX25a	台班	9.81	仪器仪表
984700077	标准信号发生器	0.05~1040MHz	台班	7.57	仪器仪表
984700079	标准信号发生器	8.2~10GHz	台班	14.81	仪器仪表
984700081	标准压力发生器		台班	84.95	仪器仪表
984700083	彩色监视器		台班	4.93	仪器仪表
984700085	彩色亮度计		台班	46.58	仪器仪表
984700087	测斜仪		台班	27.64	仪器仪表
984700089	场强仪		台班	228.00	仪器仪表
984700091	场强仪	300MHz~10GHz,20~130dBuV	台班	182.00	仪器仪表
984700093	场强仪	RR3A	台班	12.50	仪器仪表
984700095	超声波流量计		台班	8.19	仪器仪表
984700097	超声波探伤仪	0~4500	台班	160.00	仪器仪表
984700099	超声波探伤仪	0~10000mm	台班	101.00	仪器仪表

续表

代 码	名 称	型 号 规 格	单位	基期价	类 别
984700101	磁粉探伤仪		台班	61.36	仪器仪表
984700103	打印机	B&k2312	台班	56.40	仪器仪表
984700105	导通测试仪	量程 1mΩ~2Ω 精度±0.2%	台班	17.45	仪器仪表
984700107	低频信号发生器		台班	7.01	仪器仪表
984700109	地下管线探测仪		台班	80.50	仪器仪表
984700111	电动综合校验台		台班	18.18	仪器仪表
984700113	电感电容测试仪		台班	16.92	仪器仪表
984700115	电感电容测试仪	电容 2~2000μF;电感 5~500mH	台班	5.59	仪器仪表
984700117	电火花检测仪		台班	12.16	仪器仪表
984700119	电缆测试仪		台班	17.44	仪器仪表
984700121	电缆测试仪	JH5132	台班	10.42	仪器仪表
984700123	电缆电阻测试仪		台班	27.85	仪器仪表
984700125	电缆故障测试仪	DGC-711E	台班	50.84	仪器仪表
984700127	电能校验仪	ST9040	台班	56.07	仪器仪表
984700129	电视测试信号发生器	CC5361	台班	43.61	仪器仪表
984700131	电视信号发生器		台班	12.85	仪器仪表
984700133	电视信号发生器	彩色、黑白图像带伴音	台班	16.47	仪器仪表
984700135	电压、电流互感升流器	HJ-12E	台班	30.63	仪器仪表
984700137	电压电流表(各种量程)		台班	22.89	仪器仪表
984700139	电源干扰测试仪		台班	50.10	仪器仪表
984700141	电子水准仪		台班	22.01	仪器仪表
984700143	电子天平(0.0001mg)		台班	17.77	仪器仪表
984700145	动态盐垢沉积仪		台班	83.75	仪器仪表
984700147	对讲机(一对)		台班	4.61	仪器仪表
984700149	多功能交直流钳形测量仪		台班	4.39	仪器仪表
984700151	多功能校验仪		台班	262.00	仪器仪表
984700153	多功能校准仪		台班	37.38	仪器仪表
984700155	多功能信号校验仪		台班	136.00	仪器仪表
984700157	多功能压力校验仪		台班	224.00	仪器仪表
984700159	分层沉降仪		台班	101.00	仪器仪表
984700161	粉尘快速测试仪		台班	31.59	仪器仪表
984700163	风压风速风量仪		台班	6.41	仪器仪表
984700165	干体式温度校验仪		台班	91.10	仪器仪表
984700167	高精度 40 通道压力采集系统		台班	166.00	仪器仪表
984700169	高精度测厚仪装置		台班	53.49	仪器仪表
984700171	高精度多功能电功率采集仪		台班	53.49	仪器仪表
984700173	高速信号录波仪		台班	47.14	仪器仪表
984700175	高稳定度光源		台班	38.76	仪器仪表

续表

代 码	名 称	型 号 规 格	单位	基期价	类 别
984700177	高压绝缘电阻测试仪		台班	40.68	仪器仪表
984700179	高压开关试验仪	CGK-890Ⅱ	台班	7.50	仪器仪表
984700181	高压试验变压器配套操作箱、调压器		台班	40.39	仪器仪表
984700183	高压试验变压器装置	YDJ	台班	203.00	仪器仪表
984700185	高压试验变压器装置	YDJHJ12-E	台班	203.00	仪器仪表
984700187	高压整流硅堆、滤波器		台班	21.71	仪器仪表
984700189	隔膜式抽气泵		台班	57.53	仪器仪表
984700191	工业用真有效值万用表		台班	6.16	仪器仪表
984700193	固定式看谱镜		台班	24.90	仪器仪表
984700195	光导介损测量仪		台班	36.65	仪器仪表
984700197	光功率计		台班	61.68	仪器仪表
984700199	光功率计	GH-2491	台班	10.19	仪器仪表
984700201	光可变衰耗器		台班	27.07	仪器仪表
984700203	光谱分析仪		台班	475.00	仪器仪表
984700205	光时域反射仪		台班	113.00	仪器仪表
984700207	光时域反射仪	HP8146A	台班	826.00	仪器仪表
984700209	光纤测试仪		台班	285.00	仪器仪表
984700211	光纤熔接机		台班	120.00	仪器仪表
984700213	光纤熔接机	AV33119 0.05dB	台班	207.00	仪器仪表
984700215	规程分析仪广域网+局域网		台班	379.00	仪器仪表
984700217	过程仪表		台班	23.68	仪器仪表
984700219	红外测温仪		台班	37.00	仪器仪表
984700221	红外光谱仪		台班	163.00	仪器仪表
984700223	互感器测试仪		台班	30.20	仪器仪表
984700225	回路校验仪		台班	103.00	仪器仪表
984700227	混凝土实验搅拌仪		台班	22.54	仪器仪表
984700229	火灾探测器试验器		台班	4.34	仪器仪表
984700231	机车信号车载系统检测仪		台班	68.81	仪器仪表
984700233	激光测距仪		台班	15.81	仪器仪表
984700235	激光扫描水平仪		台班	4.24	仪器仪表
984700237	激光轴对中仪		台班	111.00	仪器仪表
984700239	记录仪	8203-01	台班	47.09	仪器仪表
984700241	继电保护测试仪	JBC	台班	34.23	仪器仪表
984700243	继电保护测试仪	MRT-02	台班	151.00	仪器仪表
984700245	继电保护装置测试仪	JJC-B	台班	122.00	仪器仪表
984700247	继电器检验仪	RLC-50	台班	16.02	仪器仪表
984700249	加热烟气采样枪		台班	51.27	仪器仪表
984700251	建筑声学测量仪		台班	141.00	仪器仪表

续表

代 码	名 称	型号规格	单位	基期价	类 别
984700253	交、直流电流/电压标准源	JD2558	台班	73.09	仪器仪表
984700255	交/直流低电阻测试仪		台班	8.07	仪器仪表
984700257	交流试验变压器	TSB-10/50	台班	27.85	仪器仪表
984700259	交流稳压电源		台班	11.55	仪器仪表
984700261	交直流高压分压器	100kV	台班	26.15	仪器仪表
984700263	接地电阻测试仪	0~4000Ω	台班	3.68	仪器仪表
984700265	接地电阻测试仪	0.1~1200Ω	台班	13.58	仪器仪表
984700267	接地电阻测试仪	DET-3/2	台班	40.94	仪器仪表
984700269	接地电阻测试仪	0.001Ω~299.9 kΩ	台班	58.71	仪器仪表
984700271	接地引下线导通电阻测试仪		台班	14.85	仪器仪表
984700273	晶体管图示仪	XJ-4810	台班	9.14	仪器仪表
984700275	精密标准电阻箱		台班	4.56	仪器仪表
984700277	精密电桥	YY2814	台班	20.48	仪器仪表
984700279	精密交直流稳压电源		台班	71.20	仪器仪表
984700281	精密声级计		台班	6.18	仪器仪表
984700283	静态电阻应变仪		台班	78.02	仪器仪表
984700285	绝缘电阻测试仪	BM12	台班	29.52	仪器仪表
984700287	绝缘油试验仪		台班	33.84	仪器仪表
984700289	绝缘油试验仪	量程 20~80kV;精度±2%	台班	195.00	仪器仪表
984700291	可拆式烟尘采样枪		台班	100.00	仪器仪表
984700293	可见分光光度计		台班	120.00	仪器仪表
984700295	宽带示波器	20G	台班	258.00	仪器仪表
984700297	宽行打印机		台班	5.86	仪器仪表
984700299	雷达主机		台班	218.00	仪器仪表
984700301	离子色谱仪		台班	240.00	仪器仪表
984700303	里氏硬度计		台班	26.12	仪器仪表
984700305	裂缝计		台班	2914.00	仪器仪表
984700307	逻辑分析仪		台班	139.00	仪器仪表
984700309	脉冲信号发生器		台班	62.13	仪器仪表
984700311	煤粉气流筛		台班	95.51	仪器仪表
984700313	铭牌打印机		台班	34.07	仪器仪表
984700315	模拟负载电阻装置	150A/0.2Ω 四组	台班	11.37	仪器仪表
984700317	模拟信令测试仪		台班	421.00	仪器仪表
984700319	钠离子分析仪		台班	17.02	仪器仪表
984700321	频率接收仪		台班	48.88	仪器仪表
984700323	频谱分析仪		台班	291.00	仪器仪表
984700325	其他各种仪器仪表		台班	16.92	仪器仪表
984700327	气动综合校验台		台班	9.32	仪器仪表

续表

代　码	名　　称	型 号 规 格	单位	基期价	类 别
984700329	气体、粉尘、烟尘采样仪校验装置		台班	21.93	仪器仪表
984700331	气体分析仪		台班	38.56	仪器仪表
984700333	千分经纬仪		台班	23.61	仪器仪表
984700335	轻型试验变压器	TSB-10/50	台班	27.85	仪器仪表
984700337	全站仪		台班	49.03	仪器仪表
984700339	全自动变比组别测试仪		台班	18.76	仪器仪表
984700341	热电偶精密测温仪		台班	10.54	仪器仪表
984700343	三参数测试仪		台班	9.49	仪器仪表
984700345	三相精密测试电源	JCD4060	台班	127.00	仪器仪表
984700347	色度计		台班	196.00	仪器仪表
984700349	声级计		台班	3.31	仪器仪表
984700351	湿度采样管		台班	14.01	仪器仪表
984700353	时间间隔测量仪		台班	98.83	仪器仪表
984700355	示波器	50MHz	台班	9.68	仪器仪表
984700357	示波器	70~200MHz	台班	10.54	仪器仪表
984700359	示波器	V1050F	台班	16.62	仪器仪表
984700361	视频分析仪		台班	129.00	仪器仪表
984700363	手持 GPS 定位仪		台班	4.76	仪器仪表
984700365	手持高精度数字测振仪 & 转速仪		台班	51.56	仪器仪表
984700367	手持光损耗测试仪		台班	11.69	仪器仪表
984700369	手持式万用表		台班	6.96	仪器仪表
984700371	手持式万用表	10000 计数	台班	4.47	仪器仪表
984700373	手持式万用表	50000 计数	台班	6.96	仪器仪表
984700375	手提式光纤多用表		台班	17.47	仪器仪表
984700377	手提式数字压力表	DP1-601	台班	8.19	仪器仪表
984700379	数据传输分析仪		台班	103.00	仪器仪表
984700381	数显频率发生器	HP33120A	台班	34.50	仪器仪表
984700383	数字传输分析仪		台班	10.28	仪器仪表
984700385	数字传输分析仪	轨道交通用	台班	103.00	仪器仪表
984700387	数字存储示波器	HP-54603B	台班	55.01	仪器仪表
984700389	数字电压表		台班	6.66	仪器仪表
984700391	数字电压表	PZ38	台班	7.34	仪器仪表
984700393	数字高压表	GYB-Ⅱ	台班	90.24	仪器仪表
984700395	数字毫秒表		台班	4.12	仪器仪表
984700397	数字毫秒计	DM3-802H	台班	8.91	仪器仪表
984700399	数字精密压力表		台班	17.57	仪器仪表
984700401	数字频率计		台班	20.67	仪器仪表
984700403	数字频率计	PS-30	台班	9.32	仪器仪表

续表

代码	名称	型号规格	单位	基期价	类别
984700405	数字示波器		台班	79.43	仪器仪表
984700407	数字式电子微压计		台班	42.86	仪器仪表
984700409	数字式快速对线仪		台班	47.38	仪器仪表
984700411	数字万用表		台班	4.16	仪器仪表
984700413	数字万用表	F-87	台班	6.14	仪器仪表
984700415	数字万用表	PS-56	台班	4.16	仪器仪表
984700417	数字温度计		台班	7.65	仪器仪表
984700419	数字性能分析仪	64kb/s,2MB/s	台班	117.00	仪器仪表
984700421	数字压差计		台班	8.71	仪器仪表
984700423	数字压力表		台班	22.06	仪器仪表
984700425	数字兆欧表	BM-206 1000MΩ	台班	14.22	仪器仪表
984700427	数字转速表		台班	24.52	仪器仪表
984700429	双绞线测试仪		台班	56.40	仪器仪表
984700431	酸洗小型试验台		台班	19.83	仪器仪表
984700433	台式 PH/ISE 测试仪		台班	54.59	仪器仪表
984700435	探伤机		台班	32.04	仪器仪表
984700437	调速系统动态测试仪	DT-1	台班	122.00	仪器仪表
984700439	通过式功率计	450kHz~2.3GHz,0.1~1000W	台班	7.05	仪器仪表
984700441	通信性能分析仪		台班	5.78	仪器仪表
984700443	通信性能分析仪	2MB/s~2.5Gb/s	台班	2211.00	仪器仪表
984700445	通用规程测试仪	V5 规程,ISDN 规程	台班	517.00	仪器仪表
984700447	通用计数器	1Hz~1GHz,30mV	台班	7.32	仪器仪表
984700449	网络测试仪		台班	57.56	仪器仪表
984700451	网络测试仪	1000M 以太网测试仪	台班	122.00	仪器仪表
984700453	网络测试仪	测试 100M 以太网的性能	台班	156.00	仪器仪表
984700455	网络测试仪	超五类线缆测试仪	台班	116.00	仪器仪表
984700457	网络测试仪	全频段	台班	132.00	仪器仪表
984700459	网络分析仪	HP8410C	台班	328.00	仪器仪表
984700461	网络分析仪	10Hz~500MHz	台班	46.22	仪器仪表
984700463	网络分析仪	100MHz~18GHz	台班	231.00	仪器仪表
984700465	网络分析仪	全频段	台班	265.00	仪器仪表
984700467	微机故障诊断仪		台班	10.30	仪器仪表
984700469	微机继电保护测试仪		台班	218.00	仪器仪表
984700471	微机硬盘测试仪		台班	125.00	仪器仪表
984700473	无馈线分析仪	300MHz~10GHz,20~130dBuV	台班	117.00	仪器仪表
984700475	无线电综合测试仪	100kHz~1.15GHz	台班	301.00	仪器仪表
984700477	误码率测试仪		台班	569.00	仪器仪表
984700479	误码率测试仪	2.5Gb/s	台班	1611.00	仪器仪表

续表

代 码	名 称	型 号 规 格	单位	基期价	类 别
984700481	现场测试仪	PLT301A	台班	53.05	仪器仪表
984700483	线号打印机		台班	4.36	仪器仪表
984700485	线路测试仪		台班	11.36	仪器仪表
984700487	线路测试仪测试线缆	RJ11、RJ45	台班	11.37	仪器仪表
984700489	相位电压测试仪		台班	10.04	仪器仪表
984700491	相位频率计	704-3	台班	37.22	仪器仪表
984700493	小功率计		台班	8.90	仪器仪表
984700495	协议分析仪		台班	261.00	仪器仪表
984700497	谐波分析仪	F41	台班	53.45	仪器仪表
984700499	旋转腐蚀挂片试验仪		台班	25.89	仪器仪表
984700501	旋转移相器	TXSGA-1/0.5	台班	10.19	仪器仪表
984700503	循环冷却水动态模拟试验装置		台班	198.00	仪器仪表
984700505	压力校验仪		台班	47.05	仪器仪表
984700507	烟尘测试仪		台班	43.16	仪器仪表
984700509	烟尘浓度采样仪		台班	27.64	仪器仪表
984700511	烟气采样器		台班	22.23	仪器仪表
984700513	烟气分析仪		台班	84.18	仪器仪表
984700515	叶轮式风速表		台班	10.13	仪器仪表
984700517	移频参数在线测试仪		台班	35.18	仪器仪表
984700519	音频功率源	YS44F	台班	40.94	仪器仪表
984700521	用户模拟呼叫器		台班	134.00	仪器仪表
984700523	用户模拟呼叫器	16000 呼/h	台班	409.00	仪器仪表
984700525	有毒气体测试仪		台班	93.28	仪器仪表
984700527	有害气体检漏仪		台班	65.93	仪器仪表
984700529	余氯分析仪		台班	10.50	仪器仪表
984700531	语言清晰度测试仪		台班	26.54	仪器仪表
984700533	原子吸收分光光度计		台班	105.00	仪器仪表
984700535	远红外线调压器		台班	10.77	仪器仪表
984700537	兆欧表		台班	6.34	仪器仪表
984700539	真空断路器测试仪		台班	36.21	仪器仪表
984700541	真空断路器测试仪	VIDAR	台班	208.00	仪器仪表
984700543	真有效值数据存储型万用表		台班	8.45	仪器仪表
984700545	振动动态信号采集分析系统		台班	84.74	仪器仪表
984700547	直流电流电压发生器	YJ87	台班	8.92	仪器仪表
984700549	直流高压发生器		台班	113.00	仪器仪表
984700551	直流高压发生器	ZGF-200	台班	40.15	仪器仪表
984700553	直流稳压电源		台班	16.70	仪器仪表
984700555	直流稳压稳流电源	WYK-6005	台班	30.83	仪器仪表

续表

代 码	名 称	型号规格	单位	基期价	类 别
984700557	智能数字压力校验仪		台班	23.58	仪器仪表
984700559	智能型光导抗干扰介损测量仪		台班	39.53	仪器仪表
984700561	中功率计	HP436B	台班	80.26	仪器仪表
984700563	中继线模拟呼叫器		台班	111.00	仪器仪表
984700565	中英文线号机		台班	18.47	仪器仪表
984700567	轴位移测振仪	TK3	台班	54.52	仪器仪表
984700569	浊度仪		台班	79.53	仪器仪表
984700571	自动 LCR 测量仪	ZL6	台班	12.42	仪器仪表
984700573	自动介损测试仪		台班	53.07	仪器仪表
984700575	自耦调压器		台班	9.77	仪器仪表
984700577	综合测试仪		台班	25.33	仪器仪表
984700579	总有机碳分析仪		台班	33.22	仪器仪表
984700581	最佳阻容调节器	RCK	台班	15.06	仪器仪表
990100001	车载式碎石撒布机	3000mm	台班	374.13	机械台班
990100003	电动夯实机	250N·m	台班	28.03	机械台班
990100005	电动路面铣刨机	7.5kW	台班	227.68	机械台班
990100007	电动装岩机	$0.2m^3$	台班	383.56	机械台班
990100009	电动装岩机	$0.4m^3$	台班	418.87	机械台班
990100011	电动装岩机	$0.5m^3$	台班	442.10	机械台班
990100013	电动装岩机	$0.6m^3$	台班	471.14	机械台班
990100015	颚式破碎机	250×400	台班	231.48	机械台班
990100017	颚式破碎机	250×500	台班	261.46	机械台班
990100019	颚式破碎机	400×600	台班	326.86	机械台班
990100021	颚式破碎机	500×750	台班	470.28	机械台班
990100023	颚式破碎机	600×900	台班	610.92	机械台班
990100025	钢轮内燃压路机	6t	台班	307.86	机械台班
990100027	钢轮内燃压路机	8t	台班	353.82	机械台班
990100029	钢轮内燃压路机	12t	台班	455.44	机械台班
990100031	钢轮内燃压路机	15t	台班	537.56	机械台班
990100033	钢轮内燃压路机	18t	台班	748.90	机械台班
990100035	钢轮内燃压路机	20t	台班	855.20	机械台班
990100037	钢轮内燃压路机	25t	台班	957.87	机械台班
990100039	钢轮振动压路机	6t	台班	366.04	机械台班
990100041	钢轮振动压路机	8t	台班	488.35	机械台班
990100043	钢轮振动压路机	10t	台班	573.86	机械台班
990100045	钢轮振动压路机	12t	台班	692.85	机械台班
990100047	钢轮振动压路机	15t	台班	907.60	机械台班
990100049	钢轮振动压路机	18t	台班	1041.25	机械台班

续表

代码	名称	型号规格	单位	基期价	类别
990100051	钢轮振动压路机	20t	台班	1105. 41	机械台班
990100053	钢轮振动压路机	25t	台班	1368. 73	机械台班
990100055	灰土拌和机	105kW	台班	4261. 86	机械台班
990100057	灰土拌和机	135kW	台班	4539. 07	机械台班
990100059	混凝土路面灌缝机		台班	354. 37	机械台班
990100061	混凝土路面刻槽机		台班	321. 59	机械台班
990100063	混凝土路面切缝机		台班	322. 21	机械台班
990100065	立爪扒渣机		台班	844. 56	机械台班
990100067	沥青混凝土拌和机	10t/h	台班	1284. 89	机械台班
990100069	沥青混凝土拌和机	15t/h	台班	1543. 11	机械台班
990100071	沥青混凝土拌和机	20t/h	台班	1710. 74	机械台班
990100073	沥青混凝土拌和机	30t/h	台班	1998. 60	机械台班
990100075	沥青混凝土拌和机	60t/h	台班	2852. 69	机械台班
990100077	沥青混凝土拌和机	100t/h	台班	3281. 56	机械台班
990100079	沥青混凝土拌和机	150t/h	台班	4805. 25	机械台班
990100081	沥青混凝土摊铺机	4t	台班	644. 38	机械台班
990100083	沥青混凝土摊铺机	6t	台班	705. 12	机械台班
990100085	沥青混凝土摊铺机	8t	台班	830. 94	机械台班
990100087	沥青混凝土摊铺机	12t	台班	1060. 42	机械台班
990100089	沥青混凝土摊铺机	13t	台班	1462. 34	机械台班
990100091	沥青混凝土摊铺机	14t	台班	1852. 96	机械台班
990100093	沥青混凝土摊铺机	15t	台班	2471. 67	机械台班
990100095	路面标线热熔涂料涂敷机		台班	562. 36	机械台班
990100097	路面标线涂料喷涂机		台班	414. 86	机械台班
990100099	路面除线机		台班	394. 88	机械台班
990100101	路面刻纹机		台班	327. 22	机械台班
990100103	路面抛丸机		台班	436. 41	机械台班
990100105	路面铣刨机	300mm	台班	528. 44	机械台班
990100107	路面铣刨机	350mm	台班	720. 53	机械台班
990100109	路面铣刨机	500mm	台班	791. 85	机械台班
990100111	路面铣刨机	1000mm	台班	911. 71	机械台班
990100113	路面铣刨机	2000mm	台班	2610. 79	机械台班
990100115	路面再生机	2300×400	台班	1112. 29	机械台班
990100117	轮胎式单斗液压挖掘机	0. 2m^3	台班	394. 34	机械台班
990100119	轮胎式单斗液压挖掘机	0. 4m^3	台班	433. 68	机械台班
990100121	轮胎式单斗液压挖掘机	0. 6m^3	台班	456. 10	机械台班
990100123	轮胎式拖拉机	21kW	台班	252. 34	机械台班
990100125	轮胎式拖拉机	41kW	台班	367. 48	机械台班

续表

代码	名称	型号规格	单位	基期价	类别
990100127	轮胎式拖拉机	75kW	台班	503.13	机械台班
990100129	轮胎式装载机	0.5m^3	台班	460.83	机械台班
990100131	轮胎式装载机	1m^3	台班	496.96	机械台班
990100133	轮胎式装载机	1.5m^3	台班	594.01	机械台班
990100135	轮胎式装载机	2m^3	台班	665.62	机械台班
990100137	轮胎式装载机	2.5m^3	台班	737.11	机械台班
990100139	轮胎式装载机	3m^3	台班	850.27	机械台班
990100141	轮胎式装载机	3.5m^3	台班	936.72	机械台班
990100143	轮胎式装载机	5m^3	台班	1231.52	机械台班
990100145	轮胎压路机	9t	台班	368.87	机械台班
990100147	轮胎压路机	16t	台班	610.87	机械台班
990100149	轮胎压路机	20t	台班	718.39	机械台班
990100151	轮胎压路机	26t	台班	809.89	机械台班
990100153	轮胎压路机	30t	台班	926.58	机械台班
990100155	履带式单斗机械挖掘机	1m^3	台班	888.71	机械台班
990100157	履带式单斗机械挖掘机	1.5m^3	台班	1118.15	机械台班
990100159	履带式单斗机械挖掘机	2.5m^3	台班	1202.38	机械台班
990100161	履带式单斗液压挖掘机	0.2m^3	台班	538.15	机械台班
990100163	履带式单斗液压挖掘机	0.3m^3	台班	544.71	机械台班
990100165	履带式单斗液压挖掘机	0.6m^3	台班	624.26	机械台班
990100167	履带式单斗液压挖掘机	0.8m^3	台班	815.93	机械台班
990100169	履带式单斗液压挖掘机	1m^3	台班	914.79	机械台班
990100171	履带式单斗液压挖掘机	1.25m^3	台班	1115.18	机械台班
990100173	履带式单斗液压挖掘机	1.6m^3	台班	1180.04	机械台班
990100175	履带式单斗液压挖掘机	1.8m^3	台班	1226.77	机械台班
990100177	履带式单斗液压挖掘机	2m^3	台班	1320.23	机械台班
990100179	履带式单斗液压挖掘机	2.5m^3	台班	1517.76	机械台班
990100181	履带式单斗液压挖掘机	3m^3	台班	1827.77	机械台班
990100183	履带式单头岩石破碎机	40kW	台班	676.79	机械台班
990100185	履带式单头岩石破碎机	85kW	台班	963.08	机械台班
990100187	履带式单头岩石破碎机	105kW	台班	1231.39	机械台班
990100189	履带式单头岩石破碎机	135kW	台班	1537.99	机械台班
990100191	履带式推土机	50kW	台班	384.23	机械台班
990100193	履带式推土机	60kW	台班	432.39	机械台班
990100195	履带式推土机	75kW	台班	625.55	机械台班
990100197	履带式推土机	90kW	台班	717.68	机械台班
990100199	履带式推土机	105kW	台班	798.23	机械台班
990100201	履带式推土机	120kW	台班	879.65	机械台班

续表

代码	名称	型号规格	单位	基期价	类别
990100203	履带式推土机	135kW	台班	927.41	机械台班
990100205	履带式推土机	165kW	台班	1192.39	机械台班
990100207	履带式推土机	180kW	台班	1248.48	机械台班
990100209	履带式推土机	240kW	台班	1678.69	机械台班
990100211	履带式推土机	320kW	台班	2021.98	机械台班
990100213	履带式拖拉机	50kW	台班	374.08	机械台班
990100215	履带式拖拉机	60kW	台班	412.71	机械台班
990100217	履带式拖拉机	75kW	台班	582.61	机械台班
990100219	履带式拖拉机	90kW	台班	697.82	机械台班
990100221	履带式拖拉机	105kW	台班	753.09	机械台班
990100223	履带式拖拉机	120kW	台班	841.08	机械台班
990100225	履带式拖拉机	135kW	台班	879.07	机械台班
990100227	履带式拖拉机	165kW	台班	1061.03	机械台班
990100229	内燃夯实机	700N·m	台班	26.67	机械台班
990100231	内燃凿岩机		台班	351.64	机械台班
990100233	平地机	75kW	台班	492.28	机械台班
990100235	平地机	90kW	台班	565.91	机械台班
990100237	平地机	120kW	台班	747.25	机械台班
990100239	平地机	132kW	台班	840.03	机械台班
990100241	平地机	150kW	台班	920.93	机械台班
990100243	平地机	180kW	台班	1089.26	机械台班
990100245	平地机	220kW	台班	1296.50	机械台班
990100247	气动装岩机	$0.12m^3$	台班	325.92	机械台班
990100249	气腿式风动凿岩机		台班	13.62	机械台班
990100251	汽车式沥青喷洒机	4000L	台班	610.35	机械台班
990100253	汽车式沥青喷洒机	7500L	台班	907.43	机械台班
990100255	汽车式路面划线机	450mm	台班	430.50	机械台班
990100257	强夯机械	1200kN·m	台班	717.73	机械台班
990100259	强夯机械	2000kN·m	台班	1016.54	机械台班
990100261	强夯机械	3000kN·m	台班	1273.69	机械台班
990100263	强夯机械	4000kN·m	台班	1551.32	机械台班
990100265	强夯机械	5000kN·m	台班	1734.20	机械台班
990100267	强夯机械	6000kN·m	台班	1998.28	机械台班
990100269	湿地推土机	105kW	台班	762.98	机械台班
990100271	湿地推土机	135kW	台班	997.23	机械台班
990100273	湿地推土机	165kW	台班	1191.41	机械台班
990100275	手持式风动凿岩机		台班	12.36	机械台班
990100277	手扶式振动压实机	1t	台班	58.79	机械台班

续表

代码	名称	型号规格	单位	基期价	类别
990100279	梭式矿车	$8m^3$	台班	553.05	机械台班
990100281	拖式铲运机	$3m^3$	台班	377.62	机械台班
990100283	拖式铲运机	$7m^3$	台班	641.58	机械台班
990100285	拖式铲运机	$10m^3$	台班	738.47	机械台班
990100287	拖式铲运机	$12m^3$	台班	808.71	机械台班
990100289	拖式单筒羊角碾	3t	台班	18.73	机械台班
990100291	拖式双筒羊角碾	6t	台班	31.12	机械台班
990100293	稳定土拌和机	90kW	台班	753.98	机械台班
990100295	稳定土拌和机	105kW	台班	790.49	机械台班
990100297	稳定土拌和机	135kW	台班	1002.01	机械台班
990100299	稳定土拌和机	230kW	台班	1077.96	机械台班
990100301	移动式颚式破碎机	250×440	台班	287.37	机械台班
990100303	凿岩钻车	轮胎式	台班	344.81	机械台班
990100305	凿岩钻车	履带式	台班	474.84	机械台班
990100307	长臂挖掘机 270 型	13m	台班	1088.60	机械台班
990100309	长臂挖掘机 270 型	16m	台班	1112.71	机械台班
990100311	长臂挖掘机 360 型	18m	台班	1187.23	机械台班
990100313	长臂挖掘机 360 型	25m	台班	1220.35	机械台班
990100315	抓铲挖掘机	$0.3m^3$	台班	565.24	机械台班
990100317	抓铲挖掘机	$0.5m^3$	台班	649.22	机械台班
990100319	自行式铲运机	$3m^3$	台班	602.69	机械台班
990100321	自行式铲运机	$4m^3$	台班	731.84	机械台班
990100323	自行式铲运机	$6m^3$	台班	782.76	机械台班
990100325	自行式铲运机	$7m^3$	台班	811.03	机械台班
990100327	自行式铲运机	$8m^3$	台班	838.73	机械台班
990100329	自行式铲运机	$10m^3$	台班	888.00	机械台班
990100331	自行式铲运机	$12m^3$	台班	990.97	机械台班
990100333	自行式铲运机	$16m^3$	台班	1182.67	机械台班
990100335	自行式铲运机	$23m^3$	台班	1484.35	机械台班
990300001	步履式柴油打桩机	2.5t	台班	975.05	机械台班
990300003	步履式柴油打桩机	4t	台班	1400.59	机械台班
990300005	步履式柴油打桩机	6t	台班	1689.46	机械台班
990300007	冲击成孔机	CZ-30	台班	419.69	机械台班
990300009	冲击成孔机	CZ-50	台班	476.30	机械台班
990300011	冲击成孔机	CZ-80	台班	537.74	机械台班
990300013	冲孔桩机带冲抓锤		台班	451.63	机械台班
990300015	袋装砂井机不带门架		台班	418.76	机械台班
990300017	袋装砂井机带门架		台班	492.53	机械台班

续表

代码	名称	型号规格	单位	基期价	类别
990300019	单头搅拌桩机(喷粉)		台班	473.29	机械台班
990300021	单头搅拌桩机(喷浆)		台班	465.48	机械台班
990300023	单重管旋喷机		台班	369.96	机械台班
990300025	短螺旋钻孔机	1200mm	台班	983.42	机械台班
990300027	多功能压桩机	900kN	台班	950.90	机械台班
990300029	多功能压桩机	1600kN	台班	1430.64	机械台班
990300031	多功能压桩机	2000kN	台班	1873.85	机械台班
990300033	多功能压桩机	3000kN	台班	2044.05	机械台班
990300035	多功能压桩机	4000kN	台班	2418.03	机械台班
990300037	轨道式柴油打桩机	0.8t	台班	416.41	机械台班
990300039	轨道式柴油打桩机	1.2t	台班	619.87	机械台班
990300041	轨道式柴油打桩机	1.8t	台班	750.73	机械台班
990300043	轨道式柴油打桩机	2.5t	台班	884.28	机械台班
990300045	轨道式柴油打桩机	3.5t	台班	1094.18	机械台班
990300047	轨道式柴油打桩机	4t	台班	1269.82	机械台班
990300049	轨道式柴油打桩机	5t	台班	1489.83	机械台班
990300051	轨道式柴油打桩机	7t	台班	1609.10	机械台班
990300053	静力压桩机(液压)	900kN	台班	984.32	机械台班
990300055	静力压桩机(液压)	1200kN	台班	1223.08	机械台班
990300057	静力压桩机(液压)	1600kN	台班	1757.50	机械台班
990300059	静力压桩机(液压)	2000kN	台班	2616.28	机械台班
990300061	静力压桩机(液压)	3000kN	台班	2801.82	机械台班
990300063	静力压桩机(液压)	4000kN	台班	3311.40	机械台班
990300065	静力压桩机(液压)	5000kN	台班	3489.37	机械台班
990300067	静力压桩机(液压)	8000kN	台班	3715.21	机械台班
990300069	静力压桩机(液压)	10000kN	台班	4595.30	机械台班
990300071	静压振拔桩机	400kN	台班	509.69	机械台班
990300073	履带式柴油打桩机	2.5t	台班	734.62	机械台班
990300075	履带式柴油打桩机	3.5t	台班	832.40	机械台班
990300077	履带式柴油打桩机	5t	台班	1899.34	机械台班
990300079	履带式柴油打桩机	7t	台班	2287.59	机械台班
990300081	履带式柴油打桩机	8t	台班	2351.83	机械台班
990300083	履带式单轴钻孔机	90kW	台班	3030.20	机械台班
990300085	履带式单轴钻孔机	110kW	台班	3266.05	机械台班
990300087	履带式单轴钻孔机	150kW	台班	3671.74	机械台班
990300089	履带式拉森钢板桩机		台班	1707.01	机械台班
990300091	履带式潜孔锤钻机		台班	1637.22	机械台班
990300093	履带式旋挖钻机 SD-20		台班	2590.98	机械台班

续表

代 码	名 称	型号规格	单位	基期价	类 别
990300095	履带式旋挖钻机 SH30H		台班	3568.64	机械台班
990300097	履带式旋挖钻机 SH36		台班	4098.53	机械台班
990300099	履带式旋挖钻机 SR-15		台班	2025.85	机械台班
990300101	履带式旋挖钻机 SR-25		台班	3203.52	机械台班
990300103	履带式液压挖掘机带打拔桩机振动锤	BY-VH250	台班	1269.00	机械台班
990300105	履带式液压挖掘机带打拔桩机振动锤	BY-VH350	台班	1692.00	机械台班
990300107	履带式液压挖掘机带打拔桩机振动锤	BY-VH450	台班	2444.00	机械台班
990300109	锚杆钻孔机	MGL135	台班	454.58	机械台班
990300111	汽车式钻机	400mm	台班	758.42	机械台班
990300113	汽车式钻机	1000mm	台班	768.22	机械台班
990300115	汽车式钻机	2000mm	台班	983.61	机械台班
990300117	潜孔钻机	液压 38~115	台班	449.57	机械台班
990300119	潜水钻孔机	800mm	台班	496.12	机械台班
990300121	潜水钻孔机	1250mm	台班	530.59	机械台班
990300123	潜水钻孔机	1500mm	台班	608.40	机械台班
990300125	三重管旋喷机		台班	419.43	机械台班
990300127	三轴搅拌桩机 650 型		台班	2028.38	机械台班
990300129	三轴搅拌桩机 850 型		台班	2826.15	机械台班
990300131	双头搅拌桩机(喷浆)		台班	591.04	机械台班
990300133	双重管旋喷机		台班	394.70	机械台班
990300135	长螺旋钻机	400mm	台班	484.40	机械台班
990300137	长螺旋钻机	600mm	台班	567.93	机械台班
990300139	长螺旋钻机	800mm	台班	656.80	机械台班
990300141	振冲器	ZCQ-30	台班	259.73	机械台班
990300143	振冲器	ZCQ-75	台班	414.97	机械台班
990300145	振动沉拔桩机	300kN	台班	701.93	机械台班
990300147	振动沉拔桩机	400kN	台班	851.02	机械台班
990300149	振动沉拔桩机	500kN	台班	1015.63	机械台班
990300151	振动沉拔桩机	600kN	台班	1170.08	机械台班
990300153	转盘钻孔机	500mm	台班	449.99	机械台班
990300155	转盘钻孔机	800mm	台班	492.54	机械台班
990300157	转盘钻孔机	1000mm	台班	520.44	机械台班
990300159	转盘钻孔机	1500mm	台班	552.65	机械台班
990300161	转盘钻孔机	2000mm	台班	674.01	机械台班
990300163	钻孔咬合桩机		台班	1848.22	机械台班
990500001	叉式起重机	3t	台班	404.69	机械台班
990500003	叉式起重机	5t	台班	409.00	机械台班
990500005	叉式起重机	6t	台班	446.02	机械台班

续表

代　码	名　　称	型号规格	单位	基期价	类别
990500007	叉式起重机	10t	台班	666.08	机械台班
990500009	叉式起重机	16t	台班	780.64	机械台班
990500011	叉式起重机	20t	台班	901.37	机械台班
990500013	电动单梁起重机	5t	台班	194.98	机械台班
990500015	电动单梁起重机	10t	台班	220.87	机械台班
990500017	吊管机	75kW	台班	540.76	机械台班
990500019	吊管机	165kW	台班	995.71	机械台班
990500021	吊管机	240kW	台班	1246.00	机械台班
990500023	分离式油压千斤顶	10t	台班	8.81	机械台班
990500025	分离式油压千斤顶	50t	台班	8.91	机械台班
990500027	轨道式内燃起重机	16t	台班	567.00	机械台班
990500029	架桥机	130t	台班	753.59	机械台班
990500031	架桥机	160t	台班	999.37	机械台班
990500033	立式油压千斤顶	100t	台班	10.22	机械台班
990500035	立式油压千斤顶	200t	台班	11.52	机械台班
990500037	立式油压千斤顶	300t	台班	16.55	机械台班
990500039	立式油压千斤顶	500t	台班	17.34	机械台班
990500041	轮胎式起重机	8t	台班	583.30	机械台班
990500043	轮胎式起重机	16t	台班	755.65	机械台班
990500045	轮胎式起重机	20t	台班	938.37	机械台班
990500047	轮胎式起重机	25t	台班	976.23	机械台班
990500049	轮胎式起重机	40t	台班	1190.24	机械台班
990500051	轮胎式起重机	50t	台班	1459.86	机械台班
990500053	轮胎式起重机	60t	台班	1620.76	机械台班
990500055	履带式电动起重机	3t	台班	218.95	机械台班
990500057	履带式电动起重机	5t	台班	235.09	机械台班
990500059	履带式电动起重机	40t	台班	1153.76	机械台班
990500061	履带式电动起重机	50t	台班	1215.09	机械台班
990500063	履带式起重机	5t	台班	476.74	机械台班
990500065	履带式起重机	10t	台班	589.37	机械台班
990500067	履带式起重机	15t	台班	702.00	机械台班
990500069	履带式起重机	20t	台班	719.78	机械台班
990500071	履带式起重机	25t	台班	757.92	机械台班
990500073	履带式起重机	30t	台班	865.31	机械台班
990500075	履带式起重机	40t	台班	1242.97	机械台班
990500077	履带式起重机	50t	台班	1364.92	机械台班
990500079	履带式起重机	60t	台班	1456.51	机械台班
990500081	履带式起重机	70t	台班	1659.17	机械台班

续表

代码	名　　称	型号规格	单位	基期价	类别
990500083	履带式起重机	80t	台班	2186.44	机械台班
990500085	履带式起重机	90t	台班	2505.78	机械台班
990500087	履带式起重机	100t	台班	2737.92	机械台班
990500089	履带式起重机	140t	台班	3745.17	机械台班
990500091	履带式起重机	150t	台班	3951.89	机械台班
990500093	履带式起重机	200t	台班	4985.45	机械台班
990500095	履带式起重机	250t	台班	5955.58	机械台班
990500097	履带式起重机	300t	台班	6588.97	机械台班
990500099	履带式液压岩石破碎机	HB20G	台班	384.83	机械台班
990500101	履带式液压岩石破碎机	HB30G	台班	417.01	机械台班
990500103	履带式液压岩石破碎机	HB40G	台班	438.07	机械台班
990500105	门式起重机	5t	台班	356.69	机械台班
990500107	门式起重机	10t	台班	447.22	机械台班
990500109	门式起重机	20t	台班	589.07	机械台班
990500111	门式起重机	30t	台班	692.75	机械台班
990500113	门式起重机	40t	台班	873.49	机械台班
990500115	门式起重机	50t	台班	1113.02	机械台班
990500117	门式起重机	75t	台班	1327.25	机械台班
990500119	门座吊	30t	台班	521.56	机械台班
990500121	门座吊	60t	台班	885.73	机械台班
990500123	汽车式起重机	5t	台班	366.47	机械台班
990500125	汽车式起重机	8t	台班	648.48	机械台班
990500127	汽车式起重机	10t	台班	709.76	机械台班
990500129	汽车式起重机	12t	台班	748.60	机械台班
990500131	汽车式起重机	16t	台班	875.04	机械台班
990500133	汽车式起重机	20t	台班	942.85	机械台班
990500135	汽车式起重机	25t	台班	996.58	机械台班
990500137	汽车式起重机	30t	台班	1038.45	机械台班
990500139	汽车式起重机	32t	台班	1173.35	机械台班
990500141	汽车式起重机	40t	台班	1517.63	机械台班
990500143	汽车式起重机	50t	台班	2353.88	机械台班
990500145	汽车式起重机	60t	台班	2808.62	机械台班
990500147	汽车式起重机	70t	台班	3003.98	机械台班
990500149	汽车式起重机	75t	台班	3154.17	机械台班
990500151	汽车式起重机	80t	台班	3730.16	机械台班
990500153	汽车式起重机	90t	台班	4278.44	机械台班
990500155	汽车式起重机	100t	台班	4718.03	机械台班
990500157	汽车式起重机	110t	台班	6862.74	机械台班

续表

代 码	名 称	型号规格	单位	基期价	类 别
990500159	汽车式起重机	120t	台班	7930. 10	机械台班
990500161	汽车式起重机	125t	台班	8293. 36	机械台班
990500163	汽车式起重机	150t	台班	8586. 02	机械台班
990500165	汽车式起重机	160t	台班	9014. 23	机械台班
990500167	汽车式起重机	200t	台班	10057. 88	机械台班
990500169	汽车式起重机	260t	台班	11393. 30	机械台班
990500171	汽车式起重机	500t	台班	14240. 67	机械台班
990500173	桥式起重机	5t	台班	250. 44	机械台班
990500175	桥式起重机	10t	台班	274. 15	机械台班
990500177	桥式起重机	15t	台班	288. 92	机械台班
990500179	桥式起重机	20t	台班	372. 34	机械台班
990500181	桥式起重机	30t	台班	440. 74	机械台班
990500183	桥式起重机	50t	台班	555. 96	机械台班
990500185	桥式起重机	75t	台班	701. 99	机械台班
990500187	桥式起重机	100t	台班	917. 70	机械台班
990500189	桥式起重机	150t	台班	995. 88	机械台班
990500191	少先吊	1t	台班	164. 94	机械台班
990500193	桅杆式起重机	5t	台班	406. 20	机械台班
990500195	桅杆式起重机	10t	台班	447. 68	机械台班
990500197	桅杆式起重机	15t	台班	522. 54	机械台班
990500199	桅杆式起重机	40t	台班	664. 47	机械台班
990500201	抓管机	80kW	台班	558. 21	机械台班
990500203	抓管机	120kW	台班	790. 83	机械台班
990500205	抓管机	160kW	台班	941. 39	机械台班
990500207	自升式塔式起重机	400kN · m	台班	572. 07	机械台班
990500209	自升式塔式起重机	600kN · m	台班	596. 43	机械台班
990500211	自升式塔式起重机	800kN · m	台班	621. 91	机械台班
990500213	自升式塔式起重机	1000kN · m	台班	746. 82	机械台班
990500215	自升式塔式起重机	1250kN · m	台班	771. 05	机械台班
990500217	自升式塔式起重机	1500kN · m	台班	816. 20	机械台班
990500219	自升式塔式起重机	2000kN · m	台班	978. 89	机械台班
990500221	自升式塔式起重机	2500kN · m	台班	1023. 35	机械台班
990500223	自升式塔式起重机	3000kN · m	台班	1154. 75	机械台班
990500225	自升式塔式起重机	4500kN · m	台班	1636. 44	机械台班
990500227	自升式塔式起重机	5000kN · m	台班	2150. 71	机械台班
990700001	100t 铁驳船		t · d	3. 01	机械台班
990700003	120t 铁驳船		t · d	3. 01	机械台班
990700005	30t 木驳船		t · d	3. 29	机械台班

续表

代 码	名 称	型号规格	单位	基期价	类 别
990700007	50t 木驳船		t·d	3.29	机械台班
990700009	80t 木驳船		t·d	3.29	机械台班
990700011	驳船	30t	台班	84.60	机械台班
990700013	驳船	50t	台班	118.00	机械台班
990700015	船舶	5t	台班	54.50	机械台班
990700017	电瓶车	2.5t	台班	175.17	机械台班
990700019	电瓶车	5t	台班	200.89	机械台班
990700021	电瓶车	7t	台班	209.44	机械台班
990700023	电瓶车	8t	台班	212.72	机械台班
990700025	电瓶车	10t	台班	219.28	机械台班
990700027	电瓶车	12t	台班	232.43	机械台班
990700029	电瓶车	25t	台班	291.59	机械台班
990700031	多功能高压疏通车	5000L	台班	572.48	机械台班
990700033	多功能高压疏通车	8000L	台班	669.55	机械台班
990700035	轨道平车	5t	台班	34.23	机械台班
990700037	轨道平车	10t	台班	86.38	机械台班
990700039	轨道平车	20t	台班	120.86	机械台班
990700041	轨道平车	30t	台班	207.79	机械台班
990700043	轨道平车	60t	台班	347.29	机械台班
990700045	机动翻斗车	1t	台班	197.36	机械台班
990700047	机动翻斗车	1.5t	台班	217.08	机械台班
990700049	木驳船	50t	台班	118.00	机械台班
990700051	木船	5t	台班	47.00	机械台班
990700053	泥浆罐车	5000L	台班	460.54	机械台班
990700055	平板拖车组	8t	台班	666.19	机械台班
990700057	平板拖车组	10t	台班	731.50	机械台班
990700059	平板拖车组	15t	台班	793.59	机械台班
990700061	平板拖车组	20t	台班	835.65	机械台班
990700063	平板拖车组	30t	台班	965.81	机械台班
990700065	平板拖车组	40t	台班	1071.11	机械台班
990700067	平板拖车组	50t	台班	1259.29	机械台班
990700069	平板拖车组	60t	台班	1360.78	机械台班
990700071	平板拖车组	80t	台班	1559.55	机械台班
990700073	洒水车	4000L	台班	428.87	机械台班
990700075	洒水车	8000L	台班	480.72	机械台班
990700077	散装水泥车	7t	台班	414.62	机械台班
990700079	散装水泥车	10t	台班	465.40	机械台班
990700081	散装水泥车	15t	台班	562.85	机械台班

续表

代 码	名 称	型号规格	单位	基期价	类 别
990700083	散装水泥车	20t	台班	700.22	机械台班
990700085	散装水泥车	26t	台班	778.77	机械台班
990700087	铁驳船	100t	台班	301.00	机械台班
990700089	托盘车	8t	台班	487.05	机械台班
990700091	吸污车	4t	台班	431.43	机械台班
990700093	吸污车	6t	台班	466.64	机械台班
990700095	吸污车	8t	台班	505.80	机械台班
990700097	吸污车	10t	台班	530.79	机械台班
990700099	油罐车	5000L	台班	461.28	机械台班
990700101	油罐车	8000L	台班	467.92	机械台班
990700103	载货汽车	2t	台班	305.93	机械台班
990700105	载货汽车	3t	台班	341.35	机械台班
990700107	载货汽车	4t	台班	369.21	机械台班
990700109	载货汽车	5t	台班	382.30	机械台班
990700111	载货汽车	6t	台班	396.42	机械台班
990700113	载货汽车	8t	台班	411.20	机械台班
990700115	载货汽车	10t	台班	476.15	机械台班
990700117	载货汽车	12t	台班	587.20	机械台班
990700119	载货汽车	15t	台班	653.04	机械台班
990700121	载货汽车	18t	台班	714.10	机械台班
990700123	载货汽车	20t	台班	745.51	机械台班
990700125	载货汽车	25t	台班	791.93	机械台班
990700127	载重汽车	2.5t	台班	216.00	机械台班
990700129	长材运输车	9t	台班	555.89	机械台班
990700131	长材运输车	12t	台班	789.73	机械台班
990700133	长材运输车	15t	台班	877.46	机械台班
990700135	长材运输车	20t	台班	952.53	机械台班
990700137	长轨运输平车		台班	171.00	机械台班
990700139	自航泥驳(封底)	$20m^3$	台班	350.00	机械台班
990700141	自航泥驳(封底)舱容积	$20m^3$	台班	350.00	机械台班
990700143	自航泥驳(封底)舱容积	$40m^3$	台班	405.00	机械台班
990700145	自航泥驳(封底)舱容积	$65m^3$	台班	452.00	机械台班
990700147	自航泥驳(封底)舱容积	$120m^3$	台班	562.00	机械台班
990700149	自卸汽车	2t	台班	323.95	机械台班
990700151	自卸汽车	5t	台班	455.85	机械台班
990700153	自卸汽车	8t	台班	516.08	机械台班
990700155	自卸汽车	10t	台班	578.85	机械台班
990700157	自卸汽车	12t	台班	734.67	机械台班

续表

代　码	名　　称	型 号 规 格	单位	基期价	类 别
990700159	自卸汽车	15t	台班	794. 19	机械台班
990700161	自卸汽车	18t	台班	865. 65	机械台班
990700163	自卸汽车	20t	台班	922. 83	机械台班
990900001	单笼施工电梯	提升质量 1t　提升高度 75m	台班	273. 67	机械台班
990900003	电动吊篮	0. 5t	台班	39. 09	机械台班
990900005	电动吊篮	0. 63t	台班	44. 72	机械台班
990900007	电动吊篮	0. 8t	台班	53. 98	机械台班
990900009	电动葫芦-单速	2t	台班	23. 79	机械台班
990900011	电动葫芦-单速	3t	台班	26. 36	机械台班
990900013	电动葫芦-单速	5t	台班	31. 49	机械台班
990900015	电动葫芦-双速	10t	台班	82. 39	机械台班
990900017	电动葫芦-双速	20t	台班	179. 73	机械台班
990900019	电动葫芦-双速	30t	台班	223. 12	机械台班
990900021	电动卷扬机-单筒快速	5kN	台班	157. 60	机械台班
990900023	电动卷扬机-单筒快速	10kN	台班	172. 88	机械台班
990900025	电动卷扬机-单筒快速	15kN	台班	187. 69	机械台班
990900027	电动卷扬机-单筒快速	20kN	台班	202. 72	机械台班
990900029	电动卷扬机-单筒慢速	10kN	台班	171. 01	机械台班
990900031	电动卷扬机-单筒慢速	30kN	台班	177. 60	机械台班
990900033	电动卷扬机-单筒慢速	50kN	台班	186. 39	机械台班
990900035	电动卷扬机-单筒慢速	80kN	台班	220. 97	机械台班
990900037	电动卷扬机-单筒慢速	100kN	台班	234. 87	机械台班
990900039	电动卷扬机-单筒慢速	200kN	台班	417. 32	机械台班
990900041	电动卷扬机-单筒慢速	300kN	台班	612. 99	机械台班
990900043	电动卷扬机-双筒快速	10kN	台班	217. 14	机械台班
990900045	电动卷扬机-双筒快速	30kN	台班	237. 20	机械台班
990900047	电动卷扬机-双筒快速	50kN	台班	266. 20	机械台班
990900049	电动卷扬机-双筒慢速	30kN	台班	204. 80	机械台班
990900051	电动卷扬机-双筒慢速	50kN	台班	223. 12	机械台班
990900053	电动卷扬机-双筒慢速	80kN	台班	283. 51	机械台班
990900055	电动卷扬机-双筒慢速	100kN	台班	304. 96	机械台班
990900057	卷扬机井架	30m	台班	12. 31	机械台班
990900059	皮带运输机	10×0. 5m	台班	187. 71	机械台班
990900061	皮带运输机	15×0. 5m	台班	204. 58	机械台班
990900063	皮带运输机	20×0. 5m	台班	224. 60	机械台班
990900065	皮带运输机	30×0. 5m	台班	253. 34	机械台班
990900067	平台作业升降车	9m	台班	259. 85	机械台班
990900069	平台作业升降车	16m	台班	338. 17	机械台班

续表

代 码	名 称	型 号 规 格	单位	基期价	类 别
990900071	平台作业升降车	20m	台班	431. 63	机械台班
990900073	平台作业升降车	22m	台班	473. 69	机械台班
990900075	平台作业升降车	44m	台班	541. 96	机械台班
990900077	汽车式高空作业车	18m	台班	559. 18	机械台班
990900079	汽车式高空作业车	21m	台班	670. 36	机械台班
990900081	升板设备	60t	台班	350. 95	机械台班
990900083	双笼施工电梯	2×1(t)50m	台班	300. 86	机械台班
990900085	双笼施工电梯	2×1(t)100m	台班	353. 09	机械台班
990900087	双笼施工电梯	2×1(t)130m	台班	385. 47	机械台班
990900089	双笼施工电梯	2×1(t)200m	台班	465. 41	机械台班
991100001	DM-3 喷浆搅拌机		台班	660. 00	机械台班
991100003	TRD 搅拌桩机		台班	5572. 00	机械台班
991100005	单卧轴式混凝土搅拌机	150L	台班	181. 74	机械台班
991100007	单卧轴式混凝土搅拌机	250L	台班	197. 28	机械台班
991100009	单卧轴式混凝土搅拌机	350L	台班	223. 81	机械台班
991100011	电动灌浆机		台班	26. 11	机械台班
991100013	干混砂浆罐式搅拌机	20000L	台班	193. 83	机械台班
991100015	干混砂浆搅拌站	70t/h	台班	4062. 21	机械台班
991100017	灰浆搅拌机	200L	台班	154. 97	机械台班
991100019	灰浆搅拌机	400L	台班	161. 27	机械台班
991100021	混凝土搅拌输送车	$6m^3$	台班	892. 50	机械台班
991100023	混凝土搅拌输送车	$7m^3$	台班	1043. 03	机械台班
991100025	混凝土搅拌输送车	$8m^3$	台班	1101. 74	机械台班
991100027	混凝土搅拌站	$45m^3/h$	台班	1182. 73	机械台班
991100029	混凝土搅拌站	$50m^3/h$	台班	1273. 09	机械台班
991100031	混凝土搅拌站	$60m^3/h$	台班	1531. 24	机械台班
991100033	混凝土搅拌站	$90m^3/h$	台班	1964. 47	机械台班
991100035	混凝土搅拌站	$120m^3/h$	台班	2483. 00	机械台班
991100037	混凝土抹平机	5. 5kW	台班	25. 23	机械台班
991100039	混凝土喷射机	$5m^3/h$	台班	203. 74	机械台班
991100041	混凝土切缝机	7. 5kW	台班	32. 71	机械台班
991100043	混凝土输送泵	$30m^3/h$	台班	556. 64	机械台班
991100045	混凝土输送泵	$45m^3/h$	台班	672. 94	机械台班
991100047	混凝土输送泵	$60m^3/h$	台班	812. 54	机械台班
991100049	混凝土输送泵	$80m^3/h$	台班	987. 43	机械台班
991100051	混凝土输送泵车	37m	台班	1786. 52	机械台班
991100053	混凝土输送泵车	40m	台班	1959. 33	机械台班
991100055	混凝土输送泵车	46m	台班	2280. 26	机械台班

续表

代码	名称	型号规格	单位	基期价	类别
991100057	混凝土输送泵车	50m	台班	2403.71	机械台班
991100059	混凝土输送泵车	52m	台班	2712.30	机械台班
991100061	混凝土输送泵车	56m	台班	2897.45	机械台班
991100063	混凝土输送泵车	60m	台班	4008.38	机械台班
991100065	混凝土输送泵车	66m	台班	5736.50	机械台班
991100067	混凝土输送泵车	73m	台班	7588.05	机械台班
991100069	混凝土输送泵车	$20m^3/h$	台班	821.32	机械台班
991100071	混凝土输送泵车	$45m^3/h$	台班	1099.85	机械台班
991100073	混凝土输送泵车	$70m^3/h$	台班	1246.57	机械台班
991100075	混凝土输送泵车	$75m^3/h$	台班	1371.78	机械台班
991100077	混凝土输送泵车	$85m^3/h$	台班	1539.10	机械台班
991100079	混凝土输送泵车	$90m^3/h$	台班	1647.75	机械台班
991100081	混凝土振捣器	插入式	台班	4.65	机械台班
991100083	混凝土振捣器	附着式	台班	12.54	机械台班
991100085	混凝土振捣器	平板式	台班	12.54	机械台班
991100087	混凝土震动台	1.5×6m	台班	64.42	机械台班
991100089	混凝土震动台	2.4×6.2m	台班	146.89	机械台班
991100091	活塞式喷涂机	$1.8m^3/h$	台班	236.99	机械台班
991100093	活塞式喷涂机	$3.6m^3/h$	台班	282.07	机械台班
991100095	挤压式灰浆输送泵	$3m^3/h$	台班	55.46	机械台班
991100097	挤压式灰浆输送泵	$4m^3/h$	台班	67.94	机械台班
991100099	挤压式灰浆输送泵	$5m^3/h$	台班	77.66	机械台班
991100101	搅拌器		台班	39.74	机械台班
991100103	泥浆分离器		台班	126.99	机械台班
991100105	泡沫混凝土搅拌机	LM-60	台班	274.00	机械台班
991100107	偏心式振动筛	$12\sim16m^3/h$	台班	27.38	机械台班
991100109	气动灌浆机		台班	11.20	机械台班
991100111	筛砂机	$10m^3/h$	台班	34.69	机械台班
991100113	筛洗石子机	$10m^3/h$	台班	168.86	机械台班
991100115	双卧轴式混凝土搅拌机	350L	台班	245.41	机械台班
991100117	双卧轴式混凝土搅拌机	500L	台班	276.37	机械台班
991100119	双卧轴式混凝土搅拌机	1000L	台班	373.19	机械台班
991100121	双卧轴式混凝土搅拌机	1500L	台班	464.30	机械台班
991100123	双锥反转出料混凝土搅拌机	200L	台班	172.26	机械台班
991100125	双锥反转出料混凝土搅拌机	350L	台班	192.31	机械台班
991100127	双锥反转出料混凝土搅拌机	500L	台班	215.37	机械台班
991100129	双锥反转出料混凝土搅拌机	750L	台班	265.37	机械台班
991100131	双锥反转出料混凝土搅拌机	1000L	台班	294.42	机械台班

续表

代码	名称	型号规格	单位	基期价	类别
991100133	双锥反转出料混凝土搅拌机	1500L	台班	306.35	机械台班
991100135	涡浆式混凝土搅拌机	250L	台班	197.20	机械台班
991100137	涡浆式混凝土搅拌机	350L	台班	240.50	机械台班
991100139	涡浆式混凝土搅拌机	500L	台班	288.37	机械台班
991100141	涡浆式混凝土搅拌机	1000L	台班	398.09	机械台班
991100143	液压式输送泵	$20m^3/h$	台班	752.04	机械台班
991100145	自动真空压浆系统	LJ-YJA1型	台班	375.58	机械台班
991300001	CY测压钢筋连接机		台班	112.00	机械台班
991300003	扳边机	2×1500	台班	18.14	机械台班
991300005	板料校平机	10×2000	台班	684.25	机械台班
991300007	板料校平机	16×2000	台班	896.18	机械台班
991300009	板料校平机	16×2500	台班	964.35	机械台班
991300011	半自动切割机	100mm	台班	92.61	机械台班
991300013	等离子切割机	400A	台班	239.40	机械台班
991300015	电动锻钎机		台班	114.32	机械台班
991300017	电动扭力扳手		台班	7.73	机械台班
991300019	电动弯管机	50mm	台班	27.00	机械台班
991300021	电动弯管机	100mm	台班	33.49	机械台班
991300023	电动弯管机	108mm	台班	80.50	机械台班
991300025	法兰卷圆机	L40×4	台班	34.75	机械台班
991300027	风动锻钎机		台班	25.56	机械台班
991300029	封口机		台班	37.62	机械台班
991300031	钢材电动煨弯机	500~1800	台班	63.74	机械台班
991300033	钢材电动煨弯机	500mm以内	台班	53.71	机械台班
991300035	钢筋镦头机	5mm	台班	42.74	机械台班
991300037	钢筋挤压连接机	40mm	台班	32.58	机械台班
991300039	钢筋切断机	40mm	台班	43.28	机械台班
991300041	钢筋调直机	14mm	台班	37.97	机械台班
991300043	钢筋弯曲机	40mm	台班	26.38	机械台班
991300045	弓锯床	250mm	台班	20.77	机械台班
991300047	管道切割坡口机	ISD-300	台班	75.20	机械台班
991300049	管道切割坡口机	ISD-450	台班	103.00	机械台班
991300051	管子车床		台班	36.30	机械台班
991300053	管子切断机	60mm	台班	16.62	机械台班
991300055	管子切断机	150mm	台班	29.76	机械台班
991300057	管子切断机	250mm	台班	44.85	机械台班
991300059	管子切断机	325mm	台班	84.91	机械台班
991300061	管子切断套丝机	159mm	台班	21.59	机械台班

续表

代码	名称	型号规格	单位	基期价	类别
991300063	剪板机	6.3×2000	台班	46.71	机械台班
991300065	剪板机	10×2500	台班	78.85	机械台班
991300067	剪板机	13×2500	台班	93.56	机械台班
991300069	剪板机	13×3000	台班	100.67	机械台班
991300071	剪板机	16×2500	台班	102.89	机械台班
991300073	剪板机	20×2000	台班	122.84	机械台班
991300075	剪板机	20×2500	台班	128.07	机械台班
991300077	剪板机	20×4000	台班	208.48	机械台班
991300079	剪板机	32×4000	台班	349.76	机械台班
991300081	剪板机	40×3100	台班	374.59	机械台班
991300083	卷板机	2×1600	台班	39.05	机械台班
991300085	卷板机	20×2000	台班	54.54	机械台班
991300087	卷板机	20×2500	台班	84.13	机械台班
991300089	卷板机	20×3000	台班	94.66	机械台班
991300091	卷板机	30×2000	台班	162.32	机械台班
991300093	卷板机	30×2500	台班	202.18	机械台班
991300095	卷板机	30×3000	台班	275.30	机械台班
991300097	卷板机	40×3500	台班	336.90	机械台班
991300099	卷板机	40×4000	台班	595.83	机械台班
991300101	卷板机	45×3500	台班	821.09	机械台班
991300103	卷板机板	70×3000	台班	901.66	机械台班
991300105	开卷机	12mm	台班	15.81	机械台班
991300107	开孔机	200mm	台班	14.94	机械台班
991300109	开孔机	400mm	台班	18.32	机械台班
991300111	开孔机	600mm	台班	20.07	机械台班
991300113	开式可倾压力机	630kN	台班	44.86	机械台班
991300115	开式可倾压力机	800kN	台班	68.86	机械台班
991300117	开式可倾压力机	1250kN	台班	107.53	机械台班
991300119	空气锤	75kg	台班	31.76	机械台班
991300121	空气锤	150kg	台班	61.39	机械台班
991300123	空气锤	400kg	台班	144.18	机械台班
991300125	空气锤	锤体质量 750kg	台班	256.55	机械台班
991300127	空气锤	锤体质量 1000kg	台班	291.17	机械台班
991300129	立面水磨石机	1.1kW	台班	23.14	机械台班
991300131	立式车床	2250mm	台班	101.82	机械台班
991300133	立式铣床	320×1250	台班	28.05	机械台班
991300135	立式铣床	400×1250	台班	38.43	机械台班
991300137	立式钻床	25mm	台班	5.80	机械台班

续表

代码	名称	型号规格	单位	基期价	类别
991300139	立式钻床	35mm	台班	9.30	机械台班
991300141	立式钻床	50mm	台班	21.16	机械台班
991300143	联合冲剪机	16mm	台班	61.10	机械台班
991300145	联合冲剪机	30mm	台班	98.11	机械台班
991300147	龙门刨床	1000×3000	台班	160.09	机械台班
991300149	龙门刨床	1000×4000	台班	211.79	机械台班
991300151	龙门刨床	1000×6000	台班	361.16	机械台班
991300153	螺栓套丝机	39mm	台班	28.85	机械台班
991300155	摩擦压力机	1600kN	台班	84.80	机械台班
991300157	摩擦压力机	3000kN	台班	176.30	机械台班
991300159	磨砖机	4kW	台班	23.21	机械台班
991300161	磨砖机	4.5kW	台班	24.71	机械台班
991300163	木工裁口机	多面400mm	台班	35.31	机械台班
991300165	木工打眼机	16mm	台班	8.38	机械台班
991300167	木工开榫机	160mm	台班	43.73	机械台班
991300169	木工平刨床	300mm	台班	10.76	机械台班
991300171	木工平刨床	500mm	台班	21.04	机械台班
991300173	木工榫槽机	100mm	台班	29.70	机械台班
991300175	木工台式带锯机	1250mm	台班	197.51	机械台班
991300177	木工压刨床	单面600mm	台班	31.42	机械台班
991300179	木工压刨床	三面400mm	台班	64.43	机械台班
991300181	木工压刨床	双面600mm	台班	48.80	机械台班
991300183	木工压刨床	四面300mm	台班	84.20	机械台班
991300185	木工圆锯机	500mm	台班	27.50	机械台班
991300187	木工圆锯机	600mm	台班	36.13	机械台班
991300189	木工圆锯机	1000mm	台班	70.06	机械台班
991300191	内切割机		台班	56.97	机械台班
991300193	牛头刨床	650mm	台班	30.54	机械台班
991300195	抛丸除锈机	219mm	台班	288.32	机械台班
991300197	抛丸除锈机	500mm	台班	384.40	机械台班
991300199	抛丸除锈机	1000mm	台班	671.40	机械台班
991300201	刨边机	9000mm	台班	288.92	机械台班
991300203	刨边机	12000mm	台班	342.64	机械台班
991300205	喷砂除锈机	$3m^3/min$	台班	36.35	机械台班
991300207	平面水磨石机	3kW	台班	21.71	机械台班
991300209	坡口机	2.2kW	台班	32.22	机械台班
991300211	坡口机	2.8kW	台班	33.38	机械台班
991300213	普通车床	1000×5	台班	173.00	机械台班

续表

代码	名称	型号规格	单位	基期价	类别
991300215	普通车床	400×1000	台班	34.62	机械台班
991300217	普通车床	400×2000	台班	49.85	机械台班
991300219	普通车床	630×1400	台班	61.49	机械台班
991300221	普通车床	630×2000	台班	71.33	机械台班
991300223	普通车床	660×2000	台班	103.38	机械台班
991300225	切割机	400 型	台班	13.54	机械台班
991300227	切管机	9A151	台班	76.44	机械台班
991300229	切砖机	1.7kW	台班	22.33	机械台班
991300231	切砖机	2.2kW	台班	25.93	机械台班
991300233	切砖机	2.8kW	台班	28.43	机械台班
991300235	切砖机	5.5kW	台班	32.80	机械台班
991300237	燃油式路面切割机		台班	114.00	机械台班
991300239	砂轮切割机		台班	16.00	机械台班
991300241	砂轮切割机	ϕ350	台班	20.63	机械台班
991300243	砂轮切割机	ϕ400	台班	26.83	机械台班
991300245	砂轮切割机	ϕ500	台班	47.92	机械台班
991300247	石材切割机		台班	17.37	机械台班
991300249	石料切割机		台班	17.37	机械台班
991300251	手提砂轮机	ϕ150	台班	4.37	机械台班
991300253	手提式砂轮机		台班	26.83	机械台班
991300255	数控钢筋调直切断机	1.8~3	台班	42.21	机械台班
991300257	数控钢筋调直切断机	3~7	台班	153.26	机械台班
991300259	数控火焰切割机		台班	491.00	机械台班
991300261	台式砂轮机		台班	47.00	机械台班
991300263	台式砂轮机	ϕ100	台班	26.83	机械台班
991300265	台式砂轮机	ϕ250	台班	4.65	机械台班
991300267	台式钻床	16mm	台班	3.90	机械台班
991300269	台式钻床	25mm	台班	5.33	机械台班
991300271	台式钻床	35mm	台班	9.06	机械台班
991300273	碳弧起刨机		台班	56.28	机械台班
991300275	涂料机	300mm	台班	26.46	机械台班
991300277	涂料机	1000mm	台班	30.17	机械台班
991300279	涂料机	2000mm	台班	32.41	机械台班
991300281	涂料机	3000mm	台班	33.99	机械台班
991300283	外圆磨床	200×500	台班	82.26	机械台班
991300285	弯管机	WC27~108	台班	156.00	机械台班
991300287	万能母线煨弯机		台班	30.14	机械台班
991300289	卧式铣床	400×1250	台班	29.83	机械台班

续表

代码	名称	型号规格	单位	基期价	类别
991300291	卧式铣床	400×1600	台班	33.21	机械台班
991300293	相贯线切割机		台班	83.34	机械台班
991300295	校直机		台班	30.23	机械台班
991300297	型钢剪断机	500mm	台班	82.19	机械台班
991300299	型钢矫正机	60×800	台班	67.49	机械台班
991300301	型钢组立机	60×800	台班	57.93	机械台班
991300303	压滤机	XMYZG200/1250-UB	台班	195.38	机械台班
991300305	压滤机	XMYZG400/1500-UB	台班	416.11	机械台班
991300307	压滤机	XMYZG500/1500-UB	台班	499.82	机械台班
991300309	岩石切割机	3kW	台班	48.61	机械台班
991300311	摇臂钻床	25mm	台班	8.50	机械台班
991300313	摇臂钻床	50mm	台班	21.52	机械台班
991300315	摇臂钻床	63mm	台班	32.79	机械台班
991300317	咬口机	1.2mm	台班	14.64	机械台班
991300319	咬口机	1.5mm	台班	17.65	机械台班
991300321	液压机	500kN	台班	140.82	机械台班
991300323	液压机	800kN	台班	154.11	机械台班
991300325	液压机	1000kN	台班	164.14	机械台班
991300327	液压机	1200kN	台班	184.15	机械台班
991300329	液压机	2000kN	台班	202.82	机械台班
991300331	液压机	5000kN	台班	245.25	机械台班
991300333	液压机	8000kN	台班	595.27	机械台班
991300335	液压机	12000kN	台班	901.88	机械台班
991300337	液压弯管机	*D*60mm	台班	50.49	机械台班
991300339	液压压接机	100t	台班	113.45	机械台班
991300341	液压压接机	200t	台班	176.48	机械台班
991300343	乙炔发生器	5m^3	台班	7.31	机械台班
991300345	预应力钢筋拉伸机	600kN	台班	22.39	机械台班
991300347	预应力钢筋拉伸机	650kN	台班	24.94	机械台班
991300349	预应力钢筋拉伸机	850kN	台班	34.03	机械台班
991300351	预应力钢筋拉伸机	900kN	台班	41.55	机械台班
991300353	预应力钢筋拉伸机	1200kN	台班	57.99	机械台班
991300355	预应力钢筋拉伸机	3000kN	台班	103.52	机械台班
991300357	预应力钢筋拉伸机	5000kN	台班	181.00	机械台班
991300359	折方机	1.5×2000	台班	14.99	机械台班
991300361	折方机	2×1000	台班	11.11	机械台班
991300363	折方机	2×1500	台班	12.63	机械台班
991300365	折方机	4×2000	台班	32.84	机械台班

续表

代码	名称	型号规格	单位	基期价	类别
991300367	直流弧焊机	14kV·A	台班	65.88	机械台班
991300369	智能程控张拉机	LX-MSP 型	台班	565.15	机械台班
991300371	中频感应炉	250kW	台班	43.47	机械台班
991300373	中频加热处理机	50kW	台班	38.98	机械台班
991300375	中频加热处理机	100kW	台班	98.69	机械台班
991300377	中频煨弯机	160kW	台班	74.70	机械台班
991300379	中频煨弯机	250kW	台班	94.84	机械台班
991300381	锥形螺纹车机	45mm	台班	18.23	机械台班
991300383	自动仿形切割机	60mm	台班	68.32	机械台班
991300385	钻砖机	13kW	台班	15.92	机械台班
991500001	齿轮油	2.5L/min	台班	86.20	机械台班
991500003	单级自吸水泵	150mm	台班	183.38	机械台班
991500005	电动单级离心清水泵	50mm	台班	29.31	机械台班
991500007	电动单级离心清水泵	100mm	台班	36.22	机械台班
991500009	电动单级离心清水泵	150mm	台班	60.81	机械台班
991500011	电动单级离心清水泵	200mm	台班	93.34	机械台班
991500013	电动单级离心清水泵	250mm	台班	146.00	机械台班
991500015	电动多级离心清水泵	ϕ50mm	台班	53.99	机械台班
991500017	电动多级离心清水泵	ϕ100mm $h>$120m	台班	238.30	机械台班
991500019	电动多级离心清水泵	ϕ150mm $h>$180m	台班	303.98	机械台班
991500021	电动多级离心清水泵	ϕ200mm $h>$280m	台班	383.05	机械台班
991500023	电动多级离心清水泵	ϕ100mm $h\leqslant$120m	台班	167.48	机械台班
991500025	电动多级离心清水泵	ϕ150mm $h\leqslant$180m	台班	283.02	机械台班
991500027	电动多级离心清水泵	ϕ200mm $h\leqslant$280m	台班	344.57	机械台班
991500029	电动式离心泵	KQLDN80	台班	53.31	机械台班
991500031	电动式离心泵	KQLDN125	台班	128.00	机械台班
991500033	电动式离心泵	KQLDN200	台班	358.00	机械台班
991500035	电动式离心泵	KQLDN300	台班	761.00	机械台班
991500037	电动油泵压接钳	DB-3	台班	36.10	机械台班
991500039	高压油泵	50MPa	台班	117.64	机械台班
991500041	高压油泵	80MPa	台班	184.68	机械台班
991500043	耐腐蚀泵	40mm	台班	37.46	机械台班
991500045	耐腐蚀泵	50mm	台班	51.95	机械台班
991500047	耐腐蚀泵	80mm	台班	125.79	机械台班
991500049	耐腐蚀泵	100mm	台班	188.81	机械台班
991500051	内燃单级离心清水泵	50mm	台班	34.33	机械台班
991500053	内燃单级离心清水泵	100mm	台班	58.80	机械台班
991500055	内燃单级离心清水泵	150mm	台班	79.18	机械台班

续表

代　码	名　　称	型 号 规 格	单位	基期价	类 别
991500057	内燃单级离心清水泵	200mm	台班	100.28	机械台班
991500059	内燃单级离心清水泵	250mm	台班	131.95	机械台班
991500061	泥浆泵	50mm	台班	44.35	机械台班
991500063	泥浆泵	100mm	台班	205.25	机械台班
991500065	泡沫混凝土输送泵	HT-60	台班	1425.00	机械台班
991500067	潜水泵	100mm	台班	30.38	机械台班
991500069	潜水泵	150mm	台班	56.98	机械台班
991500071	砂泵	65mm	台班	91.66	机械台班
991500073	砂泵	100mm	台班	132.80	机械台班
991500075	砂泵	125mm	台班	231.81	机械台班
991500077	射流井点泵	9.50m	台班	64.73	机械台班
991500079	试压泵	2.5MPa	台班	15.62	机械台班
991500081	试压泵	3MPa	台班	18.64	机械台班
991500083	试压泵	4MPa	台班	19.07	机械台班
991500085	试压泵	6MPa	台班	20.91	机械台班
991500087	试压泵	10MPa	台班	22.54	机械台班
991500089	试压泵	25MPa	台班	21.19	机械台班
991500091	试压泵	30MPa	台班	21.74	机械台班
991500093	试压泵	35MPa	台班	22.05	机械台班
991500095	试压泵	60MPa	台班	23.30	机械台班
991500097	试压泵	80MPa	台班	25.05	机械台班
991500099	手泵喷油机		台班	107.00	机械台班
991500101	污水泵	70mm	台班	81.27	机械台班
991500103	污水泵	100mm	台班	112.87	机械台班
991500105	污水泵	150mm	台班	196.80	机械台班
991500107	污水泵	200mm	台班	287.77	机械台班
991500109	盐水泵	10SH-6	台班	417.00	机械台班
991500111	药剂泵		台班	45.31	机械台班
991500113	液压泵车		台班	169.00	机械台班
991500115	油泵车		台班	112.00	机械台班
991500117	真空泵	$204m^3/h$	台班	62.52	机械台班
991500119	真空泵	$660m^3/h$	台班	118.20	机械台班
991700001	柴油电焊机	500A	台班	213.56	机械台班
991700003	单轨焊接机		台班	57.69	机械台班
991700005	等离子弧焊机	300A	台班	227.15	机械台班
991700007	点焊机	100kV·A	台班	196.87	机械台班
991700009	点焊机	短臂 50kV·A	台班	103.51	机械台班
991700011	点焊机	多头 6×35kV·A	台班	295.82	机械台班

续表

代码	名称	型号规格	单位	基期价	类别
991700013	点焊机	长臂 75kV·A	台班	146.78	机械台班
991700015	电焊机 综合		台班	115.00	机械台班
991700017	电焊条烘干箱	45×35×45(cm^3)	台班	8.99	机械台班
991700019	电焊条烘干箱	55×45×55(cm^3)	台班	12.80	机械台班
991700021	电焊条烘干箱	60×50×75(cm^3)	台班	16.84	机械台班
991700023	电焊条烘干箱	75×105×135(cm^3)	台班	64.24	机械台班
991700025	电焊条烘干箱	80×80×100(cm^3)	台班	40.59	机械台班
991700027	电弧焊机		台班	74.67	机械台班
991700029	电熔焊机	ONDINE	台班	75.09	机械台班
991700031	电渣焊机	电流 1000A	台班	174.04	机械台班
991700033	对焊机	75kV·A	台班	119.25	机械台班
991700035	对焊机	150kV·A	台班	123.80	机械台班
991700037	对熔焊机	BF250	台班	211.48	机械台班
991700039	多功能弧焊整流器	630A	台班	80.54	机械台班
991700041	多功能弧焊整流器	1000A	台班	108.92	机械台班
991700043	二氧化碳气体保护焊机	250A	台班	56.85	机械台班
991700045	二氧化碳气体保护焊机	500A	台班	132.92	机械台班
991700047	缝焊机	150kV·A	台班	318.20	机械台班
991700049	钢轨接续线电弧钎焊机组		台班	211.00	机械台班
991700051	硅整流弧焊机	15kV·A	台班	50.39	机械台班
991700053	硅整流弧焊机	20kV·A	台班	61.83	机械台班
991700055	硅整流弧焊机	25kV·A	台班	68.62	机械台班
991700057	弧焊机 综合		台班	66.69	机械台班
991700059	交流电焊机	32kV·A	台班	84.92	机械台班
991700061	交流弧焊机	21kV·A	台班	63.33	机械台班
991700063	交流弧焊机	32kV·A	台班	92.84	机械台班
991700065	交流弧焊机	42kV·A	台班	129.55	机械台班
991700067	交流弧焊机	50kV·A	台班	140.78	机械台班
991700069	交流弧焊机	80kV·A	台班	188.89	机械台班
991700071	交直流电焊机	ZXE1-500,43kV·A	台班	127.00	机械台班
991700073	汽油电焊机	160A	台班	198.26	机械台班
991700075	汽油电焊机	300A	台班	225.35	机械台班
991700077	热熔对接焊机	综合 160mm	台班	174.00	机械台班
991700079	热熔对接焊机	综合 250mm	台班	224.00	机械台班
991700081	热熔对接焊机	综合 630mm	台班	296.00	机械台班
991700083	热熔焊机	160mm	台班	17.98	机械台班
991700085	热熔焊机	250mm	台班	21.37	机械台班
991700087	热熔焊机	630mm	台班	47.29	机械台班

续表

代码	名称	型号规格	单位	基期价	类别
991700089	热熔焊机	800mm	台班	55.85	机械台班
991700091	土工膜焊接机	8~160mm	台班	38.81	机械台班
991700093	氩弧焊机	500A	台班	97.67	机械台班
991700095	直流电焊机	15kW	台班	50.62	机械台班
991700097	直流弧焊机	10kW	台班	46.19	机械台班
991700099	直流弧焊机	20kW	台班	78.72	机械台班
991700101	直流弧焊机	32kW	台班	97.11	机械台班
991700103	直流弧焊机	40kW	台班	102.79	机械台班
991700105	自动埋弧焊机	500A	台班	110.61	机械台班
991700107	自动埋弧焊机	1200A	台班	193.92	机械台班
991700109	自动埋弧焊机	1500A	台班	275.42	机械台班
991900001	氨压缩机	BAS-17 低	台班	122.00	机械台班
991900003	氨压缩机	BAS-12.5 高	台班	122.00	机械台班
991900005	柴油发电机	3kW	台班	53.00	机械台班
991900007	柴油发电机组	30kW	台班	409.55	机械台班
991900009	柴油发电机组	50kW	台班	668.54	机械台班
991900011	柴油发电机组	60kW	台班	679.03	机械台班
991900013	柴油发电机组	75kW	台班	682.97	机械台班
991900015	柴油发电机组	90kW	台班	857.30	机械台班
991900017	柴油发电机组	100kW	台班	915.88	机械台班
991900019	柴油发电机组	120kW	台班	1109.87	机械台班
991900021	柴油发电机组	150kW	台班	1293.75	机械台班
991900023	柴油发电机组	200kW	台班	1570.94	机械台班
991900025	柴油发电机组	300kW	台班	2205.85	机械台班
991900027	柴油发电机组	400kW	台班	2275.19	机械台班
991900029	电动空气压缩机	$0.3m^3/min$	台班	25.61	机械台班
991900031	电动空气压缩机	$0.6m^3/min$	台班	33.06	机械台班
991900033	电动空气压缩机	$1m^3/min$	台班	48.22	机械台班
991900035	电动空气压缩机	$3m^3/min$	台班	122.54	机械台班
991900037	电动空气压缩机	$6m^3/min$	台班	224.45	机械台班
991900039	电动空气压缩机	$9m^3/min$	台班	346.77	机械台班
991900041	电动空气压缩机	$10m^3/min$	台班	394.85	机械台班
991900043	电动空气压缩机	$20m^3/min$	台班	568.57	机械台班
991900045	电动空气压缩机	$40m^3/min$	台班	781.30	机械台班
991900047	工业锅炉	1t/h	台班	1015.23	机械台班
991900049	工业锅炉	2t/h	台班	1681.90	机械台班
991900051	工业锅炉	4t/h	台班	2130.17	机械台班
991900053	内燃空气压缩机	$3m^3/min$	台班	329.10	机械台班

续表

代码	名称	型号规格	单位	基期价	类别
991900055	内燃空气压缩机	$6m^3$/min	台班	417.52	机械台班
991900057	内燃空气压缩机	$9m^3$/min	台班	518.40	机械台班
991900059	内燃空气压缩机	$12m^3$/min	台班	610.40	机械台班
991900061	内燃空气压缩机	$17m^3$/min	台班	1106.87	机械台班
991900063	内燃空气压缩机	$30m^3$/min	台班	2256.94	机械台班
991900065	内燃空气压缩机	$40m^3$/min	台班	3094.95	机械台班
991900067	汽油发电机组	3kW	台班	212.07	机械台班
991900069	汽油发电机组	6kW	台班	247.70	机械台班
991900071	汽油发电机组	10kW	台班	270.44	机械台班
991900073	无油空气压缩机	$9m^3$/min	台班	379.51	机械台班
991900075	无油空气压缩机	$20m^3$/min	台班	685.62	机械台班
992100001	不断水开洞机	$\phi100$	台班	6212.00	机械台班
992100003	不断水开洞机	$\phi150$	台班	7454.00	机械台班
992100005	不断水开洞机	$\phi200$	台班	8946.00	机械台班
992100007	不断水开洞机	$\phi300$	台班	12071.00	机械台班
992100009	不断水开洞机	$\phi500$	台班	18094.00	机械台班
992100011	不断水开洞机	$\phi800$	台班	25059.00	机械台班
992100013	不断水开洞机	$\phi1000$	台班	30072.00	机械台班
992100015	超声波测壁机		台班	228.58	机械台班
992100017	沉井钻吸机组	KH180-2 配 GZQ1250A	台班	3671.55	机械台班
992100019	垂直顶升设备		台班	1456.65	机械台班
992100021	刀盘式干出土土压平衡盾构掘进机	3500mm	台班	1936.91	机械台班
992100023	刀盘式干出土土压平衡盾构掘进机	5000mm	台班	3250.71	机械台班
992100025	刀盘式干出土土压平衡盾构掘进机	7000mm	台班	6687.80	机械台班
992100027	刀盘式干出土土压平衡盾构掘进机	11500mm	台班	13136.60	机械台班
992100029	刀盘式泥水平衡顶管掘进机	$\phi600$	台班	449.00	机械台班
992100031	刀盘式泥水平衡顶管掘进机	$\phi800$	台班	455.00	机械台班
992100033	刀盘式泥水平衡顶管掘进机	$\phi1000$	台班	466.00	机械台班
992100035	刀盘式泥水平衡顶管掘进机	$\phi1200$	台班	516.00	机械台班
992100037	刀盘式泥水平衡顶管掘进机	$\phi1400$	台班	551.00	机械台班
992100039	刀盘式泥水平衡顶管掘进机	$\phi1600$	台班	745.00	机械台班
992100041	刀盘式泥水平衡顶管掘进机	$\phi1800$	台班	915.00	机械台班
992100043	刀盘式泥水平衡顶管掘进机	$\phi2000$	台班	1159.00	机械台班
992100045	刀盘式泥水平衡顶管掘进机	$\phi2200$	台班	1464.00	机械台班
992100047	刀盘式泥水平衡顶管掘进机	$\phi2400$	台班	1695.00	机械台班
992100049	刀盘式泥水平衡顶管掘进机	$\phi2600$	台班	1950.83	机械台班
992100051	刀盘式泥水平衡顶管掘进机	$\phi3000$	台班	2040.00	机械台班
992100053	刀盘式泥水平衡盾构掘进机	$\phi15500$	台班	50760.00	机械台班

续表

代码	名称	型号规格	单位	基期价	类别
992100055	刀盘式水力出土泥水平衡盾构掘进机	3500mm	台班	2208.27	机械台班
992100057	刀盘式水力出土泥水平衡盾构掘进机	5000mm	台班	3384.91	机械台班
992100059	刀盘式水力出土泥水平衡盾构掘进机	7000mm	台班	7020.28	机械台班
992100061	刀盘式水力出土泥水平衡盾构掘进机	11500mm	台班	13822.57	机械台班
992100063	刀盘式土压平衡顶管掘进机	1650mm	台班	468.16	机械台班
992100065	刀盘式土压平衡顶管掘进机	1800mm	台班	614.41	机械台班
992100067	刀盘式土压平衡顶管掘进机	2000mm	台班	670.64	机械台班
992100069	刀盘式土压平衡顶管掘进机	2200mm	台班	733.85	机械台班
992100071	刀盘式土压平衡顶管掘进机	2400mm	台班	1407.51	机械台班
992100073	刀盘式土压平衡顶管掘进机	2800mm	台班	1520.38	机械台班
992100075	刀盘式土压平衡顶管掘进机	3000mm	台班	1637.17	机械台班
992100077	导杆式液压抓斗成槽机	E50KRC2/45K2502	台班	4003.50	机械台班
992100079	电力机车		台班	1325.53	机械台班
992100081	电气化安装作业车		台班	932.78	机械台班
992100083	定向钻机非开挖铺管钻机	ST-25 型	台班	1801.16	机械台班
992100085	定向钻机非开挖铺管钻机	ST-35 型	台班	2263.97	机械台班
992100087	定向钻机非开挖铺管钻机	ST-40 型	台班	2703.06	机械台班
992100089	动力稳定车		台班	4562.65	机械台班
992100091	盾构同步压浆泵	$D2.1$m×7m	台班	565.15	机械台班
992100093	盾构医疗闸设备	$D2.1$m×7m	台班	313.80	机械台班
992100095	多锤头破碎机	RHMA288	台班	9007.00	机械台班
992100097	多点远距离测温系统	CW-500	台班	18.67	机械台班
992100099	多头钻成槽机	BW	台班	5184.70	机械台班
992100101	反循环钻机	60P45A	台班	2892.72	机械台班
992100103	干式出土盾构掘进机	3500mm	台班	1056.55	机械台班
992100105	干式出土盾构掘进机	5000mm	台班	1582.14	机械台班
992100107	干式出土盾构掘进机	7000mm	台班	2097.72	机械台班
992100109	干式出土盾构掘进机	10000mm	台班	3699.68	机械台班
992100111	干式出土盾构掘进机	12000mm	台班	4886.96	机械台班
992100113	工程地质液压钻机		台班	484.95	机械台班
992100115	工程钻机	MD-80A	台班	414.00	机械台班
992100117	工程钻机	SPJ-300	台班	425.00	机械台班
992100119	共振破碎机(RB-500)		台班	22883.00	机械台班
992100121	轨道车	120kW	台班	293.34	机械台班
992100123	轨道车	210kW	台班	471.91	机械台班
992100125	轨道车	290kW	台班	536.97	机械台班
992100127	挤压法顶管设备	1000mm	台班	154.05	机械台班
992100129	挤压法顶管设备	1200mm	台班	159.42	机械台班

续表

代码	名称	型号规格	单位	基期价	类别
992100131	挤压法顶管设备	1400mm	台班	193.43	机械台班
992100133	挤压法顶管设备	1500mm	台班	202.98	机械台班
992100135	挤压法顶管设备	1650mm	台班	215.65	机械台班
992100137	挤压法顶管设备	1800mm	台班	273.86	机械台班
992100139	挤压法顶管设备	2000mm	台班	280.25	机械台班
992100141	挤压法顶管设备	2200mm	台班	315.37	机械台班
992100143	挤压法顶管设备	2400mm	台班	372.57	机械台班
992100145	井架式液压抓斗成槽机		台班	768.57	机械台班
992100147	矩形顶管附属设备	6900×4200	台班	2309.83	机械台班
992100149	矩形顶管设备	6900×4200	台班	8568.75	机械台班
992100151	履带式绳索抓斗成槽机	550A-50MHL-630	台班	1916.28	机械台班
992100153	履带式液压抓斗成槽机	KH180MHL-800	台班	2617.54	机械台班
992100155	履带式液压抓斗成槽机	KH180MHL-1200	台班	3918.42	机械台班
992100157	履带式液压抓斗成槽机	SG60A	台班	3817.79	机械台班
992100159	履带式钻孔机	孔径 400~700	台班	613.01	机械台班
992100161	泥浆制作循环设备		台班	1596.76	机械台班
992100163	配渣整形车	1200m/h	台班	1626.22	机械台班
992100165	起拨道捣固车	1100m/h	台班	5473.94	机械台班
992100167	气压平衡式盾构掘进机	3500mm	台班	2129.05	机械台班
992100169	气压平衡式盾构掘进机	5000mm	台班	2415.56	机械台班
992100171	气压平衡式盾构掘进机	7000mm	台班	3240.65	机械台班
992100173	潜水电钻	75 型	台班	117.06	机械台班
992100175	潜水电钻	80 型	台班	143.01	机械台班
992100177	轻便钻机	XJ-100	台班	219.53	机械台班
992100179	轻便钻孔机		台班	86.09	机械台班
992100181	人工挖土法顶管设备	1200mm	台班	139.48	机械台班
992100183	人工挖土法顶管设备	1650mm	台班	183.66	机械台班
992100185	人工挖土法顶管设备	2000mm	台班	224.56	机械台班
992100187	人工挖土法顶管设备	2460mm	台班	226.54	机械台班
992100189	三臂凿岩台车	H178	台班	7164.12	机械台班
992100191	三向倾卸轮胎式装载机		台班	1050.97	机械台班
992100193	双液压注浆泵	PH2×5	台班	164.42	机械台班
992100195	水力出土盾构掘进机	3500mm	台班	1155.47	机械台班
992100197	水力出土盾构掘进机	5000mm	台班	1625.82	机械台班
992100199	水力出土盾构掘进机	6000mm	台班	1933.93	机械台班
992100201	水力出土盾构掘进机	7000mm	台班	2116.21	机械台班
992100203	水力出土盾构掘进机	10000mm	台班	3836.12	机械台班
992100205	水力出土盾构掘进机	12000mm	台班	6354.88	机械台班

续表

代 码	名 称	型 号 规 格	单位	基期价	类 别
992100207	锁口管顶升机		台班	398.44	机械台班
992100209	土压平衡矩形盾构机	11830×7270	台班	22949.40	机械台班
992100211	悬臂式掘进机	318kW	台班	5043.01	机械台班
992100213	盐水螺杆机组	TBS700.2JF	台班	848.00	机械台班
992100215	遥控顶管掘进机	800mm	台班	1444.45	机械台班
992100217	遥控顶管掘进机	1200mm	台班	1564.93	机械台班
992100219	遥控顶管掘进机	1350mm	台班	1697.47	机械台班
992100221	遥控顶管掘进机	1650mm	台班	1815.93	机械台班
992100223	遥控顶管掘进机	1800mm	台班	1985.82	机械台班
992100225	液压柜(动力系统)		台班	200.37	机械台班
992100227	液压注浆泵	HYB50/50-1 型	台班	75.11	机械台班
992100229	液压钻机	G-2A	台班	484.95	机械台班
992100231	液压钻机	STE-1	台班	250.08	机械台班
992100233	液压钻机	XU-100	台班	243.89	机械台班
992100235	移动式焊轨机组		台班	5369.62	机械台班
992100237	装药台车	DT-100	台班	1845.21	机械台班
992300001	300kg 柏油喷布器		台班	43.42	机械台班
992300003	CCTV 检测机器人		台班	2263.00	机械台班
992300005	LP32/TS32 墙锯系统 43kW		台班	639.00	机械台班
992300007	PX-40A 型喷射清洗机 XIV		台班	648.00	机械台班
992300009	QV 检测系统		台班	1726.00	机械台班
992300011	TRD 桩机		台班	5572.00	机械台班
992300013	X 光片脱水烘干机	ZTH-340	台班	64.73	机械台班
992300015	X 射线探伤机	1605	台班	163.96	机械台班
992300017	X 射线探伤机	2005	台班	182.40	机械台班
992300019	X 射线探伤机	2505	台班	196.59	机械台班
992300021	X 射线探伤机	3005	台班	243.88	机械台班
992300023	Z 型压路机	YZ18J	台班	1044.00	机械台班
992300025	半自动割刀		台班	8.69	机械台班
992300027	不断水开洞机	ϕ1200	台班	36086.00	机械台班
992300029	柴油叉车	15t	台班	548.00	机械台班
992300031	超声波探伤机	CTS-8	台班	173.71	机械台班
992300033	超声波探伤机	CTS-22	台班	198.94	机械台班
992300035	超声波探伤机	CTS-26	台班	210.51	机械台班
992300037	沉管设备		台班	12.40	机械台班
992300039	沉井钻吸机组配	50t 履带吊	台班	2922.00	机械台班
992300041	冲击钻		台班	39.93	机械台班
992300043	储气包	4m^3	台班	39.18	机械台班

续表

代 码	名 称	型号规格	单位	基期价	类 别
992300045	穿线机		台班	94.00	机械台班
992300047	吹风机	$4m^3/min$	台班	21.11	机械台班
992300049	磁粉探伤机	6000A	台班	245.18	机械台班
992300051	磁粉探伤机	9000A	台班	293.01	机械台班
992300053	磁粉探伤机	12500A	台班	518.85	机械台班
992300055	磁力电钻		台班	136.00	机械台班
992300057	打磨机	$\phi100$	台班	4.51	机械台班
992300059	地下墙混凝土浇捣架		台班	18.54	机械台班
992300061	电锤		台班	6.92	机械台班
992300063	电动滚胎机		台班	131.00	机械台班
992300065	电动曲线锯		台班	4.99	机械台班
992300067	电动修钎机		台班	111.00	机械台班
992300069	电动胀管机		台班	53.39	机械台班
992300071	电焊管箍专用焊接机		台班	4.29	机械台班
992300073	电焊条恒温箱		台班	31.26	机械台班
992300075	电缆放线架		台班	185.00	机械台班
992300077	电气化架线作业车		台班	1018.00	机械台班
992300079	电气化立杆作业车		台班	1243.00	机械台班
992300081	电气化盘线车		台班	185.00	机械台班
992300083	电气化钻孔作业车		台班	573.00	机械台班
992300085	电气试验车		台班	1092.00	机械台班
992300087	电熔管件熔接机		台班	121.00	机械台班
992300089	电熔焊接机	DRH-160A	台班	12.20	机械台班
992300091	电熔焊接机	3.5kW	台班	37.60	机械台班
992300093	电压电流互感升流器	HJ-12E	台班	30.63	机械台班
992300095	吊装机械	综合	台班	532.00	机械台班
992300097	顶管设备	$\phi600$	台班	2267.00	机械台班
992300099	顶管设备	$\phi800$	台班	2350.00	机械台班
992300101	顶管设备	$\phi1000$	台班	2394.00	机械台班
992300103	顶管设备	$\phi1200$	台班	2468.00	机械台班
992300105	顶管设备	$\phi1350$	台班	2593.00	机械台班
992300107	顶管设备	$\phi1500$	台班	2603.00	机械台班
992300109	顶管设备	$\phi1650$	台班	925.00	机械台班
992300111	顶管设备	$\phi1800$	台班	1162.00	机械台班
992300113	顶管设备	$\phi2000$	台班	1154.00	机械台班
992300115	顶管设备	$\phi2200$	台班	1348.00	机械台班
992300117	顶管设备	$\phi2400$	台班	2359.00	机械台班
992300119	对讲机	C15	台班	4.61	机械台班

续表

代　码	名　　称	型 号 规 格	单位	基期价	类 别
992300121	对接熔接机		台班	121.00	机械台班
992300123	对接熔接机	DRh-16A	台班	36.95	机械台班
992300125	多功能高压清洗机		台班	247.00	机械台班
992300127	多角焊接机	DSH-250	台班	60.71	机械台班
992300129	反吸式除尘机	D2-FX1	台班	73.65	机械台班
992300131	风割机		台班	90.00	机械台班
992300133	钢板校正机		台班	122.00	机械台班
992300135	钢轨拉伸机		台班	33.92	机械台班
992300137	钢筋竖向电渣压力焊机		台班	4.54	机械台班
992300139	高架车	9m	台班	267.00	机械台班
992300141	高架车	11m	台班	302.00	机械台班
992300143	高架车	13m	台班	326.00	机械台班
992300145	高架车	20m	台班	486.00	机械台班
992300147	高速制浆机		台班	339.00	机械台班
992300149	高压压风机车	300kW	台班	2165.81	机械台班
992300151	工程车	小型	台班	94.55	机械台班
992300153	工程修理车	EQ-141	台班	785.86	机械台班
992300155	工程修理车	JX-12A	台班	667.47	机械台班
992300157	鼓风机	$8m^3$/min	台班	26.17	机械台班
992300159	鼓风机	$18m^3$/min	台班	41.62	机械台班
992300161	鼓风机	$50m^3$/min	台班	54.36	机械台班
992300163	鼓风机	$129m^3$/min	台班	62.54	机械台班
992300165	鼓风机	$700m^3$/min	台班	279.27	机械台班
992300167	光缆气流吹缆机		台班	282.00	机械台班
992300169	硅整流充电机	90A/190V	台班	207.90	机械台班
992300171	轨道矿车	$\leqslant 6m^3$	台班	45.97	机械台班
992300173	轨道平板吊车	16t	台班	216.00	机械台班
992300175	轨检小车		台班	113.00	机械台班
992300177	滚(刮)机		台班	39.48	机械台班
992300179	滚槽机		台班	28.20	机械台班
992300181	焊剂烘干箱	60×50×75(cm)	台班	75.94	机械台班
992300183	行车	2t	台班	77.08	机械台班
992300185	横向自动焊机	功率(kW) MISA60	台班	677.00	机械台班
992300187	后切式石料加工机		台班	15.70	机械台班
992300189	划线车		台班	56.24	机械台班
992300191	混凝土浇捣架		台班	18.54	机械台班
992300193	混凝土搅拌机	500L	台班	116.00	机械台班
992300195	混凝土真空吸水机		台班	16.92	机械台班

续表

代码	名称	型号规格	单位	基期价	类别
992300197	机械臂专用吊机		台班	92.12	机械台班
992300199	架桥机	800t	台班	4685.00	机械台班
992300201	简易打桩架		台班	58.70	机械台班
992300203	角缝自动焊机	功率(kW) SM501H90	台班	436.00	机械台班
992300205	角磨机		台班	11.07	机械台班
992300207	接触网检测车		台班	2548.00	机械台班
992300209	井点降水钻机		台班	32.18	机械台班
992300211	锯缝机		台班	43.75	机械台班
992300213	聚氨酯发泡机		台班	180.00	机械台班
992300215	聚乙烯专用断管机		台班	75.20	机械台班
992300217	开槽机		台班	229.00	机械台班
992300219	空气过滤器		台班	94.00	机械台班
992300221	离心通风机	$1300m^3/min$	台班	88.88	机械台班
992300223	离心通风机	$1800m^3/min$	台班	146.84	机械台班
992300225	离心通风机	$2500m^3/min$	台班	254.83	机械台班
992300227	离心通风机	$3200m^3/min$	台班	471.15	机械台班
992300229	立缝自动焊机	功率(kW) VB-AcII3	台班	576.00	机械台班
992300231	立式油压千斤顶		台班	27.48	机械台班
992300233	立式钻床	$\phi50$	台班	28.87	机械台班
992300235	链条式混凝土切割机	ZSYK 型电动绳锯	台班	466.02	机械台班
992300237	路面清扫车	$6m^3$	台班	877.00	机械台班
992300239	滤油机	LX100 型	台班	44.32	机械台班
992300241	磨钻机	4kW	台班	18.59	机械台班
992300243	内燃机车		台班	2059.00	机械台班
992300245	内燃机车	≤210kW	台班	2059.00	机械台班
992300247	内涂机	TCL-I 型	台班	335.00	机械台班
992300249	泥浆拌和机	100~150L	台班	160.80	机械台班
992300251	泥浆系统		台班	525.00	机械台班
992300253	排放泥浆设备		台班	218.00	机械台班
992300255	排水板插拔机		台班	935.00	机械台班
992300257	抛光机		台班	14.46	机械台班
992300259	刨床	≤650	台班	74.87	机械台班
992300261	喷涂机		台班	31.12	机械台班
992300263	喷涂机	PWD-8L	台班	426.00	机械台班
992300265	平行水钻机		台班	580.00	机械台班
992300267	平台升降车	20m	台班	587.51	机械台班
992300269	破碎机		台班	2707.00	机械台班
992300271	铺轨机组		台班	21247.00	机械台班

续表

代　码	名　　称	型 号 规 格	单位	基期价	类 别
992300273	铺轨龙门架	25m	台班	558.00	机械台班
992300275	起道器	10t	台班	1.81	机械台班
992300277	气割设备		台班	37.35	机械台班
992300279	气流敷设设备(含空压机)		台班	1362.00	机械台班
992300281	气压焊机		台班	188.00	机械台班
992300283	气压焊设备		台班	9.19	机械台班
992300285	千斤顶	2t	台班	0.42	机械台班
992300287	千斤顶	5t	台班	0.66	机械台班
992300289	千斤顶	20t	台班	1.41	机械台班
992300291	潜水减压仓		台班	166.83	机械台班
992300293	潜水设备		台班	89.19	机械台班
992300295	全自动热熔焊接机	400	台班	457.00	机械台班
992300297	绕带机		台班	25.94	机械台班
992300299	热熔标线设备		台班	479.00	机械台班
992300301	热熔焊接机	110~250	台班	224.00	机械台班
992300303	热熔焊接机	SH-63	台班	8.02	机械台班
992300305	热熔焊接机	SHD-630	台班	50.56	机械台班
992300307	热熔焊接机	SHD-160C	台班	27.03	机械台班
992300309	热熔震荡标线设备		台班	497.00	机械台班
992300311	射钉枪		台班	71.46	机械台班
992300313	石屑撒布机		台班	386.00	机械台班
992300315	手电动葫芦		台班	9.33	机械台班
992300317	手动液压叉车		台班	11.66	机械台班
992300319	手动液压压接钳	YQ-150P×4	台班	28.20	机械台班
992300321	手提冲击钻		台班	84.69	机械台班
992300323	手提式冲击钻		台班	67.76	机械台班
992300325	手提式搅拌机		台班	8.27	机械台班
992300327	手推式热熔底漆车		台班	100.00	机械台班
992300329	数据采集系统		台班	205.00	机械台班
992300331	栓钉焊机		台班	96.85	机械台班
992300333	双轨焊接机		台班	119.00	机械台班
992300335	双绞线缆压接工具	788J1/788M1	台班	13.54	机械台班
992300337	双头气割机		台班	89.32	机械台班
992300339	双组分注胶机		台班	833.00	机械台班
992300341	水泥发泡机(含传送带)		台班	263.00	机械台班
992300343	水泥混凝土真空吸水机		台班	16.92	机械台班
992300345	水泥浆系统	BZ-20L	台班	896.00	机械台班
992300347	水钻		台班	24.10	机械台班

续表

代 码	名 称	型号规格	单位	基期价	类 别
992300349	四柱万能液压机	1000kN	台班	75.26	机械台班
992300351	塑料粉末喷枪		台班	128.00	机械台班
992300353	索具1号		台班	75.84	机械台班
992300355	索具2号		台班	62.77	机械台班
992300357	索具3号		台班	33.99	机械台班
992300359	索具4号		台班	23.62	机械台班
992300361	索具5号		台班	10.46	机械台班
992300363	套丝机		台班	26.27	机械台班
992300365	通井机	66kW	台班	672.17	机械台班
992300367	涂料机	大型	台班	107.00	机械台班
992300369	涂料机	小型	台班	56.40	机械台班
992300371	涂料机	中型	台班	85.73	机械台班
992300373	万能母线机		台班	76.32	机械台班
992300375	微控钻孔敷管设备	25t 以上	台班	2038.00	机械台班
992300377	微控钻孔敷管设备	25t 以下	台班	1695.00	机械台班
992300379	吸尘器		台班	9.58	机械台班
992300381	线路铺渣机		台班	3411.00	机械台班
992300383	箱式加热炉	RJX-45-9	台班	128.24	机械台班
992300385	箱式加热炉	RJX-50-13	台班	139.34	机械台班
992300387	箱式加热炉	RJX-75-9	台班	148.01	机械台班
992300389	小型吊装机		台班	84.60	机械台班
992300391	小型工程车		台班	322.00	机械台班
992300393	压鼓机		台班	22.09	机械台班
992300395	氧割机		台班	25.54	机械台班
992300397	遥控轨道行车	2t	台班	357.00	机械台班
992300399	液压锤	HM960	台班	226.00	机械台班
992300401	液压捣固机	240 根/h	台班	110.00	机械台班
992300403	液压顶管机		台班	327.00	机械台班
992300405	液压断管机	500mm	台班	113.00	机械台班
992300407	液压滑升机械	ykt-36	台班	195.00	机械台班
992300409	液压起拔道机	15kW	台班	195.00	机械台班
992300411	液压起重机		台班	338.00	机械台班
992300413	液压升降机	9m	台班	25.07	机械台班
992300415	轧纹机		台班	25.94	机械台班
992300417	长轨铝热焊机组		台班	343.00	机械台班
992300419	长轨铺轨机		台班	4716.00	机械台班
992300421	长轨气压焊机组		台班	286.00	机械台班
992300423	长轨压接焊作业线		台班	22222.00	机械台班

续表

代码	名称	型号规格	单位	基期价	类别
992300425	真空滤油机	6000L/h	台班	262.72	机械台班
992300427	振动剪		台班	2.44	机械台班
992300429	直螺纹连滚丝机		台班	50.01	机械台班
992300431	周向X射线探伤机	携带式2005	台班	202.75	机械台班
992300433	轴流通风机	7.5kW	台班	45.40	机械台班
992300435	轴流通风机	30kW	台班	146.68	机械台班
992300437	轴流通风机	100kW	台班	452.16	机械台班
992300439	轴流通风机	150kW	台班	555.34	机械台班
992300441	轴流通风机	220kW	台班	581.56	机械台班
992300443	自带吊机平板车	30t	台班	904.00	机械台班
992300445	自控热处理机		台班	435.00	机械台班
992300447	组合烘箱		台班	134.40	机械台班
992300449	钻头磨床		台班	23.11	机械台班
010110001	热轧带肋钢筋	HRB400ϕ10	kg	0.00	未计价材料
010110003	热轧带肋钢筋	HRB400ϕ14	kg	0.00	未计价材料
010110005	热轧带肋钢筋	HRB400ϕ16	kg	0.00	未计价材料
010110007	热轧带肋钢筋	HRB400ϕ22~25	kg	0.00	未计价材料
010110009	热轧带肋钢筋	HRB400ϕ12以内	kg	0.00	未计价材料
010110011	热轧带肋钢筋	HRB400ϕ16以内	kg	0.00	未计价材料
010110013	热轧带肋钢筋	HRB400ϕ20以外	kg	0.00	未计价材料
010310001	钢丝	ϕ1.2~1.8	kg	0.00	未计价材料
010510001	吊索		t	0.00	未计价材料
010510003	覆塑钢丝绳	ϕ4	m	0.00	未计价材料
010510005	钢丝绳	1×19	m	0.00	未计价材料
010910001	镀锌圆钢		m	0.00	未计价材料
010910003	热轧带肋钢筋	HRB400ϕ10以内	kg	0.00	未计价材料
010910005	热轧光圆钢筋		m	0.00	未计价材料
010910007	热轧光圆钢筋	HPB300综合	kg	0.00	未计价材料
011310001	扁钢	Q235B 4×30	kg	0.00	未计价材料
011310003	扁钢	Q235B 20×50	t	0.00	未计价材料
011310005	镀锌扁铁		kg	0.00	未计价材料
011910001	槽钢	综合	t	0.00	未计价材料
011910003	镀锌槽钢	14#	kg	0.00	未计价材料
011910005	基础槽(角)钢		m	0.00	未计价材料
012110001	镀锌角钢	5#角钢厚5mm	kg	0.00	未计价材料
012110003	镀锌角钢	50×50×5	kg	0.00	未计价材料
012110005	镀锌角钢	Q235-A50×5	kg	0.00	未计价材料
012110007	加固角钢夹板组		套	0.00	未计价材料

续表

代码	名称	型号规格	单位	基期价	类别
012110009	角钢	Q235-A	kg	0.00	未计价材料
012110011	角钢	Q235B 40×40×5	kg	0.00	未计价材料
012110013	角钢	Q235B 50×50×5	kg	0.00	未计价材料
012110015	角钢	Q235B 63×63×6	t	0.00	未计价材料
012110017	角钢	63 以内	kg	0.00	未计价材料
012710001	钢立柱		t	0.00	未计价材料
012710003	箱型钢梁		t	0.00	未计价材料
012710005	主材		t	0.00	未计价材料
012710007	铸铁平台		t	0.00	未计价材料
012710009	型材		t	0.00	未计价材料
012910001	不锈钢板	304	m^2	0.00	未计价材料
012910003	不锈钢板	δ1.0~1.5	kg	0.00	未计价材料
012910005	镀锌薄钢板	δ0.6	m^2	0.00	未计价材料
012910007	合金钢板		t	0.00	未计价材料
012910009	接地钢板		块	0.00	未计价材料
012910011	普通钢板	δ3	m^2	0.00	未计价材料
012910013	热轧薄钢板	δ1.0	kg	0.00	未计价材料
012910015	中厚钢板	Q235B δ5	t	0.00	未计价材料
012910017	中厚钢板	Q235B δ8	t	0.00	未计价材料
012910019	中厚钢板	综合	kg	0.00	未计价材料
012910021	中厚钢板	综合	m^2	0.00	未计价材料
013510001	接地铜板		块	0.00	未计价材料
013910001	铜包钢	φ25	根	0.00	未计价材料
014310001	铝板		t	0.00	未计价材料
016110001	保险链		条	0.00	未计价材料
016110003	铜	25	m	0.00	未计价材料
016110005	铜	50	m	0.00	未计价材料
020110001	盖胶板		m^2	0.00	未计价材料
020110003	硬橡胶板		m^2	0.00	未计价材料
020110005	预硫化橡胶板		m^2	0.00	未计价材料
020110007	自然硫化橡胶板		m^2	0.00	未计价材料
020510001	滑动胶圈		个	0.00	未计价材料
020510003	橡胶密封圈	*DN*100	个	0.00	未计价材料
020510005	橡胶密封圈	*DN*150	个	0.00	未计价材料
020510007	橡胶密封圈	*DN*200	个	0.00	未计价材料
020510009	橡胶密封圈	*DN*300	个	0.00	未计价材料
020510011	橡胶密封圈	*DN*400	个	0.00	未计价材料
020510013	橡胶密封圈	*DN*500	个	0.00	未计价材料

续表

代 码	名 称	型 号 规 格	单位	基期价	类 别
020510015	橡胶密封圈	*DN*600	个	0.00	未计价材料
020510017	橡胶密封圈(排水)		个	0.00	未计价材料
020510019	橡胶圈		只	0.00	未计价材料
020510021	橡胶圈		个	0.00	未计价材料
020510023	橡胶圈	*DN*90	个	0.00	未计价材料
020510025	橡胶圈	*DN*100	个	0.00	未计价材料
020510027	橡胶圈	*DN*125	个	0.00	未计价材料
020510029	橡胶圈	*DN*150	个	0.00	未计价材料
020510031	橡胶圈	*DN*160	个	0.00	未计价材料
020510033	橡胶圈	*DN*200	个	0.00	未计价材料
020510035	橡胶圈	*DN*250	个	0.00	未计价材料
020510037	橡胶圈	*DN*300	个	0.00	未计价材料
020510039	橡胶圈	*DN*315	个	0.00	未计价材料
020510041	橡胶圈	*DN*350	个	0.00	未计价材料
020510043	橡胶圈	*DN*400	个	0.00	未计价材料
020510045	橡胶圈	*DN*500	个	0.00	未计价材料
020510047	橡胶圈	*DN*600	只	0.00	未计价材料
020510049	橡胶圈	*DN*600	个	0.00	未计价材料
020510051	橡胶圈	*DN*700	个	0.00	未计价材料
020510053	橡胶圈	*DN*800	个	0.00	未计价材料
020510055	橡胶圈	*DN*900	个	0.00	未计价材料
020510057	橡胶圈	*DN*1000	个	0.00	未计价材料
020510059	橡胶圈	*DN*1200	个	0.00	未计价材料
020510061	橡胶圈	*DN*1400	个	0.00	未计价材料
020510063	橡胶圈	*DN*1600	个	0.00	未计价材料
020510065	橡胶圈	*DN*1800	个	0.00	未计价材料
020510067	橡胶圈(机接)		个	0.00	未计价材料
020510069	支撑圈	*DN*75	只	0.00	未计价材料
020510071	支撑圈	*DN*100	只	0.00	未计价材料
020510073	支撑圈	*DN*150	只	0.00	未计价材料
020510075	支撑圈	*DN*200	只	0.00	未计价材料
020510077	支撑圈	*DN*250	只	0.00	未计价材料
020510079	支撑圈	*DN*300	只	0.00	未计价材料
020510081	支撑圈	*DN*350	只	0.00	未计价材料
020510083	支撑圈	*DN*400	只	0.00	未计价材料
020510085	支撑圈	*DN*450	只	0.00	未计价材料
020510087	支撑圈	*DN*500	只	0.00	未计价材料
020510089	支撑圈	*DN*600	只	0.00	未计价材料

续表

代码	名称	型号规格	单位	基期价	类别
020510091	中继间护套		kg	0.00	未计价材料
020710001	丁腈橡胶垫		个	0.00	未计价材料
020710003	防静电手环		个	0.00	未计价材料
020710005	门底自动密封条		套	0.00	未计价材料
020910001	示踪线		m	0.00	未计价材料
021110001	软聚氯乙烯板	δ2~8	m^2	0.00	未计价材料
021110003	硬聚氯乙烯板	δ3~8	m^2	0.00	未计价材料
021310001	聚乙烯内带		m^2	0.00	未计价材料
021310003	聚乙烯外带		m^2	0.00	未计价材料
021710001	有机玻璃	δ6	m^2	0.00	未计价材料
021910001	成品塑料池		座	0.00	未计价材料
021910003	塞子		个	0.00	未计价材料
022310001	石墨管接		个	0.00	未计价材料
022510001	铝箔复合玻璃钢		m^2	0.00	未计价材料
022710001	棉席被类制品		m^3	0.00	未计价材料
022910001	白棕绳		kg	0.00	未计价材料
023110001	尼龙网套		m	0.00	未计价材料
023110003	纤维类散状材料		m^3	0.00	未计价材料
023110005	毡类制品		m^3	0.00	未计价材料
023510001	反光膜		m^2	0.00	未计价材料
023510003	复合硅酸铝绳		m^3	0.00	未计价材料
023510005	复合型板材		m^2	0.00	未计价材料
023510007	环氧树脂板		块	0.00	未计价材料
030110001	不锈钢六角螺栓	M6×30	10个	0.00	未计价材料
030110003	穿钉		副	0.00	未计价材料
030110005	地脚螺栓	成套	kg	0.00	未计价材料
030110007	垫圈		kg	0.00	未计价材料
030110009	镀锌六角螺栓		个	0.00	未计价材料
030110011	镀锌六角头螺栓带帽	M8×40~45	套	0.00	未计价材料
030110013	镀锌膨胀螺栓	M6	个	0.00	未计价材料
030110015	镀锌锁紧螺母	M20×3	个	0.00	未计价材料
030110017	镀锌无头穿钉	M16×600	副	5.34	材料
030110019	镀锌无头穿钉	M19×800~900	副	8.54	材料
030110021	镀锌有头穿钉	M12×40	副	0.94	材料
030110023	镀锌有头穿钉	M16×400	副	5.21	材料
030110025	端子排25柱附螺钉		个	0.00	未计价材料
030110027	花篮螺栓	M6×250	个	0.00	未计价材料
030110029	紧固件配套系统		套	0.00	未计价材料

续表

代　码	名　　称	型 号 规 格	单位	基期价	类 别
030110031	六角带帽螺栓	M12×200	kg	0.00	未计价材料
030110033	六角螺栓	M16	个	0.00	未计价材料
030110035	六角螺栓	M20×60	个	0.00	未计价材料
030110037	六角螺栓	M20×70~100	个	0.00	未计价材料
030110039	螺杆锚栓	M10 FZEA12×40	套	0.00	未计价材料
030110041	螺栓带帽及垫圈	M10×50	套	0.00	未计价材料
030110043	锚固螺栓	M16	套	0.00	未计价材料
030110045	木螺钉	d5×50	10 个	0.00	未计价材料
030110047	膨胀螺栓	M12	套	0.00	未计价材料
030110049	塑料膨胀管	ϕ6×45	只	0.00	未计价材料
030310001	滚轮		套	0.00	未计价材料
030310003	门锁及五金		套	0.00	未计价材料
030310005	双杆吊架		对	0.00	未计价材料
030710001	边缘透气阀		个	0.00	未计价材料
030710003	冲水连接管(含防污器)	DN32	套	0.00	未计价材料
030710005	瓷蹲式大便器低水箱及配件		套	0.00	未计价材料
030710007	瓷蹲式大便器高水箱及配件		套	0.00	未计价材料
030710009	大便器存水弯	DN100	个	0.00	未计价材料
030710011	大便器脚踏阀		个	0.00	未计价材料
030710013	大便自动冲洗水箱托架		副	0.00	未计价材料
030710015	单联化验水嘴	DN15(铜)	套	0.00	未计价材料
030710017	地漏		个	0.00	未计价材料
030710019	地面扫除口		个	0.00	未计价材料
030710021	鹅颈水嘴		个	0.00	未计价材料
030710023	二联化验水嘴	DN15(铜)	套	0.00	未计价材料
030710025	防污器	DN32	个	0.00	未计价材料
030710027	分体式低水箱及水箱配件		套	0.00	未计价材料
030710029	化验盆支架	DN15	个	0.00	未计价材料
030710031	混合冷热水龙头		个	0.00	未计价材料
030710033	脚踏式开关阀门		套	0.00	未计价材料
030710035	净身盆水嘴和排水附件		套	0.00	未计价材料
030710037	立式水嘴	DN15	个	0.00	未计价材料
030710039	立式肘开关水嘴	DN15	个	0.00	未计价材料
030710041	连体坐便器进水阀配件		套	0.00	未计价材料
030710043	莲蓬喷头(含混合水管及固定支座)		套	0.00	未计价材料
030710045	淋浴器脚踏阀及脚踏板		套	0.00	未计价材料
030710047	排水栓	DN50	套	0.00	未计价材料
030710049	排水栓带链堵		套	0.00	未计价材料

续表

代 码	名 称	型号规格	单位	基期价	类 别
030710051	喷头		个	0.00	未计价材料
030710053	喷嘴		个	0.00	未计价材料
030710055	三联化验水嘴	DN15(铜)	套	0.00	未计价材料
030710057	双管成品淋浴器(含固定件)		套	0.00	未计价材料
030710059	水箱进水嘴	DN15	个	0.00	未计价材料
030710061	水箱自动冲洗阀	DN20	个	0.00	未计价材料
030710063	水箱自动冲洗阀	DN25	个	0.00	未计价材料
030710065	水箱自动冲洗阀	DN32	个	0.00	未计价材料
030710067	水箱自动冲洗阀	DN40	个	0.00	未计价材料
030710069	水箱自动冲洗阀	DN50	个	0.00	未计价材料
030710071	水嘴		个	0.00	未计价材料
030710073	塑料毛巾架		副	0.00	未计价材料
030710075	洗发盆水嘴和排水附件		套	0.00	未计价材料
030710077	洗手喷头(带弯管)		套	0.00	未计价材料
030710079	小便器冲水连接管	DN15	根	0.00	未计价材料
030710081	小便器排水附件		套	0.00	未计价材料
030710083	小便自动冲洗水箱托架		副	0.00	未计价材料
030710085	浴盆混合水嘴带喷头		套	0.00	未计价材料
030710087	浴盆排水附件		套	0.00	未计价材料
030710089	长颈水嘴	DN15	个	0.00	未计价材料
030710091	坐便器桶盖		套	0.00	未计价材料
031310001	导向钻刀片		只	0.00	未计价材料
031310003	电熔套筒		个	0.00	未计价材料
031310005	顶丝		个	0.00	未计价材料
031310007	焊药(铜包钢)		包	0.00	未计价材料
031310009	铅焊条	综合	kg	0.00	未计价材料
031310011	铅焊条	$\phi3\sim5$	kg	0.00	未计价材料
032110001	安装架		套	0.00	未计价材料
032110003	成品预埋件		套	0.00	未计价材料
032110005	弹簧固定器		个	0.00	未计价材料
032110007	定位环	$\phi34$	套	0.00	未计价材料
032110009	定位环	$\phi60$	套	0.00	未计价材料
032110011	定位环线夹		套	0.00	未计价材料
032110013	定位双环		套	0.00	未计价材料
032110015	镀塑钢丝围栏		m^2	0.00	未计价材料
032110017	钢绳夹	Y-2 型	套	0.00	未计价材料
032110019	钢顺夹	Y-12 型	套	0.00	未计价材料
032110021	钢丝弹簧	$L=95$	个	0.00	未计价材料

续表

代　码	名　　称	型 号 规 格	单位	基期价	类 别
032110023	钢索		m	0.00	未计价材料
032110025	挂钩		只	0.00	未计价材料
032110027	滑杆		kg	0.00	未计价材料
032110029	机柱用镀锌梯子	8.5m	架	0.00	未计价材料
032110031	水平定向钻杆		kg	0.00	未计价材料
032110033	小拉环		个	0.00	未计价材料
032110035	悬吊滑轮	T 型	套	0.00	未计价材料
032110037	长定位环	G2 型	套	0.00	未计价材料
032110039	支架穿钉	M16	副	0.00	未计价材料
032110041	铸铁块		t	0.00	未计价材料
032310001	钢筋混凝土接头槽(带盖板)	槽宽 250	套	0.00	未计价材料
032310003	钢帽	ϕ900	个	0.00	未计价材料
032310005	拉线锚杆		套	0.00	未计价材料
032510001	镀锌钢丝	ϕ0.7~5	kg	0.00	未计价材料
040310001	黄砂	净砂(粗砂)	t	0.00	未计价材料
040310003	黄砂	净砂(粗砂)	kg	0.00	未计价材料
040310005	黄砂	净砂(特细砂)	m^3	0.00	未计价材料
040310007	黄砂	净砂(中粗砂)	m^3	0.00	未计价材料
040310009	黄砂	净砂(中粗砂)	kg	0.00	未计价材料
040310011	黄砂	综合	t	0.00	未计价材料
040510001	级配卵石		m^3	0.00	未计价材料
040510003	级配砂石		t	0.00	未计价材料
040510005	碎石	5~32	t	0.00	未计价材料
040510007	碎石	5~32	kg	0.00	未计价材料
040510009	碎石	5~10 玄武岩	kg	0.00	未计价材料
040910001	厂拌石灰土碎石		t	0.00	未计价材料
040910003	黄土		m^3	0.00	未计价材料
040910005	石灰,粉煤灰,土混合料		t	0.00	未计价材料
040910007	素土		m^3	0.00	未计价材料
040910009	黏土		m^3	0.00	未计价材料
041110001	料石		m^2	0.00	未计价材料
041110003	毛石		m^3	0.00	未计价材料
041310001	弧形砖 I 型		块	0.00	未计价材料
042710001	电缆人孔口圈车行道用		套	0.00	未计价材料
042710003	混凝土方拱涵		m	0.00	未计价材料
042710005	混凝土滤板		m^2	0.00	未计价材料
042710007	混凝土转换件		个	0.00	未计价材料
042710009	甲型混凝土砌块		块	0.00	未计价材料

续表

代 码	名 称	型号规格	单位	基期价	类 别
042710011	监测标石		块	0.00	未计价材料
042710013	手孔口圈	550×550	套	0.00	未计价材料
042710015	水泥(或木)帮桩		根	0.00	未计价材料
042710017	水泥底盘		块	0.00	未计价材料
042710019	水泥卡盘		块	0.00	未计价材料
042710021	水泥拉线盘		套	0.00	未计价材料
042710023	混凝土护壁		m^3	0.00	未计价材料
042710025	纤维水泥板	160×160×10	块	0.00	未计价材料
042710027	小型混凝土构件		m^3	0.00	未计价材料
042710029	乙型混凝土砌块		块	0.00	未计价材料
042710031	预制混凝土盖板		m^3	0.00	未计价材料
042710033	预制混凝土过梁		m^3	0.00	未计价材料
042710035	预制混凝土护壁		m^3	0.00	未计价材料
042710037	预制混凝土枕基		m^3	0.00	未计价材料
042710039	预制混凝土枕基	C15	m^3	0.00	未计价材料
042710041	预制纤维板水泥架空板板凳	(成品)498×498×200	个	0.00	未计价材料
042910001	成品烟道、通风道		m	0.00	未计价材料
042910003	非预应力混凝土预制桩		m	0.00	未计价材料
042910005	钢筋混凝土 PHC 桩		m^3	0.00	未计价材料
042910007	钢筋混凝土板桩		m^3	0.00	未计价材料
042910009	钢筋混凝土方桩		m^3	0.00	未计价材料
042910011	钢筋混凝土管桩		m^3	0.00	未计价材料
042910013	混凝土构件	小型	m^3	0.00	未计价材料
042910015	混凝土化粪池(成品)		套	0.00	未计价材料
042910017	人孔口圈盖		套	0.00	未计价材料
042910019	人孔上覆板	1.5×0.3×0.15	块	0.00	未计价材料
042910021	人孔上覆板	1.5×0.3×0.2	块	0.00	未计价材料
042910023	人孔上覆板	1.5×1.5×0.15	块	0.00	未计价材料
042910025	人孔上覆板	1.5×1.5×0.2	块	0.00	未计价材料
042910027	人孔上覆板	1.8×0.5×0.15	块	0.00	未计价材料
042910029	人孔上覆板	1.8×0.5×0.2	块	0.00	未计价材料
042910031	人孔上覆板	1.8×0.9×0.15	块	0.00	未计价材料
042910033	人孔上覆板	1.8×1.6×0.15	块	0.00	未计价材料
042910035	人孔上覆板	1.8×1.6×0.2	块	0.00	未计价材料
042910037	人孔上覆板	2.6×2.3×0.2	块	0.00	未计价材料
042910039	试验人孔盖板		个	0.00	未计价材料
042910041	手孔上覆板	70×90	套	0.00	未计价材料
042910043	手孔上覆板	90×120	套	0.00	未计价材料

续表

代 码	名 称	型号规格	单位	基期价	类别
042910045	手孔上覆板	120×170	套	0.00	未计价材料
042910047	水泥槽(带盖板)		m	0.00	未计价材料
042910049	水泥盖板		块	0.00	未计价材料
042910051	特型三通上覆板		套	0.00	未计价材料
042910053	特型四通上覆板		套	0.00	未计价材料
042910055	预应力钢筋混凝土管桩		m	0.00	未计价材料
042910057	预应力混凝土预制桩		m	0.00	未计价材料
042910059	预制钢筋混凝土板桩		m^3	0.00	未计价材料
042910061	预制钢筋混凝土方桩		m^3	0.00	未计价材料
042910063	预制钢筋混凝土盖梁		m^3	0.00	未计价材料
042910065	预制钢筋混凝土管桩		m^3	0.00	未计价材料
042910067	预制钢筋混凝土管桩	PHC	m^3	0.00	未计价材料
042910069	预制钢筋混凝土立柱		m^3	0.00	未计价材料
042910071	预制钢筋混凝土箱形梁		m^3	0.00	未计价材料
042910073	预制钢筋混凝土纵系梁、横系梁		m^3	0.00	未计价材料
042910075	预制混凝土T形吊车梁		m^3	0.00	未计价材料
042910077	预制混凝土薄腹梁(单坡)		m^3	0.00	未计价材料
042910079	预制混凝土薄腹梁(双坡)		m^3	0.00	未计价材料
042910081	预制混凝土槽形板		m^3	0.00	未计价材料
042910083	预制混凝土大型屋面板		m^3	0.00	未计价材料
042910085	预制混凝土单梁		m^3	0.00	未计价材料
042910087	预制混凝土叠合板		m^3	0.00	未计价材料
042910089	预制混凝土叠合梁		m^3	0.00	未计价材料
042910091	预制混凝土护栏		m	0.00	未计价材料
042910093	预制混凝土夹心保温外墙板		m^3	0.00	未计价材料
042910095	预制混凝土锯齿形屋架		m^3	0.00	未计价材料
042910097	预制混凝土空调板		m^3	0.00	未计价材料
042910099	预制混凝土空心板		m^3	0.00	未计价材料
042910101	预制混凝土连系梁		m^3	0.00	未计价材料
042910103	预制混凝土檩条		m^3	0.00	未计价材料
042910105	预制混凝土楼梯		m^3	0.00	未计价材料
042910107	预制混凝土内墙板		m^3	0.00	未计价材料
042910109	预制混凝土女儿墙		m^3	0.00	未计价材料
042910111	预制混凝土平板		m^3	0.00	未计价材料
042910113	预制混凝土三角形组合屋架(钢下弦)		m^3	0.00	未计价材料
042910115	预制混凝土双叶叠合墙板		m^3	0.00	未计价材料
042910117	预制混凝土天窗侧板		m^3	0.00	未计价材料
042910119	预制混凝土天窗架及端壁板		m^3	0.00	未计价材料

续表

代　码	名　　称	型号规格	单位	基期价	类别
042910121	预制混凝土天窗上下档		m^3	0.00	未计价材料
042910123	预制混凝土天沟板		m^3	0.00	未计价材料
042910125	预制混凝土挑檐屋面板		m^3	0.00	未计价材料
042910127	预制混凝土凸(飘)窗		m^3	0.00	未计价材料
042910129	预制混凝土托架梁		m^3	0.00	未计价材料
042910131	预制混凝土外挂墙板		m^3	0.00	未计价材料
042910133	预制混凝土外墙板		m^3	0.00	未计价材料
042910135	预制混凝土外墙面板(PCF板)		m^3	0.00	未计价材料
042910137	预制混凝土压顶		m^3	0.00	未计价材料
042910139	预制混凝土阳台板		m^3	0.00	未计价材料
042910141	预制混凝土鱼腹式吊车梁		m^3	0.00	未计价材料
042910143	预制混凝土折线形屋架		m^3	0.00	未计价材料
042910145	预制混凝土整体板		m^3	0.00	未计价材料
042910147	预制混凝土支撑		m^3	0.00	未计价材料
042910149	预制混凝土柱		m^3	0.00	未计价材料
042910151	装配式预制混凝土叠合梁		m^3	0.00	未计价材料
042910153	装配式预制混凝土叠合楼板		m^3	0.00	未计价材料
042910155	装配式预制混凝土叠合外墙板		m^3	0.00	未计价材料
042910157	装配式预制混凝土梁		m^3	0.00	未计价材料
042910159	装配式预制混凝土阳台板		m^3	0.00	未计价材料
042910161	装配式预制混凝土柱		m^3	0.00	未计价材料
043110001	矾土水泥耐火混凝土		m^3	0.00	未计价材料
043110003	防磨混凝土		m^3	0.00	未计价材料
043110005	混凝土		m^3	0.00	未计价材料
043110007	混凝土	C10	m^3	0.00	未计价材料
043110009	混凝土	C30	m^3	0.00	未计价材料
043710001	硅质耐酸胶泥		m^3	0.00	未计价材料
043710003	硅质砂浆		kg	0.00	未计价材料
043710005	环氧呋喃胶泥		kg	0.00	未计价材料
043710007	环氧煤焦油耐酸胶泥		m^3	0.00	未计价材料
043710009	聚酯树脂耐酸胶泥		m^3	0.00	未计价材料
043710011	磷酸盐混凝土		m^3	0.00	未计价材料
043710013	磷质胶泥		m^3	0.00	未计价材料
043710015	树脂耐酸胶泥		m^3	0.00	未计价材料
050310001	板方材	Ⅲ等	m^3	0.00	未计价材料
050310003	防腐横木	2m	根	0.00	未计价材料
050310005	横木		根	0.00	未计价材料
050310007	木横木		根	0.00	未计价材料

续表

代 码	名 称	型号规格	单位	基期价	类 别
050310009	硬木		m^3	0.00	未计价材料
060110001	平板玻璃	δ10	m^2	0.00	未计价材料
062110001	钢化镀膜玻璃	δ6	m^2	0.00	未计价材料
072310001	三防活动地板	600×600	m^2	0.00	未计价材料
081110001	微晶板		m^2	0.00	未计价材料
081110003	异型铸石板		t	0.00	未计价材料
081110005	铸石板	180×110×30	m^2	0.00	未计价材料
090510001	纯铝板	δ2	m^2	0.00	未计价材料
090510003	纯铝板	δ3	m^2	0.00	未计价材料
090510005	铝合金方板	600×600×0.6	m^2	0.00	未计价材料
091110001	彩钢复合铝蜂窝板		m^2	0.00	未计价材料
091110003	彩钢复合纸蜂窝板		m^2	0.00	未计价材料
091310001	铝塑板	5mm	m^2	0.00	未计价材料
092310001	防火隔板		m^2	0.00	未计价材料
093710001	百叶帘帘片盒		m	0.00	未计价材料
093710003	百叶帘遮阳导轨		m	0.00	未计价材料
093710005	百叶帘遮阳底杆		m	0.00	未计价材料
093710007	不锈钢导索	3mm	m	0.00	未计价材料
093710009	导索固定件		只	0.00	未计价材料
093710011	格栅遮阳防风扣		套	0.00	未计价材料
093710013	格栅遮阳钢筋拉杆		m	0.00	未计价材料
093710015	格栅遮阳扣板	宽84	m	0.00	未计价材料
093710017	格栅遮阳铝合金龙骨		m	0.00	未计价材料
093710019	机翼叶片	宽200	m	0.00	未计价材料
093710021	卷边叶片帘	宽50	m^2	0.00	未计价材料
093710023	卷帘遮阳导轨		m	0.00	未计价材料
093710025	卷帘遮阳卷帘盒		m	0.00	未计价材料
093710027	卷帘遮阳摇柄驱动装置		套	0.00	未计价材料
093710029	帘布		m^2	0.00	未计价材料
093710031	帘片	宽42	m	0.00	未计价材料
093710033	平叶片帘	宽50	m^2	0.00	未计价材料
093710035	翼片遮阳单边固定件		套	0.00	未计价材料
093710037	翼片遮阳单边轴组		套	0.00	未计价材料
093710039	翼片遮阳连接端盖		套	0.00	未计价材料
093710041	翼片遮阳双边固定件		套	0.00	未计价材料
093710043	翼片遮阳双边轴组		套	0.00	未计价材料
093710045	织物遮阳导轨		m	0.00	未计价材料
093710047	织物遮阳底杆		m	0.00	未计价材料

续表

代码	名称	型号规格	单位	基期价	类别
093710049	织物遮阳卷帘盒		m	0.00	未计价材料
093710051	织物遮阳摇柄驱动装置		套	0.00	未计价材料
093910001	不锈钢钢化玻璃隔断		m^2	0.00	未计价材料
093910003	铝合金玻璃隔断		m^2	0.00	未计价材料
093910005	塑钢玻璃隔断		m^2	0.00	未计价材料
110310001	钢封门		t	0.00	未计价材料
112310001	冷藏间冻结门		m^2	0.00	未计价材料
112310003	人防门		m^2	0.00	未计价材料
113510001	平开门钢骨架		t	0.00	未计价材料
113510003	推拉门钢骨架		t	0.00	未计价材料
120310001	装饰圈		个	0.00	未计价材料
123910001	亚克力字	不发光≤0.2m^2	个	0.00	未计价材料
123910003	亚克力字	不发光≤0.5m^2	个	0.00	未计价材料
123910005	亚克力字	发光≤0.2m^2	个	0.00	未计价材料
123910007	亚克力字	发光≤0.5m^2	个	0.00	未计价材料
130110001	TO 树脂底漆		kg	0.00	未计价材料
130110003	醇酸清漆		kg	0.00	未计价材料
130110005	弹性聚氨酯磁漆	甲组	kg	0.00	未计价材料
130110007	弹性聚氨酯磁漆	乙组	kg	0.00	未计价材料
130110009	弹性聚氨酯底漆		kg	0.00	未计价材料
130110011	酚醛磁漆	各色	kg	0.00	未计价材料
130110013	酚醛耐酸漆		kg	0.00	未计价材料
130110015	酚醛清漆各色		kg	0.00	未计价材料
130110017	环氧煤沥青底漆		kg	0.00	未计价材料
130110019	环氧煤沥青面漆		kg	0.00	未计价材料
130110021	聚氨酯漆		kg	0.00	未计价材料
130110023	磷化底漆		kg	0.00	未计价材料
130110025	氯磺化聚乙烯底漆		kg	0.00	未计价材料
130110027	氯磺化聚乙烯面漆		kg	0.00	未计价材料
130110029	氯磺化聚乙烯稀释剂		kg	0.00	未计价材料
130110031	氯磺化聚乙烯中间漆		kg	0.00	未计价材料
130110033	树脂漆	TO	kg	0.00	未计价材料
130110035	油漆		kg	0.00	未计价材料
130310001	H8701 涂料		kg	0.00	未计价材料
130310003	H87 涂料		kg	0.00	未计价材料
130310005	丙烯酸彩砂涂料		kg	0.00	未计价材料
130310007	底涂料		kg	0.00	未计价材料
130310009	多彩外墙底涂料		kg	0.00	未计价材料

续表

代　码	名　　称	型 号 规 格	单位	基期价	类 别
130310011	多彩外墙面涂料		kg	0.00	未计价材料
130310013	多彩外墙中涂料		kg	0.00	未计价材料
130310015	硅酸锌涂料		kg	0.00	未计价材料
130310017	硅酸盐涂抹料		m^3	0.00	未计价材料
130310019	过氯乙烯底漆	G06-4	kg	0.00	未计价材料
130310021	过氯乙烯清漆	G52-2	kg	0.00	未计价材料
130310023	煤焦油沥清漆	L01-17	kg	0.00	未计价材料
130310025	密封涂料		m^3	0.00	未计价材料
130510001	H-3 改性树脂防腐涂料		kg	0.00	未计价材料
130510003	HC-1 改性树脂重防腐涂料		kg	0.00	未计价材料
130510005	HFL-1 型耐油防静电底漆		kg	0.00	未计价材料
130510007	HFL-1 型耐油防静电面漆		kg	0.00	未计价材料
130510009	HLC-1 型凉水塔防腐涂料		kg	0.00	未计价材料
130510011	KJ-130 涂料 A,B,C,D		kg	0.00	未计价材料
130510013	防腐涂料	IPN8710-3	kg	0.00	未计价材料
130510015	防腐涂料	IPN8710-2B	kg	0.00	未计价材料
130510017	酚醛烟囱漆		kg	0.00	未计价材料
130510019	环氧玻璃鳞片防锈漆		kg	0.00	未计价材料
130510021	氯化橡胶沥青厚浆型防锈漆		kg	0.00	未计价材料
130510023	氯化橡胶铝粉厚浆型防锈漆		kg	0.00	未计价材料
130510025	氯化橡胶铁红厚浆型防锈漆		kg	0.00	未计价材料
130510027	氯化橡胶云铁防锈底漆		kg	0.00	未计价材料
130510029	氯化橡胶云铁中间漆		kg	0.00	未计价材料
130510031	特种防腐涂料	NSJ	kg	0.00	未计价材料
130510033	特种涂料	NSJ-Ⅱ	kg	0.00	未计价材料
130510035	有机硅耐热漆	W61-25	kg	0.00	未计价材料
130910001	环氧-呋喃树脂漆		kg	0.00	未计价材料
130910003	环氧-呋喃树脂漆固化剂		kg	0.00	未计价材料
130910005	环氧-呋喃树脂漆稀释剂		kg	0.00	未计价材料
131110001	常温涂料		kg	0.00	未计价材料
131110003	加热型涂料		kg	0.00	未计价材料
131310001	凉凉隔热胶底漆	DT-22	kg	0.00	未计价材料
131310003	凉凉隔热胶面漆	DT-24	kg	0.00	未计价材料
131310005	凉凉隔热胶中间漆	DT-23	kg	0.00	未计价材料
131510001	无溶剂环氧涂料		kg	0.00	未计价材料
132110001	耐酸板	75×75×10	块	0.00	未计价材料
132110003	耐酸板	100×50×10	块	0.00	未计价材料
132110005	耐酸板	100×100×10	块	0.00	未计价材料

续表

代码	名称	型号规格	单位	基期价	类别
132110007	耐酸板	150×70×10	块	0.00	未计价材料
132110009	耐酸板	150×75×10	块	0.00	未计价材料
132110011	耐酸板	150×75×15	块	0.00	未计价材料
132110013	耐酸板	150×75×20	块	0.00	未计价材料
132110015	耐酸板	150×75×25	块	0.00	未计价材料
132110017	耐酸板	150×150×15	块	0.00	未计价材料
132110019	耐酸板	150×150×20	块	0.00	未计价材料
132110021	耐酸板	150×150×25	块	0.00	未计价材料
132110023	耐酸板	150×150×35	块	0.00	未计价材料
132110025	耐酸板	180×90×20	块	0.00	未计价材料
132110027	耐酸板	180×110×10	块	0.00	未计价材料
132110029	耐酸板	180×110×15	块	0.00	未计价材料
132110031	耐酸板	180×110×20	块	0.00	未计价材料
132110033	耐酸板	180×110×25	块	0.00	未计价材料
132110035	耐酸板	180×110×30	块	0.00	未计价材料
132110037	耐酸板	180×110×35	块	0.00	未计价材料
132110039	耐酸板	200×100×15	块	0.00	未计价材料
132110041	耐酸板	200×100×20	块	0.00	未计价材料
132110043	耐酸板	200×100×25	块	0.00	未计价材料
132110045	耐酸板	200×100×30	块	0.00	未计价材料
132110047	耐酸陶片	150×150×30	m^2	0.00	未计价材料
132110049	耐酸砖(板)	100×75×10	块	0.00	未计价材料
133110001	沥青油		kg	0.00	未计价材料
133110003	石油沥青玛瑞脂(多组分)		kg	0.00	未计价材料
133310001	纸胎油毡隔离层		m^2	0.00	未计价材料
133510001	安全水封		组	0.00	未计价材料
133510003	墩座式混凝土井口接口屋面防水帽	600×600	个	0.00	未计价材料
133510005	防渗透布		m^2	2.41	材料
133510007	胶泥		m^3	0.00	未计价材料
133510009	金属屋面防水帽	圆形 ϕ600	个	0.00	未计价材料
133510011	聚氯乙烯缠绕带	$H=200\sim250$	m^2	0.00	未计价材料
133510013	自安型防水帽	外圆 ϕ910	个	0.00	未计价材料
133910001	防腐涂料(底)	FVC	kg	27.59	材料
133910003	防腐涂料(面)	FVC	kg	0.00	未计价材料
140310001	油		kg	0.00	未计价材料
140510001	绝缘油		t	0.00	未计价材料
140510003	轻油		t	0.00	未计价材料
142110001	MFE-2 乙烯基酯树脂		kg	0.00	未计价材料

续表

代码	名称	型号规格	单位	基期价	类别
143110001	除盐水		t	0.00	未计价材料
143310001	YJ型呋喃粉		kg	0.00	未计价材料
143310003	异氰酸酯		kg	0.00	未计价材料
143310005	组合聚醚		kg	0.00	未计价材料
143510001	H8701涂料稀释剂		kg	0.00	未计价材料
143510003	H87涂料稀释剂		kg	0.00	未计价材料
143510005	NSJ稀释剂		kg	0.00	未计价材料
143510007	底层硬化剂		kg	0.00	未计价材料
143510009	防静电涂料固化剂		kg	0.00	未计价材料
143510011	防水填加剂		kg	0.00	未计价材料
143510013	化学清洗介质		kg	0.00	未计价材料
143510015	碱洗药剂		kg	0.00	未计价材料
143510017	酸洗药剂		kg	0.00	未计价材料
143510019	填充油膏剂		kg	0.00	未计价材料
143510021	脱脂介质		kg	0.00	未计价材料
143510023	注浆量		L	0.00	未计价材料
143710001	填料		t	0.00	未计价材料
143710003	填料		m^3	0.00	未计价材料
143910001	置换气体		m^3	0.00	未计价材料
144110001	底胶		kg	0.00	未计价材料
144110003	砂胶料		kg	0.00	未计价材料
144310001	胶带	PVC	盘	0.00	未计价材料
144310003	冷缠胶带		m^2	4.79	材料
150010001	保温膏		m^3	0.00	未计价材料
150010003	保温制品		m^3	0.00	未计价材料
150010005	表面毡		m^2	0.00	未计价材料
150010007	短切毡		m^2	0.00	未计价材料
150110001	石棉硅藻土		m^3	0.00	未计价材料
150110003	石棉绒		m^3	0.00	未计价材料
150310001	彩钢复合岩棉板		m^2	0.00	未计价材料
150310003	岩棉板		m^3	0.00	未计价材料
150310005	岩棉管壳		m^3	0.00	未计价材料
150510001	矿渣棉		m^3	0.00	未计价材料
150510003	矿渣棉	岩棉、玻璃棉	m^3	0.00	未计价材料
150510005	矿渣棉	δ50	m^2	0.00	未计价材料
150510007	矿渣棉	δ75	m^2	0.00	未计价材料
150510009	矿渣棉	δ100	m^2	0.00	未计价材料
150510011	矿渣棉	δ120	m^2	0.00	未计价材料

续表

代码	名称	型号规格	单位	基期价	类别
150710001	玻璃布	综合	m^2	0.00	未计价材料
150710003	带铝箔离心玻璃棉管壳		m^3	0.00	未计价材料
150710005	铝箔离心玻璃棉板		m^3	0.00	未计价材料
151310001	高密度聚乙烯管壳	$\delta 3$	kg	0.00	未计价材料
151310003	聚氨酯硬质泡沫预制管		m	0.00	未计价材料
151310005	聚氨酯硬质泡沫预制管件		个	0.00	未计价材料
151310007	聚苯乙烯泡沫板	1000×150×50	m^3	0.00	未计价材料
151310009	耐火塑料		m^3	0.00	未计价材料
151310011	泡沫塑料板		m^3	0.00	未计价材料
151310013	橡塑板		m^3	0.00	未计价材料
151310015	橡塑管壳		m^3	0.00	未计价材料
151510001	泡沫玻璃瓦块		m^3	0.00	未计价材料
152110001	电热带		m	0.00	未计价材料
152110003	管状电热带		根	0.00	未计价材料
152310001	FBT 稀土(膏体)		m^3	0.00	未计价材料
152310003	玻璃丝布	$\delta 0.5$	m^2	0.00	未计价材料
152310005	玻璃纤维布	$\delta 0.5$	m^2	0.00	未计价材料
155310001	抹面材料		m^3	0.00	未计价材料
155510001	高硅氧纤维		kg	0.00	未计价材料
155910001	阻火圈		个	0.00	未计价材料
160310001	隔音减振垫	$\delta 3$	m^2	0.00	未计价材料
160310003	阻尼隔声毡	$\delta 2$	m^2	0.00	未计价材料
170110001	钢板卷管		m	0.00	未计价材料
170110003	钢板卷管	45°弯头用	m	0.00	未计价材料
170110005	钢板卷管	60°弯头用	m	0.00	未计价材料
170110007	钢管		根	0.00	未计价材料
170110009	钢管		m	0.00	未计价材料
170110011	碳钢板卷管		m	0.00	未计价材料
170110013	碳素结构钢镀锌焊接钢管	*DN*65×4.0	kg	0.00	未计价材料
170110015	碳素结构钢焊接钢管	综合	m	0.00	未计价材料
170110017	岩芯管		m	0.00	未计价材料
170310001	镀锌对缝钢管	ϕ50~100	m	0.00	未计价材料
170310003	碳素结构钢镀锌焊接钢管		m	0.00	未计价材料
170310005	碳素结构钢焊接钢管		kg	0.00	未计价材料
170310007	碳素结构钢镀锌焊接钢管	*DN*32×3.5	t	0.00	未计价材料
170310009	碳素结构钢镀锌焊接钢管	*DN*50×3.8	m	0.00	未计价材料
170310011	碳素结构钢镀锌焊接钢管	*DN*50×3.8	kg	0.00	未计价材料
170310013	碳素结构钢镀锌焊接钢管	*DN*65×4.0	m	0.00	未计价材料

续表

代 码	名 称	型 号 规 格	单位	基期价	类 别
170310015	碳素结构钢镀锌焊接钢管	*DN*70×4.0	m	0.00	未计价材料
170310017	碳素结构钢镀锌焊接钢管	*DN*80×4.0	m	0.00	未计价材料
170310019	碳素结构钢镀锌焊接钢管	*DN*100×4.0	m	0.00	未计价材料
170510001	薄壁不锈钢管		m	0.00	未计价材料
170510003	不锈钢板卷管		m	0.00	未计价材料
170510005	不锈钢管		m	0.00	未计价材料
170510007	不锈钢管	ϕ40	m	0.00	未计价材料
170710001	低压螺旋卷管		m	0.00	未计价材料
170710003	钢板卷管	45°弯头用	m	0.00	未计价材料
170710005	钢板卷管	60°弯头用	m	0.00	未计价材料
170710007	钢套管	*L*=300mm	个	0.00	未计价材料
170710009	合金钢管		m	0.00	未计价材料
170710011	加厚无缝钢管		m	0.00	未计价材料
170710013	螺旋卷管		m	0.00	未计价材料
170710015	碳钢管		m	0.00	未计价材料
170710017	碳钢管	*D*42×3.5	m	0.00	未计价材料
170710019	碳钢管	*D*60×3.5	m	0.00	未计价材料
170710021	碳钢管	*D*89×4	m	0.00	未计价材料
170710023	碳钢管	*D*89×4.5	m	0.00	未计价材料
170710025	碳钢管	*D*108×4.5	m	0.00	未计价材料
170710027	碳钢管	*D*159×4.5	m	0.00	未计价材料
170710029	碳钢管	*D*219×6	m	0.00	未计价材料
170710031	碳钢管	*D*273×7	m	0.00	未计价材料
170710033	碳钢管	*D*325×8	m	0.00	未计价材料
170710035	碳钢管	*D*377×9	m	0.00	未计价材料
170710037	碳钢管	*D*426×9	m	0.00	未计价材料
170710039	碳钢管	*D*530×10	m	0.00	未计价材料
170710041	碳钢管	*D*630×10	m	0.00	未计价材料
170710043	碳钢管(合金钢管)		m	0.00	未计价材料
170710045	碳素结构钢镀锌无缝钢管	ϕ50~100	m	0.00	未计价材料
170710047	碳素结构钢流体无缝钢管		m	0.00	未计价材料
170710049	碳素结构钢流体无缝钢管	45×3	m	0.00	未计价材料
170710051	碳素结构钢流体无缝钢管	76×3.5	m	0.00	未计价材料
170710053	碳素结构钢流体无缝钢管	89×3.5	m	0.00	未计价材料
170710055	碳素结构钢流体无缝钢管	245×7	m	0.00	未计价材料
170710057	碳素结构钢流体无缝钢管	377×10	m	0.00	未计价材料
170710059	碳素结构钢流体无缝钢管	480×10	m	0.00	未计价材料
170710061	碳素结构钢流体无缝钢管	530×10	m	0.00	未计价材料

续表

代码	名称	型号规格	单位	基期价	类别
170710063	碳素结构钢流体无缝钢管	冷拔综合	m	0.00	未计价材料
171110001	承插铸铁给水管		m	0.00	未计价材料
171110003	承插铸铁排水管		m	0.00	未计价材料
171110005	承插铸铁雨水管		m	0.00	未计价材料
171110007	法兰铸铁管		m	0.00	未计价材料
171110009	活动法兰铸铁管		m	0.00	未计价材料
171110011	离心球墨铸铁上水管	综合	m	0.00	未计价材料
171110013	柔性抗震铸铁排水管		m	0.00	未计价材料
171110015	柔性铸铁排水管		m	0.00	未计价材料
171110017	柔性铸铁雨水管		m	0.00	未计价材料
171110019	碳素结构钢焊接钢管		根	0.00	未计价材料
171110021	无承口柔性排水铸铁管		m	0.00	未计价材料
171310001	铝管		m	0.00	未计价材料
171310003	铝及铝合金板卷管		m	0.00	未计价材料
171310005	铝及铝合金管		m	0.00	未计价材料
171510001	黄铜管	$DN6\sim50$	m	0.00	未计价材料
171510003	铜及铜合金板卷管		m	0.00	未计价材料
171510005	铜及铜合金管		m	0.00	未计价材料
171510007	无缝紫铜管		m	0.00	未计价材料
171510009	紫铜管	$\phi50\ \delta4$	根	0.00	未计价材料
172110001	难燃波纹管		m	0.00	未计价材料
172510001	HDPE	花管	m	0.00	未计价材料
172510003	HDPE	实壁管	m	0.00	未计价材料
172510005	PVC 塑料管	$\phi150$	m	0.00	未计价材料
172510007	承插塑料管		m	0.00	未计价材料
172510009	承插塑料管件		个	0.00	未计价材料
172510011	地板辐射采暖塑料管		m	0.00	未计价材料
172510013	金属骨架复合管		m	0.00	未计价材料
172510015	聚乙烯波纹管		m	0.00	未计价材料
172510017	聚乙烯给水管(PE100)	SDR11(PN1.60MPa)$dn25\times2.30$	m	0.00	未计价材料
172510019	聚乙烯给水管(PE100)	SDR11(PN1.60MPa)$dn32\times2.90$	m	0.00	未计价材料
172510021	聚乙烯给水管(PE100)	SDR11(PN1.60MPa)$dn40\times3.70$	m	0.00	未计价材料
172510023	聚乙烯给水管(PE100)	SDR11(PN1.60MPa)$dn50\times4.60$	m	0.00	未计价材料
172510025	聚乙烯给水管(PE100)	SDR11(PN1.60MPa)$dn63\times5.80$	m	0.00	未计价材料
172510027	聚乙烯给水管(PE100)	SDR11(PN1.60MPa)$dn75\times6.80$	m	0.00	未计价材料
172510029	聚乙烯给水管(PE100)	SDR11(PN1.60MPa)$dn90\times8.20$	m	0.00	未计价材料
172510031	聚乙烯给水管(PE100)	SDR11(PN1.60MPa)$dn110\times10.00$	m	0.00	未计价材料
172510033	聚乙烯给水管(PE100)	SDR11(PN1.60MPa)$dn125\times11.40$	m	0.00	未计价材料

续表

代 码	名 称	型 号 规 格	单位	基期价	类 别
172510035	聚乙烯给水管(PE100)	SDR11(PN1.60MPa)*dn*140×12.70	m	0.00	未计价材料
172510037	聚乙烯给水管(PE100)	SDR11(PN1.60MPa)*dn*160×14.60	m	0.00	未计价材料
172510039	聚乙烯给水管(PE100)	SDR11(PN1.60MPa)*dn*180×16.40	m	0.00	未计价材料
172510041	聚乙烯给水管(PE100)	SDR11(PN1.60MPa)*dn*200×18.20	m	0.00	未计价材料
172510043	聚乙烯给水管(PE100)	SDR11(PN1.60MPa)*dn*225×20.50	m	0.00	未计价材料
172510045	聚乙烯给水管(PE100)	SDR11(PN1.60MPa)*dn*250×22.70	m	0.00	未计价材料
172510047	聚乙烯给水管(PE100)	SDR11(PN1.60MPa)*dn*280×25.40	m	0.00	未计价材料
172510049	聚乙烯给水管(PE100)	SDR11(PN1.60MPa)*dn*315×28.60	m	0.00	未计价材料
172510051	聚乙烯给水管(PE100)	SDR11(PN1.60MPa)*dn*355×32.30	m	0.00	未计价材料
172510053	聚乙烯给水管(PE100)	SDR11(PN1.60MPa)*dn*400×36.30	m	0.00	未计价材料
172510055	聚乙烯给水管(PE100)	SDR11(PN1.60MPa)*dn*450×40.90	m	0.00	未计价材料
172510057	聚乙烯给水管(PE100)	SDR11(PN1.60MPa)*dn*500×45.40	m	0.00	未计价材料
172510059	聚乙烯给水管(PE100)	SDR11(PN1.60MPa)*dn*560×50.80	m	0.00	未计价材料
172510061	聚乙烯给水管(PE100)	SDR11(PN1.60MPa)*dn*630×57.20	m	0.00	未计价材料
172510063	聚乙烯给水管(PE100)	SDR11(PN1.60MPa)*dn*710×64.90	m	0.00	未计价材料
172510065	聚乙烯给水管(PE100)	SDR13.6(PN1.25MPa)*dn*50×3.70	m	0.00	未计价材料
172510067	聚乙烯给水管(PE100)	SDR13.6(PN 1.25MPa)*dn*63×4.70	m	0.00	未计价材料
172510069	聚乙烯给水管(PE100)	SDR13.6(PN 1.25MPa)*dn*75×5.60	m	0.00	未计价材料
172510071	聚乙烯给水管(PE100)	SDR13.6(PN 1.25MPa)*dn*90×6.70	m	0.00	未计价材料
172510073	聚乙烯给水管(PE100)	SDR13.6(PN 1.25MPa)*dn*110×8.10	m	0.00	未计价材料
172510075	聚乙烯给水管(PE100)	SDR13.6(PN 1.25MPa)*dn*125×9.20	m	0.00	未计价材料
172510077	聚乙烯给水管(PE100)	SDR13.6(PN 1.25MPa)*dn*140×10.30	m	0.00	未计价材料
172510079	聚乙烯给水管(PE100)	SDR13.6(PN 1.25MPa)*dn*160×11.80	m	0.00	未计价材料
172510081	聚乙烯给水管(PE100)	SDR13.6(PN 1.25MPa)*dn*180×13.30	m	0.00	未计价材料
172510083	聚乙烯给水管(PE100)	SDR13.6(PN 1.25MPa)*dn*200×14.70	m	0.00	未计价材料
172510085	聚乙烯给水管(PE100)	SDR13.6(PN 1.25MPa)*dn*225×16.60	m	0.00	未计价材料
172510087	聚乙烯给水管(PE100)	SDR13.6(PN 1.25MPa)*dn*250×18.40	m	0.00	未计价材料
172510089	聚乙烯给水管(PE100)	SDR13.6(PN 1.25MPa)*dn*280×20.60	m	0.00	未计价材料
172510091	聚乙烯给水管(PE100)	SDR13.6(PN 1.25MPa)*dn*315×23.20	m	0.00	未计价材料
172510093	聚乙烯给水管(PE100)	SDR13.6(PN 1.25MPa)*dn*355×26.10	m	0.00	未计价材料
172510095	聚乙烯给水管(PE100)	SDR13.6(PN 1.25MPa)*dn*400×29.40	m	0.00	未计价材料
172510097	聚乙烯给水管(PE100)	SDR13.6(PN 1.25MPa)*dn*450×33.10	m	0.00	未计价材料
172510099	聚乙烯给水管(PE100)	SDR13.6(PN 1.25MPa)*dn*500×36.80	m	0.00	未计价材料
172510101	聚乙烯给水管(PE100)	SDR13.6(PN 1.25MPa)*dn*560×41.20	m	0.00	未计价材料
172510103	聚乙烯给水管(PE100)	SDR13.6(PN 1.25MPa)*dn*630×46.30	m	0.00	未计价材料
172510105	聚乙烯给水管(PE100)	SDR13.6(PN 1.25MPa)*dn*710×52.20	m	0.00	未计价材料
172510107	聚乙烯给水管(PE100)	SDR13.6(PN 1.25MPa)*dn*800×58.80	m	0.00	未计价材料
172510109	聚乙烯给水管(PE100)	SDR17(PN 1.0MPa)*dn*75×4.50	m	0.00	未计价材料

续表

代 码	名 称	型 号 规 格	单位	基期价	类 别
172510111	聚乙烯给水管(PE100)	SDR17(PN 1.0MPa)*dn*90×5.40	m	0.00	未计价材料
172510113	聚乙烯给水管(PE100)	SDR17(PN 1.0MPa)*dn*110×6.60	m	0.00	未计价材料
172510115	聚乙烯给水管(PE100)	SDR17(PN 1.0MPa)*dn*125×7.40	m	0.00	未计价材料
172510117	聚乙烯给水管(PE100)	SDR17(PN 1.0MPa)*dn*140×8.30	m	0.00	未计价材料
172510119	聚乙烯给水管(PE100)	SDR17(PN 1.0MPa)*dn*160×9.50	m	0.00	未计价材料
172510121	聚乙烯给水管(PE100)	SDR17(PN 1.0MPa)*dn*180×10.70	m	0.00	未计价材料
172510123	聚乙烯给水管(PE100)	SDR17(PN 1.0MPa)*dn*200×11.90	m	0.00	未计价材料
172510125	聚乙烯给水管(PE100)	SDR17(PN 1.0MPa)*dn*225×13.40	m	0.00	未计价材料
172510127	聚乙烯给水管(PE100)	SDR17(PN 1.0MPa)*dn*250×14.80	m	0.00	未计价材料
172510129	聚乙烯给水管(PE100)	SDR17(PN 1.0MPa)*dn*280×16.60	m	0.00	未计价材料
172510131	聚乙烯给水管(PE100)	SDR17(PN 1.0MPa)*dn*315×18.70	m	0.00	未计价材料
172510133	聚乙烯给水管(PE100)	SDR17(PN 1.0MPa)*dn*355×21.10	m	0.00	未计价材料
172510135	聚乙烯给水管(PE100)	SDR17(PN 1.0MPa)*dn*400×23.70	m	0.00	未计价材料
172510137	聚乙烯给水管(PE100)	SDR17(PN 1.0MPa)*dn*450×26.70	m	0.00	未计价材料
172510139	聚乙烯给水管(PE100)	SDR17(PN 1.0MPa)*dn*500×29.70	m	0.00	未计价材料
172510141	聚乙烯给水管(PE100)	SDR17(PN 1.0MPa)*dn*560×33.20	m	0.00	未计价材料
172510143	聚乙烯给水管(PE100)	SDR17(PN 1.0MPa)*dn*630×37.40	m	0.00	未计价材料
172510145	聚乙烯给水管(PE100)	SDR17(PN 1.0MPa)*dn*710×42.10	m	0.00	未计价材料
172510147	聚乙烯给水管(PE100)	SDR17(PN 1.0MPa)*dn*800×47.40	m	0.00	未计价材料
172510149	聚乙烯给水管(PE100)	SDR17(PN 1.0MPa)*dn*900×53.30	m	0.00	未计价材料
172510151	聚乙烯给水管(PE100)	SDR17(PN 1.0MPa)*dn*1000×59.30	m	0.00	未计价材料
172510153	聚乙烯给水管(PE100)	SDR21(PN 0.8MPa)*dn*90×4.30	m	0.00	未计价材料
172510155	聚乙烯给水管(PE100)	SDR21(PN 0.8MPa)*dn*110×5.30	m	0.00	未计价材料
172510157	聚乙烯给水管(PE100)	SDR21(PN 0.8MPa)*dn*125×6.0	m	0.00	未计价材料
172510159	聚乙烯给水管(PE100)	SDR21(PN 0.8MPa)*dn*140×6.70	m	0.00	未计价材料
172510161	聚乙烯给水管(PE100)	SDR21(PN 0.8MPa)*dn*160×7.70	m	0.00	未计价材料
172510163	聚乙烯给水管(PE100)	SDR21(PN 0.8MPa)*dn*180×8.60	m	0.00	未计价材料
172510165	聚乙烯给水管(PE100)	SDR21(PN 0.8MPa)*dn*200×9.60	m	0.00	未计价材料
172510167	聚乙烯给水管(PE100)	SDR21(PN 0.8MPa)*dn*225×10.80	m	0.00	未计价材料
172510169	聚乙烯给水管(PE100)	SDR21(PN 0.8MPa)*dn*250×11.90	m	0.00	未计价材料
172510171	聚乙烯给水管(PE100)	SDR21(PN 0.8MPa)*dn*280×13.40	m	0.00	未计价材料
172510173	聚乙烯给水管(PE100)	SDR21(PN 0.8MPa)*dn*315×15.00	m	0.00	未计价材料
172510175	聚乙烯给水管(PE100)	SDR21(PN 0.8MPa)*dn*355×16.90	m	0.00	未计价材料
172510177	聚乙烯给水管(PE100)	SDR21(PN 0.8MPa)*dn*400×19.10	m	0.00	未计价材料
172510179	聚乙烯给水管(PE100)	SDR21(PN 0.8MPa)*dn*450×21.50	m	0.00	未计价材料
172510181	聚乙烯给水管(PE100)	SDR21(PN 0.8MPa)*dn*500×23.90	m	0.00	未计价材料
172510183	聚乙烯给水管(PE100)	SDR21(PN 0.8MPa)*dn*560×26.70	m	0.00	未计价材料
172510185	聚乙烯给水管(PE100)	SDR21(PN 0.8MPa)*dn*630×30.00	m	0.00	未计价材料

续表

代 码	名 称	型号规格	单位	基期价	类别
172510187	聚乙烯给水管(PE100)	SDR21(PN 0.8MPa)dn710×33.90	m	0.00	未计价材料
172510189	聚乙烯给水管(PE100)	SDR21(PN 0.8MPa)dn800×38.10	m	0.00	未计价材料
172510191	聚乙烯给水管(PE100)	SDR21(PN 0.8MPa)dn900×42.90	m	0.00	未计价材料
172510193	聚乙烯给水管(PE100)	SDR21(PN 0.8MPa)dn1000×47.7	m	0.00	未计价材料
172510195	聚乙烯给水管(PE100)	SDR26(PN 0.6MPa)dn110×4.20	m	0.00	未计价材料
172510197	聚乙烯给水管(PE100)	SDR26(PN 0.6MPa)dn125×4.80	m	0.00	未计价材料
172510199	聚乙烯给水管(PE100)	SDR26(PN 0.6MPa)dn140×5.40	m	0.00	未计价材料
172510201	聚乙烯给水管(PE100)	SDR26(PN 0.6MPa)dn160×6.20	m	0.00	未计价材料
172510203	聚乙烯给水管(PE100)	SDR26(PN 0.6MPa)dn180×6.90	m	0.00	未计价材料
172510205	聚乙烯给水管(PE100)	SDR26(PN 0.6MPa)dn200×7.70	m	0.00	未计价材料
172510207	聚乙烯给水管(PE100)	SDR26(PN 0.6MPa)dn225×8.60	m	0.00	未计价材料
172510209	聚乙烯给水管(PE100)	SDR26(PN 0.6MPa)dn250×9.60	m	0.00	未计价材料
172510211	聚乙烯给水管(PE100)	SDR26(PN 0.6MPa)dn280×10.70	m	0.00	未计价材料
172510213	聚乙烯给水管(PE100)	SDR26(PN 0.6MPa)dn315×12.10	m	0.00	未计价材料
172510215	聚乙烯给水管(PE100)	SDR26(PN 0.6MPa)dn355×13.60	m	0.00	未计价材料
172510217	聚乙烯给水管(PE100)	SDR26(PN 0.6MPa)dn400×15.30	m	0.00	未计价材料
172510219	聚乙烯给水管(PE100)	SDR26(PN 0.6MPa)dn450×17.20	m	0.00	未计价材料
172510221	聚乙烯给水管(PE100)	SDR26(PN 0.6MPa)dn500×19.10	m	0.00	未计价材料
172510223	聚乙烯给水管(PE100)	SDR26(PN 0.6MPa)dn560×21.40	m	0.00	未计价材料
172510225	聚乙烯给水管(PE100)	SDR26(PN 0.6MPa)dn630×24.10	m	0.00	未计价材料
172510227	聚乙烯给水管(PE100)	SDR26(PN 0.6MPa)dn710×27.20	m	0.00	未计价材料
172510229	聚乙烯给水管(PE100)	SDR26(PN 0.6MPa)dn800×30.60	m	0.00	未计价材料
172510231	聚乙烯给水管(PE100)	SDR26(PN 0.6MPa)dn900×34.40	m	0.00	未计价材料
172510233	聚乙烯给水管(PE100)	SDR26(PN 0.6MPa)dn1000×38.20	m	0.00	未计价材料
172510235	聚乙烯给水管(PE100)	SDR11(PN1.60MPa)dn20×2.30	m	0.00	未计价材料
172510237	塑料波纹管		m	0.00	未计价材料
172510239	塑料给水管		m	0.00	未计价材料
172510241	塑料管		m	0.00	未计价材料
172510243	塑料管	DN25	m	0.00	未计价材料
172510245	塑料管	DN32	m	0.00	未计价材料
172510247	塑料管	DN40	m	0.00	未计价材料
172510249	塑料管	DN50	m	0.00	未计价材料
172510251	塑料管	DN63	m	0.00	未计价材料
172510253	塑料管	DN75	m	0.00	未计价材料
172510255	塑料管	DN80	m	0.00	未计价材料
172510257	塑料管	DN90	m	0.00	未计价材料
172510259	塑料管	DN100	m	0.00	未计价材料
172510261	塑料管	DN110	m	0.00	未计价材料

续表

代码	名称	型号规格	单位	基期价	类别
172510263	塑料管	DN150	m	0.00	未计价材料
172510265	塑料管	DN160	m	0.00	未计价材料
172510267	塑料管	DN200	m	0.00	未计价材料
172510269	塑料管	DN250	m	0.00	未计价材料
172510271	塑料管	DN300	m	0.00	未计价材料
172510273	塑料管	DN315	m	0.00	未计价材料
172510275	塑料管	DN110	m	0.00	未计价材料
172510277	塑料管	ϕ50~100	m	0.00	未计价材料
172510279	塑料管	ϕ80~100	m	0.00	未计价材料
172510281	塑料排水管		m	0.00	未计价材料
172510283	塑料雨水管		m	0.00	未计价材料
172510285	塑料子管		m	0.00	未计价材料
172510287	斜管		m^2	0.00	未计价材料
172510289	硬聚氯乙烯管	D100	m	0.00	未计价材料
172510291	硬聚氯乙烯管	D110(带套肩)	套	0.00	未计价材料
172510293	硬聚氯乙烯螺旋排水管		m	0.00	未计价材料
172510295	硬塑料管		m	0.00	未计价材料
172510297	硬质 PVC 管		m	0.00	未计价材料
172510299	中密度聚乙烯管		m	0.00	未计价材料
172710001	热缩管		m	0.00	未计价材料
172710003	热缩套(包)管		套	0.00	未计价材料
172810001	衬塑镀锌钢管		m	0.00	未计价材料
172810003	成品衬里管道		m	0.00	未计价材料
172810005	复合管	综合	m	0.00	未计价材料
172810007	钢塑给水管		m	0.00	未计价材料
172810009	铝塑复合管	综合	m	0.00	未计价材料
172910001	钢筋混凝土管		m	0.00	未计价材料
172910003	钢筋混凝土管	d1000 以内	m	0.00	未计价材料
172910005	钢筋混凝土管	d1500 以内	m	0.00	未计价材料
172910007	钢筋混凝土管	d2000 以内	m	0.00	未计价材料
172910009	钢筋混凝土管	ϕ300	m	0.00	未计价材料
172910011	钢筋混凝土管	ϕ400	m	0.00	未计价材料
172910013	钢筋混凝土管	ϕ500	m	0.00	未计价材料
172910015	钢筋混凝土管	ϕ600	m	0.00	未计价材料
172910017	钢筋混凝土管	ϕ700	m	0.00	未计价材料
172910019	钢筋混凝土管	ϕ800	m	0.00	未计价材料
172910021	钢筋混凝土管	ϕ900	m	0.00	未计价材料
172910023	钢筋混凝土管	ϕ1000	m	0.00	未计价材料

续表

代　码	名　　称	型号规格	单位	基期价	类别
172910025	钢筋混凝土管	ϕ1100	m	0.00	未计价材料
172910027	钢筋混凝土管	ϕ1200	m	0.00	未计价材料
172910029	钢筋混凝土管	ϕ1350	m	0.00	未计价材料
172910031	钢筋混凝土管	ϕ1500	m	0.00	未计价材料
172910033	钢筋混凝土管	ϕ1650	m	0.00	未计价材料
172910035	钢筋混凝土管	ϕ1800	m	0.00	未计价材料
172910037	钢筋混凝土管	ϕ2000	m	0.00	未计价材料
172910039	钢筋混凝土管	ϕ2200	m	0.00	未计价材料
172910041	钢筋混凝土管	ϕ2400	m	0.00	未计价材料
172910043	钢筋混凝土管	ϕ2600	m	0.00	未计价材料
172910045	钢筋混凝土管	ϕ2800	m	0.00	未计价材料
172910047	钢筋混凝土管	ϕ3000	m	0.00	未计价材料
172910049	钢筋混凝土管	$\phi\leq$600	m	0.00	未计价材料
172910051	钢筋混凝土管	$\phi\leq$800	m	0.00	未计价材料
172910053	钢筋混凝土管	$\phi\leq$1000	m	0.00	未计价材料
172910055	钢筋混凝土管	$\phi\leq$1500	m	0.00	未计价材料
172910057	钢筋混凝土管	$\phi\leq$2000	m	0.00	未计价材料
172910059	加强钢筋混凝土管		m	0.00	未计价材料
172910061	预应力混凝土管		m	0.00	未计价材料
173110001	玻璃钢管		m	0.00	未计价材料
173110003	玻璃钢夹砂管		m	0.00	未计价材料
173110005	冲洗管	*DN*32	根	0.00	未计价材料
173110007	防爆钢管	综合	m	0.00	未计价材料
173110009	管材(弯)		根	0.00	未计价材料
173110011	管材(直)		根	0.00	未计价材料
173110013	罐壁接合管		个	0.00	未计价材料
173110015	罐顶接合管		个	0.00	未计价材料
173110017	紧急排水管		个	0.00	未计价材料
173110019	挠性管(带接头)		根	0.00	未计价材料
173110021	清管器(规格同主管)		个	0.00	未计价材料
173110023	软管		根	0.00	未计价材料
173110025	预制钢套钢复合保温管		m	0.00	未计价材料
173110027	预制直埋保温管		m	0.00	未计价材料
173110029	中央排水管		个	0.00	未计价材料
180110001	承(插)盘法兰短管		个	0.00	未计价材料
180110003	法兰铸铁管件		个	0.00	未计价材料
180110005	黑玛钢丝堵	*DN*20	个	0.00	未计价材料
180110007	燃气室外铸铁管柔性机械接口管件		个	0.00	未计价材料

续表

代码	名称	型号规格	单位	基期价	类别
180110009	室内承插铸铁给水管件		个	0.00	未计价材料
180110011	室内承插铸铁排水管件		个	0.00	未计价材料
180110013	室内承插铸铁雨水管件		个	0.00	未计价材料
180110015	室内柔性排水铸铁管管件(机械接口)		个	0.00	未计价材料
180110017	室内柔性铸铁雨水管管件(机械接口)		个	0.00	未计价材料
180110019	室内无承口柔性排水铸铁管管件(卡箍连接)		个	0.00	未计价材料
180110021	室外承插铸铁给水管件		个	0.00	未计价材料
180110023	弯头(异径管)		个	0.00	未计价材料
180110025	无承口柔性雨水铸铁管		m	0.00	未计价材料
180110027	铸铁插盘短管		个	0.00	未计价材料
180110029	铸铁承盘短管		个	0.00	未计价材料
180110031	铸铁管件		个	0.00	未计价材料
180110033	铸铁三通		个	0.00	未计价材料
180110035	铸铁套管		个	0.00	未计价材料
180110037	铸铁套筒		个	0.00	未计价材料
180110039	铸铁雨水斗		套	0.00	未计价材料
180310001	不断水连接钢制哈夫三通		个	0.00	未计价材料
180310003	不锈钢板卷管件		个	0.00	未计价材料
180310005	采暖室内镀锌钢管螺纹管件		个	0.00	未计价材料
180310007	采暖室内钢管焊接管件		个	0.00	未计价材料
180310009	采暖室外镀锌钢管螺纹管件		个	0.00	未计价材料
180310011	采暖室外钢管焊接管件		个	0.00	未计价材料
180310013	采暖室外预制直埋保温焊接管件		个	0.00	未计价材料
180310015	衬塑镀锌钢管接头		个	0.00	未计价材料
180310017	电熔鞍形带压接头		个	0.00	未计价材料
180310019	二合三通		个	0.00	未计价材料
180310021	防爆活接头		个	0.00	未计价材料
180310023	钢制管件		个	0.00	未计价材料
180310025	钢制三通	800×300	个	0.00	未计价材料
180310027	钢制三通	1000×300	个	0.00	未计价材料
180310029	钢制三通	1200×300	个	0.00	未计价材料
180310031	钢制弯头	*DN*80	个	0.00	未计价材料
180310033	钢制弯头	*DN*100	个	0.00	未计价材料
180310035	钢制弯头	*DN*125	个	0.00	未计价材料
180310037	钢制弯头	*DN*200	个	0.00	未计价材料
180310039	钢制弯头	*DN*300	个	0.00	未计价材料
180310041	钢制弯头	*DN*400	个	0.00	未计价材料
180310043	钢制弯头	*DN*600	个	0.00	未计价材料

续表

代　码	名　　称	型 号 规 格	单位	基期价	类 别
180310045	钢制弯头	*DN*800	个	0.00	未计价材料
180310047	钢制弯头	*DN*1000	个	0.00	未计价材料
180310049	钢制弯头	*DN*1200	个	0.00	未计价材料
180310051	钢制异径管	100×80	个	0.00	未计价材料
180310053	钢制异径管	200×125	个	0.00	未计价材料
180310055	钢制异径管	400×200	个	0.00	未计价材料
180310057	钢制异径管	600×300	个	0.00	未计价材料
180310059	钢制异径管	800×300	个	0.00	未计价材料
180310061	钢制异径管	1000×300	个	0.00	未计价材料
180310063	钢制异径管	1200×300	个	0.00	未计价材料
180310065	给水室内镀锌钢管螺纹管件		个	0.00	未计价材料
180310067	给水室内钢管沟槽管件		个	0.00	未计价材料
180310069	给水室内钢管焊接管件		个	0.00	未计价材料
180310071	给水室外镀锌钢管螺纹管件		个	0.00	未计价材料
180310073	给水室外钢管焊接管件		个	0.00	未计价材料
180310075	沟槽管件		套	0.00	未计价材料
180310077	沟槽式夹箍		套	0.00	未计价材料
180310079	沟槽直接头(含胶圈)		套	0.00	未计价材料
180310081	合金钢对焊管件		个	0.00	未计价材料
180310083	卡箍连接件(含胶圈)		套	0.00	未计价材料
180310085	空调冷热水室内镀锌钢管沟槽管件		个	0.00	未计价材料
180310087	空调冷热水室内镀锌钢管螺纹管件		个	0.00	未计价材料
180310089	空调冷热水室内钢管沟槽管件		个	0.00	未计价材料
180310091	空调冷热水室内钢管焊接管件		个	0.00	未计价材料
180310093	空调凝结水室内镀锌钢管螺纹管件		个	0.00	未计价材料
180310095	螺旋卷管件		个	0.00	未计价材料
180310097	燃气室内镀锌钢管螺纹管件		个	0.00	未计价材料
180310099	燃气室内碳钢焊接管件		个	0.00	未计价材料
180310101	燃气室外镀锌钢管螺纹管件		个	0.00	未计价材料
180310103	燃气室外镀锌钢管螺纹管件	*DN*25	个	0.00	未计价材料
180310105	燃气室外镀锌钢管螺纹管件	*DN*32	个	0.00	未计价材料
180310107	燃气室外镀锌钢管螺纹管件	*DN*40	个	0.00	未计价材料
180310109	燃气室外镀锌钢管螺纹管件	*DN*50	个	0.00	未计价材料
180310111	燃气室外镀锌钢管螺纹管件	*DN*65	个	0.00	未计价材料
180310113	燃气室外镀锌钢管螺纹管件	*DN*80	个	0.00	未计价材料
180310115	燃气室外镀锌钢管螺纹管件	*DN*100	个	0.00	未计价材料
180310117	燃气室外碳钢焊接管件		个	0.00	未计价材料
180310119	三通		个	0.00	未计价材料

续表

代码	名称	型号规格	单位	基期价	类别
180310121	丝堵	*DN*20	个	0.00	未计价材料
180310123	碳钢板卷管件		个	0.00	未计价材料
180310125	碳钢对焊管件		个	0.00	未计价材料
180310127	碳钢两半管件		片	0.00	未计价材料
180310129	碳钢三通		个	0.00	未计价材料
180310131	铜制管件		个	0.00	未计价材料
180310133	压制弯头		个	0.00	未计价材料
180310135	异径管弯头		个	0.00	未计价材料
180310137	雨水室内钢管沟槽管件		个	0.00	未计价材料
180310139	雨水室内钢管焊接管件		个	0.00	未计价材料
180510001	不锈钢对焊管件		个	0.00	未计价材料
180510003	不锈钢卡箍(含胶圈)		个	0.00	未计价材料
180510005	不锈钢两半管件		片	0.00	未计价材料
180510007	不锈钢弯头		个	0.00	未计价材料
180510009	低压螺旋卷管件		个	0.00	未计价材料
180510011	给水室内薄壁不锈钢管氩弧焊管件		个	0.00	未计价材料
180510013	给水室内不锈钢管焊接管件		个	0.00	未计价材料
180510015	给水室内不锈钢管卡套管件		个	0.00	未计价材料
180510017	给水室内不锈钢管卡压管件		个	0.00	未计价材料
180510019	给水室内不锈钢管螺纹管件		个	0.00	未计价材料
180510021	燃气室内薄壁不锈钢管承插氩弧焊管件		个	0.00	未计价材料
180510023	燃气室内薄壁不锈钢管卡套式管件		个	0.00	未计价材料
180510025	燃气室内薄壁不锈钢管卡压式管件		个	0.00	未计价材料
180710001	低压铜翻边短管		个	0.00	未计价材料
180710003	低压铜及铜合金管件		个	0.00	未计价材料
180710005	给水室内铜管焊接管件		个	0.00	未计价材料
180710007	给水室内铜管卡压管件		个	0.00	未计价材料
180710009	给水室内铜管钎焊管件		个	0.00	未计价材料
180710011	燃气室内铜管钎焊式管件		个	0.00	未计价材料
180710013	铜及铜合金板卷管件		个	0.00	未计价材料
180910001	采暖室内塑料管电熔管件		个	0.00	未计价材料
180910003	采暖室内塑料管热熔管件		个	0.00	未计价材料
180910005	采暖室内直埋塑料管热熔管件		个	0.00	未计价材料
180910007	电热熔套		个	0.00	未计价材料
180910009	给水室内钢骨架塑料复合管电熔管件		个	0.00	未计价材料
180910011	给水室外钢骨架塑料复合管电熔管件		个	0.00	未计价材料
180910013	聚乙烯管保护环(PE)	*dn*110	只	0.00	未计价材料
180910015	聚乙烯管保护环(PE)	*dn*160	只	0.00	未计价材料

续表

代码	名称	型号规格	单位	基期价	类别
180910017	聚乙烯管保护环(PE)	dn200	只	0.00	未计价材料
180910019	聚乙烯管保护环(PE)	dn250	只	0.00	未计价材料
180910021	聚乙烯管保护环(PE)	dn315	只	0.00	未计价材料
180910023	聚乙烯管保护环(PE)	dn400	只	0.00	未计价材料
180910025	聚乙烯三通(PE、热熔)	dn110	只	0.00	未计价材料
180910027	聚乙烯三通(PE、热熔)	dn160	只	0.00	未计价材料
180910029	聚乙烯三通(PE、热熔)	dn200	只	0.00	未计价材料
180910031	聚乙烯三通(PE、热熔)	dn250	只	0.00	未计价材料
180910033	聚乙烯三通(PE、热熔)	dn315	只	0.00	未计价材料
180910035	聚乙烯三通(PE、热熔)	dn400	只	0.00	未计价材料
180910037	聚乙烯拖管头	dn200	只	0.00	未计价材料
180910039	聚乙烯拖管头	dn315	只	0.00	未计价材料
180910041	聚乙烯拖管头	dn400	只	0.00	未计价材料
180910043	聚乙烯弯头(PE、热熔)	dn110	只	0.00	未计价材料
180910045	聚乙烯弯头(PE、热熔)	dn160	只	0.00	未计价材料
180910047	聚乙烯弯头(PE、热熔)	dn200	只	0.00	未计价材料
180910049	聚乙烯弯头(PE、热熔)	dn250	只	0.00	未计价材料
180910051	聚乙烯弯头(PE、热熔)	dn315	只	0.00	未计价材料
180910053	聚乙烯弯头(PE、热熔)	dn400	只	0.00	未计价材料
180910055	空调冷热水室内塑料管电熔管件		个	0.00	未计价材料
180910057	空调冷热水室内塑料管热熔管件		个	0.00	未计价材料
180910059	空调凝结水室内塑料管热熔管件		个	0.00	未计价材料
180910061	空调凝结水室内塑料管粘接管件		个	0.00	未计价材料
180910063	燃气室外聚乙烯塑料管电熔管件		个	0.00	未计价材料
180910065	燃气室外聚乙烯塑料管热熔管件		个	0.00	未计价材料
180910067	燃气室外聚乙烯塑料管热熔管件	DN400	个	0.00	未计价材料
180910069	热熔三通		个	0.00	未计价材料
180910071	熔接接头及器材		套	0.00	未计价材料
180910073	室内塑料给水管电熔管件		个	0.00	未计价材料
180910075	室内塑料给水管热熔管件		个	0.00	未计价材料
180910077	室内塑料给水管粘接管件		个	0.00	未计价材料
180910079	室内塑料排水管(螺母密封圈连接)管件		个	0.00	未计价材料
180910081	室内塑料排水管热熔管件		个	0.00	未计价材料
180910083	室内塑料排水管粘接管件		个	0.00	未计价材料
180910085	室内塑料雨水管热熔管件		个	0.00	未计价材料
180910087	室内塑料雨水管粘接管件		个	0.00	未计价材料
180910089	室内直埋塑料给水管热熔管件		个	0.00	未计价材料
180910091	室外塑料给水管电熔管件		个	0.00	未计价材料

续表

代　码	名　　称	型 号 规 格	单位	基期价	类 别
180910093	室外塑料给水管热熔管件		个	0.00	未计价材料
180910095	室外塑料给水管粘接管件		个	0.00	未计价材料
180910097	塑料管件		套	0.00	未计价材料
180910099	塑料管件		个	0.00	未计价材料
180910101	塑料管件(电熔熔接)		个	0.00	未计价材料
180910103	塑料排水管(电熔)直接		个	0.00	未计价材料
180910105	塑料排水管热熔直接		个	0.00	未计价材料
180910107	塑料弯头	45°*DN*50	个	0.00	未计价材料
180910109	塑料弯头	45°*DN*63	个	0.00	未计价材料
180910111	中密度聚乙烯管件(电熔熔接)		个	0.00	未计价材料
180910113	中密度聚乙烯管件(对接熔接)		个	0.00	未计价材料
180910115	鬃毛过滤器		台	0.00	未计价材料
181110001	钢塑过渡接头		个	0.00	未计价材料
181110003	钢塑过渡接头		个	0.00	未计价材料
181310001	钢塑管管件		个	0.00	未计价材料
181310003	给水室内钢塑复合管螺纹管件		个	0.00	未计价材料
181310005	给水室内铝塑复合管卡套管件		个	0.00	未计价材料
181310007	给水室内塑铝稳态管热熔管件		个	0.00	未计价材料
181310009	给水室外塑铝稳态管热熔管件		个	0.00	未计价材料
181310011	过渡转换管件		个	0.00	未计价材料
181310013	燃气室内铝塑复合管卡套式管件		个	0.00	未计价材料
181710001	防火器		个	0.00	未计价材料
181910001	Y形过滤器		个	0.00	未计价材料
181910003	法兰波纹补偿器		个	0.00	未计价材料
181910005	法兰过滤器		个	0.00	未计价材料
181910007	法兰式Y形过滤器		个	0.00	未计价材料
181910009	过滤器		个	0.00	未计价材料
181910011	螺纹Y形过滤器		个	0.00	未计价材料
182110001	法兰伸缩套		套	0.00	未计价材料
182110003	法兰式补偿器		个	0.00	未计价材料
182110005	法兰套筒补偿器		个	0.00	未计价材料
182110007	方形补偿器		个	0.00	未计价材料
182110009	焊接式补偿器		个	0.00	未计价材料
182110011	伸缩节		只	0.00	未计价材料
182110013	伸缩器(套筒)	*DN*300	个	0.00	未计价材料
182310001	U形钢卡	ϕ6.0	副	0.00	未计价材料
182310003	U形钢卡	ϕ8.0	副	0.00	未计价材料
182310005	碳钢透镜垫		个	0.00	未计价材料

续表

代 码	名 称	型 号 规 格	单位	基期价	类 别
182310007	透镜垫		个	0.00	未计价材料
182510001	成品管卡		套	0.00	未计价材料
182510003	成品抗震支架		副	0.00	未计价材料
182510005	钢板内套环		个	0.00	未计价材料
182510007	钢板外套环		个	0.00	未计价材料
182510009	钢管卡子	10#	副	0.00	未计价材料
182510011	管箍		个	0.00	未计价材料
182510013	管件		套	0.00	未计价材料
182510015	管件	*DN*15以内	套	0.00	未计价材料
182510017	熟铁管箍		个	0.00	未计价材料
182510019	熟铁管箍	*DN*32	个	0.00	未计价材料
182510021	铸铁马鞍卡子		个	0.00	未计价材料
182710001	成品防火套管		个	0.00	未计价材料
182710003	抗震底座		个	0.00	未计价材料
182910001	充油膏接头套管		套	0.00	未计价材料
182910003	刚性防水套管		个	0.00	未计价材料
182910005	高密度聚乙烯连接套管		m	0.00	未计价材料
182910007	高密度聚乙烯连接套管	ϕ100×3	m	0.00	未计价材料
182910009	高密度聚乙烯连接套管	ϕ120×3	m	0.00	未计价材料
182910011	高密度聚乙烯连接套管	ϕ136×3	m	0.00	未计价材料
182910013	高密度聚乙烯连接套管	ϕ151×3	m	0.00	未计价材料
182910015	高密度聚乙烯连接套管	ϕ172×3	m	0.00	未计价材料
182910017	高密度聚乙烯连接套管	ϕ212×3	m	0.00	未计价材料
182910019	高密度聚乙烯连接套管	ϕ237×3	m	0.00	未计价材料
182910021	高密度聚乙烯连接套管	ϕ263×4	m	0.00	未计价材料
182910023	高密度聚乙烯连接套管	ϕ330×5	m	0.00	未计价材料
182910025	高密度聚乙烯连接套管	ϕ418×6	m	0.00	未计价材料
182910027	高密度聚乙烯连接套管	ϕ471×6	m	0.00	未计价材料
182910029	高密度聚乙烯连接套管	ϕ525×8	m	0.00	未计价材料
182910031	高密度聚乙烯连接套管	ϕ586×8	m	0.00	未计价材料
182910033	柔性防水套管		个	0.00	未计价材料
183110001	玻璃钢管道部件		个	0.00	未计价材料
183110003	玻璃钢管件		个	0.00	未计价材料
183110005	不锈钢透镜垫		个	0.00	未计价材料
183110007	低压金属骨架复合管件		个	0.00	未计价材料
183110009	低压铝翻边短管		个	0.00	未计价材料
183110011	低压铝及铝合金板卷管件		个	0.00	未计价材料
183110013	低压铝及铝合金管件		个	0.00	未计价材料

续表

代码	名称	型号规格	单位	基期价	类别
183110015	法兰挠性接头		个	0.00	未计价材料
183110017	法兰式软接头		个	0.00	未计价材料
183110019	高压管件		套	0.00	未计价材料
183110021	合金钢透镜垫		个	0.00	未计价材料
183110023	虹吸式雨水斗		个	0.00	未计价材料
183110025	机械式管口堵头		个	0.00	未计价材料
183110027	卡箍件		套	0.00	未计价材料
183110029	连接套		套	0.00	未计价材料
183110031	螺纹挠性接头		个	0.00	未计价材料
183110033	螺纹式软接头		个	0.00	未计价材料
183110035	铝镁合金接管		套	0.00	未计价材料
183110037	柔性接头	*D*156	个	0.00	未计价材料
183110039	柔性接头	*D*200	个	0.00	未计价材料
183110041	橡胶短接管	*D*150	个	0.00	未计价材料
183110043	预制钢套钢复合保温管管件		个	0.00	未计价材料
183110045	转换接头	*DN*40	个	0.00	未计价材料
183110047	转换接头	*DN*50	个	0.00	未计价材料
190010001	阀门		个	0.00	未计价材料
190010003	法兰阀门		个	0.00	未计价材料
190010005	沟槽阀门		个	0.00	未计价材料
190010007	焊接阀门		个	0.00	未计价材料
190010009	螺纹阀门		个	0.00	未计价材料
190010011	碳钢焊接阀门		个	0.00	未计价材料
190110001	角式长柄截止阀	*DN*15	个	0.00	未计价材料
190110003	截止阀	J41T-16 *DN*15	个	0.00	未计价材料
190110005	截止阀	J41T-16 *DN*20	个	0.00	未计价材料
190110007	截止阀	J41T-16 *DN*40	个	0.00	未计价材料
190110009	截止阀	J41T-16 *DN*65	个	0.00	未计价材料
190110011	截止阀	J11T-16K *DN*40	个	0.00	未计价材料
190310001	闸阀		个	0.00	未计价材料
190310003	闸阀	Z45T-10 *DN*65	个	0.00	未计价材料
190310005	闸阀	Z45T-10 *DN*80	个	0.00	未计价材料
190310007	闸阀	Z45T-10 *DN*200	个	0.00	未计价材料
190310009	闸阀	Z45T-10 *DN*250	个	0.00	未计价材料
190310011	闸阀	Z45T-10 *DN*300	个	0.00	未计价材料
190510001	球阀	Q11F-16T *DN*25	个	0.00	未计价材料
190510003	球阀	Q11F-16T *DN*32	个	0.00	未计价材料
190510005	球阀(带铅封)		个	0.00	未计价材料

续表

代 码	名 称	型 号 规 格	单位	基期价	类 别
190710001	蝶阀		个	0.00	未计价材料
190710003	对夹式蝶阀		个	0.00	未计价材料
190910001	倒流防止器		个	0.00	未计价材料
190910003	止回阀		个	0.00	未计价材料
191110001	安全阀门		个	0.00	未计价材料
191110003	呼吸阀、安全阀、通气阀		个	0.00	未计价材料
191310001	调节阀门		个	0.00	未计价材料
191310003	调节阀		台	0.00	未计价材料
191310005	法兰疏水器		个	0.00	未计价材料
191710001	螺纹疏水器		个	0.00	未计价材料
192710001	减压阀		个	0.00	未计价材料
192710003	螺纹减压阀		个	0.00	未计价材料
192810001	法兰电磁阀		个	0.00	未计价材料
192810003	螺纹电磁阀门		个	0.00	未计价材料
193310001	法兰控制阀	液压式	个	0.00	未计价材料
193710001	法兰浮球阀		个	0.00	未计价材料
193710003	螺纹浮球阀		个	0.00	未计价材料
193710005	遥控浮球阀		个	0.00	未计价材料
193810001	塑料阀门		个	0.00	未计价材料
194110001	齿轮、液压、电动阀门		个	0.00	未计价材料
194110003	阀门操作装置		kg	0.00	未计价材料
194110005	手动密闭阀门		个	0.00	未计价材料
200110001	低压不锈钢翻边短管		个	0.00	未计价材料
200110003	对焊法兰		片	0.00	未计价材料
200110005	法兰		片	0.00	未计价材料
200110007	法兰	*DN*40(配螺栓垫片)	套	0.00	未计价材料
200110009	法兰带垫片	*DN*50 以内	套	0.00	未计价材料
200110011	沟槽法兰		片	0.00	未计价材料
200110013	沟槽法兰	1.6MPa	片	0.00	未计价材料
200110015	合金钢对焊法兰		片	0.00	未计价材料
200110017	合金钢平焊法兰		片	0.00	未计价材料
200110019	活动法兰		片	0.00	未计价材料
200110021	活动法兰		个	0.00	未计价材料
200110023	螺纹法兰		片	0.00	未计价材料
200110025	平焊法兰		片	0.00	未计价材料
200110027	平焊法兰		副	0.00	未计价材料
200110029	平焊法兰	*DN*65	片	0.00	未计价材料
200110031	平焊法兰	*DN*150	片	0.00	未计价材料

续表

代　码	名　　称	型 号 规 格	单位	基期价	类 别
200110033	平焊法兰	1.0MPa *DN*50	片	0.00	未计价材料
200110035	平焊法兰	1.0MPa *DN*65	片	0.00	未计价材料
200110037	平焊法兰	1.0MPa *DN*80	片	0.00	未计价材料
200110039	平焊法兰	1.0MPa *DN*100	片	0.00	未计价材料
200110041	平焊法兰	1.6MPa *DN*32	片	0.00	未计价材料
200110043	平焊法兰	1.6MPa *DN*50	片	0.00	未计价材料
200110045	平焊法兰	1.6MPa *DN*150	片	0.00	未计价材料
200110047	碳钢对焊法兰		片	0.00	未计价材料
200110049	碳钢法兰		片	0.00	未计价材料
200110051	碳钢螺纹法兰		片	0.00	未计价材料
200110053	碳钢平焊法兰		片	0.00	未计价材料
200110055	碳钢平焊法兰	1.6MPa *DN*15	片	0.00	未计价材料
200110057	碳钢平焊法兰	1.6MPa *DN*20	片	0.00	未计价材料
200110059	碳钢平焊法兰	1.6MPa *DN*25	片	0.00	未计价材料
200110061	碳钢平焊法兰	1.6MPa *DN*32	片	0.00	未计价材料
200110063	碳钢平焊法兰	1.6MPa *DN*40	片	0.00	未计价材料
200110065	碳钢平焊法兰	1.6MPa *DN*80	片	0.00	未计价材料
200110067	碳钢平焊法兰	1.6MPa *DN*125	片	0.00	未计价材料
200110069	碳钢平焊法兰	1.6MPa *DN*200	片	0.00	未计价材料
200110071	碳钢平焊法兰	1.6MPa *DN*250	片	0.00	未计价材料
200110073	碳钢平焊法兰	1.6MPa *DN*300	片	0.00	未计价材料
200110075	碳钢平焊法兰	1.6MPa *DN*350	片	0.00	未计价材料
200110077	碳钢平焊法兰	1.6MPa *DN*400	片	0.00	未计价材料
200110079	压兰		片	0.00	未计价材料
200110081	压兰	*DN*100	片	0.00	未计价材料
200110083	压兰	*DN*150	片	0.00	未计价材料
200110085	压兰	*DN*200	片	0.00	未计价材料
200110087	压兰	*DN*300	片	0.00	未计价材料
200110089	压兰	*DN*400	片	0.00	未计价材料
200310001	不锈钢对焊法兰		片	0.00	未计价材料
200310003	不锈钢平焊法兰		片	0.00	未计价材料
200710001	铜对焊法兰		片	0.00	未计价材料
200710003	铜法兰		片	0.00	未计价材料
200910001	塑料法兰	带短管	片	0.00	未计价材料
200910003	塑料法兰	带短管	个	0.00	未计价材料
200910005	塑料法兰	带螺栓	片	0.00	未计价材料
201110001	沟槽法兰短管		个	0.00	未计价材料
201110003	铝及铝合金法兰		副	0.00	未计价材料

续表

代 码	名 称	型号规格	单位	基期价	类别
202110001	法兰盲板		片	0.00	未计价材料
202110003	法兰压盖		个	0.00	未计价材料
202110005	盲堵板		片	0.00	未计价材料
203110001	金属垫片支撑圈		套	0.00	未计价材料
210110001	按摩浴盆		个	0.00	未计价材料
210110003	玻璃钢浴盆		个	0.00	未计价材料
210110005	单管成品淋浴器(含固定件)		套	0.00	未计价材料
210110007	塑料浴盆		个	0.00	未计价材料
210110009	搪瓷浴盆		个	0.00	未计价材料
210310001	净身盆		个	0.00	未计价材料
210710001	整体淋浴室		套	0.00	未计价材料
210810001	湿蒸房		座	0.00	未计价材料
211110001	洗发盆		套	0.00	未计价材料
211310001	成品拖布池		个	0.00	未计价材料
211310003	化验盆		个	0.00	未计价材料
211310005	洗涤盆		个	0.00	未计价材料
211510001	壁挂式坐便器		个	0.00	未计价材料
211510003	瓷蹲式大便器		个	0.00	未计价材料
211510005	连体坐便器		个	0.00	未计价材料
211510007	落地式坐便器		个	0.00	未计价材料
212510001	大便槽自动冲洗水箱		个	0.00	未计价材料
212510003	挂墙式低水箱及水箱配件(带冲洗弯管)		套	0.00	未计价材料
212510005	小便槽自动冲洗水箱		个	0.00	未计价材料
212710001	烘手器		个	0.00	未计价材料
213110001	壁挂式净身盆金属框架		副	0.00	未计价材料
213110003	化验盆排水附件		套	0.00	未计价材料
213110005	刷手池		组	0.00	未计价材料
213110007	洗涤盆排水附件		套	0.00	未计价材料
213110009	洗涤盆托架	-40×5	副	0.00	未计价材料
213110011	洗脸盆排水附件		套	0.00	未计价材料
214310001	干式消毒器	700×1600	台	0.00	未计价材料
214310003	湿式消毒器	250×400	台	0.00	未计价材料
214310005	湿式消毒器	900×900	台	0.00	未计价材料
214310007	消毒锅	$1^{\#}$	台	0.00	未计价材料
214310009	消毒锅	$2^{\#}$	台	0.00	未计价材料
214310011	消毒锅	$3^{\#}$	台	0.00	未计价材料
214310013	消毒锅	$4^{\#}$	台	0.00	未计价材料
214310015	消毒器		台	0.00	未计价材料

续表

代 码	名 称	型 号 规 格	单位	基期价	类 别
214510001	饮水器		套	0.00	未计价材料
214710001	隔油器		套	0.00	未计价材料
214710003	萘油分离器		个	0.00	未计价材料
215110001	钢制凝水器		个	0.00	未计价材料
215110003	塑料凝水器		个	0.00	未计价材料
215110005	碳钢凝水缸		个	0.00	未计价材料
215110007	铸铁凝水器		个	0.00	未计价材料
215310001	T 形调压器		台	0.00	未计价材料
215310003	壁挂式燃气调压箱		台	0.00	未计价材料
215310005	成品调压柜		台	0.00	未计价材料
215310007	放烟花用电压调压器		个	0.00	未计价材料
215310009	雷诺调压器		台	0.00	未计价材料
215310011	煤气调长器		个	0.00	未计价材料
215310013	燃气调压器		台	0.00	未计价材料
215310015	调压器		台	0.00	未计价材料
215310017	箱式调压器		台	0.00	未计价材料
215310019	有载自动调压器		台	0.00	未计价材料
215510001	保护罩		个	0.00	未计价材料
215510003	分体型保护罩		个	0.00	未计价材料
215510005	落地式燃气调压箱(柜)		台	0.00	未计价材料
215510007	燃气表接头		个	0.00	未计价材料
215510009	燃气气嘴		个	0.00	未计价材料
215510011	燃气调长器		个	0.00	未计价材料
215510013	橡胶圈(煤气)	*DN*100	个	0.00	未计价材料
215510015	橡胶圈(煤气)	*DN*150	个	0.00	未计价材料
215510017	橡胶圈(煤气)	*DN*200	个	0.00	未计价材料
215510019	橡胶圈(煤气)	*DN*300	个	0.00	未计价材料
215510021	橡胶圈(煤气)	*DN*400	个	0.00	未计价材料
215510023	整体型保护罩		个	0.00	未计价材料
215510025	支撑圈		套	0.00	未计价材料
215510027	铸铁凝水缸		个	0.00	未计价材料
220110001	成组铸铁散热器	不带足	组	0.00	未计价材料
220110003	成组铸铁散热器	带足	组	0.00	未计价材料
220110005	铸铁散热器		片	0.00	未计价材料
220310001	翅片管散热器		组	0.00	未计价材料
220310003	钢制散热器	板式	组	0.00	未计价材料
220310005	钢制散热器	闭式	片	0.00	未计价材料
220310007	钢制散热器	柱式	组	0.00	未计价材料

续表

代码	名称	型号规格	单位	基期价	类别
220310009	光排管散热器		组	0.00	未计价材料
220510001	艺术造型散热器		组	0.00	未计价材料
220710001	金属复合散热器		组	0.00	未计价材料
221110001	盘边透气阀		个	0.00	未计价材料
221110003	散热器温控阀		个	0.00	未计价材料
222110001	集气罐		个	0.00	未计价材料
222310001	太阳能集热装置		台	0.00	未计价材料
222310003	太阳能集热装置		m^2	0.00	未计价材料
222510001	除污器		个	0.00	未计价材料
223310001	变频给水设备		套	0.00	未计价材料
223310003	除砂器		台	0.00	未计价材料
223310005	带雨水截污过滤装置的塑料雨水井		套	0.00	未计价材料
223310007	地源(水源、气源)热泵机组		组	0.00	未计价材料
223310009	防护罩		套	0.00	未计价材料
223310011	空气能热水器		台	0.00	未计价材料
223310013	气压罐		台	0.00	未计价材料
223310015	热收缩套(带)		个	0.00	未计价材料
223310017	水处理器		台	0.00	未计价材料
223310019	水箱自洁器		台	0.00	未计价材料
223310021	水质净化器		台	0.00	未计价材料
223310023	调压箱罩		套	0.00	未计价材料
223310025	稳压给水设备		套	0.00	未计价材料
223310027	无负压给水设备		套	0.00	未计价材料
223310029	一体式雨水中水处理设备		台	0.00	未计价材料
223310031	医疗气体设备		台	0.00	未计价材料
223310033	雨水处理控制柜		台	0.00	未计价材料
223310035	直饮水设备		台	0.00	未计价材料
223310037	紫外线杀菌设备		台	0.00	未计价材料
223310039	组装水箱		台	0.00	未计价材料
224110001	百叶风口		个	0.00	未计价材料
224110003	板式排烟口		个	0.00	未计价材料
224110005	多叶排烟口(送风口)		个	0.00	未计价材料
224110007	活动篦式风口		个	0.00	未计价材料
224110009	矩形空气分布器		个	0.00	未计价材料
224110011	矩形送风口		个	0.00	未计价材料
224110013	铝合金百叶风口		个	0.00	未计价材料
224110015	铝制孔板风口		个	0.00	未计价材料
224110017	送吸风口		个	0.00	未计价材料

续表

代码	名称	型号规格	单位	基期价	类别
224110019	网式风口		个	0.00	未计价材料
224110021	旋转吹风口		个	0.00	未计价材料
224310001	带调节阀散流器		个	0.00	未计价材料
224310003	钢百叶窗		个	0.00	未计价材料
224310005	散流器		个	0.00	未计价材料
224510001	玻璃钢风管	1.5~4	m^2	0.00	未计价材料
224510003	复合风管板材		m^2	0.00	未计价材料
224510005	铝箔保温软管		m	0.00	未计价材料
224510007	柔性软风管		m	0.00	未计价材料
224710001	玻璃管风帽		kg	0.00	未计价材料
224710003	滤帽		个	0.00	未计价材料
224910001	室外传感器外罩		个	0.00	未计价材料
224910003	铸铁防护罩	*DN*100	个	0.00	未计价材料
225310001	带调节阀(过滤器)百叶风口		个	0.00	未计价材料
225310003	对开多叶调节阀		个	0.00	未计价材料
225310005	风管防火阀		个	0.00	未计价材料
225310007	风管止回阀		个	0.00	未计价材料
225310009	空气加热器旁通阀		个	0.00	未计价材料
225310011	空气加热器上通阀		个	0.00	未计价材料
225310013	密闭式斜插板阀		个	0.00	未计价材料
225310015	柔性软风管阀门		个	0.00	未计价材料
225310017	圆形瓣式启动阀		个	0.00	未计价材料
225510001	水锤消除器		个	0.00	未计价材料
225510003	塑料排水管消声器		个	0.00	未计价材料
225510005	消声弯头		个	0.00	未计价材料
225710001	隔振垫		块	0.00	未计价材料
225710003	橡胶隔振垫		组	0.00	未计价材料
225910001	静压箱		台	0.00	未计价材料
226110001	波导窗		个	0.00	未计价材料
226110003	冲孔板		m	0.00	未计价材料
226110005	厨房油烟排气罩		个	0.00	未计价材料
226110007	风管专用法兰		台	0.00	未计价材料
226110009	风管专用法兰		m	0.00	未计价材料
226110011	固定式挡烟垂壁		m	0.00	未计价材料
226110013	换气堵头		个	0.00	未计价材料
226110015	铝合金伸缩软管		m	0.00	未计价材料
226110017	排气阀门		个	0.00	未计价材料
226110019	手动放风阀	$\phi10$	个	0.00	未计价材料

续表

代　码	名　　称	型 号 规 格	单位	基期价	类 别
226110021	预留口		个	0.00	未计价材料
226110023	自动排气阀		个	0.00	未计价材料
226110025	自动透气阀		个	0.00	未计价材料
230110001	灭火器		套	0.00	未计价材料
230110003	灭火器		组	0.00	未计价材料
230310001	地上消火栓		套	0.00	未计价材料
230310003	地上消火栓	SS100/65-1.6 100	套	0.00	未计价材料
230310005	地下消火栓		套	0.00	未计价材料
230310007	地下消火栓	SX100	套	0.00	未计价材料
230310009	室内消火栓	SN50	套	0.00	未计价材料
230510001	消防水泵接合器		套	0.00	未计价材料
230710001	灭火器箱(含灭火器)		套	0.00	未计价材料
230710003	模块箱/端子箱		台	0.00	未计价材料
231110001	管线式负压泡沫比例混合器		台	0.00	未计价材料
231110003	环泵负压式泡沫比例混合器		台	0.00	未计价材料
231110005	空气泡沫产生器		个	0.00	未计价材料
231910001	消防水炮		台	0.00	未计价材料
232110001	气体喷头		个	0.00	未计价材料
232510001	温感雨淋阀		个	0.00	未计价材料
232510003	选择阀		个	0.00	未计价材料
232710001	分集水器(不带箱)		组	0.00	未计价材料
232710003	分集水器(带箱)		组	0.00	未计价材料
233710001	空气采样型探测器		台	0.00	未计价材料
233710003	探测器		个	0.00	未计价材料
233710005	线型探测器		m	0.00	未计价材料
233710007	红外光束点型探测器		对	0.00	未计价材料
233910001	按钮	防爆型	个	0.00	未计价材料
233910003	按钮	普通型	个	0.00	未计价材料
233910005	报警联动一体机		台	0.00	未计价材料
233910007	报警装置		套	0.00	未计价材料
233910009	成套按钮		套	0.00	未计价材料
233910011	湿式报警装置		套	0.00	未计价材料
233910013	消防警铃、声光报警器		个	0.00	未计价材料
233910015	消防专用模块		个	0.00	未计价材料
234010001	功能模块、接口		个	0.00	未计价材料
234110001	不锈钢集热板		套	0.00	未计价材料
234110003	称重检漏装置		套	0.00	未计价材料
234110005	阀驱动装置		套	0.00	未计价材料

续表

代码	名称	型号规格	单位	基期价	类别
234110007	广播功率放大器		台	0.00	未计价材料
234110009	广播录放盘		台	0.00	未计价材料
234110011	减压孔板		个	0.00	未计价材料
234110013	末端试水装置		套	0.00	未计价材料
234110015	温感式水幕装置		套	0.00	未计价材料
234110017	消防报警备用电源		台	0.00	未计价材料
234110019	消防报警备用电源		组	0.00	未计价材料
234110021	消火栓底座	*DN*100(带弯头)	个	0.00	未计价材料
234110023	扬声器		个	0.00	未计价材料
234110025	重复显示器		台	0.00	未计价材料
234110027	贮存装置		套	0.00	未计价材料
234110029	装饰盘		个	0.00	未计价材料
234310001	电话分机		个	0.00	未计价材料
234310003	电话主机		台	0.00	未计价材料
234510001	喷头装饰盘		个	0.00	未计价材料
234510003	气体瓶柜		套	0.00	未计价材料
234510005	消火栓三通		只	0.00	未计价材料
240110001	法兰水表		只	0.00	未计价材料
240110003	螺纹 IC 卡水表		只	0.00	未计价材料
240110005	螺纹水表		只	0.00	未计价材料
240310001	工业用罗茨表		只	0.00	未计价材料
240310003	工业用罗茨表	$100m^3/h$	只	0.00	未计价材料
240310005	工业用罗茨表	$200m^3/h$	只	0.00	未计价材料
240310007	工业用罗茨表	$300m^3/h$	只	0.00	未计价材料
240310009	工业用罗茨表	$500m^3/h$	只	0.00	未计价材料
240310011	工业用罗茨表	$1000m^3/h$	只	0.00	未计价材料
240310013	膜式燃气表		只	0.00	未计价材料
240510001	法兰热量表		套	0.00	未计价材料
240510003	螺纹式热量表		套	0.00	未计价材料
240710001	测量表计		个	0.00	未计价材料
240710003	水位电气信号装置		套	0.00	未计价材料
240710005	兆欧表	500V/1000MΩ	台	0.00	未计价材料
240910001	铂电阻温度计		块	0.00	未计价材料
241110001	玻璃测压仪	U 形	套	0.00	未计价材料
241110003	测压装置		套	0.00	未计价材料
241110005	普通压力表	Y-100 0.1~6MPa	只	0.00	未计价材料
241110007	压力表	0~2.5MPa	只	0.00	未计价材料
241110009	压力表	$\phi150$	只	0.00	未计价材料

续表

代码	名称	型号规格	单位	基期价	类别
241310001	燃气流量计		台	0.00	未计价材料
241710001	浮标液面计	FQ-Ⅱ	组	0.00	未计价材料
241710003	水位计		组	0.00	未计价材料
242710001	环境测量装置		套	0.00	未计价材料
242710003	数据采集仪		台	0.00	未计价材料
243310001	警示带		m	0.00	未计价材料
245910001	气源分配器		台	0.00	未计价材料
245910003	取源部件		套	0.00	未计价材料
245910005	压力表补芯	15×10	个	0.00	未计价材料
245910007	压力表补芯	15×10	块	0.00	未计价材料
245910009	压力表补芯	16×65	块	0.00	未计价材料
245910011	仪表立柱	2"×1500	个	0.00	未计价材料
246910001	安全监测装置		套	0.00	未计价材料
246910003	靶式流量计变送器		台	0.00	未计价材料
246910005	保温(护)箱		台	0.00	未计价材料
246910007	编程器组态器		台	0.00	未计价材料
246910009	变送器调节阀		台	0.00	未计价材料
246910011	测厚测宽装置		套	0.00	未计价材料
246910013	差压、流量仪表		台	0.00	未计价材料
246910015	称重装置		台	0.00	未计价材料
246910017	成套低压无功自动补偿装置		台	0.00	未计价材料
246910019	导向管、量油管		个	0.00	未计价材料
246910021	电磁阀箱		台	0.00	未计价材料
246910023	电动仪表		台	0.00	未计价材料
246910025	多点切换开关		个	0.00	未计价材料
246910027	分析柜		台	0.00	未计价材料
246910029	分析小屋		台	0.00	未计价材料
246910031	分析仪		套	0.00	未计价材料
246910033	供电箱		台	0.00	未计价材料
246910035	光盘库		台	0.00	未计价材料
246910037	基地式调节仪表		台	0.00	未计价材料
246910039	计算机柜、台设备安装		台	0.00	未计价材料
246910041	监测装置		套	0.00	未计价材料
246910043	接线箱(盒)		台	0.00	未计价材料
246910045	进出油管		个	0.00	未计价材料
246910047	孔板		块	0.00	未计价材料
246910049	盘柜附件		个	0.00	未计价材料
246910051	盘上其他元件		个	0.00	未计价材料

续表

代码	名称	型号规格	单位	基期价	类别
246910053	皮带秤		台	0.00	未计价材料
246910055	气动仪表		台	0.00	未计价材料
246910057	取样冷却器		台	0.00	未计价材料
246910059	热电偶		块	0.00	未计价材料
246910061	摄像机附属设备		台	0.00	未计价材料
246910063	摄像机		台	0.00	未计价材料
246910065	视频监控装置		台	0.00	未计价材料
246910067	数据采集及巡回检测报警装置		套	0.00	未计价材料
246910069	顺序控制装置		套	0.00	未计价材料
246910071	伺服放大器		台	0.00	未计价材料
246910073	特殊预处理装置		套	0.00	未计价材料
246910075	温度仪表		支	0.00	未计价材料
246910077	稳压稳频供电源		台	0.00	未计价材料
246910079	物位检测仪表		台	0.00	未计价材料
246910081	物性检测装置		套	0.00	未计价材料
246910083	显示记录仪表		台	0.00	未计价材料
246910085	显示装置		台	0.00	未计价材料
246910087	信号报警装置		套	0.00	未计价材料
246910089	旋转机械监测装置		套	0.00	未计价材料
246910091	压力表		块	0.00	未计价材料
246910093	压力仪表		台(块)	0.00	未计价材料
246910095	仪表阀门		个	0.00	未计价材料
246910097	仪表附件		套	0.00	未计价材料
246910099	仪表盘(箱、柜)		台	0.00	未计价材料
246910101	硬盘阵列柜		台	0.00	未计价材料
246910103	远动装置		套	0.00	未计价材料
246910105	在线电磁阀		台	0.00	未计价材料
246910107	执行仪表		台	0.00	未计价材料
246910109	执行仪表附件		台	0.00	未计价材料
250010001	成套灯具		套	0.00	未计价材料
250010003	成套灯具		m^2	0.00	未计价材料
250010005	成套灯具		m	0.00	未计价材料
250010007	照明器		套	0.00	未计价材料
250110001	高(低)压钠灯泡		个	0.00	未计价材料
250110003	高压汞灯泡		个	0.00	未计价材料
250110005	光纤束		m	0.00	未计价材料
250110007	霓虹灯管		m	0.00	未计价材料
250110009	普通灯泡	220V 100W	个	0.00	未计价材料

续表

代　码	名　　称	型 号 规 格	单位	基期价	类 别
250110011	铁路信号灯泡	TX12-25/25A	个	0.00	未计价材料
250110013	物性检测装置		个	0.00	未计价材料
250110015	照明灯(含红外灯)		台	0.00	未计价材料
253310001	常规路灯		套	0.00	未计价材料
253310003	镀锌油漆双臂悬挑灯		套	0.00	未计价材料
253310005	高杆路灯		套	0.00	未计价材料
253310007	中杆路灯		套	0.00	未计价材料
253510001	交通信号灯		套	0.00	未计价材料
256110001	采光罩		个	0.00	未计价材料
256110003	采光罩	ϕ350	个	0.00	未计价材料
256110005	采光罩	ϕ600	个	0.00	未计价材料
256110007	彩控器		台	0.00	未计价材料
256110009	成套马路弯灯架		套	0.00	未计价材料
256110011	触发器		套	0.00	未计价材料
256110013	导光管		节	0.00	未计价材料
256110015	导光管	ϕ350 以内 $L=600$	节	0.00	未计价材料
256110017	导光管	ϕ600 以内 $L=600$	节	0.00	未计价材料
256110019	导光管接口转换器		个	0.00	未计价材料
256110021	灯架		套	0.00	未计价材料
256110023	灯具吊杆	ϕ15	根	0.00	未计价材料
256110025	灯座箱		个	0.00	未计价材料
256110027	电车合杆		套	0.00	未计价材料
256110029	电子变压器		台	0.00	未计价材料
256110031	镀锌油漆单臂悬挑灯架		套	0.00	未计价材料
256110033	风雨灯头连铅吊环		套	0.00	未计价材料
256110035	高杆灯灯盘		套	0.00	未计价材料
256110037	汞钠灯镇流器		套	0.00	未计价材料
256110039	广场灯架		套	0.00	未计价材料
256110041	红色信号灯		套	0.00	未计价材料
256110043	漏磁变压器		台	0.00	未计价材料
256110045	路灯号牌		个	0.00	未计价材料
256110047	路灯控制箱		个	0.00	未计价材料
256110049	漫射器		套	0.00	未计价材料
256110051	射灯滑轨		m	0.00	未计价材料
256110053	脱脂用黑光灯		组	0.00	未计价材料
256110055	信号灯座		套	0.00	未计价材料
256110057	悬臂式信号灯架		组	0.00	未计价材料
256110059	镇流器		套	0.00	未计价材料

续表

代码	名称	型号规格	单位	基期价	类别
256110061	座箱		个	0.00	未计价材料
260110001	单拉线单控开关		个	0.00	未计价材料
260110003	拉绳开关及附件		套	0.00	未计价材料
260110005	拉线		根	0.00	未计价材料
260310001	扳把暗装单联开关		套	0.00	未计价材料
260310003	扳把暗装开关		套	0.00	未计价材料
260310005	扳把暗装三联开关		套	0.00	未计价材料
260310007	扳把暗装双联开关		套	0.00	未计价材料
260310009	扳把暗装四联开关		套	0.00	未计价材料
260310011	扳把明装开关		套	0.00	未计价材料
260510001	按键延时开关		个	0.00	未计价材料
260510003	开关盒(暗装)		个	0.00	未计价材料
260510005	控制开关		个	0.00	未计价材料
260510007	照明开关		只	0.00	未计价材料
260710001	光线调节器		个	0.00	未计价材料
260710003	调节器控制开关		个	0.00	未计价材料
260910001	红外感应开关		个	0.00	未计价材料
260910003	声控延时开关(红外线感应)		个	0.00	未计价材料
261110001	风扇调速开关		个	0.00	未计价材料
261110003	空调温控开关		个	0.00	未计价材料
261510001	电铃		个	0.00	未计价材料
261510003	门铃		套	0.00	未计价材料
261510005	门铃		个	0.00	未计价材料
264110001	暗装插座		套	0.00	未计价材料
264110003	暗装插座单相三孔	15A 以内	套	0.00	未计价材料
264110005	暗装插座单相三孔	30A 以内	套	0.00	未计价材料
264110007	暗装插座三相四孔	15A 以内	套	0.00	未计价材料
264110009	暗装插座三相四孔	30A 以内	套	0.00	未计价材料
264110011	暗装地面插座	15A 以内	套	0.00	未计价材料
264110013	暗装地面插座	30A 以内	套	0.00	未计价材料
264110015	插座		个	0.00	未计价材料
264110017	插座	带丝堵	套	0.00	未计价材料
264110019	成套插座		套	0.00	未计价材料
264110021	多联组合开关插座		套	0.00	未计价材料
264110023	防爆插座		个	0.00	未计价材料
264110025	明装插座		套	0.00	未计价材料
264110027	明装插座单相二孔	15A 以内	套	0.00	未计价材料
264110029	明装插座单相二孔	30A 以内	套	0.00	未计价材料

续表

代　码	名　　称	型 号 规 格	单位	基期价	类 别
264110031	明装插座单相三孔	15A 以内	套	0.00	未计价材料
264110033	明装插座单相三孔	30A 以内	套	0.00	未计价材料
264110035	明装插座三相四孔	15A 以内	套	0.00	未计价材料
264110037	明装插座三相四孔	30A 以内	套	0.00	未计价材料
264110039	配电板(含开关、保险)		个	0.00	未计价材料
264310001	须刨插座		个	0.00	未计价材料
264510001	床头柜多线插头连插座		套	0.00	未计价材料
264510003	刀型开关	操作机构式	个	0.00	未计价材料
264510005	刀型开关	带熔断器式	个	0.00	未计价材料
264510007	刀型开关	手柄式	个	0.00	未计价材料
264510009	多线插头连插座		套	0.00	未计价材料
264510011	卡侬插头		个	0.00	未计价材料
264510013	卡侬插座		个	0.00	未计价材料
264910001	按钮		个	0.00	未计价材料
264910003	床头柜集控板		套	0.00	未计价材料
264910005	柜门开关	触动式	套	0.00	未计价材料
264910007	集中空调开关		套	0.00	未计价材料
264910009	胶盖闸刀开关	单相	个	0.00	未计价材料
264910011	胶盖闸刀开关	三相	个	0.00	未计价材料
264910013	开关		台	0.00	未计价材料
264910015	控制按钮	LA2	个	0.00	未计价材料
264910017	快速自动开关		台	0.00	未计价材料
264910019	漏电保护开关		个/组	0.00	未计价材料
264910021	漏电保护开关	组合式(回路数 10 个以内)	个	0.00	未计价材料
264910023	漏电保护开关	组合式(回路数 20 个以内)	个	0.00	未计价材料
264910025	密封开关		套	0.00	未计价材料
264910027	气体终端		个	0.00	未计价材料
264910029	请勿打扰灯		个	0.00	未计价材料
264910031	铁壳开关		个	0.00	未计价材料
264910033	万能转换开关		个	0.00	未计价材料
264910035	微型空气开关	卡插式	个	0.00	未计价材料
264910037	限位开关		个	0.00	未计价材料
264910039	智能控制面板		个	0.00	未计价材料
264910041	自动空气开关	DW 万能式	个	0.00	未计价材料
264910043	自动空气开关	电动	个	0.00	未计价材料
264910045	自动空气开关	手动	个	0.00	未计价材料
264910047	组合控制开关	防爆型	个	0.00	未计价材料
264910049	组合控制开关	普通型	个	0.00	未计价材料

续表

代码	名称	型号规格	单位	基期价	类别
270110001	瓷插式熔断器		个	0.00	未计价材料
270110003	熔断器		组	0.00	未计价材料
270110005	熔断器		个	0.00	未计价材料
270310001	瓷圆保险盒		个	0.00	未计价材料
270510001	避雷器		组	0.00	未计价材料
270510003	避雷线		m	0.00	未计价材料
270510005	避雷针		根	0.00	未计价材料
270510007	引下线		m	0.00	未计价材料
270610001	地线装置		套	0.00	未计价材料
270610003	接地电池		个	0.00	未计价材料
270610005	接地母线		m	0.00	未计价材料
270610007	接地跳线	TJ-120mm^2	m	0.00	未计价材料
270610009	接地线		m	0.00	未计价材料
270610011	铜接地线		m	0.00	未计价材料
270910001	绝缘子		个	0.00	未计价材料
270910003	悬式绝缘子串		串	0.00	未计价材料
270910005	支持绝缘子		个	0.00	未计价材料
271710001	保温扎带		卷	0.00	未计价材料
272510001	绝缘材料(复合丁腈)		m^2	0.00	未计价材料
272510003	热缩端帽(带气门)		个	0.00	未计价材料
280110001	单轨条牵引电流回流线	95mm^2 3.5m	根	0.00	未计价材料
280110003	导线	6.0mm^2	m	0.00	未计价材料
280110005	低频电缆	RVVP 7×0.4mm^2	m	0.00	未计价材料
280110007	低频电缆	RVVP 14×0.4mm^2	m	0.00	未计价材料
280110009	电力电缆	VV1×16mm^2	m	0.00	未计价材料
280110011	电力电缆	VV1×35mm^2	m	0.00	未计价材料
280110013	电力电缆	VV1×50mm^2	m	0.00	未计价材料
280110015	电力电缆	VV1×150mm^2	m	0.00	未计价材料
280110017	钢芯铝绞线	LGJ	m	0.00	未计价材料
280110019	滑触线		m·单相	0.00	未计价材料
280110021	接地铜导线		m	0.00	未计价材料
280110023	绝缘导线		m	0.00	未计价材料
280110025	绝缘铝绞线		m	0.00	未计价材料
280110027	馈线	JT150mm^2	m	0.00	未计价材料
280110029	拉线	LXGJ-100	m	0.00	未计价材料
280110031	裸铝绞线		m	0.00	未计价材料
280110033	裸铝绞线	LJ	m	0.00	未计价材料
280110035	屏蔽双绞线		m	0.00	未计价材料

续表

代 码	名 称	型 号 规 格	单位	基期价	类 别
280110037	青铜绞线	$35mm^2$	m	0.00	未计价材料
280110039	青铜绞线	$50mm^2$	m	0.00	未计价材料
280110041	青铜绞线	$70mm^2$	m	0.00	未计价材料
280110043	青铜绞线	$120mm^2$	m	0.00	未计价材料
280110045	青铜绞线	$150mm^2$	m	0.00	未计价材料
280110047	软铜绞线		m	0.00	未计价材料
280110049	软铜绞线	$120mm^2$	m	0.00	未计价材料
280110051	软铜绞线	TJR 7/1.33	m	0.00	未计价材料
280110053	软铜绞线	TJR-$120mm^2$	m	0.00	未计价材料
280110055	双绞线缆		m	0.00	未计价材料
280110057	塑料铜芯绝缘导线	BV-$2.5mm^2$	m	0.00	未计价材料
280110059	同轴软线	SFF-75-2	m	0.00	未计价材料
280110061	铜芯聚氯乙烯绞型软线	RVS 2×32	m	0.00	未计价材料
280110063	铜芯双绞线	$2×1.0mm^2$	m	0.00	未计价材料
280110065	铜芯塑料绝缘线		m	0.00	未计价材料
280110067	铜芯塑料软线	500V $1.5mm^2$	m	0.00	未计价材料
280110069	铜芯塑料软线	500V $2.5mm^2$	m	0.00	未计价材料
280110071	铜芯塑料软线	500V $10mm^2$	m	0.00	未计价材料
280110073	铜芯塑料线	500V $1mm^2$	m	0.00	未计价材料
280110075	铜芯塑料线	500V $10mm^2$	m	0.00	未计价材料
280110077	铜芯塑料线	2芯 $0.5mm^2$	m	0.00	未计价材料
280110079	铜芯塑料线	1芯 $0.2mm^2$(彩色)	m	0.00	未计价材料
280110081	硬铜绞线	TJ-$120mm^2$	m	0.00	未计价材料
280110083	直流电缆	95	m	0.00	未计价材料
280110085	阻燃扭绞线	$2×32/0.2mm^2$	m	0.00	未计价材料
280110087	阻燃塑料管		m	0.00	未计价材料
280110089	铝芯塑料绝缘线		m	0.00	未计价材料
280310001	电缆		m	0.00	未计价材料
280310003	电力电缆		m	0.00	未计价材料
280310005	加热电缆		m	0.00	未计价材料
280310007	铝芯电缆		m	0.00	未计价材料
280310009	配线电缆		m	0.00	未计价材料
280310011	软电缆		m	0.00	未计价材料
280310013	软电缆	沿轨道	m	0.00	未计价材料
280310015	铜芯电缆		m	0.00	未计价材料
280310017	阻燃电力电缆		m	0.00	未计价材料
280310019	阻燃信号软电缆	24对 $0.75mm^2$	m	0.00	未计价材料
280310021	阻燃型微机配线电缆	HJVV48×0.5	m	0.00	未计价材料

续表

代码	名称	型号规格	单位	基期价	类别
280310023	电话线		m	0.00	未计价材料
280510001	局用电缆	HJVV42×0.5	m	0.00	未计价材料
280510003	局用电缆	HJVV48×0.5	m	0.00	未计价材料
280510005	控制电缆		m	0.00	未计价材料
281110001	带状电缆		m	0.00	未计价材料
281110003	带状电缆		条	0.00	未计价材料
282510001	单模光缆		m	0.00	未计价材料
282510003	蝶形光缆		m	0.00	未计价材料
282510005	光缆		m	0.00	未计价材料
282510007	光缆	96芯	m	0.00	未计价材料
282510009	架空光缆		m	0.00	未计价材料
282510011	尾纤		m	0.00	未计价材料
282510013	尾纤(双端头)		条	0.00	未计价材料
282710001	市话电缆		m	0.00	未计价材料
282710003	市话电缆	HYAT23 30×2×0.5	m	0.00	未计价材料
282910001	漏泄同轴电缆	400MHz	m	0.00	未计价材料
282910003	射频电缆	SYV-75-9-4	m	0.00	未计价材料
282910005	射频电缆	SYV 75Ω	m	0.00	未计价材料
282910007	同轴电缆		m	0.00	未计价材料
282910009	同轴射频电缆	SYV-75-5-1	m	0.00	未计价材料
282910011	同轴视频电缆	SYV-75-3	m	0.00	未计价材料
283110001	大对数电缆		m	0.00	未计价材料
283110003	非屏蔽双绞线	8芯	m	0.00	未计价材料
283110005	聚氯乙烯绝缘屏蔽电线		m	0.00	未计价材料
283110007	双绞线		m	0.00	未计价材料
283110009	双绞线		条	0.00	未计价材料
283110011	塑料跳线		m	0.00	未计价材料
283110013	跳线		条	0.00	未计价材料
283110015	通信电缆		m	0.00	未计价材料
283110017	系统电缆		根	0.00	未计价材料
283110019	阻燃双绞屏蔽电缆	2×7/0.67+7/0.3 2.5mm^2	m	0.00	未计价材料
284110001	矿物绝缘电缆		m	0.00	未计价材料
284310001	感温探测器补偿导线		m	0.00	未计价材料
284310003	钢芯铝绞线		m	0.00	未计价材料
284310005	集束导线		m	0.00	未计价材料
284310007	接续材料		套	0.00	未计价材料
284310009	塑料电缆		m	0.00	未计价材料
284310011	通信电源线		m	0.00	未计价材料

续表

代 码	名 称	型 号 规 格	单位	基期价	类 别
284310013	外设接口电缆		m	0.00	未计价材料
284310015	外设接口电缆		条	0.00	未计价材料
284310017	中继连接电缆		条	0.00	未计价材料
284310019	音频导线		条	0.00	未计价材料
284310021	中继连接电缆		m	0.00	未计价材料
284310023	自承式电缆		m	0.00	未计价材料
284310025	阻燃电缆		m	0.00	未计价材料
290110001	组合式电缆桥架		片	0.00	未计价材料
290210001	电缆卡子	综合	个	0.00	未计价材料
290210003	电缆托板	三线	块	0.00	未计价材料
290210005	电缆托架	60cm	根	0.00	未计价材料
290210007	电缆托架	120cm	根	0.00	未计价材料
290210009	电缆托架	180cm	根	0.00	未计价材料
290210011	电缆托架(甲)		套	0.00	未计价材料
290210013	电缆托架(乙)		套	0.00	未计价材料
290210015	电缆支架		套	0.00	未计价材料
290210017	镀锌引下线支架		副	0.00	未计价材料
290210019	密封玻璃钢电缆槽盖板		m	0.00	未计价材料
290210021	桥架立柱		个	0.00	未计价材料
290210023	桥架支撑		个	0.00	未计价材料
290210025	桥架支撑架		t	0.00	未计价材料
290210027	双电缆槽盖板	1000×210×45	块	0.00	未计价材料
290210029	挖土支架		kg	0.00	未计价材料
290310001	玻璃钢电缆槽		m	0.00	未计价材料
290310003	不锈钢走线槽道	300×100	m	0.00	未计价材料
290310005	汇线槽		m	0.00	未计价材料
290310007	金属线槽		m	0.00	未计价材料
290310009	连杆组件		套	0.00	未计价材料
290310011	塑料墙壁槽板	30×50×10	m	0.00	未计价材料
290310013	塑料线槽		m	0.00	未计价材料
290510001	玻璃钢电缆保护管		m	0.00	未计价材料
290510003	槽形母线		m·单相	0.00	未计价材料
290510005	分相封闭母线		m·单相	0.00	未计价材料
290510007	共箱铝母线		m	0.00	未计价材料
290510009	共箱铜母线		m	0.00	未计价材料
290510011	管形母线		m·单相	0.00	未计价材料
290510013	矩形铝母线		m·单片	0.00	未计价材料
290510015	矩形铜母线		m·单片	0.00	未计价材料

续表

代码	名称	型号规格	单位	基期价	类别
290510017	钢母线		m	0.00	未计价材料
290510019	铝母线伸缩器		个	0.00	未计价材料
290510021	母线槽		m	0.00	未计价材料
290510023	母线槽	户内型 IP40	m	0.00	未计价材料
290510025	铜母排	综合	m	0.00	未计价材料
290510027	铜母线		m	0.00	未计价材料
290510029	铜母线伸缩器		个	0.00	未计价材料
290510031	重型铜母线		t	0.00	未计价材料
290610001	JDG 电线套管(镀锌)	综合	m	0.00	未计价材料
290610003	半硬塑料管	$\phi40\sim50$	m	0.00	未计价材料
290610005	半硬质塑料管		m	0.00	未计价材料
290610007	穿墙套管		个	0.00	未计价材料
290610009	电线管		m	0.00	未计价材料
290610011	镀锌电线管		m	0.00	未计价材料
290610013	刚性阻燃管		m	0.00	未计价材料
290610015	金属软管		根	0.00	未计价材料
290610017	金属软管	*DN*15	m	0.00	未计价材料
290610019	可挠性金属套管		m	0.00	未计价材料
290610021	塑料管		根	0.00	未计价材料
290610023	塑料护口(电线管用按实际规格)		个	0.00	未计价材料
290610025	塑料护口(钢管用)	15~20	个	0.00	未计价材料
290610027	套管		个	0.00	未计价材料
290610029	硬聚氯乙烯塑料管箍		个	0.00	未计价材料
290610031	硬塑料管接头		个	0.00	未计价材料
290610033	铸铁穿墙管		个	0.00	未计价材料
290710001	电缆线接头		个	0.00	未计价材料
290710003	光缆成端接头材料		套	0.00	未计价材料
290710005	光缆终端活接头及附件		套	0.00	未计价材料
290710007	户内热缩式电缆终端头		套	0.00	未计价材料
290710009	矿物绝缘电缆中间接头		套	0.00	未计价材料
290710011	矿物绝缘电缆终端头		套	0.00	未计价材料
290710013	冷缩式电缆中间接头		个	0.00	未计价材料
290710015	冷缩式电缆终端头		个	0.00	未计价材料
290710017	热缩式电缆中间接头		套	0.00	未计价材料
290710019	热缩式电缆终端头		个	0.00	未计价材料
290910001	成套型电缆终端头		套	0.00	未计价材料
290910003	光纤机械接续子(冷接子)		个	0.00	未计价材料
290910005	接线端子		个	0.00	未计价材料

续表

代　码	名　　称	型 号 规 格	单位	基期价	类 别
290910007	双孔铜接线端子	DT-185mm^2	件	0.00	未计价材料
290910009	双孔铜线接线端子	DT-150mm^2	套	0.00	未计价材料
291110001	成套附件		套	0.00	未计价材料
291110003	穿线盒		个	0.00	未计价材料
291110005	等电位端子盒安装		个	0.00	未计价材料
291110007	电缆中间接头盒		套	0.00	未计价材料
291110009	方向电缆盒	HF-4	个	0.00	未计价材料
291110011	方向电缆盒	HF-7	个	0.00	未计价材料
291110013	分线箱		台	0.00	未计价材料
291110015	附件		套	0.00	未计价材料
291110017	钢索上安装接线盒		个	0.00	未计价材料
291110019	光接头		个	0.00	未计价材料
291110021	光缆接头盒		套	0.00	未计价材料
291110023	光缆接头盒(中)		套	0.00	未计价材料
291110025	光缆终端盒		个	0.00	未计价材料
291110027	光缆终端盒		套	0.00	未计价材料
291110029	光缆终端盒	20 芯	个	0.00	未计价材料
291110031	光缆终端盒	24 芯	套	0.00	未计价材料
291110033	光缆终端盒	72 芯	个	0.00	未计价材料
291110035	光缆终端盒	96 芯	个	0.00	未计价材料
291110037	过线(路)盒		个	0.00	未计价材料
291110039	接线盒		个	0.00	未计价材料
291110041	接线盒	100×100×5	个	0.00	未计价材料
291110043	接线盒盖板		个	0.00	未计价材料
291110045	接线箱		个	0.00	未计价材料
291110047	接线箱(暗装)	700 以内	个	0.00	未计价材料
291110049	接线箱(暗装)	1500 以内	个	0.00	未计价材料
291110051	接线箱(明装)	700 以内	个	0.00	未计价材料
291110053	接线箱(明装)	1500 以内	个	0.00	未计价材料
291110055	节能开关箱		套	0.00	未计价材料
291110057	室内分线盒		只	0.00	未计价材料
291110059	室外分线盒 WF-1	30 对	只	0.00	未计价材料
291110061	塑料接线盒	86HS	个	0.00	未计价材料
291110063	终端电缆盒	HZ-12	个	0.00	未计价材料
291110065	终端电缆盒	HZ-24	个	0.00	未计价材料
291110067	终端电缆盒	HZ-6 附配线连接管及一个基础	套	0.00	未计价材料
291110069	终端盒面板		个	0.00	未计价材料
291310001	金具		套	0.00	未计价材料

续表

代 码	名 称	型 号 规 格	单位	基期价	类 别
291310003	矩形母线金具		套	0.00	未计价材料
291310005	矩形母线金具	JNP102	套	0.00	未计价材料
291310007	矩形母线金具	JNP103	套	0.00	未计价材料
291310009	矩形母线金具	JNP104	套	0.00	未计价材料
291310011	矩形母线金具	JNP105	套	0.00	未计价材料
291310013	重型铝母线		t	0.00	未计价材料
291710001	B 形汇流排定位线夹	GXJL02(B)-99	套	0.00	未计价材料
291710003	T 形终端线夹	GJL27(T120)-98	套	0.00	未计价材料
291710005	地线线夹	CJL44-98	套	0.00	未计价材料
291710007	电连接线夹	D3 型	套	0.00	未计价材料
291710009	钢铝过渡电连接线夹	$45^{\#}$	套	0.00	未计价材料
291710011	角铁衔码		个	0.00	未计价材料
291710013	双联板	D1 型	套	0.00	未计价材料
291710015	线夹		只	0.00	未计价材料
291710017	终锚线夹 T120 型		套	0.00	未计价材料
291710019	终锚线夹 T150 型		套	0.00	未计价材料
291910001	Y 形杆		根	0.00	未计价材料
291910003	单悬杆		根	0.00	未计价材料
291910005	单柱杆		根	0.00	未计价材料
291910007	电杆		根	0.00	未计价材料
291910009	防腐木电杆	ϕ140×5000	根	0.00	未计价材料
291910011	防腐木电杆	ϕ140×6000	根	0.00	未计价材料
291910013	防腐松木电杆	5m×8~10cm	根	0.00	未计价材料
291910015	防腐松木电杆	6m×10~14cm	根	0.00	未计价材料
291910017	钢管杆		根	0.00	未计价材料
291910019	木电杆		根	0.00	未计价材料
291910021	木电杆	梢径 14~20cm	根	0.00	未计价材料
291910023	双柱杆		根	0.00	未计价材料
291910025	水泥电杆(梢径 13~17cm)		根	0.00	未计价材料
291910027	水泥杆		根	0.00	未计价材料
292110001	地锚铁柄		套	0.00	未计价材料
292110003	浮船及单盘支柱		个	0.00	未计价材料
292110005	金属杆		根	0.00	未计价材料
292110007	卡盘		块	0.00	未计价材料
292110009	卡盘抱箍		套	0.00	未计价材料
292110011	拉盘		块	0.00	未计价材料
292110013	岩石钢地锚		套	0.00	未计价材料
292310001	八线钢线担		根	0.00	未计价材料

续表

代　码	名　　称	型 号 规 格	单位	基期价	类 别
292310003	地横木	200×1200	根	0.00	未计价材料
292310005	横担		根	0.00	未计价材料
292310007	钥匙取电器		套	0.00	未计价材料
292510001	H 杆腰梁(带抱箍)		套	0.00	未计价材料
292510003	H 杆腰梁(带穿钉)		套	0.00	未计价材料
292510005	U 形卡环		副	10.00	材料
292510007	低压碳钢螺纹连接管件		个	0.00	未计价材料
292510009	电缆卡子(含钉)		套	0.00	未计价材料
292510011	光缆接头托架		套	0.00	未计价材料
292510013	光缆托板		块	0.00	未计价材料
292510015	光纤连接盘		块	0.00	未计价材料
292510017	焊接式连接器		个	0.00	未计价材料
292510019	机械式连接器		个	0.00	未计价材料
292510021	拉线衬环(小号)		个	0.00	未计价材料
292510023	双吊线抱箍		套	0.00	未计价材料
292510025	同轴电缆终端接头及附件		套	0.00	未计价材料
292510027	托板垫		块	0.00	未计价材料
292510029	托板塑料垫		块	0.00	未计价材料
292510031	组装式光纤活动连接器		个	0.00	未计价材料
292710001	18 柱端子板		个	0.00	未计价材料
292710003	电缆密封接头		套	0.00	未计价材料
292710005	电缆桥架	综合	m	0.00	未计价材料
292710007	电缆支架	600×60×6	根	0.00	未计价材料
292710009	电缆支架	900×60×6	根	0.00	未计价材料
292710011	电缆支架	1250×60×6	根	0.00	未计价材料
292710013	电缆终端盒		套	0.00	未计价材料
292710015	电容器		个	0.00	未计价材料
292710017	电容器	400W	套	0.00	未计价材料
292710019	电压互感器		台	0.00	未计价材料
292710021	端子板		个	0.00	未计价材料
292710023	端子板	A1-10×2	块	0.00	未计价材料
292710025	断路器		台	0.00	未计价材料
292710027	钢线卡子		个	0.00	未计价材料
292710029	固定材料		套	0.00	未计价材料
292710031	固定堵头		个	0.00	未计价材料
292710033	过渡板		块	0.00	未计价材料
292710035	互感器		台	0.00	未计价材料
292710037	护缆塞		个	0.00	未计价材料

续表

代码	名称	型号规格	单位	基期价	类别
292710039	滑触线支架		副	0.00	未计价材料
292710041	接触器		台	0.00	未计价材料
292710043	接地端子板		块	0.00	未计价材料
292710045	控制台用带报警断路器		个	0.00	未计价材料
292710047	铅酸蓄电池		组件	0.00	未计价材料
292710049	室外变压器箱用断路器		个	0.00	未计价材料
292710051	手孔井		座	0.00	未计价材料
292710053	竖管		台	0.00	未计价材料
292710055	调压板		个	0.00	未计价材料
292710057	蓄电池		组件	0.00	未计价材料
292710059	蓄电池		个	0.00	未计价材料
292710061	自动空气断路器	DZ 型	个	0.00	未计价材料
292710063	组合用断路器		个	0.00	未计价材料
300110001	报警探测器		台	0.00	未计价材料
300110003	远程控制器		台	0.00	未计价材料
300310001	监视器吊架		台	0.00	未计价材料
300310003	显示及信息发布设备		台	0.00	未计价材料
300710001	GPS 收发机		台	0.00	未计价材料
300710003	电抗器		组	0.00	未计价材料
300710005	环形天线		组	0.00	未计价材料
300710007	数字程控指令呼叫主机机柜		台	0.00	未计价材料
300710009	无线电台		台	0.00	未计价材料
300710011	无线电台天线		组	0.00	未计价材料
300710013	系统电源模块		个	0.00	未计价材料
300710015	载波电话		台	0.00	未计价材料
300710017	增益天线		组	0.00	未计价材料
300710019	自动指令呼叫设备		套	0.00	未计价材料
300910001	前端广播设备		套	0.00	未计价材料
301310001	4 对模块		个	0.00	未计价材料
301310003	8 位信息模块		个	0.00	未计价材料
301310005	插头		个	0.00	未计价材料
301310007	插座面板	86 型单孔	块	0.00	未计价材料
301310009	大三芯插头		个	0.00	未计价材料
301310011	电话插孔		个	0.00	未计价材料
301310013	电话单口插座面板	含模块	m	0.00	未计价材料
301310015	光分路器		台	0.00	未计价材料
301310017	光缆接续器材		套	0.00	未计价材料
301310019	光跳线		根	0.00	未计价材料

续表

代码	名称	型号规格	单位	基期价	类别
301310021	光纤分配盒	含线管理器	套	0.00	未计价材料
301310023	光纤连接器材		套	0.00	未计价材料
301310025	光纤耦合器		个	0.00	未计价材料
301310027	光纤尾纤		根	0.00	未计价材料
301310029	接头		个	0.00	未计价材料
301310031	理线器		个	0.00	未计价材料
301310033	连接插孔(压接)		个	0.00	未计价材料
301310035	连接插针(压接)		个	0.00	未计价材料
301310037	压接针		个	0.00	未计价材料
301310039	终端盒或接线盒		个	0.00	未计价材料
301510001	家居控制系统设备		台	0.00	未计价材料
301510003	建筑设备监控系统		系统	0.00	未计价材料
301510005	配线架		架	0.00	未计价材料
301510007	输入输出设备		台	0.00	未计价材料
301510009	跳线架		架	0.00	未计价材料
301510011	通信网络控制设备		个	0.00	未计价材料
301510013	网络设备		台	0.00	未计价材料
301510015	信息插座		个	0.00	未计价材料
301710001	流量计控制器		个	0.00	未计价材料
301710003	埋入式感应控制器		个	0.00	未计价材料
301910001	扩音对讲话机		台	0.00	未计价材料
301910003	扩音对讲话站		台	0.00	未计价材料
301910005	扩音对讲转接器		台	0.00	未计价材料
301910007	扩音设备		台	0.00	未计价材料
301910009	数字程控调度机		台	0.00	未计价材料
302110001	程序控制箱		台	0.00	未计价材料
302110003	传感器		个/支	0.00	未计价材料
302110005	磁带		盒	0.00	未计价材料
302110007	磁带(清洁带)		盒	0.00	未计价材料
302110009	电流(电压)互感器		个	0.00	未计价材料
302110011	电子围栏		m	0.00	未计价材料
302110013	户内热(冷)缩式电缆终端头		套	0.00	未计价材料
302110015	计算机柜、台设备安装		m	0.00	未计价材料
302110017	模块		个	0.00	未计价材料
302110019	气源缓冲罐		台	0.00	未计价材料
302110021	热(冷)缩式电缆中间接头		套	0.00	未计价材料
302110023	软件		套	0.00	未计价材料
302110025	摄像机立杆		台	0.00	未计价材料

续表

代 码	名 称	型 号 规 格	单位	基期价	类 别
302110027	升降传动装置		套	0.00	未计价材料
302110029	硬件		台	0.00	未计价材料
302110031	振动泄露电缆		m	0.00	未计价材料
302110033	直通单元		个	0.00	未计价材料
310110001	琉璃面砖		m^2	0.00	未计价材料
310110003	琉璃砖	75×160×320	块	0.00	未计价材料
310310001	琉璃花心		m^2	0.00	未计价材料
310310003	琉璃盘头		块	0.00	未计价材料
310410001	琉璃直檐		块	0.00	未计价材料
310510001	琉璃半混		块	0.00	未计价材料
310510003	琉璃套兽		个	0.00	未计价材料
310510005	琉璃枭		块	0.00	未计价材料
310610001	琉璃梢子		份	0.00	未计价材料
310710001	琉璃霸王拳		份	0.00	未计价材料
310710003	琉璃宝瓶		个	0.00	未计价材料
310710005	琉璃炉口		块	0.00	未计价材料
310710007	琉璃坠山花		份	0.00	未计价材料
311110001	雌毛脊头	烧制品长 550	只	0.00	未计价材料
311110003	方脚头	烧制品长 550	只	0.00	未计价材料
311110005	甘蔗脊头	烧制品长 200	只	0.00	未计价材料
311110007	果子头	烧制品长 550	只	0.00	未计价材料
311110009	葫芦顶	烧制品宝顶	只	0.00	未计价材料
311110011	六、八角状顶	烧制品宝顶	只	0.00	未计价材料
311110013	七套龙吻	烧制品	只	0.00	未计价材料
311110015	纹头	烧制品长 550	只	0.00	未计价材料
311310001	哺鸡头	烧制品长 550	只	0.00	未计价材料
311310003	哺龙头	烧制品长 550	只	0.00	未计价材料
311310005	九套龙吻	烧制品	只	0.00	未计价材料
311310007	五套龙吻	烧制品	只	0.00	未计价材料
311510001	云头	烧制品长 550	只	0.00	未计价材料
320110001	乔木		株	0.00	未计价材料
320310001	灌木、藤本		株	0.00	未计价材料
320510001	绿篱		m	0.00	未计价材料
320710001	草坪		m^2	0.00	未计价材料
320710003	麦草		kg	0.00	未计价材料
320710005	山草		kg	0.00	未计价材料
320710007	丝茅草		kg	0.00	未计价材料
321110001	南竹樑	ϕ80~100	株	0.00	未计价材料

续表

代 码	名 称	型 号 规 格	单位	基期价	类 别
321110003	竹子		株(丛)	0.00	未计价材料
321310001	花卉		株	0.00	未计价材料
322710001	无机肥	复合肥	kg	0.00	未计价材料
322710003	有机肥		kg	0.00	未计价材料
322910001	种植土		m^3	0.00	未计价材料
323010001	不锈钢拉索组件		套	0.00	未计价材料
323010003	不锈钢索 $\phi6$		m	0.00	未计价材料
323010005	成品种植槽	650×289×250	只	0.00	未计价材料
323010007	成品种植模块	330×190×140	只	0.00	未计价材料
323010009	单出口滴头		个	0.00	未计价材料
323010011	滴灌管		m	0.00	未计价材料
323010013	多出口滴头		个	0.00	未计价材料
323210001	集速式 16 通滴箭组		套	0.00	未计价材料
323210003	快速取水阀		个	0.00	未计价材料
323210005	莲蓬喷头		个	0.00	未计价材料
323210007	柔性铰接管		根	0.00	未计价材料
323210009	微喷七件套		套	0.00	未计价材料
323510001	成品矩形阀门箱		个	0.00	未计价材料
323510003	成品圆形阀门箱		个	0.00	未计价材料
323510005	模块控制器		个	0.00	未计价材料
323510007	木板	带树皮	m^2	0.00	未计价材料
323510009	排水板		m^2	0.00	未计价材料
323510011	喷泉过滤设备		套	0.00	未计价材料
323510013	棚箅		kg	0.00	未计价材料
323510015	园林苗木		株	0.00	未计价材料
323510017	竹箅		kg	0.00	未计价材料
323510019	铸铁成品桌凳		m	0.00	未计价材料
323510021	铸铁树池盖		套	0.00	未计价材料
330110001	成品钢管支撑		套	0.00	未计价材料
330110003	穿墙密封架		个	0.00	未计价材料
330110005	单向滑移支座		套	0.00	未计价材料
330110007	钢板桩		t	0.00	未计价材料
330110009	钢吊车梁		t	0.00	未计价材料
330110011	钢构件固定支座		套	0.00	未计价材料
330110013	钢管拱肋		t	0.00	未计价材料
330110015	钢管桩		t	0.00	未计价材料
330110017	钢桁架		t	0.00	未计价材料
330110019	钢护栏		t	0.00	未计价材料

续表

代 码	名 称	型 号 规 格	单位	基期价	类 别
330110021	钢梁		t	0.00	未计价材料
330110023	钢檩条		t	0.00	未计价材料
330110025	钢楼梯	螺旋形	t	0.00	未计价材料
330110027	钢楼梯	爬式	t	0.00	未计价材料
330110029	钢楼梯	踏步式	t	0.00	未计价材料
330110031	钢平台		t	0.00	未计价材料
330110033	钢墙架		t	0.00	未计价材料
330110035	钢天窗架		t	0.00	未计价材料
330110037	钢托架		t	0.00	未计价材料
330110039	钢屋架		t	0.00	未计价材料
330110041	钢支撑		t	0.00	未计价材料
330110043	钢柱		t	0.00	未计价材料
330110045	焊接不锈钢空心球网架		t	0.00	未计价材料
330110047	焊接空心球网架		t	0.00	未计价材料
330110049	两边悬臂式门架	3~9m	座	0.00	未计价材料
330110051	两边悬臂式门架	7~20m	座	0.00	未计价材料
330110053	零星钢构件		t	0.00	未计价材料
330110055	螺栓球节点网架		t	0.00	未计价材料
330110057	轻型钢构件		kg	0.00	未计价材料
330110059	手孔口圈		套	0.00	未计价材料
330110061	双向滑移支座		套	0.00	未计价材料
330110063	系杆		t	0.00	未计价材料
330110065	箱涵顶柱		kg	0.00	未计价材料
330110067	预制型钢玻璃护栏		m	0.00	未计价材料
330110069	站台(单面)及铁件		套	0.00	未计价材料
330110071	站台(双面)及铁件		套	0.00	未计价材料
330110073	整梁式门架(14~20m)		座	0.00	未计价材料
330110075	整梁式门架(20~28m)		座	0.00	未计价材料
330110077	中间支撑物		套	0.00	未计价材料
330710001	分汽缸		个	0.00	未计价材料
331110001	积水罐		套	0.00	未计价材料
331110003	墙体隐蔽水箱及支架(带冲洗弯管)		套	0.00	未计价材料
331110005	塑料模块蓄水水箱(含配件)		台	0.00	未计价材料
331110007	整体水箱		个	0.00	未计价材料
332110001	钢板伸缩缝		m	0.00	未计价材料
332110003	毛勒伸缩缝		m	0.00	未计价材料
332110005	梳型钢板伸缩缝		m	0.00	未计价材料
332110007	橡胶板伸缩缝		m	0.00	未计价材料

续表

代码	名称	型号规格	单位	基期价	类别
333510001	保温钉及端板		个	0.00	未计价材料
333510003	储罐搅拌器		个	0.00	未计价材料
333510005	带芯绞链人孔		个	0.00	未计价材料
333510007	单盘顶人孔		个	0.00	未计价材料
333510009	浮船人孔		个	0.00	未计价材料
333510011	搅拌器孔		个	0.00	未计价材料
333510013	量油帽孔		个	0.00	未计价材料
333510015	排污孔		个	0.00	未计价材料
333510017	清扫孔		个	0.00	未计价材料
333510019	人孔		个	0.00	未计价材料
333510021	通气孔		个	0.00	未计价材料
333510023	透光孔		个	0.00	未计价材料
334110001	不锈钢龟甲板		m^2	0.00	未计价材料
334110003	衬垫板		套	0.00	未计价材料
334110005	挂篮		t	0.00	未计价材料
334110007	扇形支架		t	0.00	未计价材料
334110009	设备支架钢材		t	0.00	未计价材料
334110011	碳钢龟甲网		m^2	0.00	未计价材料
334110013	头部装置		套	0.00	未计价材料
334110015	圆木桩		m^3	0.00	未计价材料
340110001	带状阳极		m	0.00	未计价材料
340110003	高硅铁阳极	ϕ70×1500	个	0.00	未计价材料
340110005	接地极		根	0.00	未计价材料
340110007	硫酸铜参比电极		只	0.00	未计价材料
340110009	铝合金电极	ϕ110×600	根	0.00	未计价材料
340110011	石墨电极	ϕ150×1500	根	0.00	未计价材料
340110013	牺牲阳极棒		个	0.00	未计价材料
340110015	锌参比电极		个	0.00	未计价材料
340110017	接地极板		块	0.00	未计价材料
340310001	非电毫秒雷管		发	0.00	未计价材料
340310003	芒硝		kg	0.00	未计价材料
340910001	防爆胶泥		kg	0.00	未计价材料
340910003	热转印机碳带		卷	0.00	未计价材料
341110001	水		m^3	0.00	未计价材料
341310001	电铃号牌箱		个	0.00	未计价材料
341310003	警示装置		套	0.00	未计价材料
341310005	宣传警示牌		套	0.00	未计价材料
341310007	电铃号牌箱		套	0.00	未计价材料

续表

代码	名称	型号规格	单位	基期价	类别
350210001	金属帽		只	0.00	未计价材料
350910001	点火器具及附件		套	0.00	未计价材料
350910003	减振器		个	0.00	未计价材料
353910001	钢管桩		m	0.00	未计价材料
353910003	回扩器	*DN*150	只	0.00	未计价材料
353910005	回扩器	*DN*350	只	0.00	未计价材料
353910007	回扩器	*DN*600	只	0.00	未计价材料
353910009	回扩器	*DN*700	只	0.00	未计价材料
353910011	回扩器	*DN*800	只	0.00	未计价材料
353910013	回扩器	*DN*900	只	0.00	未计价材料
353910015	回扩器	*DN*1100	只	0.00	未计价材料
353910017	铁爬梯	型钢	kg	0.00	未计价材料
360110001	沉砂井预制钢筋混凝土井环铸铁井盖座	ϕ1050×200	套	0.00	未计价材料
360110003	沉砂井铸铁盖	ϕ700	个	0.00	未计价材料
360110005	钢筋混凝土井管	ϕ360	m	0.00	未计价材料
360110007	钢筋混凝土滤水井管	ϕ360	m	0.00	未计价材料
360110009	管道发送架		个	0.00	未计价材料
360110011	横截式进水井铸铁盖		个	0.00	未计价材料
360110013	横截式井钢筋混凝土井环铸铁井盖		套	0.00	未计价材料
360110015	混凝土井盖		套	0.00	未计价材料
360110017	混凝土内检井环盖	ϕ800×130	套	0.00	未计价材料
360110019	混凝土雨水井箅		套	0.00	未计价材料
360110021	井盖	综合	个	0.00	未计价材料
360110023	井环盖、井座		套	0.00	未计价材料
360110025	落水管检查井钢筋混凝土环盖座		套	0.00	未计价材料
360110027	马检井预制钢筋混凝土井环铸铁井盖座	ϕ920×200	套	0.00	未计价材料
360110029	马检井铸铁盖	ϕ560	个	0.00	未计价材料
360110031	内检井钢筋混凝土盖	ϕ600×60	个	0.00	未计价材料
360110033	内检井钢筋混凝土环盖		套	0.00	未计价材料
360110035	平入式进水井预制钢筋混凝土井环铸铁井盖座		套	0.00	未计价材料
360110037	平入式铸铁盖	640×390×27	个	0.00	未计价材料
360110039	球墨防盗井盖	450×450	套	0.00	未计价材料
360110041	球墨防盗井盖	700×450	套	0.00	未计价材料
360110043	球墨马检井预制钢筋混凝土井环		套	0.00	未计价材料
360110045	预制钢筋混凝土井环铸铁井盖座	重力式检查(沉砂)井 ϕ630	套	0.00	未计价材料
360110047	预制钢筋混凝土井环铸铁井盖座	重力式检查(沉砂)井 ϕ700	套	0.00	未计价材料
360110049	预制混凝土井		套	0.00	未计价材料

续表

代　码	名　　称	型号规格	单位	基期价	类别
360110051	铸铁盖板	320×500×18	10 块	0.00	未计价材料
360110053	铸铁盖板	490×500×18	10 块	0.00	未计价材料
360110055	铸铁检查井盖	450×450	套	0.00	未计价材料
360110057	铸铁检查井盖	700×450	套	0.00	未计价材料
360110059	铸铁检查井盖	ϕ650	套	0.00	未计价材料
360110061	铸铁检查井盖	ϕ760	套	0.00	未计价材料
360110063	铸铁检查井盖	ϕ800	套	0.00	未计价材料
360110065	铸铁检查井盖	ϕ700 轻型	套	0.00	未计价材料
360110067	铸铁立箅		套	0.00	未计价材料
360110069	铸铁立箅	带盖板	套	0.00	未计价材料
360110071	铸铁平箅		套	0.00	未计价材料
360310001	侧入式预制盖板及铁格栅		套	0.00	未计价材料
360510001	寸方大阶砖	370×370	千块	0.00	未计价材料
360510003	嵌草水泥砖	300×300×60	m^2	0.00	未计价材料
360510005	人行道板		m^2	0.00	未计价材料
360510007	水泥方砖	300×300	m^2	0.00	未计价材料
360510009	水泥花阶砖	200×200×20	m^2	0.00	未计价材料
360510011	水泥花砖		m^2	0.00	未计价材料
360510013	水泥花砖异型		m^2	0.00	未计价材料
360710001	混凝土立缘石	800×350×150	m	0.00	未计价材料
360710003	平条石缘石	500×350×100	m	0.00	未计价材料
360710005	石质侧石	600×300×150	m	0.00	未计价材料
360710007	水泥道牙	495×300×100	块	0.00	未计价材料
360710009	水泥花砖	200×200×50	块	0.00	未计价材料
361310001	固定式分隔栏		m	0.00	未计价材料
361310003	活动式分隔栏		m	0.00	未计价材料
361310005	塑料防撞锥筒		个	0.00	未计价材料
362110001	标志牌		块	0.00	未计价材料
362110003	地面警示标志桩		个	0.00	未计价材料
362110005	反光柱		根	0.00	未计价材料
362110007	附着式轮廓标		个	0.00	未计价材料
362110009	复合材料底板系列	反光 FG Ⅰ 型	m^2	0.00	未计价材料
362110011	警示柱		个	0.00	未计价材料
362110013	预制成型标线(字符)		m^2	0.00	未计价材料
362110015	柱式轮廓标		个	0.00	未计价材料
362510001	值警亭		套	0.00	未计价材料
362910001	标志杆		根	0.00	未计价材料
362910003	车道槽形板		m^2	0.00	未计价材料

续表

代码	名称	型号规格	单位	基期价	类别
362910005	道钉	16×16×165	kg	0.00	未计价材料
362910007	复合型水表井	580×450×300	套	0.00	未计价材料
362910009	混凝土测试桩	100#	个	0.00	未计价材料
362910011	聚乙烯管件		个	0.00	未计价材料
362910013	双悬杆		根	0.00	未计价材料
362910015	铸铁井盖		套	0.00	未计价材料
362910017	铸铁滤板		m^2	0.00	未计价材料
363110001	摆式支座		t	0.00	未计价材料
363110003	板式橡胶支座		cm^3	0.00	未计价材料
363110005	侧向支座		块	0.00	未计价材料
363110007	钢盆式橡胶支座		个	0.00	未计价材料
363110009	钢盆式橡胶支座	20000kN	个	0.00	未计价材料
363110011	钢盆式橡胶支座	25000kN	个	0.00	未计价材料
363110013	钢盆式橡胶支座	30000kN	个	0.00	未计价材料
363110015	钢盆式橡胶支座	35000kN	个	0.00	未计价材料
363110017	钢盆式橡胶支座	40000kN	个	0.00	未计价材料
363110019	钢盆式橡胶支座	45000kN	个	0.00	未计价材料
363110021	钢盆式橡胶支座	50000kN	个	0.00	未计价材料
363110023	钢盆式橡胶支座	55000kN	个	0.00	未计价材料
363110025	钢盆式橡胶支座	60000kN	个	0.00	未计价材料
363110027	钢盆式橡胶支座	3000kN 以内	个	0.00	未计价材料
363110029	钢盆式橡胶支座	4000kN 以内	个	0.00	未计价材料
363110031	钢盆式橡胶支座	5000kN 以内	个	0.00	未计价材料
363110033	钢盆式橡胶支座	7000kN 以内	个	0.00	未计价材料
363110035	钢盆式橡胶支座	10000kN 以内	个	0.00	未计价材料
363110037	钢盆式橡胶支座	15000kN 以内	个	0.00	未计价材料
363110039	广角镜		个	0.00	未计价材料
363110041	路面突起标		个	0.00	未计价材料
363110043	四氟板式橡胶支座		cm^3	0.00	未计价材料
363110045	型钢橡胶伸缩缝		m	0.00	未计价材料
363110047	中间法兰式门架		座	0.00	未计价材料
363110049	纵向支座		个	0.00	未计价材料
370910001	感应板		m	0.00	未计价材料
370910003	钢轨接续线	TXP95mm^2 1.3m	根	0.00	未计价材料
370910005	钢轨接续线	TXP95mm^2 1.5m	根	0.00	未计价材料
370910007	钢轨接续线	TXP95mm^2 3.0m	根	0.00	未计价材料
370910009	钢轨绝缘	60kg	组	0.00	未计价材料
370910011	高强度钢轨绝缘	50kg	组	0.00	未计价材料

续表

代码	名称	型号规格	单位	基期价	类别
370910013	高强度钢轨绝缘	60kg	组	0.00	未计价材料
370910015	后扩底镀锌锚栓		套	0.00	未计价材料
370910017	接近盘安装		套	0.00	未计价材料
372110001	道岔连接线	TXP95mm^2 0.9m	根	0.00	未计价材料
372110003	道岔连接线	TXP95mm^2 1.3m	根	0.00	未计价材料
372110005	道岔连接线	TXP95mm^2 2.0m	根	0.00	未计价材料
372110007	电动转辙机缺口监测组件安装		套	0.00	未计价材料
372110009	雷达设备安装支架		套	0.00	未计价材料
372110011	温度传感器		套	0.00	未计价材料
372110013	信号机托架		个	0.00	未计价材料
372310001	A 型单支悬吊槽钢	GXJL12(A)-99	套	0.00	未计价材料
372310003	B 型单支悬吊槽钢	GXJL12(B)-99	套	0.00	未计价材料
372310005	LTE 基站安装		套	0.00	未计价材料
372310007	承锚抱箍	T1 型	套	0.00	未计价材料
372310009	承锚抱箍	T2 型	套	0.00	未计价材料
372310011	承锚抱箍	T3 型	套	0.00	未计价材料
372310013	单耳连接器	D 型	套	0.00	未计价材料
372310015	电动操作机构固定槽钢	GXZP2-03-1-1	套	0.00	未计价材料
372310017	对向承锚抱箍	T1 型	套	0.00	未计价材料
372310019	发车计时器托架		组	0.00	未计价材料
372310021	磨制光纤连接器材		套	0.00	未计价材料
372310023	三腕臂下底座	300 型	套	0.00	未计价材料
372310025	双腕臂上底座	300 型	套	0.00	未计价材料
372310027	双腕臂上底座	350 型	套	0.00	未计价材料
372310029	双腕臂下底座	350 型	套	0.00	未计价材料
372310031	腕臂	P1550 型	套	0.00	未计价材料
372310033	腕臂	P1600 型	套	0.00	未计价材料
372310035	腕臂	P1700 型	套	0.00	未计价材料
372310037	腕臂	P1750 型	套	0.00	未计价材料
372310039	腕臂	P2350 型	套	0.00	未计价材料
372310041	腕臂	P2400 型	套	0.00	未计价材料
372310043	腕臂	P2450 型	套	0.00	未计价材料
372310045	腕臂	P2550 型	套	0.00	未计价材料
372310047	腕臂	P2600 型	套	0.00	未计价材料
372310049	腕臂	P2950 型	套	0.00	未计价材料
372310051	腕臂	P3350 型	套	0.00	未计价材料
372310053	腕臂	P3550 型	套	0.00	未计价材料
372310055	腕臂	X2450	套	0.00	未计价材料

续表

代码	名称	型号规格	单位	基期价	类别
372310057	腕臂	X2550	套	0.00	未计价材料
372310059	腕臂吊柱	GZXZP-2	套	0.00	未计价材料
372310061	腕臂上底座	300 型	套	0.00	未计价材料
372310063	腕臂上底座	350 型	套	0.00	未计价材料
372310065	腕臂下底座	300 型	套	0.00	未计价材料
372310067	腕臂下底座	350 型	套	0.00	未计价材料
372310069	斜腕臂	X1520 型	套	0.00	未计价材料
372310071	斜腕臂	X1540 型	套	0.00	未计价材料
372310073	斜腕臂	X1550 型	套	0.00	未计价材料
372310075	斜腕臂	X1640 型	套	0.00	未计价材料
372310077	斜腕臂	X1670 型	套	0.00	未计价材料
372310079	斜腕臂	X2050 型	套	0.00	未计价材料
372310081	斜腕臂	X2060 型	套	0.00	未计价材料
372310083	斜腕臂	X2080 型	套	0.00	未计价材料
372310085	斜腕臂	X2120 型	套	0.00	未计价材料
372310087	斜腕臂	X2140 型	套	0.00	未计价材料
372310089	斜腕臂	X2220 型	套	0.00	未计价材料
372310091	斜腕臂	X2250 型	套	0.00	未计价材料
372310093	斜腕臂	X2270 型	套	0.00	未计价材料
372310095	斜腕臂	X2300 型	套	0.00	未计价材料
372310097	斜腕臂	X2700 型	套	0.00	未计价材料
372510001	定位管	34-1530 型	套	0.00	未计价材料
372510003	定位管	34-1550 型	套	0.00	未计价材料
372510005	定位管	34-1570 型	套	0.00	未计价材料
372510007	定位管	34-1600 型	套	0.00	未计价材料
372510009	定位管	34-1650 型	套	0.00	未计价材料
372510011	定位管	34-1950 型	套	0.00	未计价材料
372510013	定位管	48-2290 型	套	0.00	未计价材料
372510015	定位管	48-2300 型	套	0.00	未计价材料
372510017	定位管	48-2400 型	套	0.00	未计价材料
372510019	定位管	48-2850 型	套	0.00	未计价材料
372510021	定位管支撑	780 型	套	0.00	未计价材料
372510023	定位管支撑	810 型	套	0.00	未计价材料
372510025	定位管支撑	820 型	套	0.00	未计价材料
372510027	定位管支撑	900 型	套	0.00	未计价材料
372510029	定位管支撑	920 型	套	0.00	未计价材料
372510031	定位管支撑	2400 型	套	0.00	未计价材料
372510033	定位管支撑	2900 型	套	0.00	未计价材料

续表

代 码	名 称	型号规格	单位	基期价	类 别
372510035	定位器	CL2 型	套	0.00	未计价材料
372510037	定位器	HL2 型	套	0.00	未计价材料
372510039	定位器	L3 型	套	0.00	未计价材料
372510041	定位器	L 型	套	0.00	未计价材料
372510043	软定位器	L 型	套	0.00	未计价材料
372710001	接线模块	25 回线	条	0.00	未计价材料
372710003	模拟盘	2000×1000	块	0.00	未计价材料
372710005	匹配单元 MU		台	0.00	未计价材料
373110001	车载天线安装支架		套	0.00	未计价材料
373110003	应答器车载设备安装支架		个	0.00	未计价材料
373310001	车站吊柱		组	0.00	未计价材料
373310003	钢轨连接线	276/0.4 35mm^2	m	0.00	未计价材料
373310005	轨道横向连接线	95mm^2 5m	根	0.00	未计价材料
373310007	轨道横向连接线	95mm^2 10m	根	0.00	未计价材料
373310009	轨道横向连接线	95mm^2 15m	根	0.00	未计价材料
373310011	加速度计安装支架		套	0.00	未计价材料
373310013	架空地线肩架	350 型	套	0.00	未计价材料
373310015	馈线对向下锚底座		套	0.00	未计价材料
373310017	手动操作机构底座	GXZP2-03-1-1	套	0.00	未计价材料
373310019	双环杆	300 型	套	0.00	未计价材料
373310021	双孔板	D1 型	套	0.00	未计价材料
373310023	双孔板	D2 型	套	0.00	未计价材料
373310025	悬挂底座吊柱	S 型	套	0.00	未计价材料
373310027	长定位立柱	48 型	套	0.00	未计价材料
373310029	长双联板		套	0.00	未计价材料
373310031	整体吊弦		套	0.00	未计价材料
373310033	中心锚结安装槽钢	GXJL07(B)-99	套	0.00	未计价材料
373310035	坠砣限制架	T1 型	套	0.00	未计价材料
379910001	0#铜铝过渡电连接线夹	GXJL32(A)-2006	套	0.00	未计价材料
379910003	45#钢铝过渡电连接线夹		套	0.00	未计价材料
379910005	50 型钳压管		套	0.00	未计价材料
379910007	50 型双耳楔形线夹		套	0.00	未计价材料
379910009	Ⅰ型立柱	ϕ6×1700	套	0.00	未计价材料
379910011	Ⅱ型立柱	ϕ6×1700	套	0.00	未计价材料
379910013	ATP/ATO 车载设备	配线及连接电缆(含插接件)	套	0.00	未计价材料
379910015	A 型垂直悬吊安装底座	GXJL11(A)-99	套	0.00	未计价材料
379910017	A 型汇流排中心锚结下锚底座	GXJL07(A)-99	套	0.00	未计价材料
379910019	CPIII 预埋件		个	0.00	未计价材料

续表

代码	名称	型号规格	单位	基期价	类别
379910021	D3 型电连接线夹	GJL05(D3)-98	套	0.00	未计价材料
379910023	F 型电缆固定架	GXJL11(A)-99	套	0.00	未计价材料
379910025	G 型连接板		套	0.00	未计价材料
379910027	LED 信号机镀锌梯子	8.5m	架	0.00	未计价材料
379910029	LED 信号机镀锌梯子	11m	架	0.00	未计价材料
379910031	LED 信号机引入管高柱用直		台	0.00	未计价材料
379910033	LEU 设备安装支架		套	0.00	未计价材料
379910035	OBO 防雷单元	V20-C/2	个	0.00	未计价材料
379910037	OBO 防雷单元	V20-C/4	个	0.00	未计价材料
379910039	PVC 复合活动地板块钢制		m^2	0.00	未计价材料
379910041	PVC 复合活动地板块铝合金		m^2	0.00	未计价材料
379910043	PVC 管	$\phi50$	100m	0.00	未计价材料
379910045	PVC 管	$\phi80$	100m	0.00	未计价材料
379910047	PVC 管	$\phi40\times3.5$	m	0.00	未计价材料
379910049	安全作业牌		个	0.00	未计价材料
379910051	半圆管衬垫	T2	套	0.00	未计价材料
379910053	棒式绝缘子		套	0.00	未计价材料
379910055	保护帽		套	0.00	未计价材料
379910057	抱箍		套	0.00	未计价材料
379910059	避雷器安装底座		套	0.00	未计价材料
379910061	避雷器连接板		套	0.00	未计价材料
379910063	边网栅片	230×1600	间隔	0.00	未计价材料
379910065	变压器箱		个	0.00	未计价材料
379910067	变阻器	4.4/440	台	0.00	未计价材料
379910069	标志牌立柱含基础		个	0.00	未计价材料
379910071	标准网栅	530×1600	间隔	0.00	未计价材料
379910073	波导管安装支架(含绝缘)		套	0.00	未计价材料
379910075	波导管接头盒		套	0.00	未计价材料
379910077	彩钢复合石膏板		m^2	0.00	未计价材料
379910079	槽道		m	0.00	未计价材料
379910081	插销盒		个	0.00	未计价材料
379910083	车载测速设备配线及连接电缆(含插接件)		套	0.00	未计价材料
379910085	车载测速校准设备配线及连接电缆(含插接件)		套	0.00	未计价材料
379910087	承力索	JT150mm^2	m	0.00	未计价材料
379910089	齿形双耳楔形线夹		套	0.00	未计价材料
379910091	垂直接地体		m	0.00	未计价材料
379910093	大站组合架		台	0.00	未计价材料

续表

代　码	名　　称	型 号 规 格	单位	基期价	类 别
379910095	带阀散流器		个	0.00	未计价材料
379910097	单性支座		套	0.00	未计价材料
379910099	单支弹性底座		套	0.00	未计价材料
379910101	弹簧补偿器		套	0.00	未计价材料
379910103	导流接线板		kg	0.00	未计价材料
379910105	道岔连接杆绝缘		套	0.00	未计价材料
379910107	道岔连接线	TXP95mm^2 1.5m	根	0.00	未计价材料
379910109	地线	JT120mm^2	m	0.00	未计价材料
379910111	地线板钢		m	0.00	未计价材料
379910113	地线对向下锚底座		套	0.00	未计价材料
379910115	地线固定板		件	0.00	未计价材料
379910117	地线下锚底座		套	0.00	未计价材料
379910119	地线线夹		套	0.00	未计价材料
379910121	地线线夹托板		套	0.00	未计价材料
379910123	地线终端下锚吊柱		套	0.00	未计价材料
379910125	点灯监测单元		台	0.00	未计价材料
379910127	电缆标桩	120×120×1200	根	0.00	未计价材料
379910129	电缆固定架		套	0.00	未计价材料
379910131	电缆固定接头	LGQ-339A	个	0.00	未计价材料
379910133	电缆交接箱		台	0.00	未计价材料
379910135	电缆梯架		m	0.00	未计价材料
379910137	电缆与绞线卡箍		套	0.00	未计价材料
379910139	电缆支吊架		套	0.00	未计价材料
379910141	电缆支架附卡子		套	0.00	未计价材料
379910143	电连接线固定卡箍	A 型	套	0.00	未计价材料
379910145	电连接线固定卡箍	B 型	套	0.00	未计价材料
379910147	电连接线夹	D1 型	套	0.00	未计价材料
379910149	电连接线夹	D2 型	套	0.00	未计价材料
379910151	电连接线夹	GDC17 型	套	0.00	未计价材料
379910153	电源引入新型防雷箱	XL-220V	台	0.00	未计价材料
379910155	电源引入新型防雷箱	XL-380V	台	0.00	未计价材料
379910157	电阻盒	RB	个	0.00	未计价材料
379910159	吊索底座		套	0.00	未计价材料
379910161	吊索底座	T 型	套	0.00	未计价材料
379910163	吊索线夹		套	0.00	未计价材料
379910165	吊柱双肩挑腕臂上底座		套	0.00	未计价材料
379910167	吊柱双肩挑腕臂下底座		套	0.00	未计价材料
379910169	定位抱箍		套	0.00	未计价材料

续表

代 码	名 称	型号规格	单位	基期价	类 别
379910171	定位管	34-1430 型	套	0.00	未计价材料
379910173	定位管	34-1470 型	套	0.00	未计价材料
379910175	定位管	48-2370 型	套	0.00	未计价材料
379910177	定位管支持	880 型	套	0.00	未计价材料
379910179	定位索底座		套	0.00	未计价材料
379910181	定位线夹		套	0.00	未计价材料
379910183	镀锌吊架		套	0.00	未计价材料
379910185	镀锌接触线	CTA120	m	0.00	未计价材料
379910187	镀锌铜带	-50×5	m	0.00	未计价材料
379910189	镀锌托板托架	6 层	套	0.00	未计价材料
379910191	耳环杆		套	0.00	未计价材料
379910193	发车表示器	LED 结构	台	0.00	未计价材料
379910195	发车表示器	铝合金机构	台	0.00	未计价材料
379910197	发车表示器	铸铁机构	台	0.00	未计价材料
379910199	方钢电缆固定抱箍		套	0.00	未计价材料
379910201	方向电缆盒	HZ-4 附配线连接管及一个基础	套	0.00	未计价材料
379910203	防火防鼠堵料		kg	0.00	未计价材料
379910205	防空障碍灯		套	0.00	未计价材料
379910207	防雷柜		架	0.00	未计价材料
379910209	防鼠板	8mm 厚复合材料	m^2	0.00	未计价材料
379910211	风管处馈线悬挂支座		套	0.00	未计价材料
379910213	风管支座		套	0.00	未计价材料
379910215	杆座鞍子	T 型	套	0.00	未计价材料
379910217	刚性悬挂用针式绝缘子		个	0.00	未计价材料
379910219	刚性阻燃管	按实际规格	m	0.00	未计价材料
379910221	钢管柱(含法兰盘)		t	0.00	未计价材料
379910223	钢筋混凝土接头槽(带盖板)	槽宽 180	套	0.00	未计价材料
379910225	钢筋混凝土信号机柱	ϕ150×8.5	根	0.00	未计价材料
379910227	钢筋混凝土信号机柱	ϕ150×11	根	0.00	未计价材料
379910229	钢梁(含锚栓)		根	0.00	未计价材料
379910231	钢柱		根	0.00	未计价材料
379910233	钢柱上避雷器底座		套	0.00	未计价材料
379910235	高分子复合材料扶手(含锚栓)		m	0.00	未计价材料
379910237	高分子复合材料面板(含固定件)		m^2	0.00	未计价材料
379910239	高压危险牌		套	0.00	未计价材料
379910241	隔离开关托架		套	0.00	未计价材料
379910243	工作台		延长米	0.00	未计价材料
379910245	固定底座		套	0.00	未计价材料

续表

代　码	名　　称	型号规格	单位	基期价	类别
379910247	管帽	60型	套	0.00	未计价材料
379910249	光纤转接箱		个	0.00	未计价材料
379910251	号码牌		个	0.00	未计价材料
379910253	号筒扬声器安装版	5W	对	0.00	未计价材料
379910255	号筒扬声器安装版	15W	块	0.00	未计价材料
379910257	护套道岔连接线	$95mm^2$ 0.9m	根	0.00	未计价材料
379910259	护套道岔连接线	$95mm^2$ 1.5m	根	0.00	未计价材料
379910261	回拉式弹簧端子分线柜	6孔	架	0.00	未计价材料
379910263	回拉式弹簧端子分线柜	18孔	架	0.00	未计价材料
379910265	回拉式弹簧端子组合柜		架	0.00	未计价材料
379910267	汇流排		m	0.00	未计价材料
379910269	汇流排电连接线夹	GXJL04-99	套	0.00	未计价材料
379910271	汇流排中心锚结线夹	GXJL05-99	套	0.00	未计价材料
379910273	混凝土通信管块	1孔 600	块	0.00	未计价材料
379910275	混凝土通信管块	2孔 600	块	0.00	未计价材料
379910277	混凝土通信管块	6孔 600	块	0.00	未计价材料
379910279	活动长吊架悬挂底座吊柱		套	0.00	未计价材料
379910281	活动长吊架悬挂底座馈线挂支架		套	0.00	未计价材料
379910283	棘轮承锚底座		套	0.00	未计价材料
379910285	棘轮限制架		套	0.00	未计价材料
379910287	棘轮装置		套	0.00	未计价材料
379910289	计算机联锁接口柜用插接件		10个	0.00	未计价材料
379910291	夹环		套	0.00	未计价材料
379910293	架空地线吊柱下锚安装底座	GXJL21-99	套	0.00	未计价材料
379910295	架空地线对向下锚安装底座	GXJL16-99	套	0.00	未计价材料
379910297	监视器防护外罩		个	0.00	未计价材料
379910299	角形垫块		套	0.00	未计价材料
379910301	接触线夹板	50型	件	0.00	未计价材料
379910303	接触线中心线夹		套	0.00	未计价材料
379910305	接地挂环		个	0.00	未计价材料
379910307	接地裸铜线	$50mm^2$	m	0.00	未计价材料
379910309	接地模块		块	0.00	未计价材料
379910311	接地铜缆	$95mm^2$	m	0.00	未计价材料
379910313	接线盒托架		个	0.00	未计价材料
379910315	接线箱安装支架		套	0.00	未计价材料
379910317	紧急关闭按钮		个	0.00	未计价材料
379910319	警告牌		个	0.00	未计价材料
379910321	绝缘固定环	$\phi100,\delta20$	块	0.00	未计价材料

续表

代码	名称	型号规格	单位	基期价	类别
379910323	绝缘轨距杆	36粘结式	根	0.00	未计价材料
379910325	绝缘套管		套	0.00	未计价材料
379910327	均、回流箱底座		套	0.00	未计价材料
379910329	卡接保安装置		只	0.00	未计价材料
379910331	卡接模块		个	0.00	未计价材料
379910333	卡接式接线模块	100线	块	0.00	未计价材料
379910335	开关底座固定槽钢	GXZP2-03-1-1	套	0.00	未计价材料
379910337	开关接线板		套	0.00	未计价材料
379910339	可变电阻		个	0.00	未计价材料
379910341	控制线	$2\times0.5mm^2$	m	0.00	未计价材料
379910343	馈电单元LFU		个	0.00	未计价材料
379910345	馈电单元托架		个	0.00	未计价材料
379910347	馈线电连接铜托板		套	0.00	未计价材料
379910349	馈线肩架		套	0.00	未计价材料
379910351	馈线树脂绝缘子		套	0.00	未计价材料
379910353	馈线下锚底座		套	0.00	未计价材料
379910355	馈线悬挂底座		套	0.00	未计价材料
379910357	馈线支架		套	0.00	未计价材料
379910359	馈线支柱绝缘子		套	0.00	未计价材料
379910361	扩音通话柱		个	0.00	未计价材料
379910363	扩音通话柱基础		个	0.00	未计价材料
379910365	拉线	$\phi3.5$不锈钢线	根	0.00	未计价材料
379910367	拉线双联板		套	0.00	未计价材料
379910369	冷缩套管		m	0.00	未计价材料
379910371	六柱端子分线柜		架	0.00	未计价材料
379910373	漏缆固定接头	LGQ-339A	个	0.00	未计价材料
379910375	铝合金LED信号机构	XSL-G2高柱二显示	台	0.00	未计价材料
379910377	铝合金浮搁式方板		m^2	0.00	未计价材料
379910379	铝合金嵌入式方板		m^2	0.00	未计价材料
379910381	铝合金色灯信号机构	XSL-A2矮型二显示	台	0.00	未计价材料
379910383	铝合金色灯信号机构	XSL-A3矮型二显示	台	0.00	未计价材料
379910385	铝合金色灯信号机构	XSL-G2高柱二显示	台	0.00	未计价材料
379910387	铝合金色灯信号机构	XSL-G3高柱二显示	台	0.00	未计价材料
379910389	铝合金条板		m^2	0.00	未计价材料
379910391	铝合金引导信号机构	XSL-Y	台	0.00	未计价材料
379910393	锚结绳固定线夹		套	0.00	未计价材料
379910395	门形架		组	0.00	未计价材料
379910397	模块箱		个	0.00	未计价材料

续表

代　码	名　　称	型号规格	单位	基期价	类别
379910399	木质活动地板	600×600	m^2	0.00	未计价材料
379910401	耐张线夹	NUT-3 型	套	0.00	未计价材料
379910403	耦合单元箱安装支架		套	0.00	未计价材料
379910405	普利卡包塑金属软管	LV4-17#	m	0.00	未计价材料
379910407	气体汇流排		组	0.00	未计价材料
379910409	钳压管	35 型	套	0.00	未计价材料
379910411	球头挂环	Q-7 型	件	0.00	未计价材料
379910413	三角调节板		套	0.00	未计价材料
379910415	色灯信号机镀锌梯子	8.5m	架	0.00	未计价材料
379910417	色灯信号机镀锌梯子	11m	架	0.00	未计价材料
379910419	色灯信号机构	XSA 矮型二显示	台	0.00	未计价材料
379910421	色灯信号机构	XSA 矮型三显示	台	0.00	未计价材料
379910423	色灯信号机构	XSG 高柱二显示	台	0.00	未计价材料
379910425	色灯信号机构	XSG 高柱三显示	台	0.00	未计价材料
379910427	色灯信号机引入管矮型用单曲		根	0.00	未计价材料
379910429	上承锚底座	C 型	套	0.00	未计价材料
379910431	上承锚底座	J 型	套	0.00	未计价材料
379910433	十八柱端子分线柜		架	0.00	未计价材料
379910435	适配器		个	0.00	未计价材料
379910437	室内电缆分线盒		个	0.00	未计价材料
379910439	室内堵漏胶		kg	0.00	未计价材料
379910441	室内光缆		m	0.00	未计价材料
379910443	室内继电器铭牌		个	0.00	未计价材料
379910445	室内组合铭牌		个	0.00	未计价材料
379910447	室内组合排架铭牌		个	0.00	未计价材料
379910449	室外音柱安装架		个	0.00	未计价材料
379910451	双承力索锚固线夹		套	0.00	未计价材料
379910453	双定位线夹		套	0.00	未计价材料
379910455	双耳楔形线夹		套	0.00	未计价材料
379910457	双耳楔形线夹	70 型	套	0.00	未计价材料
379910459	双耳楔形线夹齿型		套	0.00	未计价材料
379910461	双联板	D2 型	套	0.00	未计价材料
379910463	双联板	D3 型	套	0.00	未计价材料
379910465	双联板	D 型	套	0.00	未计价材料
379910467	双线接触线中心锚结线夹		套	0.00	未计价材料
379910469	双线馈线线夹		套	0.00	未计价材料
379910471	双线支持线夹		套	0.00	未计价材料
379910473	水平接地体		m	0.00	未计价材料

续表

代 码	名 称	型号规格	单位	基期价	类 别
379910475	司机操作显示单元设备	配线及连接电缆(含插接件)	套	0.00	未计价材料
379910477	塑料护口(钢管用)	15mm	个	0.00	未计价材料
379910479	塑料护口(钢管用)	25mm	个	0.00	未计价材料
379910481	塑料护口(钢管用)	50mm	个	0.00	未计价材料
379910483	塑料护口(钢管用)	70mm	个	0.00	未计价材料
379910485	塑料线槽二线		m	0.00	未计价材料
379910487	隧道棒式绝缘子	SA 型	个	0.00	未计价材料
379910489	隧道电话插销		个	0.00	未计价材料
379910491	隧道内地线线夹		套	0.00	未计价材料
379910493	隧道内电缆固定卡		套	0.00	未计价材料
379910495	隧道内馈线线夹		套	0.00	未计价材料
379910497	隧道内双电缆固定夹板		套	0.00	未计价材料
379910499	套管双耳	48 型	套	0.00	未计价材料
379910501	套管双耳	60 型	套	0.00	未计价材料
379910503	天线铁塔消雷器		套	0.00	未计价材料
379910505	调谐单元托架		个	0.00	未计价材料
379910507	调整垫片	1mm	个	0.00	未计价材料
379910509	调整垫片	2mm	个	0.00	未计价材料
379910511	调整垫片	5mm	个	0.00	未计价材料
379910513	跳线架		个	0.00	未计价材料
379910515	跳线肩架		套	0.00	未计价材料
379910517	铁坠杆	T30 型	套	0.00	未计价材料
379910519	铜连接板		套	0.00	未计价材料
379910521	铜套	$35mm^2$	个	0.00	未计价材料
379910523	铜悬挂滑轮		套	0.00	未计价材料
379910525	腕臂	P1870 型	套	0.00	未计价材料
379910527	腕臂	P2380 型	套	0.00	未计价材料
379910529	网线-超五类线		m	0.00	未计价材料
379910531	网栅便门	564×1600	间隔	0.00	未计价材料
379910533	无机堵料		kg	0.00	未计价材料
379910535	无线天线支架		套	0.00	未计价材料
379910537	吸顶扬声器托盘		套	0.00	未计价材料
379910539	下承锚底座	C 型	套	0.00	未计价材料
379910541	下承锚底座	J 型	套	0.00	未计价材料
379910543	下锚底座		套	0.00	未计价材料
379910545	下锚绝缘子		套	0.00	未计价材料
379910547	下锚平衡板	GJ 型	套	0.00	未计价材料
379910549	显示屏镶框		m	0.00	未计价材料

续表

代码	名称	型号规格	单位	基期价	类别
379910551	线岔		套	0.00	未计价材料
379910553	线缆		m	0.00	未计价材料
379910555	消声器		个	0.00	未计价材料
379910557	楔形拉线线夹	LX-3 型	套	0.00	未计价材料
379910559	斜腕臂	X1720 型	套	0.00	未计价材料
379910561	斜腕臂	X2020 型	套	0.00	未计价材料
379910563	心形环	35 型	套	0.00	未计价材料
379910565	心形环	50 型	件	0.00	未计价材料
379910567	新型组合柜(加宽)		台	0.00	未计价材料
379910569	信号锁	40	把	0.00	未计价材料
379910571	信息插座底盒或线盒		个	0.00	未计价材料
379910573	悬挂底座吊柱馈线悬挂支座	S 型	套	0.00	未计价材料
379910575	银铜导线	CTA120	m	0.00	未计价材料
379910577	引导信号机构	XSY	台	0.00	未计价材料
379910579	硬横梁		套	0.00	未计价材料
379910581	硬横梁支柱		套	0.00	未计价材料
379910583	硬锚底座		套	0.00	未计价材料
379910585	有机堵料		kg	0.00	未计价材料
379910587	长定位双环		套	0.00	未计价材料
379910589	支撑系统	I 类	套	0.00	未计价材料
379910591	支持器	34 型	套	0.00	未计价材料
379910593	支柱绝缘子		个	0.00	未计价材料
379910595	直流电化送电端电源变压器	BZD-A	台	0.00	未计价材料
379910597	直式接触线电连接		套	0.00	未计价材料
379910599	直式接触线电连接线夹	T2	套	0.00	未计价材料
379910601	中心锚结吊柱下锚安装底座	GXJL20-99	套	0.00	未计价材料
379910603	中心锚结绝缘棒		套	0.00	未计价材料
379910605	中心锚结下锚吊柱		套	0.00	未计价材料
379910607	中心锚结下锚绳不锈钢丝绳		m	0.00	未计价材料
379910609	终端棒	925/0.5 185mm^2	m	0.00	未计价材料
379910611	铸铁弯管	$DN70\times90°$ $L=2000$	根	0.00	未计价材料
379910613	砖地膜		m^2	0.00	未计价材料
379910615	转线盒及配线连接管		套	0.00	未计价材料
379910617	坠砣		块	0.00	未计价材料
379910619	坠砣杆	T1 型	套	0.00	未计价材料
379910621	坠砣固定架		套	0.00	未计价材料
379910623	自动折返按钮		个	0.00	未计价材料
379910625	综合架(柜)		台	0.00	未计价材料

续表

代 码	名 称	型号规格	单位	基期价	类 别
379910627	走线架		m	0.00	未计价材料
379910629	阻燃流体管	ϕ50	m	0.00	未计价材料
379910631	阻燃型复合材料电缆槽		m	0.00	未计价材料
379910633	组合排架报警器		个	0.00	未计价材料
500110001	LED 显示屏		m^2	0.00	未计价设备
500110003	UPS 不间断电源		台	0.00	未计价设备
500110005	VAV 变风量末端装置		台	0.00	未计价设备
500110007	Y～△自耦减压起动器		台	0.00	未计价设备
500110009	ZSPD 型输出控制器		个	0.00	未计价设备
500110011	γ 射线报警器		台	0.00	未计价设备
500110013	安全变压器		台	0.00	未计价设备
500110015	安全检查相关设备		台	0.00	未计价设备
500110017	泵类设备		台	0.00	未计价设备
500110019	壁扇		台	0.00	未计价设备
500110021	变化控制器		台	0.00	未计价设备
500110023	变配电设备		台	0.00	未计价设备
500110025	变送器		支	0.00	未计价设备
500110027	变压器		台	0.00	未计价设备
500110029	并联补偿电容器组架		台	0.00	未计价设备
500110031	玻璃钢冷却塔		台	0.00	未计价设备
500110033	播控相关设备		台	0.00	未计价设备
500110035	材料准备设备		台	0.00	未计价设备
500110037	采集系统相关设备		个	0.00	未计价设备
500110039	测压装置		台	0.00	未计价设备
500110041	插接式空气开关箱		台	0.00	未计价设备
500110043	柴油发电机组		台	0.00	未计价设备
500110045	柴油机		台	0.00	未计价设备
500110047	抄表网管		个	0.00	未计价设备
500110049	成套配电柜		台	0.00	未计价设备
500110051	成套配电箱		台	0.00	未计价设备
500110053	成套配电箱	落地式	台	0.00	未计价设备
500110055	成套箱式变电站		台	0.00	未计价设备
500110057	出入口相关设备		台	0.00	未计价设备
500110059	除尘设备		台	0.00	未计价设备
500110061	除滴器		台	0.00	未计价设备
500110063	除灰水封		台	0.00	未计价设备
500110065	除湿器		台	0.00	未计价设备
500110067	储气罐		台	0.00	未计价设备

续表

代码	名称	型号规格	单位	基期价	类别
500110069	磁力控制器		个	0.00	未计价设备
500110071	大型冷热水混合器		个	0.00	未计价设备
500110073	单元式显示屏		单元	0.00	未计价设备
500110075	低压成套配电柜		台	0.00	未计价设备
500110077	低压成套配电箱		台	0.00	未计价设备
500110079	电笛		个	0.00	未计价设备
500110081	电动机及电动发电机组		台	0.00	未计价设备
500110083	电开水炉		台	0.00	未计价设备
500110085	电气过滤器		台	0.00	未计价设备
500110087	电热水器		台	0.00	未计价设备
500110089	电视监控设备		台	0.00	未计价设备
500110091	电子除垢仪		台	0.00	未计价设备
500110093	电阻器		箱	0.00	未计价设备
500110095	吊风扇		台	0.00	未计价设备
500110097	吊扇带灯		套	0.00	未计价设备
500110099	锻压设备		台	0.00	未计价设备
500110101	二级稳压箱		台	0.00	未计价设备
500110103	阀门执行机构		个	0.00	未计价设备
500110105	防雷相关设备		套	0.00	未计价设备
500110107	防雨定时控制器		台	0.00	未计价设备
500110109	废热锅炉		台	0.00	未计价设备
500110111	废热锅炉竖管		台	0.00	未计价设备
500110113	沸水器		台	0.00	未计价设备
500110115	分离器		台	0.00	未计价设备
500110117	分流器		个	0.00	未计价设备
500110119	分流器	150A 以内	个	0.00	未计价设备
500110121	分流器	750A 以内	个	0.00	未计价设备
500110123	分流器	1500A 以内	个	0.00	未计价设备
500110125	分流器	6000A 以内	个	0.00	未计价设备
500110127	风机盘管		台	0.00	未计价设备
500110129	风机设备		台	0.00	未计价设备
500110131	风机箱		台	0.00	未计价设备
500110133	风淋室		台	0.00	未计价设备
500110135	风扇		台	0.00	未计价设备
500110137	干线传输相关设备		台	0.00	未计价设备
500110139	干燥机		台	0.00	未计价设备
500110141	钢板密闭门		台	0.00	未计价设备
500110143	高频开关电源		台	0.00	未计价设备

续表

代 码	名 称	型 号 规 格	单位	基期价	类 别
500110145	隔离水封		台	0.00	未计价设备
500110147	工业炉设备		台	0.00	未计价设备
500110149	工业炉设备		炉组	0.00	未计价设备
500110151	公用燃气灶具		台	0.00	未计价设备
500110153	光伏逆变器		台	0.00	未计价设备
500110155	硅整流柜		台	0.00	未计价设备
500110157	过滤器		台	0.00	未计价设备
500110159	过滤吸收器		台	0.00	未计价设备
500110161	红外线浴霸		套	0.00	未计价设备
500110163	机柜	机架	个	0.00	未计价设备
500110165	基表		个	0.00	未计价设备
500110167	极性排流器保护箱		台	0.00	未计价设备
500110169	集水器		台	0.00	未计价设备
500110171	集污罐		台	0.00	未计价设备
500110173	集油器		台	0.00	未计价设备
500110175	计量表箱		台	0.00	未计价设备
500110177	继电器		个	0.00	未计价设备
500110179	加感线圈		个	0.00	未计价设备
500110181	交接箱(含接线排)		台	0.00	未计价设备
500110183	交流滤波装置组架		台	0.00	未计价设备
500110185	焦油分离机		台	0.00	未计价设备
500110187	紧急泄氨器		台	0.00	未计价设备
500110189	净化工作台		台	0.00	未计价设备
500110191	可控硅柜		台	0.00	未计价设备
500110193	空气加热器(冷却器)		台	0.00	未计价设备
500110195	空气幕		台	0.00	未计价设备
500110197	空调器		台(套)	0.00	未计价设备
500110199	控制及低压设备		台	0.00	未计价设备
500110201	控制器		台	0.00	未计价设备
500110203	扩声系统相关设备		台	0.00	未计价设备
500110205	冷风机		台	0.00	未计价设备
500110207	冷凝器及蒸发器		台	0.00	未计价设备
500110209	立式低压循环贮液器		台	0.00	未计价设备
500110211	落地式信号机箱		只	0.00	未计价设备
500110213	煤气发生设备		台	0.00	未计价设备
500110215	煤气发生设备分节容器		台	0.00	未计价设备
500110217	煤气发生设备附属其他容器构件		台	0.00	未计价设备
500110219	民用燃气灶具		台	0.00	未计价设备

续表

代码	名称	型号规格	单位	基期价	类别
500110221	暖风机		台	0.00	未计价设备
500110223	排气扇		台	0.00	未计价设备
500110225	盘阀		台	0.00	未计价设备
500110227	配电智能设备		台	0.00	未计价设备
500110229	配电智能设备		套	0.00	未计价设备
500110231	配线箱		个	0.00	未计价设备
500110233	膨胀机		台	0.00	未计价设备
500110235	起重设备		台	0.00	未计价设备
500110237	气水分离器		台	0.00	未计价设备
500110239	强制排流器		台	0.00	未计价设备
500110241	切削设备		台	0.00	未计价设备
500110243	燃气采暖炉		台	0.00	未计价设备
500110245	燃气开水炉		台	0.00	未计价设备
500110247	燃气热水器		台	0.00	未计价设备
500110249	人防通风机		台	0.00	未计价设备
500110251	容积式沸水器		台	0.00	未计价设备
500110253	容器式水加热器		台	0.00	未计价设备
500110255	入侵探测相关设备		套	0.00	未计价设备
500110257	润滑油处理设备		台	0.00	未计价设备
500110259	设备减振台座		台	0.00	未计价设备
500110261	设备控制箱		套	0.00	未计价设备
500110263	射频设备		套	0.00	未计价设备
500110265	始端箱		台	0.00	未计价设备
500110267	视频系统相关设备		台	0.00	未计价设备
500110269	手摇泵		个	0.00	未计价设备
500110271	输送设备		台	0.00	未计价设备
500110273	水压机蓄势罐		台	0.00	未计价设备
500110275	太阳能电池		组	0.00	未计价设备
500110277	太阳能电池板		块	0.00	未计价设备
500110279	太阳能控制器		台	0.00	未计价设备
500110281	探头式含磷毒气报警器		台	0.00	未计价设备
500110283	天线铁塔		t	0.00	未计价设备
500110285	跳线连接器		个	0.00	未计价设备
500110287	停车场管理相关设备		台	0.00	未计价设备
500110289	通风机		台	0.00	未计价设备
500110291	通风空调设备		台	0.00	未计价设备
500110293	通信接口转换器		个	0.00	未计价设备
500110295	通信设备接口		个	0.00	未计价设备

续表

代 码	名 称	型号规格	单位	基期价	类 别
500110297	卫星电视接收相关设备		台	0.00	未计价设备
500110299	卧式高压贮液器(排液桶)		台	0.00	未计价设备
500110301	洗涤塔		台	0.00	未计价设备
500110303	消弧线圈		台	0.00	未计价设备
500110305	小型空气分馏塔		台	0.00	未计价设备
500110307	小型冷热水混合器		个	0.00	未计价设备
500110309	小型制氧机附属设备		台	0.00	未计价设备
500110311	信号机		台	0.00	未计价设备
500110313	信号机箱底座		只	0.00	未计价设备
500110315	旋涡除尘器		台	0.00	未计价设备
500110317	巡更相关设备		套	0.00	未计价设备
500110319	压缩机设备		台	0.00	未计价设备
500110321	液晶显示屏		m^2	0.00	未计价设备
500110323	液氧罐		台	0.00	未计价设备
500110325	医用真空罐		台	0.00	未计价设备
500110327	乙炔发生器		台	0.00	未计价设备
500110329	乙炔发生器附属设备		台	0.00	未计价设备
500110331	油浸频敏变阻器		台	0.00	未计价设备
500110333	油视镜		支	0.00	未计价设备
500110335	有线电视相关设备		台	0.00	未计价设备
500110337	浴霸		套	0.00	未计价设备
500110339	预滤器		台	0.00	未计价设备
500110341	预制型光纤跳线连接器		对	0.00	未计价设备
500110343	蒸汽间断式开水炉		台	0.00	未计价设备
500110345	蒸汽式水加热器		套	0.00	未计价设备
500110347	制冷设备		台	0.00	未计价设备
500110349	制氧机		台	0.00	未计价设备
500110351	智能家居控制箱		个	0.00	未计价设备
500110353	中间冷却器		台	0.00	未计价设备
500110355	钟罩阀		台	0.00	未计价设备
500110357	铸造设备		台	0.00	未计价设备
500110359	自动沸水器		台	0.00	未计价设备
500110361	总管沉灰箱		台	0.00	未计价设备
500110363	端子箱		台	0.00	未计价设备
500110365	音乐喷泉控制设备		台	0.00	未计价设备
500110367	磁带机		台	0.00	未计价设备
500110369	磁带库		台	0.00	未计价设备

二、建筑安装常用材料理论重量换算表

代码	材料名称	型号规格	单位重量(1)(kg/块)	单位重量(2)(kg/m^3)
	蒸压灰砂砖	240×115×53	2.5	1700
	蒸压灰砂空心砖	240×115×90	3.5	1400
	混凝土多孔砖	240×115×90	3.3	1330
	混凝土实心砖	240×115×53	3.1	2120
	烧结页岩多孔砖	240×115×90	3	1210
	烧结页岩空心砖	240×240×115(6孔)	5.65	850
	烧结页岩空心砖	200×200×115(6孔)	3.76	820
	烧结页岩空心砖	290×190×115(8孔)	6.15	970
	烧结页岩空心砖	290×240×115(6孔)	6.65	830

代码	材料名称	型号规格	单位重量	备注
	水泥	42.5	1.2t/m^3	
	标准砖		25t/万块	
	小青瓦		6t/万块	
	平脊瓦		35t/万块	
	加气混凝土切块		0.5~0.7t/m^3	
	生石灰		1.1t/m^3	
	熟石灰		1.2t/m^3	
	黄沙		1.3t/m^3	
	碎石		1.36t/m^3	
	卵石		1.45t/m^3	
	石粉		1.5t/m^3	
	块石		1.7t/m^3	
	塘渣		1.6t/m^3	
	道渣		1.45t/m^3	
	炉渣		0.85t/m^3	
	矿渣		0.5t/m^3	
	黏土		1.6t/m^3	
	黄泥		1.2t/m^3	
	花岗岩		2.8t/m^3	
	大理石		2.6t/m^3	
	玻璃		2.5t/m^3	
	有机玻璃		1.18t/m^3	
	聚氯乙烯		1.35t/m^3	
	聚苯乙烯		0.9t/m^3	

续表

代码	材料名称	型号规格	单位重量	备注
	杉木		0.7t/m^3	
	松木		1.0t/m^3	
	硬木		1.4t/m^3	
	毛竹		1.75t/百枝	
	铸铁		7.25t/m^3	
	钢		7.85t/m^3	
	黄铜		8.5t/m^3	
	铝		2.7t/m^3	
	不锈钢		7.75t/m^3	
	煤油		0.8t/m^3	
	粉煤灰		0.7t/m^3	
	氧气(气态)		0.6996t/m^3	
	氧气(液态)		0.8768kg/L	
	氮气(气态)		0.7996kg/m^3	
	氮气(液态)		1.2349k/L	
	氩气(气态)		0.56kg/m^3	
	氩气(液态)		0.87kg/L	
	二氧化碳(气)		0.5058kg/m^3	
	二氧化碳(液)		0.986kg/L	
	汽油		0.67t/m^3	
	酒精		0.785t/m^3	
	城砖	400×190×70	13kg/块	
	半王长砖	430×300×70	20kg/块	
	大加厚方砖	500×500×70	40kg/块	
	中加厚方砖	400×400×50	20kg/块	
	嵌砖	360×190×490	10kg/块	
	黄道砖	175×80×35	1.35kg/块	
	尺六方砖	300×300×35	9kg/块	
	尺八方砖	350×350×40	15kg/块	
	望砖	210×110×15	1.0kg/块	
	做细望砖	210×100×14	1.0kg/块	
	大金砖	720×720×100	130kg/块	
	小金砖	660×660×80	87.5kg/块	
	黏土筒瓦	220×110(10")	1400kg/千张	
	黏土筒瓦	280×140(12")	2000kg/千张	
	黏土筒瓦	290×160(14")	2200kg/千张	
	黏土青瓦	180×180	700kg/千张	
	黏土青瓦	220×220	1200kg/千张	

续表

代码	材料名称	型号规格	单位重量	备注
	黏土青瓦	240×240	1800kg/千张	
	黏土滴水	180×160	800kg/千张	
	黏土滴水	220×160	1300kg/千张	
	黏土滴水	240×200	2000kg/千张	
	黏土筒瓦勾头	220×110(10")	1600kg/千张	
	黏土筒瓦勾头	280×140(12")	2400kg/千张	
	黏土筒瓦勾头	290×160(14")	2600kg/千张	
	黏土花边	180×160	800kg/千张	
	黏土花边	220×160	1300kg/千张	
	黏土花边	240×200	2000kg/千张	
	铸铁防盗重型圆盖座(板)	HT200(ϕ1000)	330kg	
	铸铁防盗重型圆盖座(板)	HT200(ϕ700)	157kg	
	铸铁防盗轻型圆盖座(板)	HT200(ϕ700)	100kg	
	铸铁防盗轻型圆盖座(板)	HT200(ϕ600)	80kg	
	铸铁防盗轻型圆盖座(板)	HT200(ϕ500)	55kg	
	铸铁长方形盖座(板)	HT200 390×510	92kg	
	铸铁长方形盖座(板)	HT200 360×460	80kg	
	铸铁正方形盖座(板)	HT200 450×450	70kg	
	铸铁正方形盖座(板)	HT200 500×500	80kg	
	铸铁重型正方形盖座(板)	HT200 500×500	105kg	
	防盗圆井盖座	QT40-17(ϕ700)	157kg	
	铸铁长方形盖座(板)	QT40-17(450×750)	100kg	
代码	材料名称	型号规格	单位重量(kg/m)	备注
	圆钢	ϕ3.2	0.063	
	圆钢	ϕ4	0.099	
	圆钢	ϕ5	0.154	
	圆钢	ϕ6	0.222	
	圆钢	ϕ6.5	0.26	
	圆钢	ϕ7	0.302	
	圆钢	ϕ8	0.395	
	圆钢	ϕ9	0.499	
	圆钢	ϕ10	0.617	
	圆钢	ϕ12	0.888	
	圆钢	ϕ14	1.21	
	圆钢	ϕ16	1.58	
	圆钢	ϕ18	2	
	圆钢	ϕ19	2.23	
	圆钢	ϕ20	2.47	

续表

代码	材料名称	型号规格	单位重量(kg/m)	备注
	圆钢	$\phi22$	2.98	
	圆钢	$\phi24$	3.55	
	圆钢	$\phi25$	3.85	
	圆钢	$\phi26$	4.17	
	圆钢	$\phi28$	4.83	
	圆钢	$\phi30$	5.55	
	圆钢	$\phi32$	6.31	
	圆钢	$\phi34$	7.13	
	圆钢	$\phi35$	7.55	
	圆钢	$\phi36$	7.99	
	圆钢	$\phi38$	8.9	
	圆钢	$\phi40$	9.86	
	圆钢	$\phi42$	10.88	
	圆钢	$\phi45$	12.48	
	圆钢	$\phi48$	14.21	
	圆钢	$\phi50$	15.41	
代码	材料名称	型号规格	单位重量(kg/m^2)	备注
	钢板	0.2	1.57	
	钢板	0.25	1.963	
	钢板	0.3	2.355	
	钢板	0.35	2.748	
	钢板	0.4	3.14	
	钢板	0.45	3.533	
	钢板	0.5	3.925	
	钢板	0.55	4.318	
	钢板	0.6	4.71	
	钢板	0.7	5.495	
	钢板	0.75	5.888	
	钢板	0.8	6.28	
	钢板	0.9	7.065	
	钢板	1	7.85	
	钢板	1.5	11.775	
	钢板	2	15.7	
	钢板	3	23.55	
	钢板	4	31.4	
	钢板	5	39.25	
	钢板	6	47.1	
	钢板	7	54.95	

续表

代码	材料名称	型号规格	单位重量(kg/m²)	备注
	钢板	8	62.8	
	钢板	9	70.65	
	钢板	10	78.5	
	钢板	12	94.2	
	钢板	14	109.9	
	钢板	16	125.6	
	钢板	18	141.3	
	钢板	20	157	
	钢板	22	172.7	
	钢板	24	188.4	
	钢板	26	204.1	
	钢板	28	219.8	
	钢板	30	235.5	
	钢板	32	251.2	
	钢板	34	266.9	
	钢板	36	282.6	
	钢板	38	298.3	
	钢板	40	314	
	钢板	42	329.7	
	钢板	44	345.4	
	钢板	46	361.1	
	钢板	48	376.8	
	钢板	50	392.5	
	钢板	52	408.2	
	钢板	54	423.9	
	钢板	56	439.6	
	钢板	58	455.3	
	镀锌钢板	8#(4.27mm)	33.52	
	镀锌钢板	9#(3.9mm)	30.62	
	镀锌钢板	10#(3.51mm)	27.55	
	镀锌钢板	11#(3.13mm)	24.57	
	镀锌钢板	12#(2.742mm)	21.52	
	镀锌钢板	13#(2.37mm)	18.6	
	镀锌钢板	14#(1.99mm)	15.62	
	镀锌钢板	15#(1.80mm)	14.13	
	镀锌钢板	16#(1.61mm)	12.64	
	镀锌钢板	17#(1.46mm)	11.46	
	镀锌钢板	18#(1.31mm)	10.28	

续表

代码	材料名称	型号规格	单位重量(kg/m²)	备注
	镀锌钢板	19#(1.155mm)	9.07	
	镀锌钢板	20#(1.00mm)	7.85	
	镀锌钢板	21#(0.93mm)	7.3	
	镀锌钢板	22#(0.855mm)	6.71	
	镀锌钢板	23#(0.778mm)	6.11	
	镀锌钢板	24#(0.700mm)	5.5	
	镀锌钢板	25#(0.627mm)	4.92	
	镀锌钢板	26#(0.552mm)	4.33	
	镀锌钢板	27#(0.512mm)	4.03	
	镀锌钢板	28#(0.475mm)	3.73	
	镀锌钢板	29#(0.437mm)	3.43	
	镀锌钢板	30#(0.399mm)	3.13	
	镀锌钢板	31#(0.361mm)	2.88	
	镀锌钢板	32#(0.340mm)	2.67	
代码	材料名称	型号规格	单位重量(kg/m²)	备注
	普通槽钢18B#	180×70×9	23.05	
	普通槽钢20A#	200×73×7	22.69	
	普通槽钢20B#	200×75×9	25.83	
	普通槽钢22A#	220×77×7	25.06	
	普通槽钢22B#	220×79×9	28.52	
	普通槽钢25A#	250×78×7	27.48	
	普通槽钢25B#	250×80×9	31.4	
	普通槽钢25C#	250×82×11	35.33	
	普通槽钢28A#	280×82×7.5	31.5	
	普通槽钢28B#	280×84×9.5	35.9	
	普通槽钢28C#	280×86×11.5	40.29	
	普通槽钢32A#	320×88×8	38.18	
	普通槽钢32B#	320×90×10	43.2	
	普通槽钢32C#	320×92×12	48.22	
	普通槽钢36A#	360×96×9	47.94	
	普通槽钢36B#	360×98×11	53.59	
	普通槽钢36C#	360×100×13	59.24	
	普通槽钢40A#	400×100×10.5	59.08	
	普通槽钢40B#	400×102×12.5	65.36	
	普通槽钢40C#	400×104×14.5	71.64	
代码	材料名称	型号规格(高×宽×厚)	单位重量(kg/m)	备注
	轻型槽钢5#	50×32×4.4	4.84	
	轻型槽钢6.5#	65×36×4.4	5.9	

续表

代码	材 料 名 称	型号规格(高×宽×厚)	单位重量(kg/m)	备注
	轻型槽钢 8#	80×40×4.5	7.05	
	轻型槽钢 10#	100×46×4.5	8.59	
	轻型槽钢 12#	120×52×4.8	10.4	
	轻型槽钢 14A#	140×58×4.9	12.3	
	轻型槽钢 14B#	140×62×4.9	13.3	
	轻型槽钢 16A#	160×64×5	14.2	
	轻型槽钢 16B#	160×68×5	15.3	
	轻型槽钢 18A#	180×70×5.1	16.3	
	轻型槽钢 18B#	180×74×5.1	17.4	
	轻型槽钢 20A#	200×76×5.2	18.4	
	轻型槽钢 20B#	200×80×5.2	19.8	
	轻型槽钢 22A#	220×82×5.4	21	
	轻型槽钢 22B#	220×87×5.4	22.6	
	轻型槽钢 24A#	240×90×5.6	24	
	轻型槽钢 24B#	240×95×5.6	25.8	
	轻型槽钢 27#	270×95×6	27.7	
	轻型槽钢 30#	300×100×6.5	31.8	
	轻型槽钢 33#	330×105×7	36.5	
	轻型槽钢 36#	360×110×7.5	41.9	
代码	材 料 名 称	型号规格	单位重量(kg/m)	备注
	H 型钢	100×50×5×7	9.3	
	H 型钢	100×100×6×8	17.2	
	H 型钢	125×60×6×8	13.2	
	H 型钢	125×125×6.5×9	23.8	
	H 型钢	150×75×5×7	14.0	
	H 型钢	148×100×6×9	21.1	
	H 型钢	150×150×7×10	31.5	
	H 型钢	175×90×5×8	18.1	
	H 型钢	175×175×7.5×11	40.2	
	H 型钢	198×99×4.5×7	18.2	
	H 型钢	200×100×5.5×8	21.3	
	H 型钢	194×150×6×9	30.6	
	H 型钢	200×200×8×12	49.9	
	H 型钢	200×204×12×12	56.2	
	H 型钢	248×124×5×8	25.7	
	H 型钢	250×125×6×9	29.6	
	H 型钢	244×175×7×11	44.1	
	H 型钢	250×250×9×14	72.4	

续表

代码	材料名称	型号规格	单位重量(kg/m)	备注
	H 型钢	250×255×14×14	82.2	
	H 型钢	298×149×5.5×8	32.0	
	H 型钢	300×150×6.5×9	36.7	
	H 型钢	294×200×8×12	56.8	
	H 型钢	294×302×12×12	84.5	
	H 型钢	300×300×10×15	94.0	
	H 型钢	300×305×15×16	110.4	
	H 型钢	346×174×6×9	41.4	
	H 型钢	350×175×7×11	49.6	
	H 型钢	340×250×9×14	79.7	
	H 型钢	344×348×10×16	114.6	
	H 型钢	350×350×12×19	136.5	
	H 型钢	396×199×7×11	56.6	
	H 型钢	400×200×8×13	66.0	
	H 型钢	390×300×10×16	106.7	
	H 型钢	388×402×15×15	140.1	
	H 型钢	394×398×11×18	146.6	
	H 型钢	400×400×13×21	171.7	
	H 型钢	400×408×21×21	196.8	
	H 型钢	414×405×18×28	231.9	
	H 型钢	428×407×20×35	283.1	
	H 型钢	458×417×30×50	414.9	
	H 型钢	498×432×45×70	604.5	
	H 型钢	446×199×8×12	66.2	
	H 型钢	450×200×9×14	76.0	
	H 型钢	440×300×11×18	123.5	
	H 型钢	496×199×9×14	79.5	
	H 型钢	500×200×10×16	89.7	
	H 型钢	506×201×11×19	103.1	
	H 型钢	482×300×11×15	114.2	
	H 型钢	488×300×11×18	128.4	
	H 型钢	596×199×10×15	94.6	
	H 型钢	600×200×11×17	105.5	
	H 型钢	606×201×12×20	119.7	
	H 型钢	582×300×12×17	137.0	
	H 型钢	588×300×12×20	151.1	
	H 型钢	594×302×14×23	174.6	
	H 型钢	592×300×13×20	155.8	

续表

代码	材 料 名 称	型号规格	单位重量(kg/m)	备注
	H 型钢	700×300×13×24	184. 9	
	H 型钢	792×300×14×22	191. 1	
	H 型钢	800×300×14×26	209. 9	
	H 型钢	890×299×15×23	212. 6	
	H 型钢	900×300×16×28	243. 2	
	H 型钢	912×302×18×34	285. 7	
代码	材 料 名 称	型号规格(线规号×直径)	单位重量(kg/1000m)	备注
	钢丝	33×0. 2	0. 247	
	钢丝	32×0. 22	0. 298	
	钢丝	31×0. 25	0. 385	
	钢丝	31×0. 28	0. 483	
	钢丝	30×0. 3	0. 555	
	钢丝	29×0. 32	0. 631	
	钢丝	28×0. 35	0. 755	
	钢丝	27×0. 4	0. 986	
	钢丝	26×0. 45	1. 25	
	钢丝	25×0. 5	1. 54	
	钢丝	24×0. 55	1. 87	
	钢丝	24×0. 6	2. 22	
	钢丝	23×0. 63	2. 45	
	钢丝	22×0. 7	3. 02	
	钢丝	21×0. 8	3. 95	
	钢丝	20×0. 9	4. 99	
	钢丝	20×1	6. 17	
	钢丝	19×1. 02	6. 41	
	钢丝	18×1. 2	8. 88	
	钢丝	17×1. 4	12. 1	
	钢丝	16×1. 6	15. 8	
	钢丝	15×1. 8	20	
	钢丝	15×2	24. 7	
	钢丝	14×2. 2	29. 8	
	钢丝	13×2. 5	38. 5	
	钢丝	12×2. 8	48. 3	
	钢丝	11×3	55. 5	
	钢丝	10×3. 5	75. 5	
	钢丝	9×3. 7	84. 4	
	钢丝	8×4	98. 6	

续表

代码	材 料 名 称	型号规格(线规号×直径)	单位重量(kg/1000m)	备注
	钢丝	7×4.5	125	
	钢丝	6×5	154	
	钢丝	5×5.5	187	
	钢丝	4×6	222	
代码	材 料 名 称	型号规格(股×丝×直径)	单位重量(kg/100m)	备注
	钢丝绳	6×19×4	5.73	
	钢丝绳	6×19×6.2	13.6	
	钢丝绳	6×19×15.5	84.8	
	钢丝绳	6×37×4.8	7.93	
	钢丝绳	6×37×5.2	9.42	
	钢丝绳	6×37×5.7	11.07	
	钢丝绳	6×37×6.1	12.85	
	钢丝绳	6×37×7.4	18.93	
	钢丝绳	6×37×8	22.51	
	钢丝绳	6×37×8.7	26.27	
	钢丝绳	6×37×11	40.86	
	钢丝绳	6×37×13	59	
	钢丝绳	6×37×15.5	80.27	
	钢丝绳	6×37×17.5	104.8	
	钢丝绳	6×37×19.5	132.6	
	钢丝绳	6×37×22	164.6	
	钢丝绳	6×37×24	199.1	
	钢丝绳	6×37×26	237.7	
	钢丝绳	6×37×28.5	276.6	
	钢丝绳	6×37×30.5	322.3	
	钢丝绳	6×37×32.5	368.4	
	钢丝绳	6×37×35	420.6	
	钢丝绳	6×37×37	474.8	
	钢丝绳	6×37×39	531.2	
代码	材 料 名 称	型号规格(钢绞线×钢丝)	单位重量(kg/100m)	备注
	镀锌钢绞线 1×7	1.8×0.6	1.69	
	镀锌钢绞线 1×7	2.1×0.7	2.3	
	镀锌钢绞线 1×7	2.4×0.8	3.01	
	镀锌钢绞线 1×7	2.7×0.9	3.81	
	镀锌钢绞线 1×7	3×1	4.7	

续表

代码	材料名称	型号规格(钢绞线×钢丝)	单位重量(kg/100m)	备注
	镀锌钢绞线 1×7	3.3×1.1	5.69	
	镀锌钢绞线 1×7	3.6×1.2	6.77	
	镀锌钢绞线 1×7	3.9×1.3	7.95	
	镀锌钢绞线 1×7	4.2×1.4	9.23	
	镀锌钢绞线 1×7	4.5×1.5	10.55	
	镀锌钢绞线 1×7	4.8×1.6	12.05	
	镀锌钢绞线 1×7	5.1×1.7	13.6	
	镀锌钢绞线 1×7	5.4×1.8	15.22	
	镀锌钢绞线 1×7	6×2	18.82	
	镀锌钢绞线 1×7	6.6×2.2	22.77	
	镀锌钢绞线 1×7	7.2×2.4	27.09	
	镀锌钢绞线 1×7	7.8×2.6	31.82	
	镀锌钢绞线 1×7	8.4×2.8	36.86	
	镀锌钢绞线 1×7	9×3	42.37	
	镀锌钢绞线 1×7	9.6×3.2	48.18	
	镀锌钢绞线 1×7	10.5×3.5	57.65	
	镀锌钢绞线 1×7	11.4×3.8	67.96	
	镀锌钢绞线 1×7	12×4	75.33	
代码	材料名称	型号规格	单位重量(kg/m)	备注
	焊接钢管	*DN*6	0.39	
	焊接钢管	*DN*8	0.62	
	焊接钢管	*DN*10	0.82	
	焊接钢管	*DN*15	1.26	
	焊接钢管	*DN*20	1.63	
	焊接钢管	*DN*25	2.42	
	焊接钢管	*DN*32	3.13	
	焊接钢管	*DN*40	3.84	
	焊接钢管	*DN*50	4.88	
	焊接钢管	*DN*65	6.64	
	焊接钢管	*DN*80	8.34	
	焊接钢管	*DN*100	10.85	
	焊接钢管	*DN*125	15.04	
	焊接钢管	*DN*150	17.81	
	镀锌焊接钢管	*DN*15	1.33	
	镀锌焊接钢管	*DN*20	1.73	
	镀锌焊接钢管	*DN*25	2.57	
	镀锌焊接钢管	*DN*32	3.32	

续表

代码	材 料 名 称	型 号 规 格	单位重量(kg/m)	备注
	镀锌焊接钢管	*DN*40	4.07	
	镀锌焊接钢管	*DN*50	5.17	
	镀锌焊接钢管	*DN*65	7.04	
	镀锌焊接钢管	*DN*75	8.84	
	镀锌焊接钢管	*DN*100	11.5	
	镀锌焊接钢管	*DN*125	15.94	
	镀锌焊接钢管	*DN*150	18.88	
代码	材 料 名 称	型号规格(外径×厚)	单位重量(kg/m)	备注
	焊接卷制钢管	630×7	1.36	
	焊接卷制钢管	630×8	1.55	
	焊接卷制钢管	630×9	1.74	
	焊接卷制钢管	630×10	1.93	
	焊接卷制钢管	720×7	1.55	
	焊接卷制钢管	720×8	1.77	
	焊接卷制钢管	720×9	1.99	
	焊接卷制钢管	720×10	2.21	
	焊接卷制钢管	812×8	2	
	焊接卷制钢管	812×9	2.25	
	焊接卷制钢管	812×10	2.49	
	焊接卷制钢管	812×11	2.74	
	焊接卷制钢管	863×9	2.39	
	焊接卷制钢管	863×10	2.65	
	焊接卷制钢管	863×11	2.91	
	焊接卷制钢管	863×12	3.18	
	焊接卷制钢管	914×9	2.53	
	焊接卷制钢管	914×10	2.81	
	焊接卷制钢管	914×11	3.09	
	焊接卷制钢管	914×12	3.37	
	焊接卷制钢管	914×14	3.92	
	焊接卷制钢管	1016×10	3.13	
	焊接卷制钢管	1016×11	3.44	
	焊接卷制钢管	1016×12	3.75	
	焊接卷制钢管	1016×14	4.36	
	焊接卷制钢管	1067×9	2.96	
	焊接卷制钢管	1067×12	3.94	
	焊接卷制钢管	1067×14	4.59	
	焊接卷制钢管	1420×12	5.25	
	焊接卷制钢管	1420×14	6.12	

续表

代码	材料名称	型号规格	单位重量(kg/m)	备注
	黄铜管	ϕ5×0.6	0.087	
	黄铜管	ϕ5×0.8	0.111	
	黄铜管	ϕ5×1	0.134	
	黄铜管	ϕ6×0.6	0.118	
	黄铜管	ϕ6×0.8	0.154	
	黄铜管	ϕ6×1	0.187	
	黄铜管	ϕ8×0.6	0.151	
	黄铜管	ϕ8×0.8	0.197	
	黄铜管	ϕ8×1	0.241	
	黄铜管	ϕ10×0.6	0.182	
	黄铜管	ϕ10×0.8	0.24	
	黄铜管	ϕ10×1.2	0.346	
	黄铜管	ϕ15×0.7	0.267	
	黄铜管	ϕ15×1	0.373	
	黄铜管	ϕ15×1.2	0.442	
	黄铜管	ϕ20×0.9	0.507	
	黄铜管	ϕ20×1.2	0.667	
	黄铜管	ϕ20×1.5	0.821	
	黄铜管	ϕ32×1.2	1.083	
	黄铜管	ϕ32×1.5	1.342	
	黄铜管	ϕ32×2	1.762	
	黄铜管	ϕ40×1.2	1.307	
	黄铜管	ϕ40×1.5	1.623	
	黄铜管	ϕ40×2	2.136	
	黄铜管	ϕ50×1.2	1.692	
	黄铜管	ϕ50×2	2.777	
	黄铜管	ϕ50×2.5	3.438	
	黄铜管	ϕ65×1.5	2.623	
	黄铜管	ϕ65×2	3.471	
	黄铜管	ϕ65×2.5	4.306	
	黄铜管	ϕ80×1.5	2.984	
	黄铜管	ϕ80×2	3.952	
	黄铜管	ϕ80×2.5	4.907	
	黄铜管	ϕ100×1.5	4.266	
	黄铜管	ϕ100×2.5	7.042	
	黄铜管	ϕ100×3.5	9.766	
	黄铜管	ϕ125×1.5	5.267	
	黄铜管	ϕ125×2.5	8.712	

续表

代码	材 料 名 称	型 号 规 格	单位重量(kg/m)	备注
	黄铜管	ϕ125×3. 5	12. 103	
	黄铜管	ϕ150×2	8. 384	
	黄铜管	ϕ150×3	12. 496	
	黄铜管	ϕ150×4	16. 555	
	黄铜管	ϕ200×4	22. 964	
	黄铜管	ϕ200×5	28. 571	
	黄铜管	ϕ200×6	34. 125	
代码	材 料 名 称	型 号 规 格	单位重量(kg/m)	备注
	紫铜管	ϕ5×0. 6	0. 091	
	紫铜管	ϕ5×0. 8	0. 116	
	紫铜管	ϕ5×1	0. 14	
	紫铜管	ϕ6×0. 6	0. 124	
	紫铜管	ϕ6×0. 8	0. 161	
	紫铜管	ϕ6×1	0. 196	
	紫铜管	ϕ8×0. 6	0. 158	
	紫铜管	ϕ8×0. 8	0. 206	
	紫铜管	ϕ8×1	0. 252	
	紫铜管	ϕ10×0. 6	0. 191	
	紫铜管	ϕ10×0. 8	0. 251	
	紫铜管	ϕ10×1. 2	0. 362	
	紫铜管	ϕ15×0. 7	0. 28	
	紫铜管	ϕ15×1	0. 391	
	紫铜管	ϕ15×1. 2	0. 463	
	紫铜管	ϕ20×0. 9	0. 531	
	紫铜管	ϕ20×1. 2	0. 698	
	紫铜管	ϕ20×1. 5	0. 86	
	紫铜管	ϕ32×1. 2	1. 134	
	紫铜管	ϕ32×1. 5	1. 405	
	紫铜管	ϕ32×2	1. 845	
	紫铜管	ϕ40×1. 2	1. 369	
	紫铜管	ϕ40×1. 5	1. 699	
	紫铜管	ϕ40×2	2. 237	
	紫铜管	ϕ50×1. 2	1. 772	
	紫铜管	ϕ50×2	2. 908	
	紫铜管	ϕ50×2. 5	3. 6	
	紫铜管	ϕ65×1. 5	2. 747	
	紫铜管	ϕ65×2	3. 635	
	紫铜管	ϕ65×2. 5	4. 509	

续表

代码	材 料 名 称	型 号 规 格	单位重量(kg/m)	备注
	紫铜管	ϕ80×1.5	3.125	
	紫铜管	ϕ80×2	4.138	
	紫铜管	ϕ80×2.5	5.138	
	紫铜管	ϕ100×1.5	4.467	
	紫铜管	ϕ100×2.5	7.374	
	紫铜管	ϕ100×3.5	10.226	
	紫铜管	ϕ125×1.5	5.515	
	紫铜管	ϕ125×2.5	9.122	
	紫铜管	ϕ125×3.5	12.673	
	紫铜管	ϕ150×2	8.779	
	紫铜管	ϕ150×3	13.085	
	紫铜管	ϕ150×4	17.335	
	紫铜管	ϕ200×4	24.046	
	紫铜管	ϕ200×5	29.917	
	紫铜管	ϕ200×6	35.733	

代码	材 料 名 称	型 号 规 格	单位重量(kg/m)	备注
	挤制铜管	ϕ30×5	3.493	
	挤制铜管	ϕ32×5	3.772	
	挤制铜管	ϕ32×6	4.359	
	挤制铜管	ϕ34×6	4.695	
	挤制铜管	ϕ36×5	4.331	
	挤制铜管	ϕ36×7	5.673	
	挤制铜管	ϕ38×6	5.365	
	挤制铜管	ϕ38×9	7.298	
	挤制铜管	ϕ40×5	4.89	
	挤制铜管	ϕ40×7	6.456	
	挤制铜管	ϕ40×7.5	6.811	
	挤制铜管	ϕ40×10	8.383	
	挤制铜管	ϕ42×6	6.036	
	挤制铜管	ϕ42×8	7.61	
	挤制铜管	ϕ42×8.5	7.962	
	挤制铜管	ϕ45×5	5.589	
	挤制铜管	ϕ45×7.5	7.864	
	挤制铜管	ϕ45×8	8.276	
	挤制铜管	ϕ46×8	8.495	
	挤制铜管	ϕ46×10	10.06	
	挤制铜管	ϕ50×5	6.287	
	挤制铜管	ϕ50×7.5	8.907	

续表

代码	材料名称	型号规格	单位重量(kg/m)	备注
	挤制铜管	ϕ50×10	11.18	
	挤制铜管	ϕ50×12.5	13.1	
	挤制铜管	ϕ50×15	14.67	
	挤制铜管	ϕ55×5	6.986	
	挤制铜管	ϕ55×7.5	9.955	
	挤制铜管	ϕ55×10	12.58	
	挤制铜管	ϕ55×12.5	14.85	
	挤制铜管	ϕ55×15	16.77	
	挤制铜管	ϕ60×5	7.685	
	挤制铜管	ϕ60×7.5	11	
	挤制铜管	ϕ60×10	13.97	
	挤制铜管	ϕ60×12.5	16.59	
	挤制铜管	ϕ60×15	18.86	
	挤制铜管	ϕ65×5	8.383	
	挤制铜管	ϕ65×7.5	12.05	
	挤制铜管	ϕ65×10	15.37	
	挤制铜管	ϕ65×12.5	18.34	
	挤制铜管	ϕ65×15	20.96	
	挤制铜管	ϕ70×5	9.082	
	挤制铜管	ϕ70×7.5	13.1	
	挤制铜管	ϕ70×10	16.77	
	挤制铜管	ϕ70×12.5	20.09	
	挤制铜管	ϕ70×15	23.05	
	挤制铜管	ϕ75×7	13.31	
	挤制铜管	ϕ75×9	16.61	
	挤制铜管	ϕ75×10	18.16	
	挤制铜管	ϕ75×12.5	21.83	
	挤制铜管	ϕ75×15	25.15	
	挤制铜管	ϕ80×15	27.25	
	挤制铜管	ϕ80×17.5	30.56	
	挤制铜管	ϕ80×7	14.29	
	挤制铜管	ϕ80×9	17.87	
	挤制铜管	ϕ80×10	19.56	
	挤制铜管	ϕ80×12.5	23.58	
	挤制铜管	ϕ85×7.5	16.25	
	挤制铜管	ϕ85×10	20.9	
	挤制铜管	ϕ85×12.5	25.32	
	挤制铜管	ϕ85×15	29.34	

续表

代码	材料名称	型号规格	单位重量(kg/m)	备注
	挤制铜管	ϕ85×17.5	33.01	
	挤制铜管	ϕ85×20	36.33	
	挤制铜管	ϕ85×22.5	39.3	
	挤制铜管	ϕ90×7.5	17.29	
	挤制铜管	ϕ90×10	22.36	
	挤制铜管	ϕ90×12.5	27.07	
	挤制铜管	ϕ90×15	31.44	
	挤制铜管	ϕ90×17.5	35.45	
	挤制铜管	ϕ90×20	39.12	
	挤制铜管	ϕ90×22.5	42.44	
	挤制铜管	ϕ90×25	45.41	
	挤制铜管	ϕ95×7.5	18.34	
	挤制铜管	ϕ95×10	23.75	
	挤制铜管	ϕ95×12.5	28.85	
	挤制铜管	ϕ95×15	33.53	
	挤制铜管	ϕ95×17.5	37.9	
	挤制铜管	ϕ95×20	41.92	
	挤制铜管	ϕ95×22.5	45.58	
	挤制铜管	ϕ95×25	48.9	
	挤制铜管	ϕ95×27.5	51.87	
	挤制铜管	ϕ100×7.5	19.4	
	挤制铜管	ϕ100×10	25.15	
	挤制铜管	ϕ100×12.5	30.56	
	挤制铜管	ϕ100×15	35.63	
	挤制铜管	ϕ100×17.5	40.34	
	挤制铜管	ϕ100×20	44.71	
	挤制铜管	ϕ100×22.5	48.73	
	挤制铜管	ϕ100×25	52.4	
	挤制铜管	ϕ100×27.5	55.71	
	挤制铜管	ϕ100×30	58.68	
	挤制铜管	ϕ105×10	26.56	
	挤制铜管	ϕ105×12.5	32.31	
	挤制铜管	ϕ105×15	37.72	
	挤制铜管	ϕ105×17.5	42.79	
	挤制铜管	ϕ105×20	47.52	
	挤制铜管	ϕ105×22.5	51.87	
	挤制铜管	ϕ105×25	55.89	
	挤制铜管	ϕ105×27.5	59.56	

续表

代码	材 料 名 称	型 号 规 格	单位重量(kg/m)	备注
	挤制铜管	ϕ105×30	62. 87	
	挤制铜管	ϕ110×10	27. 94	
	挤制铜管	ϕ110×12. 5	34. 06	
	挤制铜管	ϕ110×15	39. 82	
	挤制铜管	ϕ110×17. 5	45. 23	
	挤制铜管	ϕ110×20	50. 3	
	挤制铜管	ϕ110×22. 5	55. 02	
	挤制铜管	ϕ110×25	59. 38	
	挤制铜管	ϕ110×27. 5	63. 4	
	挤制铜管	ϕ110×30	67. 07	
	挤制铜管	ϕ115×10	29. 35	
	挤制铜管	ϕ115×12. 5	35. 8	
	挤制铜管	ϕ115×15	41. 92	
	挤制铜管	ϕ115×17. 5	47. 68	
	挤制铜管	ϕ115×20	53. 09	
	挤制铜管	ϕ115×22. 5	58. 16	
	挤制铜管	ϕ115×25	62. 87	
	挤制铜管	ϕ115×27	67. 24	
	挤制铜管	ϕ115×30	71. 26	
	挤制铜管	ϕ120×15	44. 1	
	挤制铜管	ϕ120×17. 5	50. 13	
	挤制铜管	ϕ120×20	55. 89	
	挤制铜管	ϕ120×22. 5	61. 3	
	挤制铜管	ϕ120×25	66. 37	
	挤制铜管	ϕ120×27. 5	71. 08	
	挤制铜管	ϕ120×30	75. 45	
	挤制铜管	ϕ125×10	32. 15	
	挤制铜管	ϕ125×12. 5	39. 3	
	挤制铜管	ϕ125×15	46. 13	
	挤制铜管	ϕ125×17. 5	52. 57	
	挤制铜管	ϕ125×20	58. 68	
	挤制铜管	ϕ125×22. 5	64. 45	
	挤制铜管	ϕ125×25	69. 66	
	挤制铜管	ϕ125×27. 5	74. 99	
	挤制铜管	ϕ125×30	79. 64	
	挤制铜管	ϕ130×15	48. 2	
	挤制铜管	ϕ130×17. 5	55. 05	
	挤制铜管	ϕ130×20	61. 48	

续表

代码	材料名称	型号规格	单位重量(kg/m)	备注
	挤制铜管	ϕ130×22.5	67.69	
	挤制铜管	ϕ130×25	73.35	
	挤制铜管	ϕ130×27.5	78.77	
	挤制铜管	ϕ130×30	83.83	
	挤制铜管	ϕ135×10	34.9	
	挤制铜管	ϕ135×12.5	42.79	
	挤制铜管	ϕ135×17.5	57.46	
	挤制铜管	ϕ135×20	64.3	
	挤制铜管	ϕ135×22.5	70.73	
	挤制铜管	ϕ135×25	76.85	
	挤制铜管	ϕ135×27.5	82.61	
	挤制铜管	ϕ135×30	88.02	
	挤制铜管	ϕ140×20	64.1	
	挤制铜管	ϕ140×22.5	73.92	
	挤制铜管	ϕ140×25	80.39	
	挤制铜管	ϕ140×27.5	86.5	
	挤制铜管	ϕ140×30	92.27	
	挤制铜管	ϕ145×10	37.75	
	挤制铜管	ϕ145×12.5	46.28	
	挤制铜管	ϕ145×17.5	62.35	
	挤制铜管	ϕ145×22.5	77.02	
	挤制铜管	ϕ145×25	83.88	
	挤制铜管	ϕ145×27.5	90.29	
	挤制铜管	ϕ145×30	96.41	
	挤制铜管	ϕ150×15	56.59	
	挤制铜管	ϕ150×20	72.65	
	挤制铜管	ϕ150×25	87.33	
	挤制铜管	ϕ150×27	94.19	
	挤制铜管	ϕ150×30	100.6	
	挤制铜管	ϕ155×10	40.54	
	挤制铜管	ϕ155×12.5	49.78	
	挤制铜管	ϕ155×17.5	67.24	
	挤制铜管	ϕ155×22.5	83.31	
	挤制铜管	ϕ155×27.5	97.98	
	挤制铜管	ϕ155×30	104.9	
	挤制铜管	ϕ160×15	60.78	
	挤制铜管	ϕ160×20	78.24	
	挤制铜管	ϕ160×25	94.31	

续表

代码	材料名称	型号规格	单位重量(kg/m)	备注
	挤制铜管	ϕ165×10	43.34	
	挤制铜管	ϕ165×12.5	53.27	
	挤制铜管	ϕ165×17.5	72.13	
	挤制铜管	ϕ165×22.5	89.6	
	挤制铜管	ϕ165×27.5	105.7	
	挤制铜管	ϕ170×10	44.71	
	挤制铜管	ϕ170×15	64.97	
	挤制铜管	ϕ170×20	83.83	
	挤制铜管	ϕ170×25	100.3	
	挤制铜管	ϕ170×30	117.4	
	挤制铜管	ϕ175×12.5	56.76	
	挤制铜管	ϕ175×17.5	77.02	
	挤制铜管	ϕ175×22.5	95.88	
	挤制铜管	ϕ175×27.5	113.4	
	挤制铜管	ϕ180×10	47.51	
	挤制铜管	ϕ180×15	69.16	
	挤制铜管	ϕ180×20	89.42	
	挤制铜管	ϕ180×25	108.3	
	挤制铜管	ϕ180×30	125.8	
	挤制铜管	ϕ185×12.5	60.25	
	挤制铜管	ϕ185×17.5	81.91	
	挤制铜管	ϕ185×22.5	102.2	
	挤制铜管	ϕ185×27.5	121	
	挤制铜管	ϕ190×10	50.3	
	挤制铜管	ϕ190×15	73.25	
	挤制铜管	ϕ190×20	95.01	
	挤制铜管	ϕ190×25	115.3	
	挤制铜管	ϕ190×30	134.1	
	挤制铜管	ϕ195×12.5	68.75	
	挤制铜管	ϕ195×17.5	86.8	
	挤制铜管	ϕ195×22.5	108.5	
	挤制铜管	ϕ195×27.5	128.7	
	挤制铜管	ϕ200×10	53.09	
	挤制铜管	ϕ200×15	77.55	
	挤制铜管	ϕ200×20	100.6	
	挤制铜管	ϕ200×25	122.3	
	挤制铜管	ϕ200×30	142.5	
	挤制铜管	ϕ210×10	55.89	

续表

代码	材料名称	型号规格	单位重量(kg/m)	备注
	挤制铜管	ϕ210×15	81.74	
	挤制铜管	ϕ210×20	106.2	
	挤制铜管	ϕ210×25	129.2	
	挤制铜管	ϕ210×30	150.9	
	挤制铜管	ϕ220×10	58.68	
	挤制铜管	ϕ220×15	85.93	
	挤制铜管	ϕ220×20	111.8	
	挤制铜管	ϕ220×25	136.2	
	挤制铜管	ϕ220×30	159.3	
	挤制铜管	ϕ230×10	61.48	
	挤制铜管	ϕ230×15	90.12	
	挤制铜管	ϕ230×20	117.4	
	挤制铜管	ϕ230×25	143.2	
	挤制铜管	ϕ230×30	167.7	
	挤制铜管	ϕ240×20	123	
	挤制铜管	ϕ240×25	150.2	
	挤制铜管	ϕ240×30	176.1	
	挤制铜管	ϕ240×10	64.21	
	挤制铜管	ϕ240×15	94.31	
	挤制铜管	ϕ250×10	67.07	
	挤制铜管	ϕ250×15	98.5	
	挤制铜管	ϕ250×20	128.5	
	挤制铜管	ϕ250×25	157.2	
	挤制铜管	ϕ250×30	184.4	
	挤制铜管	ϕ260×10	69.86	
	挤制铜管	ϕ260×15	102.8	
	挤制铜管	ϕ260×20	134.1	
	挤制铜管	ϕ260×25	164.2	
	挤制铜管	ϕ260×30	192.8	
	挤制铜管	ϕ270×10	72.7	
	挤制铜管	ϕ270×15	106.9	
	挤制铜管	ϕ270×20	139.8	
	挤制铜管	ϕ270×25	171.2	
	挤制铜管	ϕ270×30	201.2	
	挤制铜管	ϕ280×10	75.45	
	挤制铜管	ϕ280×15	111.1	
	挤制铜管	ϕ280×20	145.3	
	挤制铜管	ϕ280×25	178.2	

续表

代码	材料名称	型号规格	单位重量(kg/m)	备注
	挤制铜管	ϕ280×30	209.6	
	挤制铜管	ϕ290×15	115.3	
	挤制铜管	ϕ290×20	151	
	挤制铜管	ϕ290×25	185.2	
	挤制铜管	ϕ290×30	218.1	
	挤制铜管	ϕ300×20	156.6	
	挤制铜管	ϕ300×25	192.2	
	挤制铜管	ϕ300×30	226.5	
代码	材料名称	型号规格	理论重量(kg/m)	备注
	K9级T型接口球墨铸铁管	*DN*80	12.2	不包括水泥内衬的重量
	K9级T型接口球墨铸铁管	*DN*100	15.83	不包括水泥内衬的重量
	K9级T型接口球墨铸铁管	*DN*150	24	不包括水泥内衬的重量
	K9级T型接口球墨铸铁管	*DN*200	32.33	不包括水泥内衬的重量
	K9级T型接口球墨铸铁管	*DN*250	42.5	不包括水泥内衬的重量
	K9级T型接口球墨铸铁管	*DN*300	53.83	不包括水泥内衬的重量
	K9级T型接口球墨铸铁管	*DN*350	67.17	不包括水泥内衬的重量
	K9级T型接口球墨铸铁管	*DN*400	80.33	不包括水泥内衬的重量
	K9级T型接口球墨铸铁管	*DN*500	111.5	不包括水泥内衬的重量
	K9级T型接口球墨铸铁管	*DN*600	147	不包括水泥内衬的重量
	K9级T型接口球墨铸铁管	*DN*700	187	不包括水泥内衬的重量
	K9级T型接口球墨铸铁管	*DN*800	232	不包括水泥内衬的重量
	K9级T型接口球墨铸铁管	*DN*900	281	不包括水泥内衬的重量
	K9级T型接口球墨铸铁管	*DN*1000	336	不包括水泥内衬的重量
代码	材料名称	型号规格	理论重量(kg/m)	备注
	砂型离心铸铁管	*DN*200	42	P级
	砂型离心铸铁管	*DN*250	56.3	P级
	砂型离心铸铁管	*DN*300	70.8	P级
	砂型离心铸铁管	*DN*350	88.7	P级
	砂型离心铸铁管	*DN*400	107.7	P级
	砂型离心铸铁管	*DN*450	126	P级
	砂型离心铸铁管	*DN*500	149	P级
	砂型离心铸铁管	*DN*600	198	P级
	砂型离心铸铁管	*DN*700	251	P级
	砂型离心铸铁管	*DN*800	311	P级
	砂型离心铸铁管	*DN*900	379	P级
	砂型离心铸铁管	*DN*1000	473	P级
	砂型离心铸铁管	*DN*200	47.5	G级
	砂型离心铸铁管	*DN*250	63.7	G级

续表

代码	材料名称	型号规格	理论重量(kg/m)	备注
	砂型离心铸铁管	*DN*300	80.3	G 级
	砂型离心铸铁管	*DN*350	98.3	G 级
	砂型离心铸铁管	*DN*400	119	G 级
	砂型离心铸铁管	*DN*450	140	G 级
	砂型离心铸铁管	*DN*500	162	G 级
	砂型离心铸铁管	*DN*600	217	G 级
	砂型离心铸铁管	*DN*700	276	G 级
	砂型离心铸铁管	*DN*800	342	G 级
	砂型离心铸铁管	*DN*900	415	G 级
	砂型离心铸铁管	*DN*1000	520	G 级
	法兰柔性抗震铸铁排水管	A 型 *DN*50	6.5	
	法兰柔性抗震铸铁排水管	A 型 *DN*75	10.7	
	法兰柔性抗震铸铁排水管	A 型 *DN*100	13.5	
	法兰柔性抗震铸铁排水管	A 型 *DN*150	23.5	
	法兰柔性抗震铸铁排水管	A 型 *DN*200	34.5	
	柔性抗震铸铁排水直管	W 型 *DN*50	5.5	
	柔性抗震铸铁排水直管	W 型 *DN*75	8.14	
	柔性抗震铸铁排水直管	W 型 *DN*100	11.54	
	柔性抗震铸铁排水直管	W 型 *DN*150	17.07	
	柔性抗震铸铁排水直管	W 型 *DN*200	27.3	

代码	材料名称	型号规格	理论重量(kg/m)	备注
	钢筋混凝土顶管(F 管)	ϕ600	410	
	钢筋混凝土顶管(F 管)	ϕ800	500	
	钢筋混凝土顶管(F 管)	ϕ1000	870	
	钢筋混凝土顶管(F 管)	ϕ1200	1240	
	钢筋混凝土顶管(F 管)	ϕ1350	1880	
	钢筋混凝土顶管(F 管)	ϕ1500	2400	
	钢筋混凝土顶管(F 管)	ϕ1650	2800	
	钢筋混凝土顶管(F 管)	ϕ1800	3270	
	钢筋混凝土顶管(F 管)	ϕ2000	3810	
	钢筋混凝土顶管(F 管)	ϕ2200	4200	
	钢筋混凝土承插离心管	ϕ300	120	
	钢筋混凝土承插离心管	ϕ400	175	
	钢筋混凝土承插离心管	ϕ500	268	
	钢筋混凝土承插离心管	ϕ600	360	
	钢筋混凝土承插离心管	ϕ800	370	
	钢筋混凝土承插离心管	ϕ1000	530	
	钢筋混凝土承插离心管	ϕ1200	800	
	钢筋混凝土承插离心管	ϕ1500	1200	

续表

代码	材 料 名 称	型号规格 (外径×壁厚)(mm)	理论重量(kg/m)	备注
	不锈钢无缝管	*DN*6×1	0.125	GB/T 14976—2012
	不锈钢无缝管	*DN*6×1.5	0.168	GB/T 14976—2012
	不锈钢无缝管	*DN*8×1	0.174	GB/T 14976—2012
	不锈钢无缝管	*DN*8×1.5	0.243	GB/T 14976—2012
	不锈钢无缝管	*DN*10×1	0.224	GB/T 14976—2012
	不锈钢无缝管	*DN*10×1.5	0.318	GB/T 14976—2012
	不锈钢无缝管	*DN*12×1	0.274	GB/T 14976—2012
	不锈钢无缝管	*DN*12×1.5	0.392	GB/T 14976—2012
	不锈钢无缝管	*DN*12×2	0.498	GB/T 14976—2012
	不锈钢无缝管	*DN*14×1	0.324	GB/T 14976—2012
	不锈钢无缝管	*DN*14×2	0.598	GB/T 14976—2012
	不锈钢无缝管	*DN*14×3	0.822	GB/T 14976—2012
	不锈钢无缝管	*DN*16×2	0.697	GB/T 14976—2012
	不锈钢无缝管	*DN*16×3	0.971	GB/T 14976—2012
	不锈钢无缝管	*DN*17×3	1.046	GB/T 14976—2012
	不锈钢无缝管	*DN*18×1	0.423	GB/T 14976—2012
	不锈钢无缝管	*DN*18×1.5	0.617	GB/T 14976—2012
	不锈钢无缝管	*DN*18×2	0.797	GB/T 14976—2012
	不锈钢无缝管	*DN*18×3	1.121	GB/T 14976—2012
	不锈钢无缝管	*DN*20×1	0.473	GB/T 14976—2012
	不锈钢无缝管	*DN*20×2	0.897	GB/T 14976—2012
	不锈钢无缝管	*DN*20×3	1.270	GB/T 14976—2012
	不锈钢无缝管	*DN*21×3	1.345	GB/T 14976—2012
	不锈钢无缝管	*DN*22×2	0.996	GB/T 14976—2012
	不锈钢无缝管	*DN*22×2.5	1.214	GB/T 14976—2012
	不锈钢无缝管	*DN*22×3	1.420	GB/T 14976—2012
	不锈钢无缝管	*DN*25×2	1.146	GB/T 14976—2012
	不锈钢无缝管	*DN*25×2.5	1.401	GB/T 14976—2012
	不锈钢无缝管	*DN*25×3	1.644	GB/T 14976—2012
	不锈钢无缝管	*DN*27×3	1.794	GB/T 14976—2012
	不锈钢无缝管	*DN*27×3.5	2.049	GB/T 14976—2012
	不锈钢无缝管	*DN*28×2	1.295	GB/T 14976—2012
	不锈钢无缝管	*DN*28×3	1.868	GB/T 14976—2012
	不锈钢无缝管	*DN*30×2	1.395	GB/T 14976—2012
	不锈钢无缝管	*DN*30×2.5	1.713	GB/T 14976—2012
	不锈钢无缝管	*DN*30×3	2.018	GB/T 14976—2012
	不锈钢无缝管	*DN*32×2	1.495	GB/T 14976—2012

续表

代码	材 料 名 称	型号规格 (外径×壁厚)(mm)	理论重量(kg/m)	备注
	不锈钢无缝管	*DN*32×2.5	1.837	GB/T 14976—2012
	不锈钢无缝管	*DN*32×3	2.167	GB/T 14976—2012
	不锈钢无缝管	*DN*32×3.5	2.485	GB/T 14976—2012
	不锈钢无缝管	*DN*33.5×3.5	2.616	GB/T 14976—2012
	不锈钢无缝管	*DN*34×3	2.317	GB/T 14976—2012
	不锈钢无缝管	*DN*34×3.5	2.659	GB/T 14976—2012
	不锈钢无缝管	*DN*38×3	2.616	GB/T 14976—2012
	不锈钢无缝管	*DN*38×3.5	3.008	GB/T 14976—2012
	不锈钢无缝管	*DN*40×2	1.893	GB/T 14976—2012
	不锈钢无缝管	*DN*40×3	2.765	GB/T 14976—2012
	不锈钢无缝管	*DN*42×3	2.914	GB/T 14976—2012
	不锈钢无缝管	*DN*42×3.5	3.357	GB/T 14976—2012
	不锈钢无缝管	*DN*42×4	3.786	GB/T 14976—2012
	不锈钢无缝管	*DN*45×3	3.139	GB/T 14976—2012
	不锈钢无缝管	*DN*45×3.5	3.618	GB/T 14976—2012
	不锈钢无缝管	*DN*48×3	3.363	GB/T 14976—2012
	不锈钢无缝管	*DN*48×3.5	3.880	GB/T 14976—2012
	不锈钢无缝管	*DN*48×4	4.384	GB/T 14976—2012
	不锈钢无缝管	*DN*50×4	4.583	GB/T 14976—2012
	不锈钢无缝管	*DN*50×5	5.605	GB/T 14976—2012
	不锈钢无缝管	*DN*51×3	3.587	GB/T 14976—2012
	不锈钢无缝管	*DN*51×3.5	4.141	GB/T 14976—2012
	不锈钢无缝管	*DN*57×3	4.035	GB/T 14976—2012
	不锈钢无缝管	*DN*57×3.5	4.664	GB/T 14976—2012
	不锈钢无缝管	*DN*60×4	5.580	GB/T 14976—2012
	不锈钢无缝管	*DN*60×5	6.850	GB/T 14976—2012
	不锈钢无缝管	*DN*63.5×4	5.929	GB/T 14976—2012
	不锈钢无缝管	*DN*70×3.5	5.798	GB/T 14976—2012
	不锈钢无缝管	*DN*76×4	7.174	GB/T 14976—2012
	不锈钢无缝管	*DN*76×4.5	8.015	GB/T 14976—2012
	不锈钢无缝管	*DN*76×5	8.843	GB/T 14976—2012
	不锈钢无缝管	*DN*80×4	7.753	GB/T 14976—2012
	不锈钢无缝管	*DN*89×4	8.469	GB/T 14976—2012
	不锈钢无缝管	*DN*89×4.5	9.472	GB/T 14976—2012
	不锈钢无缝管	*DN*89×5	10.462	GB/T 14976—2012
	不锈钢无缝管	*DN*89×6	12.405	GB/T 14976—2012
	不锈钢无缝管	*DN*102×5	12.081	GB/T 14976—2012

续表

代码	材料名称	型号规格（外径×壁厚）(mm)	理论重量(kg/m)	备注
	不锈钢无缝管	*DN*102×6	14.348	GB/T 14976—2012
	不锈钢无缝管	*DN*108×4	10.363	GB/T 14976—2012
	不锈钢无缝管	*DN*108×4.5	11.602	GB/T 14976—2012
	不锈钢无缝管	*DN*108×5	12.829	GB/T 14976—2012
	不锈钢无缝管	*DN*114×4.5	12.274	GB/T 14976—2012
	不锈钢无缝管	*DN*127×5	15.195	GB/T 14976—2012
	不锈钢无缝管	*DN*133×5	15.942	GB/T 14976—2012
	不锈钢无缝管	*DN*133×6	18.981	GB/T 14976—2012
	不锈钢无缝管	*DN*159×4.5	17.319	GB/T 14976—2012
	不锈钢无缝管	*DN*159×5	19.181	GB/T 14976—2012
	不锈钢无缝管	*DN*159×6	22.867	GB/T 14976—2012
	不锈钢无缝管	*DN*168×6	24.212	GB/T 14976—2012
	不锈钢无缝管	*DN*219×6	31.835	GB/T 14976—2012
	不锈钢无缝管	*DN*219×8	42.048	GB/T 14976—2012
	不锈钢无缝管	*DN*273×9.3	61.090	GB/T 14976—2012
	不锈钢无缝管	*DN*325×10	78.467	GB/T 14976—2012
代码	材料名称	型号规格	理论重量(kg/m)	备注
	无缝钢管	8×1	0.173	
	无缝钢管	10×1	0.222	
	无缝钢管	12×1	0.271	
	无缝钢管	13×1	0.296	
	无缝钢管	14×1	0.321	
	无缝钢管	16×1	0.37	
	无缝钢管	18×1	0.419	
	无缝钢管	20×1	0.469	
	无缝钢管	22×1	0.518	
	无缝钢管	24×1	0.567	
	无缝钢管	25×1	0.592	
	无缝钢管	27×1	0.641	
	无缝钢管	28×1	0.666	
	无缝钢管	30×1	0.715	
	无缝钢管	32×1	0.765	
	无缝钢管	34×1	0.814	
	无缝钢管	40×1	0.962	
	无缝钢管	8×1.5	0.24	
	无缝钢管	10×1.5	0.314	
	无缝钢管	12×1.5	0.388	

续表

代码	材料名称	型号规格	理论重量(kg/m)	备注
	无缝钢管	13×1.5	0.425	
	无缝钢管	14×1.5	0.462	
	无缝钢管	16×1.5	0.536	
	无缝钢管	18×1.5	0.61	
	无缝钢管	20×1.5	0.684	
	无缝钢管	22×1.5	0.758	
	无缝钢管	24×1.5	0.832	
	无缝钢管	25×1.5	0.869	
	无缝钢管	27×1.5	0.943	
	无缝钢管	28×1.5	0.98	
	无缝钢管	30×1.5	1.054	
	无缝钢管	32×1.5	1.128	
	无缝钢管	34×1.5	1.202	
	无缝钢管	40×1.5	1.424	
	无缝钢管	8×2	0.296	
	无缝钢管	10×2	0.395	
	无缝钢管	12×2	0.493	
	无缝钢管	13×2	0.543	
	无缝钢管	14×2	0.592	
	无缝钢管	16×2	0.691	
	无缝钢管	18×2	0.789	
	无缝钢管	20×2	0.888	
	无缝钢管	22×2	0.986	
	无缝钢管	24×2	1.085	
	无缝钢管	25×2	1.134	
	无缝钢管	27×2	1.233	
	无缝钢管	28×2	1.282	
	无缝钢管	30×2	1.381	
	无缝钢管	32×2	1.48	
	无缝钢管	34×2	1.578	
	无缝钢管	40×2	1.874	
	无缝钢管	8×2.5	0.339	
	无缝钢管	10×2.5	0.462	
	无缝钢管	12×2.5	0.586	
	无缝钢管	13×2.5	0.647	
	无缝钢管	14×2.5	0.709	
	无缝钢管	16×2.5	0.832	
	无缝钢管	18×2.5	0.956	

续表

代码	材料名称	型号规格	理论重量(kg/m)	备注
	无缝钢管	20×2.5	1.079	
	无缝钢管	22×2.5	1.202	
	无缝钢管	24×2.5	1.326	
	无缝钢管	25×2.5	1.387	
	无缝钢管	27×2.5	1.511	
	无缝钢管	28×2.5	1.572	
	无缝钢管	30×2.5	1.695	
	无缝钢管	32×2.5	1.819	
	无缝钢管	34×2.5	1.942	
	无缝钢管	40×2.5	2.312	
	无缝钢管	8×3	0.37	
	无缝钢管	10×3	0.518	
	无缝钢管	12×3	0.666	
	无缝钢管	13×3	0.74	
	无缝钢管	14×3	0.814	
	无缝钢管	16×3	0.962	
	无缝钢管	18×3	1.11	
	无缝钢管	20×3	1.258	
	无缝钢管	22×3	1.406	
	无缝钢管	24×3	1.554	
	无缝钢管	25×3	1.628	
	无缝钢管	27×3	1.776	
	无缝钢管	28×3	1.85	
	无缝钢管	30×3	1.998	
	无缝钢管	32×3	2.146	
	无缝钢管	34×3	2.294	
	无缝钢管	40×3	2.737	
	无缝钢管	8×3.5	0.388	
	无缝钢管	10×3.5	0.561	
	无缝钢管	12×3.5	0.734	
	无缝钢管	13×3.5	0.82	
	无缝钢管	14×3.5	0.906	
	无缝钢管	16×3.5	1.079	
	无缝钢管	18×3.5	1.252	
	无缝钢管	20×3.5	1.424	
	无缝钢管	22×3.5	1.597	
	无缝钢管	24×3.5	1.769	
	无缝钢管	25×3.5	1.856	

续表

代码	材料名称	型号规格	理论重量(kg/m)	备注
	无缝钢管	27×3.5	2.028	
	无缝钢管	28×3.5	2.115	
	无缝钢管	30×3.5	2.287	
	无缝钢管	32×3.5	2.46	
	无缝钢管	34×3.5	2.633	
	无缝钢管	40×3.5	3.151	
	无缝钢管	8×4	0.385	
	无缝钢管	10×4	0.592	
	无缝钢管	12×4	0.789	
	无缝钢管	13×4	0.888	
	无缝钢管	14×4	0.986	
	无缝钢管	16×4	1.184	
	无缝钢管	18×4	1.381	
	无缝钢管	20×4	1.578	
	无缝钢管	22×4	1.776	
	无缝钢管	24×4	1.973	
	无缝钢管	25×4	2.072	
	无缝钢管	27×4	2.269	
	无缝钢管	28×4	2.368	
	无缝钢管	30×4	2.565	
	无缝钢管	32×4	2.762	
	无缝钢管	34×4	2.959	
	无缝钢管	40×4	3.551	
	无缝钢管	40×3	2.737	
	无缝钢管	42×3	2.885	
	无缝钢管	45×3	3.107	
	无缝钢管	48×3	3.329	
	无缝钢管	50×3	3.477	
	无缝钢管	51×3	3.551	
	无缝钢管	57×3	3.995	
	无缝钢管	60×3	4.217	
	无缝钢管	63×3	4.439	
	无缝钢管	68×3	4.809	
	无缝钢管	70×3	4.957	
	无缝钢管	76×3	5.401	
	无缝钢管	40×3.5	3.151	
	无缝钢管	42×3.5	3.323	
	无缝钢管	45×3.5	3.582	

续表

代码	材料名称	型号规格	理论重量(kg/m)	备注
	无缝钢管	48×3.5	3.841	
	无缝钢管	50×3.5	4.014	
	无缝钢管	51×3.5	4.1	
	无缝钢管	57×3.5	4.618	
	无缝钢管	60×3.5	4.877	
	无缝钢管	63×3.5	5.136	
	无缝钢管	68×3.5	5.567	
	无缝钢管	70×3.5	5.74	
	无缝钢管	76×3.5	6.258	
	无缝钢管	40×4	3.551	
	无缝钢管	42×4	3.749	
	无缝钢管	45×4	4.044	
	无缝钢管	48×4	4.34	
	无缝钢管	50×4	4.538	
	无缝钢管	51×4	4.636	
	无缝钢管	57×4	5.228	
	无缝钢管	60×4	5.524	
	无缝钢管	63×4	5.82	
	无缝钢管	68×4	6.313	
	无缝钢管	70×4	6.511	
	无缝钢管	76×4	7.103	
	无缝钢管	40×4.5	3.94	
	无缝钢管	42×4.5	4.162	
	无缝钢管	45×4.5	4.495	
	无缝钢管	48×4.5	4.827	
	无缝钢管	50×4.5	5.049	
	无缝钢管	51×4.5	5.16	
	无缝钢管	57×4.5	5.826	
	无缝钢管	60×4.5	6.159	
	无缝钢管	63×4.5	6.492	
	无缝钢管	68×4.5	7.047	
	无缝钢管	70×4.5	7.269	
	无缝钢管	76×4.5	7.935	
	无缝钢管	40×5	4.316	
	无缝钢管	42×5	4.562	
	无缝钢管	45×5	4.932	
	无缝钢管	48×5	5.302	
	无缝钢管	50×5	5.549	

续表

代码	材料名称	型号规格	理论重量(kg/m)	备注
	无缝钢管	51×5	5.672	
	无缝钢管	57×5	6.412	
	无缝钢管	60×5	6.782	
	无缝钢管	63×5	7.152	
	无缝钢管	68×5	7.768	
	无缝钢管	70×5	8.015	
	无缝钢管	76×5	8.755	
	无缝钢管	40×6	5.031	
	无缝钢管	42×6	5.327	
	无缝钢管	45×6	5.771	
	无缝钢管	48×6	6.215	
	无缝钢管	50×6	6.511	
	无缝钢管	51×6	6.659	
	无缝钢管	57×6	7.546	
	无缝钢管	60×6	7.99	
	无缝钢管	63×6	8.434	
	无缝钢管	68×6	9.174	
	无缝钢管	70×6	9.47	
	无缝钢管	76×6	10.358	
	无缝钢管	40×7	5.697	
	无缝钢管	42×7	6.042	
	无缝钢管	45×7	6.56	
	无缝钢管	48×7	7.078	
	无缝钢管	50×7	7.423	
	无缝钢管	51×7	7.596	
	无缝钢管	57×7	8.632	
	无缝钢管	60×7	9.149	
	无缝钢管	63×7	9.667	
	无缝钢管	68×7	10.53	
	无缝钢管	70×7	10.876	
	无缝钢管	76×7	11.912	
	无缝钢管	89×4	8.38	
	无缝钢管	102×4	9.67	
	无缝钢管	108×4	10.26	
	无缝钢管	114×4	10.85	
	无缝钢管	127×4	12.13	
	无缝钢管	133×4	12.73	
	无缝钢管	152×4	14.6	

续表

代码	材料名称	型号规格	理论重量(kg/m)	备注
	无缝钢管	159×4	15.29	
	无缝钢管	168×4	16.18	
	无缝钢管	89×4.5	9.38	
	无缝钢管	102×4.5	10.82	
	无缝钢管	108×4.5	11.49	
	无缝钢管	114×4.5	12.15	
	无缝钢管	127×4.5	13.59	
	无缝钢管	133×4.5	14.26	
	无缝钢管	152×4.5	16.37	
	无缝钢管	159×4.5	17.15	
	无缝钢管	168×4.5	18.14	
	无缝钢管	89×5	10.36	
	无缝钢管	102×5	11.96	
	无缝钢管	108×5	12.7	
	无缝钢管	114×5	13.44	
	无缝钢管	127×5	15.04	
	无缝钢管	133×5	15.78	
	无缝钢管	152×5	18.13	
	无缝钢管	159×5	18.99	
	无缝钢管	168×5	20.1	
	无缝钢管	89×6	12.28	
	无缝钢管	102×6	14.21	
	无缝钢管	108×6	15.09	
	无缝钢管	114×6	15.98	
	无缝钢管	127×6	17.9	
	无缝钢管	133×6	18.79	
	无缝钢管	152×6	21.6	
	无缝钢管	159×6	22.64	
	无缝钢管	168×6	23.97	
	无缝钢管	102×7	14.16	
	无缝钢管	108×7	16.4	
	无缝钢管	114×7	17.44	
	无缝钢管	127×7	18.47	
	无缝钢管	133×7	20.72	
	无缝钢管	152×7	21.75	
	无缝钢管	159×7	25.03	
	无缝钢管	168×7	26.24	
	无缝钢管	219×7	27.79	

续表

代码	材 料 名 称	型 号 规 格	理论重量(kg/m)	备注
	无缝钢管	89×8	15. 98	
	无缝钢管	102×8	18. 55	
	无缝钢管	108×8	19. 73	
	无缝钢管	114×8	20. 91	
	无缝钢管	127×8	23. 48	
	无缝钢管	133×8	24. 66	
	无缝钢管	152×8	28. 41	
	无缝钢管	159×8	29. 79	
	无缝钢管	168×8	31. 57	
	无缝钢管	89×10	19. 48	
	无缝钢管	102×10	22. 69	
	无缝钢管	108×10	24. 17	
	无缝钢管	114×10	25. 65	
	无缝钢管	127×10	28. 85	
	无缝钢管	133×10	30. 33	
	无缝钢管	152×10	35. 02	
	无缝钢管	159×10	36. 75	
	无缝钢管	168×10	38. 97	
	无缝钢管	219×6	31. 52	
	无缝钢管	273×6	39. 51	
	无缝钢管	325×6	47. 2	
	无缝钢管	377×6	54. 9	
	无缝钢管	426×6	62. 15	
	无缝钢管	478×6	69. 84	
	无缝钢管	529×6	77. 39	
	无缝钢管	219×7	36. 6	
	无缝钢管	273×7	45. 92	
	无缝钢管	325×7	54. 9	
	无缝钢管	377×7	63. 87	
	无缝钢管	426×7	72. 33	
	无缝钢管	478×7	81. 31	
	无缝钢管	529×7	90. 11	
	无缝钢管	219×8	41. 63	
	无缝钢管	273×8	52. 28	
	无缝钢管	325×8	62. 54	
	无缝钢管	377×8	72. 8	
	无缝钢管	426×8	82. 47	
	无缝钢管	478×8	92. 73	

续表

代码	材 料 名 称	型 号 规 格	理论重量(kg/m)	备注
	无缝钢管	529×8	102.79	
	无缝钢管	219×9	46.61	
	无缝钢管	273×9	58.6	
	无缝钢管	325×9	70.14	
	无缝钢管	377×9	81.68	
	无缝钢管	426×9	92.55	
	无缝钢管	478×9	104.1	
	无缝钢管	529×9	115.42	
	无缝钢管	219×10	51.54	
	无缝钢管	273×10	64.86	
	无缝钢管	325×10	77.68	
	无缝钢管	377×10	90.51	
	无缝钢管	426×10	102.59	
	无缝钢管	478×10	115.42	
	无缝钢管	529×10	127.99	
	无缝钢管	219×11	56.43	
	无缝钢管	273×11	71.07	
	无缝钢管	325×11	85.18	
	无缝钢管	377×11	99.29	
	无缝钢管	426×11	112.58	
	无缝钢管	478×11	126.69	
	无缝钢管	529×11	140.52	
	无缝钢管	219×12	61.26	
	无缝钢管	273×12	77.24	
	无缝钢管	325×12	92.63	
	无缝钢管	377×12	108.02	
	无缝钢管	426×12	122.52	
	无缝钢管	478×12	137.91	
	无缝钢管	529×12	153	
代码	材 料 名 称	型 号 规 格	理论重量(kg/个)	备注
	W 型柔性接口抗震铸铁管 TY 三通	50×50	1.86	
	W 型柔性接口抗震铸铁管 TY 三通	75×50	2.28	
	W 型柔性接口抗震铸铁管 TY 三通	75×75	3.25	
	W 型柔性接口抗震铸铁管 TY 三通	100×50	2.95	
	W 型柔性接口抗震铸铁管 TY 三通	100×75	4.03	
	W 型柔性接口抗震铸铁管 TY 三通	100×100	5.7	
	W 型柔性接口抗震铸铁管 TY 三通	150×75	6.06	
	W 型柔性接口抗震铸铁管 TY 三通	150×100	8.25	

续表

代码	材料名称	型号规格	理论重量(kg/个)	备注
	W 型柔性接口抗震铸铁管 TY 三通	150×150	10.3	
	W 型柔性接口抗震铸铁管 TY 三通	200×100	10.67	
	W 型柔性接口抗震铸铁管 TY 三通	200×150	14.82	
	W 型柔性接口抗震铸铁管 TY 三通	200×200	21.18	
	W 型柔性接口抗震铸铁管 Y 三通	50×50	1.44	
	W 型柔性接口抗震铸铁管 Y 三通	75×50	1.87	
	W 型柔性接口抗震铸铁管 Y 三通	75×75	2.37	
	W 型柔性接口抗震铸铁管 Y 三通	100×50	2.51	
	W 型柔性接口抗震铸铁管 Y 三通	100×75	3.15	
	W 型柔性接口抗震铸铁管 Y 三通	100×100	3.99	
	W 型柔性接口抗震铸铁管 Y 三通	150×50	4.42	
	W 型柔性接口抗震铸铁管 Y 三通	150×75	5.35	
	W 型柔性接口抗震铸铁管 Y 三通	150×100	6.45	
	W 型柔性接口抗震铸铁管 Y 三通	150×150	8.85	
	W 型柔性接口抗震铸铁管 Y 三通	200×100	9.57	
	W 型柔性接口抗震铸铁管 Y 三通	200×150	12.56	
	W 型柔性接口抗震铸铁管 Y 三通	200×200	16.72	
	W 型柔性接口抗震铸铁管 TY 四通	50×50	2.6	
	W 型柔性接口抗震铸铁管 TY 四通	75×50	3.13	
	W 型柔性接口抗震铸铁管 TY 四通	75×75	4.75	
	W 型柔性接口抗震铸铁管 TY 四通	100×50	3.79	
	W 型柔性接口抗震铸铁管 TY 四通	100×75	5.56	
	W 型柔性接口抗震铸铁管 TY 四通	100×100	8.44	
	W 型柔性接口抗震铸铁管 TY 四通	150×75	7.57	
	W 型柔性接口抗震铸铁管 TY 四通	150×100	11.89	
	W 型柔性接口抗震铸铁管 TY 四通	150×150	19.34	
	W 型柔性接口抗震铸铁管 TY 四通	200×100	13.19	
	W 型柔性接口抗震铸铁管 TY 四通	200×150	19.48	
	W 型柔性接口抗震铸铁管 TY 四通	200×200	30.07	
	W 型柔性接口抗震铸铁管角四通	75×75	2.97	
	W 型柔性接口抗震铸铁管角四通	100×100	7.2	
	W 型柔性接口抗震铸铁管角四通	150×100	8.1	
	W 型柔性接口抗震铸铁管 Y 四通(T 四通)	50×50	1.86	
	W 型柔性接口抗震铸铁管 Y 四通(T 四通)	75×50	2.29	
	W 型柔性接口抗震铸铁管 Y 四通(T 四通)	75×75	3.01	
	W 型柔性接口抗震铸铁管 Y 四通(T 四通)	100×50	2.93	

续表

代码	材料名称	型号规格	理论重量(kg/个)	备注
	W 型柔性接口抗震铸铁管 Y 四通(T 四通)	100×75	3.8	
	W 型柔性接口抗震铸铁管 Y 四通(T 四通)	100×100	5.04	
	W 型柔性接口抗震铸铁管 Y 四通(T 四通)	150×50	4.97	
	W 型柔性接口抗震铸铁管 Y 四通(T 四通)	150×75	6.18	
	W 型柔性接口抗震铸铁管 Y 四通(T 四通)	150×100	7.76	
	W 型柔性接口抗震铸铁管 Y 四通(T 四通)	150×150	11.22	
	W 型柔性接口抗震铸铁管 Y 四通(T 四通)	200×100	10.79	
	W 型柔性接口抗震铸铁管 Y 四通(T 四通)	200×150	14.8	
	W 型柔性接口抗震铸铁管 Y 四通(T 四通)	200×200	21.01	
	W 型柔性接口抗震铸铁管 H 管	75×75	4.54	
	W 型柔性接口抗震铸铁管 H 管	100×75	6.81	
	W 型柔性接口抗震铸铁管 H 管	100×100	7.8	
	W 型柔性接口抗震铸铁管 H 管	150×100	12.2	
	W 型柔性接口抗震铸铁管尾接管	75×75	3.6	
	W 型柔性接口抗震铸铁管尾接管	100×75	4.43	
	W 型柔性接口抗震铸铁管尾接管	100×100	6.1	
	W 型柔性接口抗震铸铁管尾接管	150×100	14	
	W 型柔性接口抗震铸铁管 45°弯头	50	0.83	
	W 型柔性接口抗震铸铁管 45°弯头	75	1.25	
	W 型柔性接口抗震铸铁管 45°弯头	100	1.94	
	W 型柔性接口抗震铸铁管 45°弯头	150	3.7	
	W 型柔性接口抗震铸铁管 45°弯头	200	7.12	
	W 型柔性接口抗震铸铁管 45°门弯	50	1.12	
	W 型柔性接口抗震铸铁管 45°门弯	75	1.63	
	W 型柔性接口抗震铸铁管 45°门弯	100	2.14	
	W 型柔性接口抗震铸铁管 45°门弯	150	4.1	
	W 型柔性接口抗震铸铁管 45°门弯	200	7.93	
	W 型柔性接口抗震铸铁管 90°弯头	50	1.63	
	W 型柔性接口抗震铸铁管 90°弯头	75	2.5	
	W 型柔性接口抗震铸铁管 90°弯头	100	3.84	
	W 型柔性接口抗震铸铁管 90°弯头	150	6.91	
	W 型柔性接口抗震铸铁管 90°弯头	200	12.77	
	W 型柔性接口抗震铸铁管 90°门弯	50	1.82	
	W 型柔性接口抗震铸铁管 90°门弯	75	2.85	

续表

代码	材料名称	型号规格	理论重量(kg/个)	备注
	W 型柔性接口抗震铸铁管 90°门弯	100	4.14	
	W 型柔性接口抗震铸铁管 90°门弯	150	7.26	
	W 型柔性接口抗震铸铁管 90°门弯	200	15.1	
	W 型柔性接口抗震铸铁管 S 型弯	50	2.68	
	W 型柔性接口抗震铸铁管 S 型弯	75	4.88	
	W 型柔性接口抗震铸铁管 S 型弯	100	8.4	
	W 型柔性接口抗震铸铁管 S 型弯	150	17.13	
	W 型柔性接口抗震铸铁管 P 型弯	50	2.04	
	W 型柔性接口抗震铸铁管 P 型弯	75	3.66	
	W 型柔性接口抗震铸铁管 P 型弯	100	6.25	
	W 型柔性接口抗震铸铁管 P 型弯	150	12.59	
	W 型柔性接口抗震铸铁管检查口	50	2.44	
	W 型柔性接口抗震铸铁管检查口	75	3.15	
	W 型柔性接口抗震铸铁管检查口	100	5.28	
	W 型柔性接口抗震铸铁管检查口	150	9.52	
	W 型柔性接口抗震铸铁管检查口	200	20.54	
	W 型柔性接口抗震铸铁管盲堵	50	0.35	
	W 型柔性接口抗震铸铁管盲堵	75	0.55	
	W 型柔性接口抗震铸铁管盲堵	100	0.89	
	W 型柔性接口抗震铸铁管盲堵	150	1.73	
	W 型柔性接口抗震铸铁管盲堵	200	3.33	
	W 型柔性接口抗震铸铁管乙字弯	50	1.66	
	W 型柔性接口抗震铸铁管乙字弯	75	2.5	
	W 型柔性接口抗震铸铁管乙字弯	100	3.88	
	W 型柔性接口抗震铸铁管乙字弯	150	7.4	
	W 型柔性接口抗震铸铁管乙字弯	200	14.24	
	W 型柔性接口抗震铸铁管	50	5.5	
	W 型柔性接口抗震铸铁管	75	8.14	
	W 型柔性接口抗震铸铁管	100	11.54	
	W 型柔性接口抗震铸铁管	150	17.07	
	W 型柔性接口抗震铸铁管	200	27.3	
	W 型柔性接口抗震铸铁管地面清扫口	50	0.8	
	W 型柔性接口抗震铸铁管地面清扫口	75	1.3	
	W 型柔性接口抗震铸铁管地面清扫口	100	2	
	W 型柔性接口抗震铸铁管地面清扫口	150	3.2	
	W 型柔性接口抗震铸铁管透气帽	50	2.6	
	W 型柔性接口抗震铸铁管透气帽	75	3.6	
	W 型柔性接口抗震铸铁管透气帽	100	5.2	

续表

代码	材料名称	型号规格	理论重量(kg/个)	备注
	W型柔性接口抗震铸铁管S型门弯	50	2.98	
	W型柔性接口抗震铸铁管S型门弯	75	5.2	
	W型柔性接口抗震铸铁管S型门弯	100	8.91	
	W型柔性接口抗震铸铁管S型门弯	150	20.33	
	W型柔性接口抗震铸铁管P型门弯	50	2.23	
	W型柔性接口抗震铸铁管P型门弯	75	3.99	
	W型柔性接口抗震铸铁管P型门弯	100	6.73	
	W型柔性接口抗震铸铁管P型门弯	150	15.62	
	W型柔性接口抗震铸铁管87型雨水斗	75	13.7	
	W型柔性接口抗震铸铁管87型雨水斗	100	18.7	
	A(法兰)型柔性接口抗震铸铁管45°弯头	50	1.8	
	A(法兰)型柔性接口抗震铸铁管45°弯头	75	2.7	
	A(法兰)型柔性接口抗震铸铁管45°弯头	100	3.9	
	A(法兰)型柔性接口抗震铸铁管45°弯头	150	7.5	
	A(法兰)型柔性接口抗震铸铁管45°弯头	200	12.5	
	A(法兰)型柔性接口抗震铸铁管45°门弯	50	2.3	
	A(法兰)型柔性接口抗震铸铁管45°门弯	75	3.1	
	A(法兰)型柔性接口抗震铸铁管45°门弯	100	4.5	
	A(法兰)型柔性接口抗震铸铁管45°门弯	150	7.8	
	A(法兰)型柔性接口抗震铸铁管45°门弯	200	14.5	
	A(法兰)型柔性接口抗震铸铁管90°弯头	50	2.4	
	A(法兰)型柔性接口抗震铸铁管90°弯头	75	3.3	
	A(法兰)型柔性接口抗震铸铁管90°弯头	100	5.2	
	A(法兰)型柔性接口抗震铸铁管90°弯头	150	10.3	
	A(法兰)型柔性接口抗震铸铁管90°弯头	200	17.2	
	A(法兰)型柔性接口抗震铸铁管90°门弯	50	2.6	
	A(法兰)型柔性接口抗震铸铁管90°门弯	75	3.8	
	A(法兰)型柔性接口抗震铸铁管90°门弯	100	5.4	
	A(法兰)型柔性接口抗震铸铁管90°门弯	150	11.3	
	A(法兰)型柔性接口抗震铸铁管90°门弯	200	18.5	
	A(法兰)型柔性接口抗震铸铁管S型弯	50	3.3	
	A(法兰)型柔性接口抗震铸铁管S型弯	75	6.8	
	A(法兰)型柔性接口抗震铸铁管S型弯	100	9.3	
	A(法兰)型柔性接口抗震铸铁管P型弯	50	2.8	
	A(法兰)型柔性接口抗震铸铁管P型弯	75	5.1	
	A(法兰)型柔性接口抗震铸铁管P型弯	100	7.7	
	A(法兰)型柔性接口抗震铸铁管检查口	50	2.4	
	A(法兰)型柔性接口抗震铸铁管检查口	75	4.6	

续表

代码	材料名称	型号规格	理论重量(kg/个)	备注
	A(法兰)型柔性接口抗震铸铁管检查口	100	6.7	
	A(法兰)型柔性接口抗震铸铁管检查口	150	12.3	
	A(法兰)型柔性接口抗震铸铁管检查口	200	31	
	A(法兰)型柔性接口抗震铸铁管盲堵	50	1	
	A(法兰)型柔性接口抗震铸铁管盲堵	75	1.3	
	A(法兰)型柔性接口抗震铸铁管盲堵	100	2.4	
	A(法兰)型柔性接口抗震铸铁管盲堵	150	4.6	
	A(法兰)型柔性接口抗震铸铁管盲堵	200	5.7	
	A(法兰)型柔性接口抗震铸铁管乙字弯	50	3.3	
	A(法兰)型柔性接口抗震铸铁管乙字弯	75	4.7	
	A(法兰)型柔性接口抗震铸铁管乙字弯	100	8	
	A(法兰)型柔性接口抗震铸铁管地面清扫口	50	0.8	
	A(法兰)型柔性接口抗震铸铁管地面清扫口	75	1.2	
	A(法兰)型柔性接口抗震铸铁管地面清扫口	100	1.8	
	A(法兰)型柔性接口抗震铸铁管透气帽	50	2.6	
	A(法兰)型柔性接口抗震铸铁管透气帽	75	3.6	
	A(法兰)型柔性接口抗震铸铁管透气帽	100	5.2	
	A(法兰)型柔性接口抗震铸铁管S型门弯	50	4.1	
	A(法兰)型柔性接口抗震铸铁管S型门弯	75	8.6	
	A(法兰)型柔性接口抗震铸铁管S型门弯	100	14.2	
	A(法兰)型柔性接口抗震铸铁管P型门弯	50	3.3	
	A(法兰)型柔性接口抗震铸铁管P型门弯	75	6.3	
	A(法兰)型柔性接口抗震铸铁管P型门弯	100	10.7	
	A(法兰)型柔性接口抗震铸铁管87型雨水斗	75	13.7	
	A(法兰)型柔性接口抗震铸铁管87型雨水斗	100	18.7	
	A(法兰)型柔性接口抗震铸铁管管箍	50	1.7	
	A(法兰)型柔性接口抗震铸铁管管箍	75	2	
	A(法兰)型柔性接口抗震铸铁管管箍	100	2.9	
	A(法兰)型柔性接口抗震铸铁管管箍	150	6.8	
	A(法兰)型柔性接口抗震铸铁管管箍	200	9	
	A(法兰)型柔性接口抗震铸铁管TY三通	50×50	3.3	
	A(法兰)型柔性接口抗震铸铁管TY三通	75×50	4.4	
	A(法兰)型柔性接口抗震铸铁管TY三通	75×75	5.8	
	A(法兰)型柔性接口抗震铸铁管TY三通	100×50	6.4	
	A(法兰)型柔性接口抗震铸铁管TY三通	100×75	7.8	

续表

代码	材 料 名 称	型 号 规 格	理论重量(kg/个)	备注
	A(法兰)型柔性接口抗震铸铁管 TY 三通	100×100	9	
	A(法兰)型柔性接口抗震铸铁管 TY 三通	150×75	11. 3	
	A(法兰)型柔性接口抗震铸铁管 TY 三通	150×100	14. 3	
	A(法兰)型柔性接口抗震铸铁管 TY 三通	150×150	18. 8	
	A(法兰)型柔性接口抗震铸铁管 TY 三通	200×100	18	
	A(法兰)型柔性接口抗震铸铁管 TY 三通	200×150	24. 5	
	A(法兰)型柔性接口抗震铸铁管 TY 三通	200×200	29. 5	
	A(法兰)型柔性接口抗震铸铁管 Y 三通	50×50	3. 6	
	A(法兰)型柔性接口抗震铸铁管 Y 三通	75×50	4. 3	
	A(法兰)型柔性接口抗震铸铁管 Y 三通	75×75	5. 3	
	A(法兰)型柔性接口抗震铸铁管 Y 三通	100×50	6. 2	
	A(法兰)型柔性接口抗震铸铁管 Y 三通	100×75	6. 7	
	A(法兰)型柔性接口抗震铸铁管 Y 三通	100×100	7. 7	
	A(法兰)型柔性接口抗震铸铁管 Y 三通	150×50	11. 3	
	A(法兰)型柔性接口抗震铸铁管 Y 三通	150×75	12. 3	
	A(法兰)型柔性接口抗震铸铁管 Y 三通	150×100	12. 8	
	A(法兰)型柔性接口抗震铸铁管 Y 三通	150×150	17. 9	
	A(法兰)型柔性接口抗震铸铁管 Y 三通	200×100	21	
	A(法兰)型柔性接口抗震铸铁管 Y 三通	200×150	25. 5	
	A(法兰)型柔性接口抗震铸铁管 Y 三通	200×200	30. 5	
	A(法兰)型柔性接口抗震铸铁管 TY 四通	50×50	4. 6	
	A(法兰)型柔性接口抗震铸铁管 TY 四通	75×50	5. 1	
	A(法兰)型柔性接口抗震铸铁管 TY 四通	75×75	8. 1	
	A(法兰)型柔性接口抗震铸铁管 TY 四通	100×50	8. 4	
	A(法兰)型柔性接口抗震铸铁管 TY 四通	100×75	10. 2	
	A(法兰)型柔性接口抗震铸铁管 TY 四通	100×100	13. 2	
	A(法兰)型柔性接口抗震铸铁管 TY 四通	150×50	10. 8	
	A(法兰)型柔性接口抗震铸铁管 TY 四通	150×75	12. 3	
	A(法兰)型柔性接口抗震铸铁管 TY 四通	150×100	17. 8	
	A(法兰)型柔性接口抗震铸铁管 TY 四通	150×150	24. 3	
	A(法兰)型柔性接口抗震铸铁管 TY 四通	200×100	20	
	A(法兰)型柔性接口抗震铸铁管角四通	75×50	5. 1	
	A(法兰)型柔性接口抗震铸铁管角四通	75×75	6. 1	
	A(法兰)型柔性接口抗震铸铁管角四通	100×50	5. 9	
	A(法兰)型柔性接口抗震铸铁管角四通	100×100	8. 6	
	A(法兰)型柔性接口抗震铸铁管角四通	100×100×50	7. 2	
	A(法兰)型柔性接口抗震铸铁管角四通	150×75	11. 9	
	A(法兰)型柔性接口抗震铸铁管角四通	150×100	13. 8	

续表

代码	材料名称	型号规格	理论重量(kg/个)	备注
	A(法兰)型柔性接口抗震铸铁管角四通	150×150	17.8	
	A(法兰)型柔性接口抗震铸铁管大小头	75×50	2.3	
	A(法兰)型柔性接口抗震铸铁管大小头	100×50	2.5	
	A(法兰)型柔性接口抗震铸铁管大小头	100×75	2.8	
	A(法兰)型柔性接口抗震铸铁管大小头	150×50	4.1	
	A(法兰)型柔性接口抗震铸铁管大小头	150×75	3.8	
	A(法兰)型柔性接口抗震铸铁管大小头	150×100	4.3	
	A(法兰)型柔性接口抗震铸铁管大小头	200×100	6.1	
	A(法兰)型柔性接口抗震铸铁管大小头	200×150	7.5	
	柔性接口抗震铸铁管 Y 四通(T 四通)	A(法兰)型 75×50	5.9	
	柔性接口抗震铸铁管 Y 四通(T 四通)	A(法兰)型 75×75	6.6	
	柔性接口抗震铸铁管 Y 四通(T 四通)	A(法兰)型 100×50	7.2	
	柔性接口抗震铸铁管 Y 四通(T 四通)	A(法兰)型 100×75	7.9	
	柔性接口抗震铸铁管 Y 四通(T 四通)	A(法兰)型 100×100	10.2	
	柔性接口抗震铸铁管 Y 四通(T 四通)	A(法兰)型 150×100	14.3	
	柔性接口抗震铸铁管 Y 四通(T 四通)	A(法兰)型 150×150	22.3	
	柔性接口抗震铸铁管 Y 四通(T 四通)	A(法兰)型 200×150	31.1	
	柔性接口抗震铸铁管 Y 四通(T 四通)	A(法兰)型 200×200	34.5	
	A(法兰)型柔性接口抗震铸铁管 H 管	75×50	8.1	
	A(法兰)型柔性接口抗震铸铁管 H 管	75×75	9.1	
	A(法兰)型柔性接口抗震铸铁管 H 管	100×75	11.2	
	A(法兰)型柔性接口抗震铸铁管 H 管	100×100	15.6	
	A(法兰)型柔性接口抗震铸铁管尾接管	100×75	8.4	
	A(法兰)型柔性接口抗震铸铁管尾接管	100×100	11.3	
	A(法兰)型柔性接口抗震铸铁管平口三通	75×50	4.6	
	A(法兰)型柔性接口抗震铸铁管平口三通	100×50	7	
	A(法兰)型柔性接口抗震铸铁管平口三通	100×75	7.4	
	A(法兰)型柔性接口抗震铸铁管平口三通	150×100	15.1	

代码	材料名称	型号规格	单位重量(kg/个)	备注
	非离心球墨 11.25°双承弯管	100(T 型)	8.9	
	非离心球墨 11.25°双承弯管	150(T 型)	14.8	
	非离心球墨 11.25°双承弯管	200(T 型)	22	
	非离心球墨 11.25°双承弯管	300(T 型)	40.5	
	非离心球墨 11.25°双承弯管	400(T 型)	65	
	非离心球墨 11.25°双承弯管	500(T 型)	96	
	非离心球墨 11.25°双承弯管	600(T 型)	134	
	非离心球墨 11.25°双承弯管	700(T 型)	216	
	非离心球墨 11.25°双承弯管	800(T 型)	286	

续表

代码	材料名称	型号规格	单位重量(kg/个)	备注
	非离心球墨 11.25°双承弯管	900(T 型)	374	
	非离心球墨 11.25°双承弯管	1000(T 型)	473	
	非离心球墨 11.25°双承弯管	1200(T 型)	724	
	非离心球墨 11.25°双承弯管	1400(T 型)	1047	
	非离心球墨承插 11.25°弯管	100(T 型)	9.4	
	非离心球墨承插 11.25°弯管	150(T 型)	16	
	非离心球墨承插 11.25°弯管	200(T 型)	23.2	
	非离心球墨承插 11.25°弯管	300(T 型)	42.2	
	非离心球墨承插 11.25°弯管	400(T 型)	70.5	
	非离心球墨承插 11.25°弯管	500(T 型)	102	
	非离心球墨承插 11.25°弯管	600(T 型)	138	
	非离心球墨承插 11.25°弯管	700(T 型)	216	
	非离心球墨承插 11.25°弯管	800(T 型)	286	
	非离心球墨承插 11.25°弯管	900(T 型)	374	
	非离心球墨承插 11.25°弯管	1000(T 型)	473	
	非离心球墨承插 11.25°弯管	1200(T 型)	724	
	非离心球墨承插 11.25°弯管	1400(T 型)	1047	
	非离心球墨承插 22.5°弯管	100(T 型)	9.8	
	非离心球墨承插 22.5°弯管	150(T 型)	16.8	
	非离心球墨承插 22.5°弯管	200(T 型)	25.2	
	非离心球墨承插 22.5°弯管	300(T 型)	46.2	
	非离心球墨承插 22.5°弯管	400(T 型)	79.5	
	非离心球墨承插 22.5°弯管	500(T 型)	117	
	非离心球墨承插 22.5°弯管	600(T 型)	161	
	非离心球墨承插 22.5°弯管	700(T 型)	248	
	非离心球墨承插 22.5°弯管	800(T 型)	331	
	非离心球墨承插 22.5°弯管	900(T 型)	432	
	非离心球墨承插 22.5°弯管	1000(T 型)	550	
	非离心球墨承插 22.5°弯管	1200(T 型)	851	
	非离心球墨承插 22.5°弯管	1400(T 型)	1241	
	非离心球墨承插 45°弯管	100(T 型)	10	
	非离心球墨承插 45°弯管	150(T 型)	18.2	
	非离心球墨承插 45°弯管	200(T 型)	28.2	
	非离心球墨承插 45°弯管	300(T 型)	54.6	
	非离心球墨承插 45°弯管	400(T 型)	89.9	
	非离心球墨承插 45°弯管	500(T 型)	139	
	非离心球墨承插 45°弯管	600(T 型)	200	
	非离心球墨承插 45°弯管	700(T 型)	310	

续表

代码	材 料 名 称	型 号 规 格	单位重量(kg/个)	备注
	非离心球墨承插 45°弯管	800(T 型)	418	
	非离心球墨承插 45°弯管	900(T 型)	554	
	非离心球墨承插 45°弯管	1000(T 型)	710	
	非离心球墨承插 45°弯管	1200(T 型)	1109	
	非离心球墨承插 45°弯管	1400(T 型)	1632	
	非离心球墨承插 90°弯管	150(T 型)	21.4	
	非离心球墨承插 90°弯管	200(T 型)	34.2	
	非离心球墨承插 90°弯管	300(T 型)	69.6	
	非离心球墨承插 90°弯管	400(T 型)	130	
	非离心球墨承插 90°弯管	500(T 型)	205	
	非离心球墨承插 90°弯管	600(T 型)	301	
	非离心球墨承插 90°弯管	700(T 型)	436	
	非离心球墨承插 90°弯管	800(T 型)	595	
	非离心球墨承插 90°弯管	900(T 型)	793	
	非离心球墨承插 90°弯管	1000(T 型)	986	
	非离心球墨承插 90°弯管	1200(T 型)	1624	
	非离心球墨承插 90°弯管	1400(T 型)	2419	
	非离心球墨全承三通	100/100(T 型)	16.1	
	非离心球墨全承三通	125/80(T 型)	21.4	
	非离心球墨全承三通	150/100(T 型)	21.5	
	非离心球墨全承三通	150/150(T 型)	23.5	
	非离心球墨全承三通	200/100(T 型)	30	
	非离心球墨全承三通	200/150(T 型)	32	
	非离心球墨全承三通	200/200(T 型)	37	
	非离心球墨全承三通	300/100(T 型)	51.5	
	非离心球墨全承三通	300/150(T 型)	54.2	
	非离心球墨全承三通	300/200(T 型)	64.3	
	非离心球墨全承三通	300/300(T 型)	79.9	
	非离心球墨全承三通	400/100(T 型)	76.1	
	非离心球墨全承三通	400/150(T 型)	82.2	
	非离心球墨全承三通	400/200(T 型)	96.7	
	非离心球墨全承三通	400/300(T 型)	116	
	非离心球墨全承三通	400/400(T 型)	137	
	非离心球墨全承三通	500/100(T 型)	110	
	非离心球墨全承三通	500/150(T 型)	115	
	非离心球墨全承三通	500/200(T 型)	137	
	非离心球墨全承三通	500/300(T 型)	161	
	非离心球墨全承三通	500/400(T 型)	187	

续表

代码	材料名称	型号规格	单位重量(kg/个)	备注
	非离心球墨全承三通	500/500(T型)	214	
	非离心球墨全承三通	600/100(T型)	165	
	非离心球墨全承三通	600/150(T型)	169	
	非离心球墨全承三通	600/200(T型)	185	
	非离心球墨全承三通	600/300(T型)	215	
	非离心球墨全承三通	600/400(T型)	246	
	非离心球墨全承三通	600/500(T型)	280	
	非离心球墨全承三通	600/600(T型)	296	
	非离心球墨全承三通	700/100(T型)	217	
	非离心球墨全承三通	700/150(T型)	224	
	非离心球墨全承三通	700/200(T型)	259	
	非离心球墨全承三通	700/300(T型)	297	
	非离心球墨全承三通	700/400(T型)	337	
	非离心球墨全承三通	700/500(T型)	380	
	非离心球墨全承三通	700/600(T型)	430	
	非离心球墨全承三通	700/700(T型)	486	
	非离心球墨全承三通	800/100(T型)	287	
	非离心球墨全承三通	800/150(T型)	307	
	非离心球墨全承三通	800/200(T型)	330	
	非离心球墨全承三通	800/300(T型)	374	
	非离心球墨全承三通	800/400(T型)	420	
	非离心球墨全承三通	800/500(T型)	472	
	非离心球墨全承三通	800/600(T型)	526	
	非离心球墨全承三通	800/700(T型)	586	
	非离心球墨全承三通	800/800(T型)	655	
	非离心球墨全承三通	900/100(T型)	360	
	非离心球墨全承三通	900/150(T型)	386	
	非离心球墨全承三通	900/200(T型)	410	
	非离心球墨全承三通	900/300(T型)	462	
	非离心球墨全承三通	900/400(T型)	518	
	非离心球墨全承三通	900/500(T型)	574	
	非离心球墨全承三通	900/600(T型)	635	
	非离心球墨全承三通	900/700(T型)	700	
	非离心球墨全承三通	900/800(T型)	774	
	非离心球墨全承三通	900/900(T型)	858	
	非离心球墨全承三通	1000/100(T型)	443	
	非离心球墨全承三通	1000/150(T型)	474	
	非离心球墨全承三通	1000/200(T型)	502	

续表

代码	材料名称	型号规格	单位重量(kg/个)	备注
	非离心球墨全承三通	1000/300(T型)	564	
	非离心球墨全承三通	1000/400(T型)	626	
	非离心球墨全承三通	1000/500(T型)	690	
	非离心球墨全承三通	1000/600(T型)	758	
	非离心球墨全承三通	1000/700(T型)	831	
	非离心球墨全承三通	1000/800(T型)	913	
	非离心球墨全承三通	1000/900(T型)	1000	
	非离心球墨全承三通	1000/1000(T型)	1096	
	非离心球墨全承三通	1200/100(T型)	648	
	非离心球墨全承三通	1200/150(T型)	685	
	非离心球墨全承三通	1200/200(T型)	725	
	非离心球墨全承三通	1200/300(T型)	816	
	非离心球墨全承三通	1200/400(T型)	884	
	非离心球墨全承三通	1200/500(T型)	966	
	非离心球墨全承三通	1200/600(T型)	1054	
	非离心球墨全承三通	1200/700(T型)	1143	
	非离心球墨全承三通	1200/800(T型)	1239	
	非离心球墨全承三通	1200/900(T型)	1339	
	非离心球墨全承三通	1200/1000(T型)	1447	
	非离心球墨全承三通	1200/1100(T型)	1565	
	非离心球墨全承三通	1200/1200(T型)	1697	
	非离心球墨全承三通	1400/100(T型)	790	
	非离心球墨全承三通	1400/150(T型)	842	
	非离心球墨全承三通	1400/200(T型)	890	
	非离心球墨全承三通	1400/300(T型)	990	
	非离心球墨全承三通	1400/400(T型)	1096	
	非离心球墨全承三通	1400/500(T型)	1198	
	非离心球墨全承三通	1400/600(T型)	1304	
	非离心球墨全承三通	1400/700(T型)	1412	
	非离心球墨全承三通	1400/800(T型)	1527	
	非离心球墨全承三通	1400/900(T型)	1649	
	非离心球墨全承三通	1400/1000(T型)	1774	
	非离心球墨全承三通	1400/1200(T型)	2049	
	非离心球墨全承三通	1400/1400(T型)	2323	
	非离心球墨盘插短管	100(PN10)	9.6	
	非离心球墨盘插短管	150(PN10)	15.6	
	非离心球墨盘插短管	200(PN10)	22.5	
	非离心球墨盘插短管	300(PN10)	43	

续表

代码	材料名称	型号规格	单位重量(kg/个)	备注
	非离心球墨盘插短管	400(PN10)	64	
	非离心球墨盘插短管	500(PN10)	94	
	非离心球墨盘插短管	600(PN10)	133	
	非离心球墨盘插短管	700(PN10)	179	
	非离心球墨盘插短管	800(PN10)	226	
	非离心球墨盘插短管	900(PN10)	272	
	非离心球墨盘插短管	1000(PN10)	328	
	非离心球墨盘插短管	1200(PN10)	456	
	非离心球墨盘插短管	1400(PN10)	664	
	非离心球墨盘插短管	1600(PN10)	922	
	非离心球墨盘插短管	1800(PN10)	1196	
	非离心球墨盘插短管	2000(PN10)	1534	
	非离心球墨盘插短管	2200(PN10)	1948	
	非离心球墨盘插短管	2400(PN10)	2409	
	非离心球墨盘插短管	2600(PN10)	2918	
	非离心球墨双承渐缩管	150/100(T型)	13.8	
	非离心球墨双承渐缩管	200/100(T型)	20.5	
	非离心球墨双承渐缩管	200/150(T型)	21	
	非离心球墨双承渐缩管	300/100(T型)	39	
	非离心球墨双承渐缩管	300/150(T型)	39.5	
	非离心球墨双承渐缩管	300/200(T型)	39.5	
	非离心球墨双承渐缩管	400/100(T型)	65	
	非离心球墨双承渐缩管	400/150(T型)	66.5	
	非离心球墨双承渐缩管	400/200(T型)	67	
	非离心球墨双承渐缩管	400/300(T型)	64	
	非离心球墨双承渐缩管	500/100(T型)	101	
	非离心球墨双承渐缩管	500/150(T型)	102	
	非离心球墨双承渐缩管	500/200(T型)	101	
	非离心球墨双承渐缩管	500/300(T型)	100	
	非离心球墨双承渐缩管	500/400(T型)	94	
	非离心球墨双承渐缩管	600/100(T型)	152	
	非离心球墨双承渐缩管	600/150(T型)	153	
	非离心球墨双承渐缩管	600/200(T型)	154	
	非离心球墨双承渐缩管	600/300(T型)	152	
	非离心球墨双承渐缩管	600/400(T型)	142	
	非离心球墨双承渐缩管	600/500(T型)	131	
	非离心球墨双承渐缩管	700/500(T型)	194	
	非离心球墨双承渐缩管	700/600(T型)	178	

续表

代码	材料名称	型号规格	单位重量(kg/个)	备注
	非离心球墨双承渐缩管	800/600(T 型)	252	
	非离心球墨双承渐缩管	800/700(T 型)	229	
	非离心球墨双承渐缩管	900/700(T 型)	318	
	非离心球墨双承渐缩管	900/800(T 型)	288	
	非离心球墨双承渐缩管	1000/800(T 型)	392	
	非离心球墨双承渐缩管	1000/900(T 型)	354	
	非离心球墨双承渐缩管	1200/1000(T 型)	570	
	非离心球墨双承渐缩管	1400/1200(T 型)	711	
	非离心球墨双承渐缩管	1600/1400(T 型)	950	
	非离心球墨双承渐缩管	1800/1600(T 型)	1235	
	非离心球墨双承渐缩管	2000/1800(T 型)	1566	
	非离心球墨双承渐缩管	2200/2000(T 型)	1984	
	非离心球墨双承渐缩管	2400/2200(T 型)	2374	
	非离心球墨双承渐缩管	2600/2400(T 型)	2877	

代码	材料名称	型号规格	单位重量(kg/只)	备注
	HG5010-58 凸面板式平焊钢制管法兰	*DN*10×PN0. 6MPa(bar)	0. 313	
	HG5010-58 凸面板式平焊钢制管法兰	*DN*15×PN0. 6MPa(bar)	0. 335	
	HG5010-58 凸面板式平焊钢制管法兰	*DN*20×PN0. 6MPa(bar)	0. 536	
	HG5010-58 凸面板式平焊钢制管法兰	*DN*25×PN0. 6MPa(bar)	0. 641	
	HG5010-58 凸面板式平焊钢制管法兰	*DN*32×PN0. 6MPa(bar)	1. 097	
	HG5010-58 凸面板式平焊钢制管法兰	*DN*40×PN0. 6MPa(bar)	1. 219	
	HG5010-58 凸面板式平焊钢制管法兰	*DN*50×PN0. 6MPa(bar)	1. 348	
	HG5010-58 凸面板式平焊钢制管法兰	*DN*65×PN0. 6MPa(bar)	1. 67	
	HG5010-58 凸面板式平焊钢制管法兰	*DN*80×PN0. 6MPa(bar)	2. 48	
	HG5010-58 凸面板式平焊钢制管法兰	*DN*100×PN0. 6MPa(bar)	2. 89	
	HG5010-58 凸面板式平焊钢制管法兰	*DN*125×PN0. 6MPa(bar)	3. 94	
	HG5010-58 凸面板式平焊钢制管法兰	*DN*150×PN0. 6MPa(bar)	4. 47	
	HG5010-58 凸面板式平焊钢制管法兰	*DN*175×PN0. 6MPa(bar)	5. 54	
	HG5010-58 凸面板式平焊钢制管法兰	*DN*200×PN0. 6MPa(bar)	6. 07	
	HG5010-58 凸面板式平焊钢制管法兰	*DN*225×PN0. 6MPa(bar)	6. 6	
	HG5010-58 凸面板式平焊钢制管法兰	*DN*250×PN0. 6MPa(bar)	8. 03	
	HG5010-58 凸面板式平焊钢制管法兰	*DN*300×PN0. 6MPa(bar)	10. 3	
	HG5010-58 凸面板式平焊钢制管法兰	*DN*350×PN0. 6MPa(bar)	12. 59	
	HG5010-58 凸面板式平焊钢制管法兰	*DN*400×PN0. 6MPa(bar)	15. 2	
	HG5010-58 凸面板式平焊钢制管法兰	*DN*450×PN0. 6MPa(bar)	17. 59	
	HG5010-58 凸面板式平焊钢制管法兰	*DN*500×PN0. 6MPa(bar)	20. 67	
	HG5010-58 凸面板式平焊钢制管法兰	*DN*600×PN0. 6MPa(bar)	26. 57	
	HG5010-58 凸面板式平焊钢制管法兰	*DN*700×PN0. 6MPa(bar)	37. 1	

续表

代码	材料名称	型号规格	单位重量(kg/只)	备注
	HG5010-58凸面板式平焊钢制管法兰	DN800×PN0.6MPa(bar)	46.2	
	HG5010-58凸面板式平焊钢制管法兰	DN900×PN0.6MPa(bar)	55.1	
	HG5010-58凸面板式平焊钢制管法兰	DN1000×PN0.6MPa(bar)	67.3	
	HG5010-58凸面板式平焊钢制管法兰	DN1200×PN0.6MPa(bar)	92	
	HG5010-58凸面板式平焊钢制管法兰	DN1400×PN0.6MPa(bar)	142	
	HG5010-58凸面板式平焊钢制管法兰	DN1600×PN0.6MPa(bar)	170	
	HG5010-58凸面板式平焊钢制管法兰	DN1800×PN0.6MPa(bar)	239	
	HG5010-58凸面板式平焊钢制管法兰	DN2000×PN0.6MPa(bar)	292	
	HG5010-58凸面板式平焊钢制管法兰	DN10×PN1.0MPa(bar)	0.458	
	HG5010-58凸面板式平焊钢制管法兰	DN15×PN1.0MPa(bar)	0.511	
	HG5010-58凸面板式平焊钢制管法兰	DN20×PN1.0MPa(bar)	0.748	
	HG5010-58凸面板式平焊钢制管法兰	DN25×PN1.0MPa(bar)	0.89	
	HG5010-58凸面板式平焊钢制管法兰	DN32×PN1.0MPa(bar)	1.4	
	HG5010-58凸面板式平焊钢制管法兰	DN40×PN1.0MPa(bar)	1.71	
	HG5010-58凸面板式平焊钢制管法兰	DN50×PN1.0MPa(bar)	2.09	
	HG5010-58凸面板式平焊钢制管法兰	DN65×PN1.0MPa(bar)	2.84	
	HG5010-58凸面板式平焊钢制管法兰	DN80×PN1.0MPa(bar)	3.24	
	HG5010-58凸面板式平焊钢制管法兰	DN100×PN1.0MPa(bar)	4.01	
	HG5010-58凸面板式平焊钢制管法兰	DN125×PN1.0MPa(bar)	5.4	
	HG5010-58凸面板式平焊钢制管法兰	DN150×PN1.0MPa(bar)	6.12	
	HG5010-58凸面板式平焊钢制管法兰	DN175×PN1.0MPa(bar)	7.44	
	HG5010-58凸面板式平焊钢制管法兰	DN200×PN1.0MPa(bar)	8.24	
	HG5010-58凸面板式平焊钢制管法兰	DN225×PN1.0MPa(bar)	9.3	
	HG5010-58凸面板式平焊钢制管法兰	DN250×PN1.0MPa(bar)	10.7	
	HG5010-58凸面板式平焊钢制管法兰	DN300×PN1.0MPa(bar)	12.9	
	HG5010-58凸面板式平焊钢制管法兰	DN350×PN1.0MPa(bar)	15.9	
	HG5010-58凸面板式平焊钢制管法兰	DN400×PN1.0MPa(bar)	21.8	
	HG5010-58凸面板式平焊钢制管法兰	DN450×PN1.0MPa(bar)	24.4	
	HG5010-58凸面板式平焊钢制管法兰	DN500×PN1.0MPa(bar)	27.7	
	HG5010-58凸面板式平焊钢制管法兰	DN600×PN1.0MPa(bar)	39.4	
	HG5010-58凸面板式平焊钢制管法兰	DN700×PN1.0MPa(bar)	55	
	HG5010-58凸面板式平焊钢制管法兰	DN800×PN1.0MPa(bar)	77	
	HG5010-58凸面板式平焊钢制管法兰	DN900×PN1.0MPa(bar)	85	
	HG5010-58凸面板式平焊钢制管法兰	DN1000×PN1.0MPa(bar)	106	
	HG5010-58凸面板式平焊钢制管法兰	DN1200×PN1.0MPa(bar)	155	
	HG5010-58凸面板式平焊钢制管法兰	DN1400×PN1.0MPa(bar)	221	
	HG5010-58凸面板式平焊钢制管法兰	DN1600×PN1.0MPa(bar)	335	
	HG5010-58凸面板式平焊钢制管法兰	DN1800×PN1.0MPa(bar)	339	

续表

代码	材料名称	型号规格	单位重量(kg/只)	备注
	HG5010-58凸面板式平焊钢制管法兰	DN2000×PN1.0MPa(bar)	505	
	HG5010-58凸面板式平焊钢制管法兰	DN10×PN1.6MPa(bar)	0.547	
	HG5010-58凸面板式平焊钢制管法兰	DN15×PN1.6MPa(bar)	0.711	
	HG5010-58凸面板式平焊钢制管法兰	DN20×PN1.6MPa(bar)	0.867	
	HG5010-58凸面板式平焊钢制管法兰	DN25×PN1.6MPa(bar)	1.174	
	HG5010-58凸面板式平焊钢制管法兰	DN32×PN1.6MPa(bar)	1.6	
	HG5010-58凸面板式平焊钢制管法兰	DN40×PN1.6MPa(bar)	2	
	HG5010-58凸面板式平焊钢制管法兰	DN50×PN1.6MPa(bar)	2.61	
	HG5010-58凸面板式平焊钢制管法兰	DN65×PN1.6MPa(bar)	3.45	
	HG5010-58凸面板式平焊钢制管法兰	DN80×PN1.6MPa(bar)	3.71	
	HG5010-58凸面板式平焊钢制管法兰	DN100×PN1.6MPa(bar)	4.8	
	HG5010-58凸面板式平焊钢制管法兰	DN125×PN1.6MPa(bar)	6.47	
	HG5010-58凸面板式平焊钢制管法兰	DN150×PN1.6MPa(bar)	7.92	
	HG5010-58凸面板式平焊钢制管法兰	DN175×PN1.6MPa(bar)	8.8	
	HG5010-58凸面板式平焊钢制管法兰	DN200×PN1.6MPa(bar)	10.1	
	HG5010-58凸面板式平焊钢制管法兰	DN225×PN1.6MPa(bar)	11.7	
	HG5010-58凸面板式平焊钢制管法兰	DN250×PN1.6MPa(bar)	15.7	
	HG5010-58凸面板式平焊钢制管法兰	DN300×PN1.6MPa(bar)	18.1	
	HG5010-58凸面板式平焊钢制管法兰	DN350×PN1.6MPa(bar)	23.3	
	HG5010-58凸面板式平焊钢制管法兰	DN400×PN1.6MPa(bar)	31	
	HG5010-58凸面板式平焊钢制管法兰	DN450×PN1.6MPa(bar)	40.2	
	HG5010-58凸面板式平焊钢制管法兰	DN500×PN1.6MPa(bar)	55.1	
	HG5010-58凸面板式平焊钢制管法兰	DN600×PN1.6MPa(bar)	80.3	
	HG5010-58凸面板式平焊钢制管法兰	DN700×PN1.6MPa(bar)	98.16	
	HG5010-58凸面板式平焊钢制管法兰	DN10×PN2.5MPa(bar)	0.364	
	HG5010-58凸面板式平焊钢制管法兰	DN15×PN2.5MPa(bar)	0.804	
	HG5010-58凸面板式平焊钢制管法兰	DN20×PN2.5MPa(bar)	0.985	
	HG5010-58凸面板式平焊钢制管法兰	DN25×PN2.5MPa(bar)	1.174	
	HG5010-58凸面板式平焊钢制管法兰	DN32×PN2.5MPa(bar)	1.96	
	HG5010-58凸面板式平焊钢制管法兰	DN40×PN2.5MPa(bar)	2.6	
	HG5010-58凸面板式平焊钢制管法兰	DN50×PN2.5MPa(bar)	2.71	
	HG5010-58凸面板式平焊钢制管法兰	DN65×PN2.5MPa(bar)	3.22	
	HG5010-58凸面板式平焊钢制管法兰	DN80×PN2.5MPa(bar)	4.06	
	HG5010-58凸面板式平焊钢制管法兰	DN100×PN2.5MPa(bar)	6	
	HG5010-58凸面板式平焊钢制管法兰	DN125×PN2.5MPa(bar)	8.26	
	HG5010-58凸面板式平焊钢制管法兰	DN150×PN2.5MPa(bar)	10.4	
	HG5010-58凸面板式平焊钢制管法兰	DN175×PN2.5MPa(bar)	11.9	
	HG5010-58凸面板式平焊钢制管法兰	DN200×PN2.5MPa(bar)	14.5	

续表

代码	材料名称	型号规格	单位重量(kg/只)	备注
	HG5010-58 凸面板式平焊钢制管法兰	DN225×PN2.5MPa(bar)	17	
	HG5010-58 凸面板式平焊钢制管法兰	DN250×PN2.5MPa(bar)	18.9	
	HG5010-58 凸面板式平焊钢制管法兰	DN300×PN2.5MPa(bar)	26.8	
	HG5010-58 凸面板式平焊钢制管法兰	DN350×PN2.5MPa(bar)	34.35	
	HG5010-58 凸面板式平焊钢制管法兰	DN400×PN2.5MPa(bar)	44.9	
	HG5010-58 凸面板式平焊钢制管法兰	DN450×PN2.5MPa(bar)	51.92	
	HG5010-58 凸面板式平焊钢制管法兰	DN500×PN2.5MPa(bar)	67.3	
	HG5010-58 凸面板式平焊钢制管法兰	DN600×PN2.5MPa(bar)	86.2	
	HG5010-58 凸面板式平焊钢制管法兰	DN700×PN2.5MPa(bar)	125	
	HG5028-58 凸面钢制管法兰盖	DN10×12 PN0.6	0.284	
	HG5028-58 凸面钢制管法兰盖	DN15×12 PN0.6	0.381	
	HG5028-58 凸面钢制管法兰盖	DN20×12 PN0.6	0.497	
	HG5028-58 凸面钢制管法兰盖	DN25×12 PN0.6	0.627	
	HG5028-58 凸面钢制管法兰盖	DN32×12 PN0.6	0.909	
	HG5028-58 凸面钢制管法兰盖	DN40×14 PN0.6	1.22	
	HG5028-58 凸面钢制管法兰盖	DN50×14 PN0.6	1.44	
	HG5028-58 凸面钢制管法兰盖	DN65×14 PN0.6	1.92	
	HG5028-58 凸面钢制管法兰盖	DN80×14 PN0.6	2.55	
	HG5028-58 凸面钢制管法兰盖	DN100×14 PN0.6	3.27	
	HG5028-58 凸面钢制管法兰盖	DN125×16 PN0.6	4.83	
	HG5028-58 凸面钢制管法兰盖	DN150×16 PN0.6	5.98	
	HG5028-58 凸面钢制管法兰盖	DN200×16 PN0.6	9.02	
	HG5028-58 凸面钢制管法兰盖	DN250×16 PN0.6	12.5	
	HG5028-58 凸面钢制管法兰盖	DN300×18 PN0.6	19.1	
	HG5028-58 凸面钢制管法兰盖	DN350×18 PN0.6	24.1	
	HG5028-58 凸面钢制管法兰盖	DN400×20 PN0.6	32.8	
	HG5028-58 凸面钢制管法兰盖	DN450×22 PN0.6	44.6	
	HG5028-58 凸面钢制管法兰盖	DN500×24 PN0.6	57.6	
	HG5028-58 凸面钢制管法兰盖	DN600×28 PN0.6	93.2	
	HG5028-58 凸面钢制管法兰盖	DN700×32 PN0.6	139.7	
	HG5028-58 凸面钢制管法兰盖	DN800×36 PN0.6	202	
	HG5028-58 凸面钢制管法兰盖	DN900×40 PN0.6	275	
	HG5028-58 凸面钢制管法兰盖	DN1000×44 PN0.6	362	
	HG5028-58 凸面钢制管法兰盖	DN10×12 PN1.0	0.473	
	HG5028-58 凸面钢制管法兰盖	DN15×12 PN1.0	0.536	
	HG5028-58 凸面钢制管法兰盖	DN20×12 PN1.0	0.676	
	HG5028-58 凸面钢制管法兰盖	DN25×12 PN1.0	0.83	
	HG5028-58 凸面钢制管法兰盖	DN32×12 PN1.0	1.123	

续表

代码	材 料 名 称	型 号 规 格	单位重量(kg/只)	备注
	HG5028-58 凸面钢制管法兰盖	DN40×14 PN1.0	1.44	
	HG5028-58 凸面钢制管法兰盖	DN50×14 PN1.0	1.85	
	HG5028-58 凸面钢制管法兰盖	DN65×14 PN1.0	2.4	
	HG5028-58 凸面钢制管法兰盖	DN80×14 PN1.0	2.86	
	HG5028-58 凸面钢制管法兰盖	DN100×14 PN1.0	3.44	
	HG5028-58 凸面钢制管法兰盖	DN125×16 PN1.0	5.28	
	HG5028-58 凸面钢制管法兰盖	DN150×16 PN1.0	6.82	
	HG5028-58 凸面钢制管法兰盖	DN200×16 PN1.0	10.03	
	HG5028-58 凸面钢制管法兰盖	DN250×18 PN1.0	15.4	
	HG5028-58 凸面钢制管法兰盖	DN300×20 PN1.0	22	
	HG5028-58 凸面钢制管法兰盖	DN350×24 PN1.0	34.4	
	HG5028-58 凸面钢制管法兰盖	DN400×26 PN1.0	47.7	
	HG5028-58 凸面钢制管法兰盖	DN450×28 PN1.0	61.2	
	HG5028-58 凸面钢制管法兰盖	DN500×32 PN1.0	84.1	
	HG5028-58 凸面钢制管法兰盖	DN600×36 PN1.0	127.5	
	HG5028-58 凸面钢制管法兰盖	DN700×42 PN1.0	198	
	HG5028-58 凸面钢制管法兰盖	DN800×48 PN1.0	288	
	HG5028-58 凸面钢制管法兰盖	DN900×54 PN1.0	396	
	HG5028-58 凸面钢制管法兰盖	DN1000×58 PN1.0	515	
	HG5028-58 凸面钢制管法兰盖	DN80×14 PN1.6	2.77	
	HG5028-58 凸面钢制管法兰盖	DN100×16 PN1.6	3.97	
	HG5028-58 凸面钢制管法兰盖	DN125×16 PN1.6	5.28	
	HG5028-58 凸面钢制管法兰盖	DN150×18 PN1.6	7.73	
	HG5028-58 凸面钢制管法兰盖	DN200×20 PN1.6	12.46	
	HG5028-58 凸面钢制管法兰盖	DN250×24 PN1.6	22.2	
	HG5028-58 凸面钢制管法兰盖	DN300×28 PN1.6	33.8	
	HG5028-58 凸面钢制管法兰盖	DN350×32 PN1.6	49.7	
	HG5028-58 凸面钢制管法兰盖	DN400×36 PN1.6	69.5	
	HG5028-58 凸面钢制管法兰盖	DN450×42 PN1.6	99.4	
	HG5028-58 凸面钢制管法兰盖	DN500×46 PN1.6	132	
	HG5028-58 凸面钢制管法兰盖	DN600×54 PN1.6	219	
	HG5028-58 凸面钢制管法兰盖	DN65×16 PN2.5	2.68	
	HG5028-58 凸面钢制管法兰盖	DN80×18 PN2.5	3.64	
	HG5028-58 凸面钢制管法兰盖	DN100×20 PN2.5	5.6	
	HG5028-58 凸面钢制管法兰盖	DN125×22 PN2.5	8.62	
	HG5028-58 凸面钢制管法兰盖	DN150×24 PN2.5	11.9	
	HG5028-58 凸面钢制管法兰盖	DN200×26 PN2.5	18.8	
	HG5028-58 凸面钢制管法兰盖	DN250×30 PN2.5	30.3	

续表

代码	材 料 名 称	型 号 规 格	单位重量(kg/只)	备注
	HG5028-58 凸面钢制管法兰盖	*DN*300×34 PN2. 5	44. 7	
	HG5028-58 凸面钢制管法兰盖	*DN*350×38 PN2. 5	64. 7	
	HG5028-58 凸面钢制管法兰盖	*DN*400×42 PN2. 5	89. 1	
	HG20593-2009 板式平焊法兰(PL)	*DN*10×PN0. 6	0. 36	
	HG20593-2009 板式平焊法兰(PL)	*DN*15×PN0. 6	0. 41	
	HG20593-2009 板式平焊法兰(PL)	*DN*20×PN0. 6	0. 6	
	HG20593-2009 板式平焊法兰(PL)	*DN*25×PN0. 6	0. 73	
	HG20593-2009 板式平焊法兰(PL)	*DN*32×PN0. 6	1. 19	
	HG20593-2009 板式平焊法兰(PL)	*DN*40×PN0. 6	1. 38	
	HG20593-2009 板式平焊法兰(PL)	*DN*50×PN0. 6	1. 51	
	HG20593-2009 板式平焊法兰(PL)	*DN*65×PN0. 6	1. 85	
	HG20593-2009 板式平焊法兰(PL)	*DN*80×PN0. 6	2. 94	
	HG20593-2009 板式平焊法兰(PL)	*DN*100×PN0. 6	3. 41	
	HG20593-2009 板式平焊法兰(PL)	*DN*125×PN0. 6	4. 08	
	HG20593-2009 板式平焊法兰(PL)	*DN*150×PN0. 6	5. 14	
	HG20593-2009 板式平焊法兰(PL)	*DN*200×PN0. 6	6. 85	
	HG20593-2009 板式平焊法兰(PL)	*DN*250×PN0. 6	8. 96	
	HG20593-2009 板式平焊法兰(PL)	*DN*300×PN0. 6	11. 9	
	HG20593-2009 板式平焊法兰(PL)	*DN*350×PN0. 6	14. 3	
	HG20593-2009 板式平焊法兰(PL)	*DN*400×PN0. 6	17. 1	
	HG20593-2009 板式平焊法兰(PL)	*DN*450×PN0. 6	20. 5	
	HG20593-2009 板式平焊法兰(PL)	*DN*500×PN0. 6	23. 7	
	HG20593-2009 板式平焊法兰(PL)	*DN*600×PN0. 6	33. 7	
	HG20593-2009 板式平焊法兰(PL)	*DN*700×PN0. 6	49. 1	
	HG20593-2009 板式平焊法兰(PL)	*DN*800×PN0. 6	67. 8	
	HG20593-2009 板式平焊法兰(PL)	*DN*10×PN1. 0	0. 61	
	HG20593-2009 板式平焊法兰(PL)	*DN*15×PN1. 0	0. 68	
	HG20593-2009 板式平焊法兰(PL)	*DN*20×PN1. 0	0. 94	
	HG20593-2009 板式平焊法兰(PL)	*DN*25×PN1. 0	1. 12	
	HG20593-2009 板式平焊法兰(PL)	*DN*32×PN1. 0	1. 86	
	HG20593-2009 板式平焊法兰(PL)	*DN*40×PN1. 0	2. 12	
	HG20593-2009 板式平焊法兰(PL)	*DN*50×PN1. 0	2. 77	
	HG20593-2009 板式平焊法兰(PL)	*DN*65×PN1. 0	3. 31	
	HG20593-2009 板式平焊法兰(PL)	*DN*80×PN1. 0	3. 59	
	HG20593-2009 板式平焊法兰(PL)	*DN*100×PN1. 0	4. 57	
	HG20593-2009 板式平焊法兰(PL)	*DN*125×PN1. 0	5. 65	
	HG20593-2009 板式平焊法兰(PL)	*DN*150×PN1. 0	7. 61	
	HG20593-2009 板式平焊法兰(PL)	*DN*200×PN1. 0	9. 24	

续表

代码	材料名称	型号规格	单位重量(kg/只)	备注
	HG20593-2009 板式平焊法兰(PL)	DN250×PN1.0	11.9	
	HG20593-2009 板式平焊法兰(PL)	DN300×PN1.0	14.6	
	HG20593-2009 板式平焊法兰(PL)	DN350×PN1.0	18.9	
	HG20593-2009 板式平焊法兰(PL)	DN400×PN1.0	24.4	
	HG20593-2009 板式平焊法兰(PL)	DN450×PN1.0	27.9	
	HG20593-2009 板式平焊法兰(PL)	DN500×PN1.0	34.9	
	HG20593-2009 板式平焊法兰(PL)	DN600×PN1.0	48.1	
	HG20593-2009 板式平焊法兰(PL)	DN200×PN1.6	9.69	
	HG20593-2009 板式平焊法兰(PL)	DN250×PN1.6	13.8	
	HG20593-2009 板式平焊法兰(PL)	DN300×PN1.6	18.9	
	HG20593-2009 板式平焊法兰(PL)	DN350×PN1.6	24.7	
	HG20593-2009 板式平焊法兰(PL)	DN400×PN1.6	32.1	
	HG20593-2009 板式平焊法兰(PL)	DN450×PN1.6	40.5	
	HG20593-2009 板式平焊法兰(PL)	DN500×PN1.6	57.6	
	HG20593-2009 板式平焊法兰(PL)	DN600×PN1.6	88.2	
	HG20593-2009 板式平焊法兰(PL)	DN65×PN2.5	3.46	
	HG20593-2009 板式平焊法兰(PL)	DN80×PN2.5	4.31	
	HG20593-2009 板式平焊法兰(PL)	DN100×PN2.5	6.29	
	HG20593-2009 板式平焊法兰(PL)	DN125×PN2.5	8.5	
	HG20593-2009 板式平焊法兰(PL)	DN150×PN2.5	10.8	
	HG20593-2009 板式平焊法兰(PL)	DN200×PN2.5	14.2	
	HG20593-2009 板式平焊法兰(PL)	DN250×PN2.5	20.2	
	HG20593-2009 板式平焊法兰(PL)	DN300×PN2.5	26.5	
	HG20593-2009 板式平焊法兰(PL)	DN350×PN2.5	37.6	
	HG20593-2009 板式平焊法兰(PL)	DN400×PN2.5	50.7	
	HG20593-2009 板式平焊法兰(PL)	DN450×PN2.5	57.8	
	HG20593-2009 板式平焊法兰(PL)	DN500×PN2.5	76.2	
	HG20593-2009 板式平焊法兰(PL)	DN600×PN2.5	117	
	HG20594-2009 带径平焊法兰(SO)	DN10×PN0.6	0.38	
	HG20594-2009 带径平焊法兰(SO)	DN15×PN0.6	0.44	
	HG20594-2009 带径平焊法兰(SO)	DN20×PN0.6	0.66	
	HG20594-2009 带径平焊法兰(SO)	DN25×PN0.6	0.81	
	HG20594-2009 带径平焊法兰(SO)	DN32×PN0.6	1.32	
	HG20594-2009 带径平焊法兰(SO)	DN40×PN0.6	1.55	
	HG20594-2009 带径平焊法兰(SO)	DN50×PN0.6	1.73	
	HG20594-2009 带径平焊法兰(SO)	DN65×PN0.6	2.23	
	HG20594-2009 带径平焊法兰(SO)	DN80×PN0.6	3.32	
	HG20594-2009 带径平焊法兰(SO)	DN100×PN0.6	4.06	

续表

代码	材料名称	型号规格	单位重量(kg/只)	备注
	HG20594-2009 带径平焊法兰(SO)	*DN*125×PN0.6	5.26	
	HG20594-2009 带径平焊法兰(SO)	*DN*150×PN0.6	6.37	
	HG20594-2009 带径平焊法兰(SO)	*DN*200×PN0.6	7.98	
	HG20594-2009 带径平焊法兰(SO)	*DN*250×PN0.6	10.3	
	HG20594-2009 带径平焊法兰(SO)	*DN*300×PN0.6	14.1	
	HG20594-2009 带径平焊法兰(SO)	*DN*10×PN1.0	0.65	
	HG20594-2009 带径平焊法兰(SO)	*DN*15×PN1.0	0.72	
	HG20594-2009 带径平焊法兰(SO)	*DN*20×PN1.0	1.03	
	HG20594-2009 带径平焊法兰(SO)	*DN*25×PN1.0	1.24	
	HG20594-2009 带径平焊法兰(SO)	*DN*32×PN1.0	2.02	
	HG20594-2009 带径平焊法兰(SO)	*DN*40×PN1.0	2.36	
	HG20594-2009 带径平焊法兰(SO)	*DN*50×PN1.0	3.08	
	HG20594-2009 带径平焊法兰(SO)	*DN*65×PN1.0	3.66	
	HG20594-2009 带径平焊法兰(SO)	*DN*80×PN1.0	4.08	
	HG20594-2009 带径平焊法兰(SO)	*DN*100×PN1.0	5.4	
	HG20594-2009 带径平焊法兰(SO)	*DN*125×PN1.0	7.01	
	HG20594-2009 带径平焊法兰(SO)	*DN*150×PN1.0	9.1	
	HG20594-2009 带径平焊法兰(SO)	*DN*200×PN1.0	10.6	
	HG20594-2009 带径平焊法兰(SO)	*DN*250×PN1.0	13.4	
	HG20594-2009 带径平焊法兰(SO)	*DN*300×PN1.0	15.4	
	HG20594-2009 带径平焊法兰(SO)	*DN*350×PN1.0	20.5	
	HG20594-2009 带径平焊法兰(SO)	*DN*400×PN1.0	27.6	
	HG20594-2009 带径平焊法兰(SO)	*DN*450×PN1.0	31.1	
	HG20594-2009 带径平焊法兰(SO)	*DN*500×PN1.0	38.1	
	HG20594-2009 带径平焊法兰(SO)	*DN*600×PN1.0	48.1	
	HG20594-2009 带径平焊法兰(SO)	*DN*200×PN1.6	10.3	
	HG20594-2009 带径平焊法兰(SO)	*DN*250×PN1.6	14.3	
	HG20594-2009 带径平焊法兰(SO)	*DN*300×PN1.6	18.8	
	HG20594-2009 带径平焊法兰(SO)	*DN*350×PN1.6	25.2	
	HG20594-2009 带径平焊法兰(SO)	*DN*400×PN1.6	34.8	
	HG20594-2009 带径平焊法兰(SO)	*DN*450×PN1.6	41.2	
	HG20594-2009 带径平焊法兰(SO)	*DN*500×PN1.6	54.9	
	HG20594-2009 带径平焊法兰(SO)	*DN*600×PN1.6	77	
	HG20594-2009 带径平焊法兰(SO)	*DN*65×PN2.5	3.93	
	HG20594-2009 带径平焊法兰(SO)	*DN*80×PN2.5	4.86	
	HG20594-2009 带径平焊法兰(SO)	*DN*100×PN2.5	6.91	
	HG20594-2009 带径平焊法兰(SO)	*DN*125×PN2.5	9.34	
	HG20594-2009 带径平焊法兰(SO)	*DN*150×PN2.5	12.2	

续表

代码	材料名称	型号规格	单位重量(kg/只)	备注
	HG20594-2009 带径平焊法兰(SO)	DN200×PN2.5	15.6	
	HG20594-2009 带径平焊法兰(SO)	DN250×PN2.5	21.9	
	HG20594-2009 带径平焊法兰(SO)	DN300×PN2.5	28.8	
	HG20594-2009 带径平焊法兰(SO)	DN350×PN2.5	42.4	
	HG20594-2009 带径平焊法兰(SO)	DN400×PN2.5	57.4	
	HG20594-2009 带径平焊法兰(SO)	DN450×PN2.5	63.7	
	HG20594-2009 带径平焊法兰(SO)	DN500×PN2.5	81.4	
	HG20594-2009 带径平焊法兰(SO)	DN600×PN2.5	109.4	
	HG20594-2009 带径平焊法兰(SO)	DN200×PN4.0	19.4	
	HG20594-2009 带径平焊法兰(SO)	DN250×PN4.0	30.5	
	HG20594-2009 带径平焊法兰(SO)	DN300×PN4.0	42.9	
	HG20594-2009 带径平焊法兰(SO)	DN350×PN4.0	58.6	
	HG20594-2009 带径平焊法兰(SO)	DN400×PN4.0	88.3	
	HG20594-2009 带径平焊法兰(SO)	DN450×PN4.0	85.6	
	HG20594-2009 带径平焊法兰(SO)	DN500×PN4.0	106.2	
	HG20594-2009 带径平焊法兰(SO)	DN600×PN4.0	171.2	
	HG20595-2009 带径对焊法兰(WN)	DN10×PN0.6	0.66	
	HG20595-2009 带径对焊法兰(WN)	DN15×PN0.6	0.75	
	HG20595-2009 带径对焊法兰(WN)	DN20×PN0.6	1.05	
	HG20595-2009 带径对焊法兰(WN)	DN25×PN0.6	1.26	
	HG20595-2009 带径对焊法兰(WN)	DN32×PN0.6	2.05	
	HG20595-2009 带径对焊法兰(WN)	DN40×PN0.6	2.37	
	HG20595-2009 带径对焊法兰(WN)	DN50×PN0.6	3.11	
	HG20595-2009 带径对焊法兰(WN)	DN65×PN0.6	3.74	
	HG20595-2009 带径对焊法兰(WN)	DN80×PN0.6	4.22	
	HG20595-2009 带径对焊法兰(WN)	DN100×PN0.6	5.39	
	HG20595-2009 带径对焊法兰(WN)	DN125×PN0.6	6.88	
	HG20595-2009 带径对焊法兰(WN)	DN150×PN0.6	9.13	
	HG20595-2009 带径对焊法兰(WN)	DN200×PN0.6	11.8	
	HG20595-2009 带径对焊法兰(WN)	DN250×PN0.6	15.6	
	HG20595-2009 带径对焊法兰(WN)	DN300×PN0.6	18.6	
	HG20595-2009 带径对焊法兰(WN)	DN350×PN0.6	22.8	
	HG20595-2009 带径对焊法兰(WN)	DN400×PN0.6	28.2	
	HG20595-2009 带径对焊法兰(WN)	DN450×PN0.6	31.7	
	HG20595-2009 带径对焊法兰(WN)	DN500×PN0.6	36.88	
	HG20595-2009 带径对焊法兰(WN)	DN600×PN0.6	52.6	
	HG20595-2009 带径对焊法兰(WN)	DN700×PN0.6	64.5	
	HG20595-2009 带径对焊法兰(WN)	DN800×PN0.6	87	

续表

代码	材料名称	型号规格	单位重量(kg/只)	备注
	HG20595-2009 带径对焊法兰(WN)	*DN*900×PN0.6	106.1	
	HG20595-2009 带径对焊法兰(WN)	*DN*1000×PN0.6	123.9	
	HG20595-2009 带径对焊法兰(WN)	*DN*1200×PN0.6	187.7	
	HG20595-2009 带径对焊法兰(WN)	*DN*1400×PN0.6	256.5	
	HG20595-2009 带径对焊法兰(WN)	*DN*1600×PN0.6	368.9	
	HG20595-2009 带径对焊法兰(WN)	*DN*1800×PN0.6	451.1	
	HG20595-2009 带径对焊法兰(WN)	*DN*2000×PN0.6	564.2	
	HG20595-2009 带径对焊法兰(WN)	*DN*200×PN1.6	11.5	
	HG20595-2009 带径对焊法兰(WN)	*DN*250×PN1.6	16.7	
	HG20595-2009 带径对焊法兰(WN)	*DN*300×PN1.6	22.4	
	HG20595-2009 带径对焊法兰(WN)	*DN*350×PN1.6	30.5	
	HG20595-2009 带径对焊法兰(WN)	*DN*400×PN1.6	38.5	
	HG20595-2009 带径对焊法兰(WN)	*DN*450×PN1.6	50.8	
	HG20595-2009 带径对焊法兰(WN)	*DN*500×PN1.6	70.7	
	HG20595-2009 带径对焊法兰(WN)	*DN*600×PN1.6	85.3	
	HG20595-2009 带径对焊法兰(WN)	*DN*700×PN1.6	94.8	
	HG20595-2009 带径对焊法兰(WN)	*DN*800×PN1.6	109.4	
	HG20595-2009 带径对焊法兰(WN)	*DN*900×PN1.6	127.3	
	HG20595-2009 带径对焊法兰(WN)	*DN*1000×PN1.6	169.7	
	HG20595-2009 带径对焊法兰(WN)	*DN*1200×PN1.6	254.4	
	HG20595-2009 带径对焊法兰(WN)	*DN*1400×PN1.6	333.5	
	HG20595-2009 带径对焊法兰(WN)	*DN*1600×PN1.6	483.7	
	HG20595-2009 带径对焊法兰(WN)	*DN*1800×PN1.6	590.5	
	HG20595-2009 带径对焊法兰(WN)	*DN*2000×PN1.6	748.9	
	HG20595-2009 带径对焊法兰(WN)	*DN*65×PN2.5	3.94	
	HG20595-2009 带径对焊法兰(WN)	*DN*80×PN2.5	5.03	
	HG20595-2009 带径对焊法兰(WN)	*DN*100×PN2.5	7.01	
	HG20595-2009 带径对焊法兰(WN)	*DN*125×PN2.5	9.61	
	HG20595-2009 带径对焊法兰(WN)	*DN*150×PN2.5	12.7	
	HG20595-2009 带径对焊法兰(WN)	*DN*200×PN2.5	17.4	
	HG20595-2009 带径对焊法兰(WN)	*DN*250×PN2.5	24.4	
	HG20595-2009 带径对焊法兰(WN)	*DN*300×PN2.5	31.9	
	HG20595-2009 带径对焊法兰(WN)	*DN*350×PN2.5	48.5	
	HG20595-2009 带径对焊法兰(WN)	*DN*400×PN2.5	61.1	
	HG20595-2009 带径对焊法兰(WN)	*DN*450×PN2.5	71.5	
	HG20595-2009 带径对焊法兰(WN)	*DN*500×PN2.5	92.5	
	HG20595-2009 带径对焊法兰(WN)	*DN*600×PN2.5	132.8	
	HG20595-2009 带径对焊法兰(WN)	*DN*700×PN2.5	142.7	

续表

代码	材料名称	型号规格	单位重量(kg/只)	备注
	HG20595-2009 带径对焊法兰(WN)	*DN*800×PN2.5	193.2	
	HG20595-2009 带径对焊法兰(WN)	*DN*900×PN2.5	236.8	
	HG20595-2009 带径对焊法兰(WN)	*DN*1000×PN2.5	312.9	
	HG20595-2009 带径对焊法兰(WN)	*DN*200×PN4.0	21.4	
	HG20595-2009 带径对焊法兰(WN)	*DN*250×PN4.0	34.6	
	HG20595-2009 带径对焊法兰(WN)	*DN*300×PN4.0	48.2	
	HG20595-2009 带径对焊法兰(WN)	*DN*350×PN4.0	66.8	
	HG20595-2009 带径对焊法兰(WN)	*DN*400×PN4.0	96	
	HG20595-2009 带径对焊法兰(WN)	*DN*450×PN4.0	100.1	
	HG20595-2009 带径对焊法兰(WN)	*DN*500×PN4.0	125.9	
	HG20595-2009 带径对焊法兰(WN)	*DN*600×PN4.0	204.2	
	HG20595-2009 带径对焊法兰(WN)	*DN*10×PN6.3	1.18	
	HG20595-2009 带径对焊法兰(WN)	*DN*15×PN6.3	1.3	
	HG20595-2009 带径对焊法兰(WN)	*DN*20×PN6.3	2	
	HG20595-2009 带径对焊法兰(WN)	*DN*25×PN6.3	2.79	
	HG20595-2009 带径对焊法兰(WN)	*DN*32×PN6.3	3.38	
	HG20595-2009 带径对焊法兰(WN)	*DN*40×PN6.3	4.4	
	HG20595-2009 带径对焊法兰(WN)	*DN*50×PN6.3	4.86	
	HG20595-2009 带径对焊法兰(WN)	*DN*65×PN6.3	5.92	
	HG20595-2009 带径对焊法兰(WN)	*DN*80×PN6.3	6.93	
	HG20595-2009 带径对焊法兰(WN)	*DN*100×PN6.3	9.98	
	HG20595-2009 带径对焊法兰(WN)	*DN*125×PN6.3	15.6	
	HG20595-2009 带径对焊法兰(WN)	*DN*150×PN6.3	23	
	HG20595-2009 带径对焊法兰(WN)	*DN*200×PN6.3	35	
	HG20595-2009 带径对焊法兰(WN)	*DN*250×PN6.3	48.9	
	HG20595-2009 带径对焊法兰(WN)	*DN*300×PN6.3	68.3	
	HG20595-2009 带径对焊法兰(WN)	*DN*350×PN6.3	95.4	
	HG20595-2009 带径对焊法兰(WN)	*DN*400×PN6.3	141.3	
	HG20595-2009 带径对焊法兰(WN)	*DN*50×PN10	6.24	
	HG20595-2009 带径对焊法兰(WN)	*DN*65×PN10	7.95	
	HG20595-2009 带径对焊法兰(WN)	*DN*80×PN10	9.1	
	HG20595-2009 带径对焊法兰(WN)	*DN*100×PN10	13.9	
	HG20595-2009 带径对焊法兰(WN)	*DN*125×PN10	22.3	
	HG20595-2009 带径对焊法兰(WN)	*DN*150×PN10	30.1	
	HG20595-2009 带径对焊法兰(WN)	*DN*200×PN10	51	
	HG20595-2009 带径对焊法兰(WN)	*DN*250×PN10	82.2	
	HG20595-2009 带径对焊法兰(WN)	*DN*300×PN10	119.4	
	HG20595-2009 带径对焊法兰(WN)	*DN*350×PN10	166.2	

续表

代码	材料名称	型号规格	单位重量(kg/只)	备注
	HG20595-2009 带径对焊法兰(WN)	DN400×PN10	214.5	
	HG20595-2009 带径对焊法兰(WN)	DN10×PN16	1.39	
	HG20595-2009 带径对焊法兰(WN)	DN15×PN16	1.65	
	HG20595-2009 带径对焊法兰(WN)	DN20×PN16	2.9	
	HG20595-2009 带径对焊法兰(WN)	DN25×PN16	3.61	
	HG20595-2009 带径对焊法兰(WN)	DN32×PN16	4.6	
	HG20595-2009 带径对焊法兰(WN)	DN40×PN16	5.92	
	HG20595-2009 带径对焊法兰(WN)	DN50×PN16	8.28	
	HG20595-2009 带径对焊法兰(WN)	DN65×PN16	10.8	
	HG20595-2009 带径对焊法兰(WN)	DN80×PN16	12.9	
	HG20595-2009 带径对焊法兰(WN)	DN100×PN16	19.6	
	HG20595-2009 带径对焊法兰(WN)	DN125×PN16	30.6	
	HG20595-2009 带径对焊法兰(WN)	DN150×PN16	42.2	
	HG20595-2009 带径对焊法兰(WN)	DN200×PN16	65.6	
	HG20595-2009 带径对焊法兰(WN)	DN250×PN16	106.4	
	HG20595-2009 带径对焊法兰(WN)	DN300×PN16	153.2	
	HG20595-2009 带径对焊法兰(WN)	DN10×PN25	2.26	
	HG20595-2009 带径对焊法兰(WN)	DN15×PN25	2.65	
	HG20595-2009 带径对焊法兰(WN)	DN20×PN25	3.12	
	HG20595-2009 带径对焊法兰(WN)	DN25×PN25	3.74	
	HG20595-2009 带径对焊法兰(WN)	DN32×PN25	5.32	
	HG20595-2009 带径对焊法兰(WN)	DN40×PN25	7.08	
	HG20595-2009 带径对焊法兰(WN)	DN50×PN25	8.61	
	HG20595-2009 带径对焊法兰(WN)	DN65×PN25	13.2	
	HG20595-2009 带径对焊法兰(WN)	DN80×PN25	17	
	HG20595-2009 带径对焊法兰(WN)	DN100×PN25	28.1	
	HG20595-2009 带径对焊法兰(WN)	DN125×PN25	39.7	
	HG20595-2009 带径对焊法兰(WN)	DN150×PN25	60.5	
	HG20595-2009 带径对焊法兰(WN)	DN200×PN25	111.8	
	HG20595-2009 带径对焊法兰(WN)	DN250×PN25	193.3	
	HG20601-2009 钢制管法兰盖(BL)	DN10×PN0.6	0.38	
	HG20601-2009 钢制管法兰盖(BL)	DN15×PN0.6	0.44	
	HG20601-2009 钢制管法兰盖(BL)	DN20×PN0.6	0.66	
	HG20601-2009 钢制管法兰盖(BL)	DN25×PN0.6	0.82	
	HG20601-2009 钢制管法兰盖(BL)	DN32×PN0.6	1.34	
	HG20601-2009 钢制管法兰盖(BL)	DN40×PN0.6	1.59	
	HG20601-2009 钢制管法兰盖(BL)	DN50×PN0.6	1.86	
	HG20601-2009 钢制管法兰盖(BL)	DN65×PN0.6	2.45	

续表

代码	材料名称	型号规格	单位重量(kg/只)	备注
	HG20601-2009 钢制管法兰盖(BL)	DN80×PN0.6	3.86	
	HG20601-2009 钢制管法兰盖(BL)	DN100×PN0.6	4.75	
	HG20601-2009 钢制管法兰盖(BL)	DN125×PN0.6	6.1	
	HG20601-2009 钢制管法兰盖(BL)	DN150×PN0.6	8.34	
	HG20601-2009 钢制管法兰盖(BL)	DN200×PN0.6	13.5	
	HG20601-2009 钢制管法兰盖(BL)	DN250×PN0.6	20.2	
	HG20601-2009 钢制管法兰盖(BL)	DN300×PN0.6	27.8	
	HG20601-2009 钢制管法兰盖(BL)	DN350×PN0.6	34.7	
	HG20601-2009 钢制管法兰盖(BL)	DN400×PN0.6	42	
	HG20601-2009 钢制管法兰盖(BL)	DN450×PN0.6	51	
	HG20601-2009 钢制管法兰盖(BL)	DN500×PN0.6	65.1	
	HG20601-2009 钢制管法兰盖(BL)	DN600×PN0.6	102.9	
	HG20601-2009 钢制管法兰盖(BL)	DN700×PN0.6	178.3	
	HG20601-2009 钢制管法兰盖(BL)	DN800×PN0.6	251.9	
	HG20601-2009 钢制管法兰盖(BL)	DN900×PN0.6	335.4	
	HG20601-2009 钢制管法兰盖(BL)	DN1000×PN0.6	434.3	
	HG20601-2009 钢制管法兰盖(BL)	DN1200×PN0.6	717	
	HG20601-2009 钢制管法兰盖(BL)	DN1400×PN0.6	1093.8	
	HG20601-2009 钢制管法兰盖(BL)	DN1600×PN0.6	1544.1	
	HG20601-2009 钢制管法兰盖(BL)	DN1800×PN0.6	2130.1	
	HG20601-2009 钢制管法兰盖(BL)	DN2000×PN0.6	2860.5	
	HG20601-2009 钢制管法兰盖(BL)	DN10×PN1.0	0.63	
	HG20601-2009 钢制管法兰盖(BL)	DN15×PN1.0	0.71	
	HG20601-2009 钢制管法兰盖(BL)	DN20×PN1.0	1.01	
	HG20601-2009 钢制管法兰盖(BL)	DN25×PN1.0	1.23	
	HG20601-2009 钢制管法兰盖(BL)	DN32×PN1.0	2.03	
	HG20601-2009 钢制管法兰盖(BL)	DN40×PN1.0	2.35	
	HG20601-2009 钢制管法兰盖(BL)	DN50×PN1.0	3.2	
	HG20601-2009 钢制管法兰盖(BL)	DN65×PN1.0	4.06	
	HG20601-2009 钢制管法兰盖(BL)	DN80×PN1.0	4.61	
	HG20601-2009 钢制管法兰盖(BL)	DN100×PN1.0	6.21	
	HG20601-2009 钢制管法兰盖(BL)	DN125×PN1.0	8.12	
	HG20601-2009 钢制管法兰盖(BL)	DN150×PN1.0	11.4	
	HG20601-2009 钢制管法兰盖(BL)	DN200×PN1.0	16.5	
	HG20601-2009 钢制管法兰盖(BL)	DN250×PN1.0	24.1	
	HG20601-2009 钢制管法兰盖(BL)	DN300×PN1.0	30.8	
	HG20601-2009 钢制管法兰盖(BL)	DN350×PN1.0	39.6	
	HG20601-2009 钢制管法兰盖(BL)	DN400×PN1.0	49.4	

续表

代码	材料名称	型号规格	单位重量(kg/只)	备注
	HG20601-2009 钢制管法兰盖(BL)	*DN*450×PN1.0	62.9	
	HG20601-2009 钢制管法兰盖(BL)	*DN*500×PN1.0	75.1	
	HG20601-2009 钢制管法兰盖(BL)	*DN*600×PN1.0	123.7	
	HG20601-2009 钢制管法兰盖(BL)	*DN*700×PN1.0	182.5	
	HG20601-2009 钢制管法兰盖(BL)	*DN*800×PN1.0	259.9	
	HG20601-2009 钢制管法兰盖(BL)	*DN*900×PN1.0	343.8	
	HG20601-2009 钢制管法兰盖(BL)	*DN*1000×PN1.0	473.2	
	HG20601-2009 钢制管法兰盖(BL)	*DN*1200×PN1.0	764.7	
	HG20601-2009 钢制管法兰盖(BL)	*DN*200×PN1.6	16.2	
	HG20601-2009 钢制管法兰盖(BL)	*DN*250×PN1.6	25	
	HG20601-2009 钢制管法兰盖(BL)	*DN*300×PN1.6	35.1	
	HG20601-2009 钢制管法兰盖(BL)	*DN*350×PN1.6	48.1	
	HG20601-2009 钢制管法兰盖(BL)	*DN*400×PN1.6	63.5	
	HG20601-2009 钢制管法兰盖(BL)	*DN*450×PN1.6	86.9	
	HG20601-2009 钢制管法兰盖(BL)	*DN*500×PN1.6	108.6	
	HG20601-2009 钢制管法兰盖(BL)	*DN*600×PN1.6	184.3	
	HG20601-2009 钢制管法兰盖(BL)	*DN*700×PN1.6	235.7	
	HG20601-2009 钢制管法兰盖(BL)	*DN*800×PN1.6	325	
	HG20601-2009 钢制管法兰盖(BL)	*DN*900×PN1.6	437.1	
	HG20601-2009 钢制管法兰盖(BL)	*DN*1000×PN1.6	601.7	
	HG20601-2009 钢制管法兰盖(BL)	*DN*1200×PN1.6	998.2	
	HG20601-2009 钢制管法兰盖(BL)	*DN*65×PN2.5	4.29	
	HG20601-2009 钢制管法兰盖(BL)	*DN*80×PN2.5	5.53	
	HG20601-2009 钢制管法兰盖(BL)	*DN*100×PN2.5	7.59	
	HG20601-2009 钢制管法兰盖(BL)	*DN*125×PN2.5	10.8	
	HG20601-2009 钢制管法兰盖(BL)	*DN*150×PN2.5	14.6	
	HG20601-2009 钢制管法兰盖(BL)	*DN*200×PN2.5	22.5	
	HG20601-2009 钢制管法兰盖(BL)	*DN*250×PN2.5	33.5	
	HG20601-2009 钢制管法兰盖(BL)	*DN*300×PN2.5	46.3	
	HG20601-2009 钢制管法兰盖(BL)	*DN*350×PN2.5	68	
	HG20601-2009 钢制管法兰盖(BL)	*DN*400×PN2.5	89.6	
	HG20601-2009 钢制管法兰盖(BL)	*DN*450×PN2.5	119.9	
	HG20601-2009 钢制管法兰盖(BL)	*DN*500×PN2.5	150	
	HG20601-2009 钢制管法兰盖(BL)	*DN*600×PN2.5	244.3	
	HG20601-2009 钢制管法兰盖(BL)	*DN*200×PN4.0	27.2	
	HG20601-2009 钢制管法兰盖(BL)	*DN*250×PN4.0	44.4	
	HG20601-2009 钢制管法兰盖(BL)	*DN*300×PN4.0	64.1	
	HG20601-2009 钢制管法兰盖(BL)	*DN*350×PN4.0	89.5	

续表

代码	材料名称	型号规格	单位重量(kg/只)	备注
	HG20601-2009 钢制管法兰盖(BL)	DN400×PN4.0	126.7	
	HG20601-2009 钢制管法兰盖(BL)	DN450×PN4.0	154.1	
	HG20601-2009 钢制管法兰盖(BL)	DN500×PN4.0	187.8	
	HG20601-2009 钢制管法兰盖(BL)	DN600×PN4.0	331	
	HG20601-2009 钢制管法兰盖(BL)	DN10×PN6.3	1.14	
	HG20601-2009 钢制管法兰盖(BL)	DN15×PN6.3	1.26	
	HG20601-2009 钢制管法兰盖(BL)	DN20×PN6.3	1.92	
	HG20601-2009 钢制管法兰盖(BL)	DN25×PN6.3	2.71	
	HG20601-2009 钢制管法兰盖(BL)	DN32×PN6.3	3.27	
	HG20601-2009 钢制管法兰盖(BL)	DN40×PN6.3	4.32	
	HG20601-2009 钢制管法兰盖(BL)	DN50×PN6.3	4.88	
	HG20601-2009 钢制管法兰盖(BL)	DN65×PN6.3	6.11	
	HG20601-2009 钢制管法兰盖(BL)	DN80×PN6.3	7.31	
	HG20601-2009 钢制管法兰盖(BL)	DN100×PN6.3	10.6	
	HG20601-2009 钢制管法兰盖(BL)	DN125×PN6.3	16.7	
	HG20601-2009 钢制管法兰盖(BL)	DN150×PN6.3	24.5	
	HG20601-2009 钢制管法兰盖(BL)	DN200×PN6.3	40.5	
	HG20601-2009 钢制管法兰盖(BL)	DN250×PN6.3	58.2	
	HG20601-2009 钢制管法兰盖(BL)	DN300×PN6.3	83.4	
	HG20601-2009 钢制管法兰盖(BL)	DN350×PN6.3	115.8	
	HG20601-2009 钢制管法兰盖(BL)	DN400×PN6.3	155.5	
	HG20601-2009 钢制管法兰盖(BL)	DN50×PN10	6.09	
	HG20601-2009 钢制管法兰盖(BL)	DN65×PN10	7.95	
	HG20601-2009 钢制管法兰盖(BL)	DN80×PN10	9.37	
	HG20601-2009 钢制管法兰盖(BL)	DN100×PN10	14	
	HG20601-2009 钢制管法兰盖(BL)	DN125×PN10	23.3	
	HG20601-2009 钢制管法兰盖(BL)	DN150×PN10	30.6	
	HG20601-2009 钢制管法兰盖(BL)	DN200×PN10	54.3	
	HG20601-2009 钢制管法兰盖(BL)	DN250×PN10	87.5	
	HG20601-2009 钢制管法兰盖(BL)	DN300×PN10	131.6	
	HG20601-2009 钢制管法兰盖(BL)	DN350×PN10	178.8	
	HG20601-2009 钢制管法兰盖(BL)	DN400×PN10	239.7	
	HG20601-2009 钢制管法兰盖(BL)	DN10×PN16	1.36	
	HG20601-2009 钢制管法兰盖(BL)	DN15×PN16	1.64	
	HG20601-2009 钢制管法兰盖(BL)	DN20×PN16	2.88	
	HG20601-2009 钢制管法兰盖(BL)	DN25×PN16	3.61	
	HG20601-2009 钢制管法兰盖(BL)	DN32×PN16	4.63	
	HG20601-2009 钢制管法兰盖(BL)	DN40×PN16	5.98	

续表

代码	材料名称	型号规格	单位重量(kg/只)	备注
	HG20601-2009 钢制管法兰盖(BL)	*DN*50×PN16	8.27	
	HG20601-2009 钢制管法兰盖(BL)	*DN*65×PN16	11.1	
	HG20601-2009 钢制管法兰盖(BL)	*DN*80×PN16	13.5	
	HG20601-2009 钢制管法兰盖(BL)	*DN*100×PN16	20.2	
	HG20601-2009 钢制管法兰盖(BL)	*DN*125×PN16	31.2	
	HG20601-2009 钢制管法兰盖(BL)	*DN*150×PN16	43.2	
	HG20601-2009 钢制管法兰盖(BL)	*DN*200×PN16	68.9	
	HG20601-2009 钢制管法兰盖(BL)	*DN*250×PN16	114.3	
	HG20601-2009 钢制管法兰盖(BL)	*DN*300×PN16	170.3	
	HG20601-2009 钢制管法兰盖(BL)	*DN*10×PN25	2.12	
	HG20601-2009 钢制管法兰盖(BL)	*DN*15×PN25	2.5	
	HG20601-2009 钢制管法兰盖(BL)	*DN*20×PN25	2.92	
	HG20601-2009 钢制管法兰盖(BL)	*DN*25×PN25	3.55	
	HG20601-2009 钢制管法兰盖(BL)	*DN*32×PN25	4.99	
	HG20601-2009 钢制管法兰盖(BL)	*DN*40×PN25	6.6	
	HG20601-2009 钢制管法兰盖(BL)	*DN*50×PN25	8.1	
	HG20601-2009 钢制管法兰盖(BL)	*DN*65×PN25	12.3	
	HG20601-2009 钢制管法兰盖(BL)	*DN*80×PN25	16.4	
	HG20601-2009 钢制管法兰盖(BL)	*DN*100×PN25	27	
	HG20601-2009 钢制管法兰盖(BL)	*DN*125×PN25	37.9	
	HG20601-2009 钢制管法兰盖(BL)	*DN*150×PN25	57.2	
	HG20601-2009 钢制管法兰盖(BL)	*DN*200×PN25	108.2	
	HG20601-2009 钢制管法兰盖(BL)	*DN*250×PN25	188.2	
	HG20601-2009 钢制管法兰盖(BL)	*DN*300×PN25	320.1	

代码	材料名称	型号规格	单位重量(kg/只)	备注
	凹法兰 GD0503	*PN*4*DN*10	0.74	钢 20
	凹法兰 GD0503	*PN*4*DN*15	0.83	钢 20
	凹法兰 GD0503	*PN*4*DN*20	1.03	钢 20
	凹法兰 GD0503	*PN*4*DN*25	1.24	钢 20
	凹法兰 GD0503	*PN*4*DN*32	1.84	钢 20
	凹法兰 GD0503	*PN*4*DN*40	2.28	钢 20
	凹法兰 GD0503	*PN*4*DN*50	3.05	钢 20
	凹法兰 GD0503	*PN*4*DN*65	4.09	钢 20
	凹法兰 GD0503	*PN*4*DN*80	5.11	钢 20
	凹法兰 GD0503	*PN*4*DN*100	7.65	钢 20
	凹法兰 GD0503	*PN*4*DN*125	10.68	钢 20
	凹法兰 GD0503	*PN*4*DN*150	13.66	钢 20
	凹法兰 GD0503	*PN*4*DN*175	22.48	钢 20

续表

代码	材 料 名 称	型 号 规 格	单位重量(kg/只)	备注
	凹法兰 GD0503	*PN*4*DN*200	24. 93	钢 20
	凹法兰 GD0503	*PN*4*DN*225	31. 82	钢 20
	凹法兰 GD0503	*PN*4*DN*250	38. 15	钢 20
	凹法兰 GD0503	*PN*4*DN*300	55. 13	钢 20
	凹法兰 GD0503	*PN*4*DN*350	73. 17	钢 20
	凹法兰 GD0503	*PN*4*DN*400	112. 77	钢 20
	凹法兰 GD0503	*PN*4*DN*450	124. 3	钢 20
	凹法兰 GD0503	*PN*4*DN*500	149. 08	钢 20
	凹法兰 GD0503	*PN*4*DN*550	191. 19	钢 20
	凹法兰 GD0503	*PN*4*DN*600	221. 09	钢 20
	凹法兰 GD0503	*PN*6. 4*DN*10	1. 1	钢 20
	凹法兰 GD0503	*PN*6. 4*DN*15	1. 22	钢 20
	凹法兰 GD0503	*PN*6. 4*DN*20	1. 9	钢 20
	凹法兰 GD0503	*PN*6. 4*DN*25	2. 42	钢 20
	凹法兰 GD0503	*PN*6. 4*DN*32	3. 21	钢 20
	凹法兰 GD0503	*PN*6. 4*DN*40	4. 08	钢 20
	凹法兰 GD0503	*PN*6. 4*DN*50	4. 95	钢 20
	凹法兰 GD0503	*PN*6. 4*DN*65	6. 71	钢 20
	凹法兰 GD0503	*PN*6. 4*DN*80	7. 58	钢 20
	凹法兰 GD0503	*PN*6. 4*DN*100	11. 31	钢 20
	凹法兰 GD0503	*PN*6. 4*DN*125	17. 74	钢 20
	凹法兰 GD0503	*PN*6. 4*DN*150	25. 44	钢 20
	凹法兰 GD0503	*PN*6. 4*DN*175	29. 37	钢 20
	凹法兰 GD0503	*PN*6. 4*DN*200	38. 18	钢 20
	凸法兰 GD0502	*PN*4*DN*10	0. 78	钢 20
	凸法兰 GD0502	*PN*4*DN*15	0. 88	钢 20
	凸法兰 GD0502	*PN*4*DN*20	1. 11	钢 20
	凸法兰 GD0502	*PN*4*DN*25	1. 34	钢 20
	凸法兰 GD0502	*PN*4*DN*32	1. 96	钢 20
	凸法兰 GD0502	*PN*4*DN*40	2. 39	钢 20
	凸法兰 GD0502	*PN*4*DN*50	3. 19	钢 20
	凸法兰 GD0502	*PN*4*DN*65	4. 31	钢 20
	凸法兰 GD0502	*PN*4*DN*80	5. 34	钢 20
	凸法兰 GD0502	*PN*4*DN*100	8. 16	钢 20
	凸法兰 GD0502	*PN*4*DN*125	11. 33	钢 20
	凸法兰 GD0502	*PN*4*DN*150	14. 49	钢 20
	凸法兰 GD0502	*PN*4*DN*175	23. 47	钢 20

续表

代码	材料名称	型号规格	单位重量(kg/只)	备注
	凸法兰 GD0502	*PN*4*DN*200	26.09	钢 20
	凸法兰 GD0502	*PN*4*DN*225	33.12	钢 20
	凸法兰 GD0502	*PN*4*DN*250	39.61	钢 20
	凸法兰 GD0502	*PN*4*DN*300	55.75	钢 20
	凸法兰 GD0502	*PN*4*DN*350	75.04	钢 20
	凸法兰 GD0502	*PN*4*DN*400	114.75	钢 20
	凸法兰 GD0502	*PN*4*DN*450	127.44	钢 20
	凸法兰 GD0502	*PN*4*DN*500	152.72	钢 20
	凸法兰 GD0502	*PN*4*DN*550	172.5	钢 20
	凸法兰 GD0502	*PN*4*DN*600	225.75	钢 20
	凸法兰 GD0502	*PN*6.4*DN*10	1.13	钢 20
	凸法兰 GD0502	*PN*6.4*DN*15	1.27	钢 20
	凸法兰 GD0502	*PN*6.4*DN*20	1.99	钢 20
	凸法兰 GD0502	*PN*6.4*DN*25	2.49	钢 20
	凸法兰 GD0502	*PN*6.4*DN*32	3.32	钢 20
	凸法兰 GD0502	*PN*6.4*DN*40	4.16	钢 20
	凸法兰 GD0502	*PN*6.4*DN*50	5.07	钢 20
	凸法兰 GD0502	*PN*6.4*DN*65	6.89	钢 20
	凸法兰 GD0502	*PN*6.4*DN*80	7.79	钢 20
	凸法兰 GD0502	*PN*6.4*DN*100	11.79	钢 20
	凸法兰 GD0502	*PN*6.4*DN*125	18.31	钢 20
	凸法兰 GD0502	*PN*6.4*DN*150	26.11	钢 20
	凸法兰 GD0502	*PN*6.4*DN*175	30.21	钢 20
	凸法兰 GD0502	*PN*6.4*DN*200	39.19	钢 20
	钢法兰 GD0505	*PN*1.6*DN*10	0.6	钢 20
	钢法兰 GD0505	*PN*1.6*DN*15	0.69	钢 20
	钢法兰 GD0505	*PN*1.6*DN*20	0.98	钢 20
	钢法兰 GD0505	*PN*1.6*DN*25	1.13	钢 20
	钢法兰 GD0505	*PN*1.6*DN*32	1.88	钢 20
	钢法兰 GD0505	*PN*1.6*DN*40	2.17	钢 20
	钢法兰 GD0505	*PN*1.6*DN*50	2.89	钢 20
	钢法兰 GD0505	*PN*1.6*DN*70	3	钢 20
	钢法兰 GD0505	*PN*1.6*DN*80	4.19	钢 20
	钢法兰 GD0505	*PN*1.6*DN*100	4.78	钢 20
	钢法兰 GD0505	*PN*1.6*DN*125	6.23	钢 20
	钢法兰 GD0505	*PN*1.6*DN*150	9.3	钢 20
	钢法兰 GD0505	*PN*1.6*DN*175	8.65	钢 20

续表

代码	材料名称	型号规格	单位重量(kg/只)	备注
	钢法兰 GD0505	PN1.6DN200	12.09	钢 20
	钢法兰 GD0505	PN1.6DN225	14.16	钢 20
	钢法兰 GD0505	PN1.6DN250	17.63	钢 20
	钢法兰 GD0505	PN1.6DN300	23.96	钢 20
	钢法兰 GD0505	PN1.6DN350	33.78	钢 20
	钢法兰 GD0505	PN1.6DN400	46.72	钢 20
	钢法兰 GD0505	PN1.6DN450	59.35	钢 20
	钢法兰 GD0505	PN1.6DN500	78.57	钢 20
	钢法兰 GD0505	PN1.6DN600	109.34	钢 20
	钢法兰 GD0505	PN1.6DN700	131.15	钢 20
	钢法兰 GD0505	PN1.6DN800	170.57	钢 20
	钢法兰 GD0505	PN1.6DN900	212.81	钢 20
	钢法兰 GD0505	PN1.6DN1000	263.75	钢 20
	钢法兰 GD0505	PN1.6DN1200	421.71	钢 20
	钢法兰 GD0505	PN2.5DN10	0.61	钢 20
	钢法兰 GD0505	PN2.5DN15	0.69	钢 20
	钢法兰 GD0505	PN2.5DN20	1	钢 20
	钢法兰 GD0505	PN2.5DN25	1.14	钢 20
	钢法兰 GD0505	PN2.5DN32	1.92	钢 20
	钢法兰 GD0505	PN2.5DN40	2.18	钢 20
	钢法兰 GD0505	PN2.5DN50	2.91	钢 20
	钢法兰 GD0505	PN2.5DN65	3.83	钢 20
	钢法兰 GD0505	PN2.5DN80	5.03	钢 20
	钢法兰 GD0505	PN2.5DN100	7.62	钢 20
	钢法兰 GD0505	PN2.5DN125	9.63	钢 20
	钢法兰 GD0505	PN2.5DN150	12.67	钢 20
	钢法兰 GD0505	PN2.5DN175	14	钢 20
	钢法兰 GD0505	PN2.5DN200	17.99	钢 20
	钢法兰 GD0505	PN2.5DN225	22.57	钢 20
	钢法兰 GD0505	PN2.5DN250	23.68	钢 20
	钢法兰 GD0505	PN2.5DN300	33.28	钢 20
	钢法兰 GD0505	PN2.5DN350	51.29	钢 20
	钢法兰 GD0505	PN2.5DN400	66.23	钢 20
	钢法兰 GD0505	PN2.5DN450	76.49	钢 20
	钢法兰 GD0505	PN2.5DN500	94.88	钢 20
	钢法兰 GD0505	PN2.5DN600	120.01	钢 20
	钢法兰 GD0505	PN2.5DN700	182.11	钢 20

续表

代码	材 料 名 称	型 号 规 格	单位重量(kg/只)	备注
	钢法兰 GD0505	*PN*2. 5*DN*800	236. 83	钢 20
	钢法兰 GD0505	*PN*2. 5*DN*900	302. 61	钢 20
	钢法兰 GD0505	*PN*2. 5*DN*1000	408. 72	钢 20
	钢法兰 GD0505	*PN*2. 5*DN*1200	558. 54	钢 20

注:不锈钢法兰 304 在碳钢法兰的基础上乘以 1. 01,316 不锈钢在碳钢法兰的基础上乘以 1. 017。

三、金属材料理论重量计算公式

序号	计 算 公 式
1	圆钢重量(kg)=0.00617×直径×直径×长度
2	方钢重量(kg)=0.00785×边宽×边宽×长度
3	六角钢重量(kg)=0.0068×对边宽×对边宽×长度
4	八角钢重量(kg)=0.0065×对边宽×对边宽×长度
5	工字钢
5.1	*a* 型(kg/m)=0.00785×腹厚×[高+3.34×(腿宽-腹厚)]
5.2	*b* 型(kg/m)=0.00785×腹厚×[高+2.65×(腿宽-腹厚)]
5.3	*c* 型(kg/m)=0.00785×腹厚×[高+2.26×(腿宽-腹厚)]
6	槽钢
6.1	*a* 型(kg/m)=0.00785×腹厚×[高+3.26×(腿宽-腹厚)]
6.2	*b* 型(kg/m)=0.00785×腹厚×[高+2.44×(腿宽-腹厚)]
6.3	*c* 型(kg/m)=0.00785×腹厚×[高+2.44×(腿宽-腹厚)]
7	钢管(kg/m)=0.2466×壁厚×(外径-壁厚)
8	螺纹钢重量(kg)=0.00617×计算直径×计算直径×长度
9	角钢重量(kg)=0.00785×(边宽+边宽-边厚)×边厚×长度
10	等边角钢(kg/m)=0.00795×边厚×(2×边宽-边厚)
11	不等边角钢(kg/m)=0.00795×边厚×(长边宽+短边宽-边厚)
12	扁钢重量(kg)=0.00785×厚度×边宽×长度
13	钢管重量(kg)=0.02466×壁厚×(外径-壁厚)×长度
14	钢板重量(kg)=7.85×厚度×面积
15	圆紫铜棒重量(kg)=0.00698×直径×直径×长度
16	圆黄铜棒重量(kg)=0.00668×直径×直径×长度
17	圆铝棒重量(kg)=0.0022×直径×直径×长度
18	方紫铜棒重量(kg)=0.0089×边宽×边宽×长度
19	方黄铜棒重量(kg)=0.0085×边宽×边宽×长度
20	方铝棒重量(kg)=0.0028×边宽×边宽×长度
21	六角紫铜棒重量(kg)=0.0077×对边宽×对边宽×长度
22	六角黄铜棒重量(kg)=0.00736×对边宽×对边宽×长度
23	六角铝棒重量(kg)=0.00242×对边宽×对边宽×长度
24	紫铜板重量(kg)=0.0089×厚×宽×长度
25	黄铜板重量(kg)=0.0085×厚×宽×长度
26	铝板重量(kg)=0.00171×厚×宽×长度
27	铝板(纯铝)W=0.130271×厚×宽
28	管材:每米重量=0.02466×壁厚×(外径-壁厚)
29	圆紫铜管重量(kg)=0.028×壁厚×(外径-壁厚)×长度

续表

序号	计 算 公 式
30	圆黄铜管重量(kg)= 0.0267 ×壁厚×(外径-壁厚)×长度
31	圆铝管重量(kg)= 0.00879×壁厚×(外径-壁厚)×长度
32	板材:每米重量=7.85×厚度
33	铝花纹板:每平方米重量=2.96×厚度
34	有色金属比重:紫铜板 8.9,黄铜板 8.5,锌板 7.2,铅板 11.37
35	有色金属板材:每平方米重量=比重×厚度
36	铝排:W=0.0027×宽×厚
37	铜排:W=0.0089×宽×厚
38	无缝钢管每米重量=0.0246615×(钢管公称外径-钢管公称壁厚)×钢管公称壁厚
39	镀锌管每米重量=0.02466×壁厚×(外径-壁厚)×1.06